# 单片机原理及应用系统设计

王思明　张金敏　苟军年　张　鑫　杨乔礼　编著

科学出版社
北京

## 内 容 简 介

本书以51系列单片机为基础，结合教学与实际设计应用，全面系统地介绍了单片机原理、接口及应用系统设计技术。全书共14章，主要内容包括计算机基础知识、51单片机基本原理、指令系统及单片机C语言、汇编语言和C语言编程、单片机片内资源系统及资源配置技术、单片机扩展及应用系统接口技术、单片机应用系统设计方法及设计实例。各章均配有习题，帮助读者深入学习。

本书可作为高等工科院校自动化、电气工程、电子科学与技术等相关专业本科生的教材，也可供从事单片机应用开发的广大工程技术人员参考。

**图书在版编目(CIP)数据**

单片机原理及应用系统设计/王思明等编著．—北京：科学出版社，2012
ISBN 978-7-03-035635-2

Ⅰ.①单… Ⅱ.①王… Ⅲ.①单片微型计算机-理论-高等学校-教材②单片微型计算机-系统设计-高等学校-教材 Ⅳ.TP368.1

中国版本图书馆CIP数据核字(2012)第227149号

责任编辑：余 江 张丽花／责任校对：刘小梅
责任印制：闫 磊／封面设计：迷底书装

科学出版社 出版
北京东黄城根北街16号
邮政编码:100717
http://www.sciencep.com
双青印刷厂 印刷
科学出版社发行 各地新华书店经销
*
2012年9月第 一 版 开本：787×1092 1/16
2012年9月第一次印刷 印张：24 1/2
字数：581 000

**定价：45.00元**

# 前　言

单片机在各个行业得到广泛应用。为适应单片机技术的迅速发展和教学改革的需要，基于国家特色专业、国家级实验教学示范中心和省级精品课程平台建设，编者在多年讲授本门课程和从事单片机系统开发研究的基础上，总结教学和科研工作的经验，吸收国内外先进技术及应用成果，参考国内外优秀论著和相关教材，经过精心设计和规划而编写本书。本书可作为普通高等学校相关专业的教材，也可作为相关专业的自学读本。

在本书的编写过程中注重原理与应用的有机结合，主要体现在以下几点：

(1) 对单片机的基本原理进行凝练、精简，力求做到文字精练、通俗易懂、深入浅出；

(2) 注重原理和应用相结合，软硬件不脱节，建立单片机系统及系统设计的整体概念；

(3) 所选取内容注重实用性和典型性，提供典型实用的设计案例，以提高学生的学习效率；

(4) 精选、更新、补充最新的实用技术内容，与C51语言编程紧密结合；

(5) 把Proteus仿真与配套硬件开发系统结合起来，给出同一个设计的两种设计实例。

本书以主流机型51系列单片机为背景，系统介绍单片机及相关系统设计技术。

全书共14章。第1～7章为单片机的基础知识部分，主要讲述微型计算机基础、51单片机芯片内部结构、汇编语言、Keil C 51、单片机程序设计、定时器、中断及串行口工作方式等内容。第8～13章为单片机系统扩展及配置部分，主要讲述单片机系统扩展技术、单片机总线扩展技术、并行接口技术、人-机接口技术、A/D及D/A转换技术等。第14章主要讲述单片机的开发环境与设计开发方法、Proteus仿真与实际应用系统设计技术，并列举实际应用项目，较详细地介绍单片机系统设计中应注意的关键问题。

参加本书编写的老师全部来自教学一线，具有丰富的教学经验和科研工作经历。其中，王思明教授编写第1、2、3、14章，张金敏副教授编写第6、7、12章，苟军年编写第4、5、9章，张鑫编写第8、11章，杨乔礼编写第10、13章。全书由王思明教授负责整理、统稿。

本书参考了国内外相关作者的论著、教材、先进技术及应用成果，在此谨致谢意。

感谢兰州交通大学教务处、国家级计算机实验教学示范中心、自动化与电气工程学院和自动化系全体教师对本书编写的支持与帮助。感谢控制科学与工程研究所的研究生为本书所做的文字录入、校对和绘图工作。本书的出版工作得到科学出版社的大力支持和帮助，在此表示衷心的感谢。

由于编者水平有限，书中难免有疏漏和不妥之处，敬请读者批评指正。

编　者

2012年5月

# 目　录

# 第1章 绪 论

## 1.1 单片机概述

### 1.1.1 微处理器、微机和单片机的概念

微处理器(Microprocessor)是微型计算机的控制和运算器部分,是集成在同一块芯片上的具有运算和控制功能的中央处理器,称为MPU,简称为MP。微处理器不仅是构成微型计算机、微型计算机系统和微型计算机开发系统的核心部件,而且也是构成多微处理器系统和现代并行结构计算机的基础。

微型计算机(Microcomputer)是有完整的运算及控制功能的计算机,包括微处理器、存储器、输入/输出接口电路,以及输入/输出设备等。

单片机(Single Chip Microcomputer)是单片微型计算机的简称,是把中央处理器(CPU)、随机存取存储器(RAM)、只读存储器(ROM)、输入/输出接口、定时器/计数器、中断系统等主要功能部件集成在一块半导体芯片上的数字电子计算机。

单片机的形态只是一块芯片,但是它已具有微型计算机的组成结构和功能。单片机的结构特点决定单片机主要用于控制,在实际应用中常将它完全融入应用系统中,所以又称为微控制器(Microcontroller Unit)或嵌入式控制器(Embedded Controller)。单片机的外形图如图1-1所示。

图1-1 单片机外形图

据统计,目前我国单片机的年产量已达1亿~3亿片,且每年以大约16%的速度增长。单片机在民用和工业测控领域的应用最为广泛。彩电、冰箱、洗衣机、空调、录像机、VCD、遥控器、游戏机等方面处处可见单片机所发挥的巨大作用。所以,在我国乃至全世界,单片机的应用有广阔的发展空间。

### 1.1.2 单片机的一般结构及特点

单片机有两种基本结构形式。

一种是在通用微型计算机中广泛采用的将程序存储器和数据存储器合用一个存储空间的结构,称为普林斯顿(Princeton)结构或称冯·诺依曼结构。另一种是将程序存储器和数据存储器截然分开,并分别寻址的结构,称为哈佛(Harvard)结构。51系列单片机采用的是哈佛结构。目前,单片机采用程序存储器和数据存储器截然分开的结构较多。

如图1-2所示,单片机的中央处理器(CPU)和通用微处理器基本相同,但单片机在结构和指令设置上有其独特之处,主要特点如下:

(1) 单片机的存储器ROM和RAM是严格区分的。ROM称为程序存储器,只存放程序、固定常数及数据表格。RAM称为数据存储器,用作工作区及存放用户数据。

(2) 采用面向控制的指令系统。为满足控制的需要,增设"面向控制"的处理功能,使单片机具有很强的位逻辑处理能力,如位处理、查表、多种跳转、乘除法运算、状态检测、中断处理等

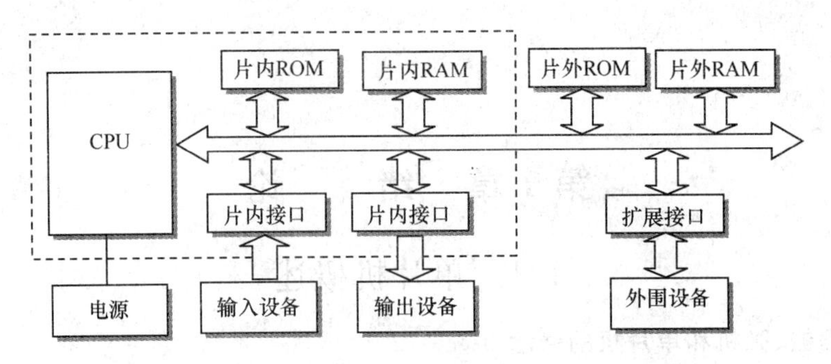

图 1-2　单片机系统结构框图

功能，从而增强了控制的实用性和灵活性。

(3) 单片机的 I/O 引脚通常是多功能的。由于单片机芯片上引脚数目有限，为解决实际引脚数和需要的信号线的矛盾而采用引脚功能复用的方法；引脚有何种功能，由指令设置或由机器状态区分。

(4) 单片机的外部扩展能力很强。在内部的各种功能部件不能满足应用需求时，均可在外部进行扩展(如扩展 ROM、RAM、I/O 接口、定时器/计数器、中断系统等)，与许多通用的微机接口芯片兼容，从而给应用系统设计带来极大的方便。

### 1.1.3　单片机的分类

单片机按其用途可分为两大类：通用型单片机和专用型单片机。

通用型单片机内部资源比较丰富、性能全面、适应性强，能满足多种应用需求。它将可开发资源全部提供给使用者，使用者可以根据需要，通过进一步设计，组建成一个以通用型单片机芯片为核心，再配以其他外围电路的单片机应用系统。

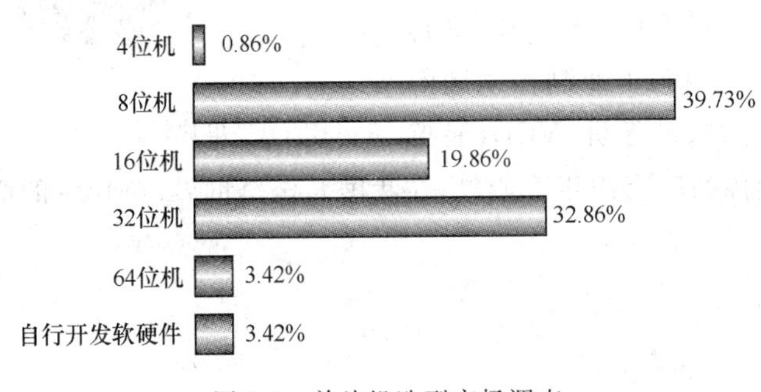

图 1-3　单片机选型市场调查

专用型单片机的硬件结构和指令系统按照某个特定的用途设计。但是，无论其在应用上如何专业，其原理和结构却仍然建立在通用单片机的基础之上。

单片机按其基本操作处理的位数可分为：1 位单片机、4 位单片机、8 位单片机、16 位单片机、32 位单片机、64 位单片机。相对来说，8 位单片机目前仍为单片机应用系统设计中的主流系列，如图 1-3 所示。

尽管各类单片机很多，但国内外使用最为广泛的应属 51 系列单片机。MCS-51 单片机系列共有十几种芯片，如表 1-1 所示。

**表 1-1　51 系列单片机分类表**

| 子系统 | 片内 ROM 形式 | | | 片内 ROM 容量 | 片内 RAM 容量 | 寻址范围 | I/O 特性 | | | 中断源 |
|---|---|---|---|---|---|---|---|---|---|---|
| | 无 | ROM | EPROM | | | | 计数器 | 并行口 | 串行口 | |
| 51 子系统 | 8031 | 8051 | 8751 | 4KB | 128B | 2×64KB | 2×16 | 4×8 | 1 | 5 |
| | 80C31 | 80C51 | 87C51 | 4KB | 128B | 2×64KB | 2×16 | 4×8 | 1 | 5 |
| 52 子系统 | 8032 | 8052 | 8752 | 8KB | 256B | 2×64KB | 3×16 | 4×8 | 1 | 6 |
| | 80C32 | 80C52 | 87C52 | 8KB | 256B | 2×64KB | 3×16 | 4×8 | 1 | 6 |

## 1.2 单片机的发展与应用

### 1.2.1 单片机的发展历史及趋势

单片机已经有近40年的历史,它的产生与发展和微处理器的产生与发展大体同步,经历五个阶段。

1) 第一阶段:4位单片机阶段

1971年,美国Intel公司首次推出4位Intel 4004单片机,紧接着美国德州仪器(TI)公司也推出4位单片机TMS-1000。随后,各个计算机生产公司竞相推出4位单片机。例如,美国国家半导体公司(National Semiconductor)的COP402系列、美国罗克韦尔公司(Rockwell)的PPS/1系列、日本松下公司的MNl400系列、日本富士通公司的MB88系列等。

4位单片机属于单片机发展的萌芽阶段,至今仍然有使用,主要应用于家用电器、电子玩具等领域。

2) 第二阶段:8位单片机阶段

1976年,Intel公司首先推出MCS-48系列8位单片机。这个系列的单片机内集成8位CPU、并行I/O口、8位定时器/计数器,寻址范围不大于4KB,且无串行口。由于功能欠缺,应用时间不长。其他公司的8位单片机系列也应运而生。8位单片机是以51系列的8051为代表。直到今天,51系列单片机仍然在许多场合使用。

3) 第三阶段:16位单片机阶段

1983年以后,集成电路的集成度可达十几万只管/片,16位单片机逐渐问世。这一阶段的代表产品有1983年Intel公司推出的MCS-96系列、1987年Intel公司推出的80C96、美国国家半导体公司推出的HPCI6040和NEC公司推出的783××系列等。

4) 第四阶段:32位单片机阶段

近年来,各个计算机生产厂家已研制并生产出更高性能的32位单片机。以51系列、AVR、PIC等为代表,目前应用较广泛。

5) 第五阶段:64位单片机阶段

由于控制领域对64位单片机需求并不十分迫切,所以64位单片机的应用并不很多。

单片机的发展虽然按先后顺序经历了4位、8位、16位、32位和64位五个阶段,但从实际使用情况看,并没有出现推陈出新、以新代旧的局面。4位、8位、16位、32位单片机仍各有应用领域。例如,4位单片机在一些简单家用电器、高档玩具中仍有应用;8位单片机在中小规模应用场合仍占主流地位;16位、32位单片机在比较复杂的控制系统中才有应用。

总之,单片机的发展趋势是低功耗CMOS化、微型化及主流与多品种共存。

### 1.2.2 单片机的应用领域

单片机具有体积小、可靠性高、功能强、灵活方便等许多优点,故可以广泛应用于各种领域,对各行各业的技术改造和产品更新换代起到重要的推动作用。单片机的应用范围很广,主要可用于以下几个方面。

1) 测试与控制系统

用单片机可以构成各种工业控制系统、自适应控制系统、数据采集系统等,如数控机床、水闸自动控制、电镀生产线自动控制、车辆检测系统、机器人轴处理器、电机控制、温度控制等。

2）智能仪表

用单片机改造原有的测量和控制仪表，能促进仪表向数字化、智能化、多功能化、综合化、柔性化发展。如温度、压力、流量、浓度显示、控制仪表等。通过采用单片机软件编程技术，使长期以来测量仪表中的误差修正、线性化处理等难题迎刃而解。

3）机电一体化产品

单片机与传统的机械产品结合，使传统机械产品结构简化、控制智能化，从而构成新一代的机电一体化产品。例如，在电传打字机的设计中采用了单片机，从而取代了近千个机械部件；在数控机床简易控制机中，采用单片机可提高可靠性及增强功能，降低控制机床成本。还有自动售货机、电子收款机、电子秤等。

4）计算机外部设备与智能接口

在较大型的工业测控系统中，经常采用单片机进行前端数据采集、信号处理，而系统主机承担数据处理、人机界面、数据库、网络通信等工作。单片机与系统主机通过串行通信传递数据，这样就大大提高了系统的运行速度。如图形终端机、传真机、复印机、打印机、绘图仪、智能终端机等。

5）家用电器

如微波炉、电视机、空调、洗衣机、录像机、音响设备等。

## 习　　题

1-1　试述单片机与微型计算机的区别。

1-2　简单介绍单片机的发展历史和过程。

1-3　单片机主要应用于哪些领域？

# 第 2 章　51 单片机芯片的硬件结构

从严格意义上来讲,单片机属于微型计算机的一个分支,并遵循冯·诺依曼提出的计算机体系结构。与微型计算机相比,所不同的只是在一小块芯片上集成了一个微型计算机的各个组成部分。因此,在学习过程中,始终应用微型计算机的思路来学习单片机。

本书主要讲述的是 51 系列单片机。凡是属于 51 系列总体内容时,就按“51…”的形式来叙述;而遇到必须具体到一种芯片的内容时,则写出具体芯片的型号。为方便起见,以 89C51 为例。

## 2.1　单片机的内部结构及引脚

### 2.1.1　单片机的内部结构

51 系列单片机按照工业标准设计制造,内核是基于多个内部寄存器结构的累加器,用于数据储存和外部设备管理。作为单片机的一个分类,51 系列单片机也包括运算器、控制器、存储器、输入/输出接口电路五个基本组成部分。图 2-1 所示为 89C51 的内部结构框图。

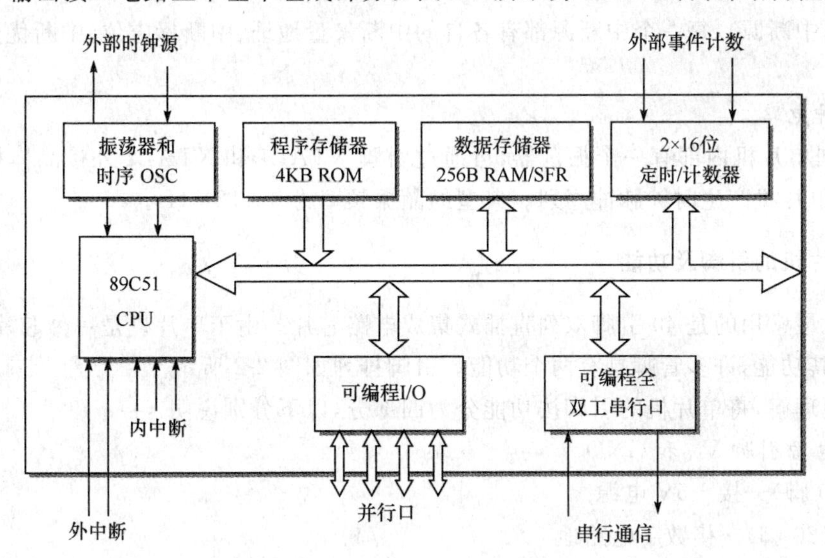


图 2-1　89C51 单片机的内部结构框图

图 2-1 中各部分功能如下所述。

1. 中央处理器

中央处理器简称 CPU,是单片机的核心,完成运算和控制功能。中央处理器包括运算器和控制器。

(1) 运算器。运算电路是单片机的运算部件,用于实现算术和逻辑运算。运算电路包括算术逻辑单元(ALU)、累加器(ACC)、程序状态字 PSW、B 寄存器等。其中,算术逻辑单元是运算电路的核心。

(2) 控制器。控制电路是单片机的指挥控制部件,用于发出控制信号,指挥单片机各部件协调工作。控制电路包括程序计数器(PC)、指令寄存器、指令译码器、定时与控制电路等。

2. 内部数据存储器(内部 RAM)

89C51 单片机芯片内部有用户使用的 RAM 共 256 字节,地址范围是 00H～FFH。其中,后 128 个单元(80H～FFH)被专用寄存器部分占用,供用户使用的只是前 128 个单元(00H～7FH),用于存放可读写的数据。因此,通常所说的内部数据存储器是指前 128 个单元(00H～7FH),简称内部 RAM。

3. 定时器/计数器

89C51 单片机共有 2 个 16 位的定时器/计数器,以实现定时或计数功能,并以其定时或计数结果对单片机进行控制。

4. 并行 I/O 口

89C51 单片机共有 4 个 8 位的并行 I/O 口(P0,P1,P2,P3),以实现数据的并行输入/输出。

5. 串行口

89C51 单片机有一个全双工通用异步接收发送器(UART)的串行 I/O 口(P3.0 和 P3.1 口线的第二功能),用于实现单片机之间或单片机与 PC 之间的串行通信。

6. 中断控制系统

51 系列单片机的中断功能较强,以满足控制应用的需要。89C51 共有 5 个中断源(其中有 2 个外部中断源),每一个中断源都有各自的中断矢量地址、中断标志位、中断优先级和中断允许控制。

7. 时钟电路

51 系列单片机内部有一个振荡器,可通过引脚 XTAL1 和 XTAL2 外接晶体振荡器和微调电容,为单片机产生时钟脉冲序列。典型的晶振频率为 6～12MHz。

### 2.1.2 单片机的引脚及功能

单片机最常用的是 40 引脚双列直插式集成电路芯片。由于单片机是一种芯片,本身体积小,为增加其功能,许多管脚具有两个功能。引脚排列如图 2-2 所示。

为方便理解,将单片机的引脚按功能分为四部分,以下分别说明。

1. 主电源引脚 $V_{CC}$和 GND

$V_{CC}$(40 脚)—接+5V 电源。

GND (20 脚)—接数字电路地。

2. 外接晶体引脚 XTAL1 和 XTAL2

XTAL1(19 脚)—接外部晶体的一个引脚。在单片机内部,它是一个反向放大器的输入端,这个放大器构成了片内振荡器。当采用外接晶体振荡器时,XTAL1 作为输入端使用。

XTAL2(18 脚)—接外部晶体的另一个引脚。在单片机内部,它接到反向放大器的输出端。

3. 控制信号引脚

RST(9 脚)—复位输入,高电平有效,使单片机恢复到初始状态。上电时,考虑到振荡器有一定的起振时间,所以晶振工作后 2 个机器周期的高电平才可复位 CPU。

$\overline{PSEN}$(29 脚)—外部程序存储器读选通信号,输出,低电平有效。此引脚的输出作为外部程序存储器(如 EPROM)的读选通信号。在访问片外数据存储器期间,$\overline{\text{PSEN}}$信号将不出现。

ALE (30 脚)—地址锁存信号,输出,高电平有效。当访问外部存储器时,ALE(允许地址锁存)的输出脉冲用于锁存 P0 端口 8 位复用的地址/数据总线上的 8 位地址(16 位地址线中的低 8 位)。ALE 信号通常连接到外部地址锁存器(如 74HC373)的使能引脚上。即使不访问外部存储器,ALE 信号端仍以不变的频率周期性出现正脉冲信号(振荡频率 $f_{osc}$的 1/6)。因此,它可用作对外输出的时钟,或用于定时目的。在复位期间,ALE 被强制输出高电平。

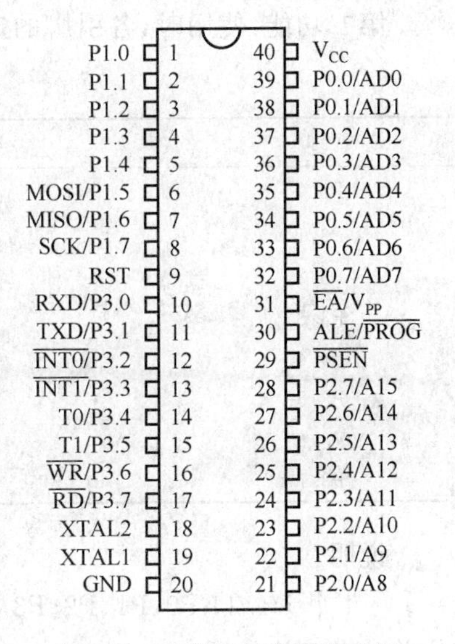

图 2-2 51 单片机引脚配置图

$\overline{\text{EA}}$(31 脚) —访问程序存储器控制信号。当选用$\overline{\text{EA}}$信号为低电平时,对程序存储器 ROM 的读操作限定在外部程序存储器。如选用 80C31 单片机,由于其内部没有程序存储器,必须扩展外部程序存储器,此时$\overline{\text{EA}}$信号应为低电平,即常接地。

当选用内部具有程序存储器的单片机时,$\overline{\text{EA}}$信号为高电平时,对程序存储器(ROM)的读操作从内部 ROM 延伸到外部 ROM。此时,应满足两个条件:

(1) 所选用的单片机本身内部具有一定容量的程序存储器;

(2) 如果内部与外部的程序存储器都使用,此时内部 ROM 与外部 ROM 的地址应衔接。

对 89C51 来说,其内部有 4KB 的 ROM,地址范围为 0000H~0FFFH,此时外部扩展的程序存储器地址应从 1000H 开始。

4. 输入/输出端口引脚 P0、P1、P2、P3(共 32 条口线)

P0 口(32 脚~39 脚)—是一个复用端口。

第一功能:通用的 8 位准双向 I/O 端口(作输入口时要有向锁存器写"1"),口线 P0.0~P0.7;进行数据并行输入/输出。

第二功能:P0 是复用的地址/数据总线 AD0~AD7。在 ALE 为高电平期间,外部存储器的低 8 位地址 A0~A7 在总线上出现;当 ALE 变成低电平时,这个端口变成双向的 8 位数据总线 D0~D7。单片机具有外部扩展功能,P0 口的第二功能是主要功能。

P1 口(1 脚~8 脚)—是一个通用的 8 位准双向 I/O 端口,口线 P1.0~P1.7。

P2 口(21 脚~28 脚)—是一个复用端口。

第一功能:端口 P2 从理论上讲可以作为通用的 8 位准双向 I/O 端口使用,口线 P2.0~P2.7。

第二功能:实际应用时总是作为高位地址总线使用。当访问外部存储器或 I/O 口时,P2 口的 8 条引脚作为高位地址总线,系统自动把高 8 位地址 A8~A15 送出。由于单片机系统扩展时需要 16 位地址线,因此,P2 口的第二功能是主要功能。

在存储器访问期间,诸如遇到"MOVX A,@DPTR"或"MOVX @DPTR,A"之类的指令时系统自动使用 P2 口发出高位地址。

P3 口(10 脚~17 脚)—这也是一个复用端口。

第一功能:使用时,是普通通用的 8 位准双向 I/O 端口,功能和操作方法与 P1 口相同;口线 P3.0~P3.7。

第二功能:使用时,各引脚的定义如表 2-1 所示。

**表 2-1　P3 口第二功能表**

| 引脚 | 第二功能 |
|---|---|
| P3.0 | RXD 串行口输入端 |
| P3.1 | TXD 串行口输出端 |
| P3.2 | $\overline{\text{INT0}}$外部中断 0 请求输入端,低电平有效 |
| P3.3 | $\overline{\text{INT1}}$外部中断 1 请求输入端,低电平有效 |
| P3.4 | T0 定时/计数器 0 计数脉冲输入端 |
| P3.5 | T1 定时/计数器 1 计数脉冲输入端 |
| P3.6 | $\overline{\text{WR}}$外部数据存储器写选通信号输出端,低电平有效 |
| P3.7 | $\overline{\text{RD}}$外部数据存储器读选通信号输出端,低电平有效 |

说明:

• 4 个 I/O 口 P0、P1、P2、P3 在使用时,即可以 8 位同时使用(组成一字节),也可以每一位单独做口线使用。

• 单片机的引脚面向用户,引脚表现出的是单片机的外特性或硬件特性,所以在硬件方面,只能使用引脚组建系统,使用者应熟悉各引脚的用途,以便正确接线。图 2-3 为 89C51 单片机的引脚排列图及输入/输出逻辑示意图。

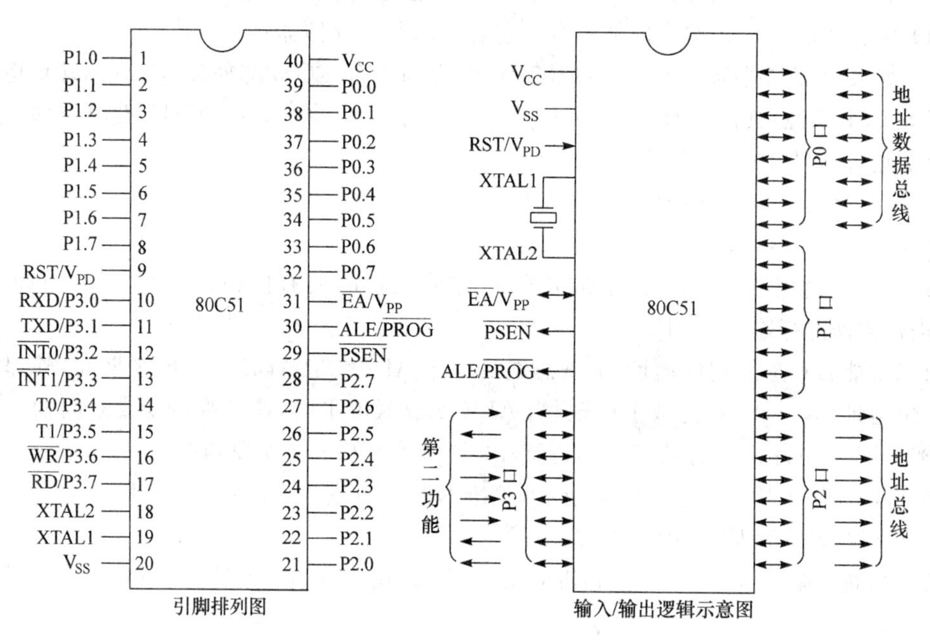


图 2-3　89C51 引脚排列图及输入/输出逻辑示意图

5. 其他引脚的第二功能

$\overline{\text{EA}}/V_{PP}$(31 脚)—$V_{PP}$是使用 89C51 内部程序存储器时所用的编程电压(+21V)。

ALE/$\overline{\text{PROG}}$(30 脚)—$\overline{\text{PROG}}$是使用具有内部程序存储器的单片机时(如 89C51)所用的编程脉冲。

RST/$V_{PD}$(9 脚)—$V_{PD}$是单片机的备用电源。当电源发生故障,电压降低到下限值时,备用电源可以由此端向内部数据存储器 RAM 提供电压,以保护内部 RAM 中的信息不丢失。

6. 关于引脚的第一功能、第二功能的使用说明

一个信号引脚有第一功能又有第二功能，在使用时到底选用哪种功能？在系统运行时会不会发生冲突或造成错误呢？不会。理由如下所述。

(1) 对于各种型号的芯片，其引脚的第一功能信号相同，所不同的只在引脚的第二功能信号上。

(2) 对于 9、30、31 号引脚，由于第一功能信号与第二功能信号是单片机在不同的工作方式下的信号，因此不会发生使用上的矛盾。

(3) P3 口的情况有所不同，它的第二功能信号都是单片机系统扩展时重要的控制信号。因此在实际使用时，单片机总是首先按需选用它的第二功能，剩下不用的才能作为口线使用。

## 2.2 单片机的存储器配置

### 2.2.1 存储器概述

存储器(Memory)是计算机系统中的记忆设备，用来存放程序和数据。计算机中的全部信息，包括输入的原始数据、计算机程序、中间运行结果和最终运行结果都保存在存储器中，它根据控制器指定的位置存入和取出信息。

存储器是单片机的一个重要组成部分，图 2-4 给出存储容量为 256 个单元的存储器结构示意图。其中每个存储单元对应一个地址，即 256 个单元共有 256 个地址，用两位十六进制数表示的地址范围 00H～FFH。51 单片机中存储器单元地址是 8 位或 16 位二进制数。存储器中每个存储单元可存放一个 8 位二进制信息，通常用两位十六进制数表示，可根据需要随时改变存储器的内容。存储器的存储单元地址和存储单元的内容是不同的两个概念，不能混淆。

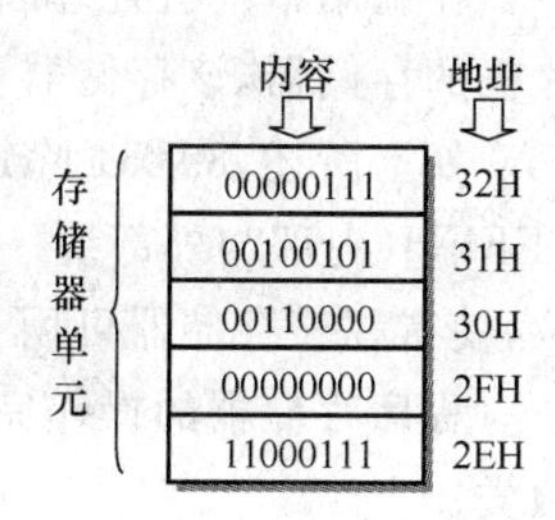


图 2-4 存储器结构示意图

单片机与一般微机的存储器配置方式不同，微机通常是普林斯顿结构(冯·诺依曼结构)，只有一个地址空间，ROM 和 RAM 可以随意安排在这一地址范围内不同的空间。CPU 访问存储器时，一个地址对应唯一的存储器单元，可以是 ROM，也可以是 RAM，使用同类的访问指令。

单片机的存储器在物理结构上大多是哈佛型结构，分为程序存储器和数据存储器两个不同的空间，并采用不同的访问指令。

### 2.2.2 51 系列单片机存储器结构特点

(1) 按功能分类：哈佛结构，分为程序存储器(ROM)和数据存储器(RAM)，分开编址，并有各自的寻址机构和寻址方式。

(2) 按物理空间分类：内部存储器和外部扩展存储器，具有 4 个相互独立的存储空间，即内部数据存储器、内部程序存储器、外部数据存储器、外部程序存储器。具体如下：

- 存储器
  - 内部存储器
    - 内部数据存储器：256B、地址 00H～FFH
    - 内部程序存储器：80C31 内部没有，其他型号内部有一定容量的程序存储器，如 89C51 内部有 4KB 的 ROM，地址 0000H～0FFFH
  - 外部存储器
    - 外部数据存储器：最大可扩展 64KB、地址 0000H～FFFFH
    - 外部程序存储器：最大可扩展 64KB、地址 0000H～FFFFH

(3) 按逻辑使用分类：片内、片外统一编址的64KB程序存储器地址空间；256字节的片内数据存储器地址空间；64KB片外数据存储器地址空间。

由于采用不同的存储器访问指令，51单片机的外部扩展程序存储器和数据存储器的地址范围可以相同，都是0000H～FFFFH，共64KB。

前面讲到，由于51系列单片机扩展的外部程序存储器和外部数据存储器地址范围都是0000H～FFFFH，共64KB。那么，使用时会不会出错？不会，这是因为：

① 程序存储器与数据存储器空间相互独立，并不重叠。

② 采用了不同的存储器访问指令，访问内部或外部程序存储器时指令用"MOVC"，访问外部数据存储器时指令用"MOVX"。

③ 控制信号不同，访问外部程序存储器时控制信号为$\overline{PSEN}$；访问外部数据存储器时控制信号为$\overline{RD}$和$\overline{WR}$。

## 2.3 程序存储器

### 2.3.1 程序存储器概述

在利用单片机处理问题之前，必须先将编好的程序、表格、常数汇编成机器代码后存入单片机的存储器，该存储器称为程序存储器。

如上所述，89C51除片内4KB的ROM外，还可外扩64KB程序存储器，地址为0000H～FFFFH(内部与外部统一64KB)。它以程序计数器(PC)作地址指针，由于程序计数器为16位，使得程序存储器可用16位二进制地址，因此，可寻址的地址空间为64KB。

程序存储器的操作完全由程序计数器控制。程序存储器的操作分为程序运行与查表操作两类。

1. 程序运行控制操作

程序的运行控制操作包括复位控制、中断控制和转移控制。

复位控制与中断控制有相应的硬件结构，其程序入口地址是固定的，如表2-2所示，用户不能更改。

**表2-2 51系列单片机复位、中断入口地址**

| 控制操作 | 入口地址 |
| --- | --- |
| 复位 | 0000H |
| 外部中断0 | 0003H |
| 定时器/计数器0溢出中断 | 000BH |
| 外部中断1 | 0013H |
| 定时器/计数器1溢出中断 | 001BH |
| 串行中断0 | 0023H |

值得注意的是：单片机复位后程序计数器的内容为0000H，故系统必须从0000H单元开始取指令以执行程序。0000H单元是系统的起始地址，一般在0000H～0002H存放跳转指令，使程序被引导到跳转指令指定的程序存储空间去执行。

除0000H单元外，还有5个特殊单元：0003H、000BH、0013H、001BH、0023H，分别对应于5个中断源，是这5个中断源的中断服务程序的入口地址。

由于每个中断源子程序仅有8个单元，对超过8个字节的中断服务程序，存储空间显然不够用，所以用户应该在这些入口地址处存放一条跳转指令，使程序被引导到跳转指令指定的中断服务程序的存储空间去执行。

2. 查表操作

对于一些常用的数据，可以用表格形式、常数汇编成机器代码后存入单片机的ROM。对这些数据的"读"操作，就是51单片机指令系统中访问外部程序存储器的指令。指令仅有两条，其寻址方式采用变址寻址方式，分别如下：

```
MOVC A,@A+DPTR
MOVC A,@A+PC
```

### 2.3.2 内部程序存储器

内部程序存储器指单片机芯片内部的程序存储器。89C51内部包含4KB容量的程序存储器，占用0000H～0FFFH的最低4KB。为方便内、外ROM的同时使用，此时片外扩充的程序存储器地址编号应由1000H开始，$\overline{EA}$为高电平时，用户在0000H至0FFFH范围内使用内部ROM。超出0FFFH后，单片机CPU自动访问外部程序存储器。

### 2.3.3 外部程序存储器

外部程序存储器指单片机外部扩展的程序存储器。如果将89C51当做80C31使用，不利用片内4KB的ROM，全部使用片外存储器，则地址编号仍可由0000H开始。地址范围0000H～FFFFH，共64KB。不过，此时应使89C51的第31脚(即$\overline{EA}$脚)保持低电平，可常接地。89C51程序存储器示意图如图2-5所示。

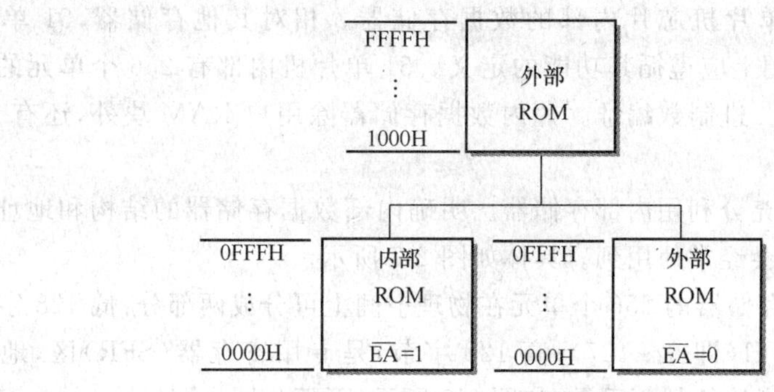


图2-5 51单片机程序存储器示意图

## 2.4 数据存储器

### 2.4.1 数据存储器概述

单片机的数据存储器由读写存储器RAM组成。用于存储实时输入的数据或中间计算结果。其空间分为片内和片外两部分：片内存储空间为256B，地址00H～FFH；片外数据存储器空间为64KB，地址0000H～FFFFH。如图2-6所示。

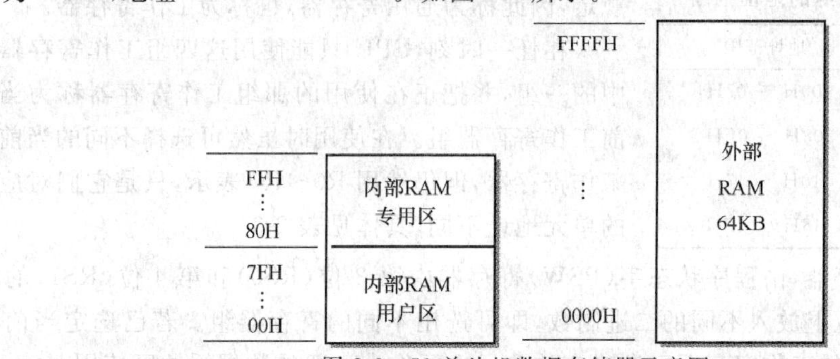


图2-6 51单片机数据存储器示意图

由图 2-6 可知，51 单片机片内片外数据存储器空间不重叠，是两个独立的地址空间，应分别单独编址，并采用不同指令访问。

### 2.4.2 片外数据存储器

片外数据存储器指单片机外部扩展的数据存储器。使用说明如下：

（1）根据地址总线宽度，用 16 位地址线编址，在片外可扩展的存储器最大容量为 64KB，地址范围是 0000H～FFFFH。

（2）片外数据存储器与程序存储器的操作使用不同的指令和控制信号，允许两者的地址重复。因此，片外可扩展的数据存储器与程序存储器各为 64KB。

（3）片外数据存储器与片内数据存储器的操作指令亦不同（对片外 RAM 用“MOVX”指令），所以也允许两者的地址相同，内部数据存储器的地址 00H～FFH，外部扩展数据存储器的地址 0000H～FFFFH。

（4）采用 R0、R1 或 DPTR 寄存器间接寻址的方式访问片外数据存储器。采用 R0、R1 间接寻址时只能访问外部低 256 字节，采用 DPTR 间接寻址可访问外部整个 64KB 空间。

### 2.4.3 内部数据存储器

内部数据存储器指单片机芯片内部的数据存储器。相对其他存储器，51 单片机内部 RAM 配置较复杂，在使用上应遵循其功能的定义。51 单片机内部有 256 个单元的内部数据存储器，单元地址用 8 位二进制数编址。片内数据存储器除用户 RAM 块外，还有专用区（特殊功能寄存器）块。

实际使用时，应首先充分利用内部存储器。明确内部数据存储器的结构和地址分配显得十分重要，因为后续章节会经常使用到。具体如图 2-7 所示。

51 单片机内部数据存储器的 256 个单元在物理空间上可分成两部分：低 128 字节 RAM，是用户区，地址 00H～7FH（即 0～127）；高 128 字节，是专用寄存器（SFR）区，地址 80H～FFH（即 128～255）。二者连续但不重叠，如图 2-8 所示，下面分别介绍。

1. 内部数据存储器低 128 单元

51 单片机内部 RAM 低 128 个单元在使用上具体分三部分，如图 2-9 所示。

1）工作寄存器区

从 00H～1FH 安排 32 个存储单元作为通用寄存器区，共分四组，每组 8 个工作寄存器，用 R0～R7 表示，如图 2-9 所示。

工作寄存器常用于临时寄存 8 位操作数及中间结果等，由于它们的功能及使用不作预先规定，因此称为通用寄存器，也称为工作寄存器。

**表 2-3 4 个工作寄存器组的地址范围**

| 工作寄存器组 | 地址范围 |
|---|---|
| 工作寄存器组 0 | 00H ～ 07H |
| 工作寄存器组 1 | 08H ～ 0FH |
| 工作寄存器组 2 | 10H ～ 17H |
| 工作寄存器组 3 | 18H ～ 1FH |

在任一时刻，CPU 只能使用这四组工作寄存器中的一组，并把正在使用的那组工作寄存器称为当前工作寄存器组。在使用时虽然可选择不同的当前工作寄存器，但仍然用 R0～R7 表示，只是它们对应的单元地址不同，具体见表 2-3。

选用哪一组寄存器，由程序状态字（PSW）寄存器中第 3 位（RS0）和第 4 位（RS1）的状态组合决定。在这两位上放入不同的二进制数，即可选用不同的寄存器组。若已选定当前工作寄存器组，那么剩下的工作寄存器区所对应的单元也可作为一般的数据缓冲区使用。

图 2-7　51 单片机内部数据存储器配置图

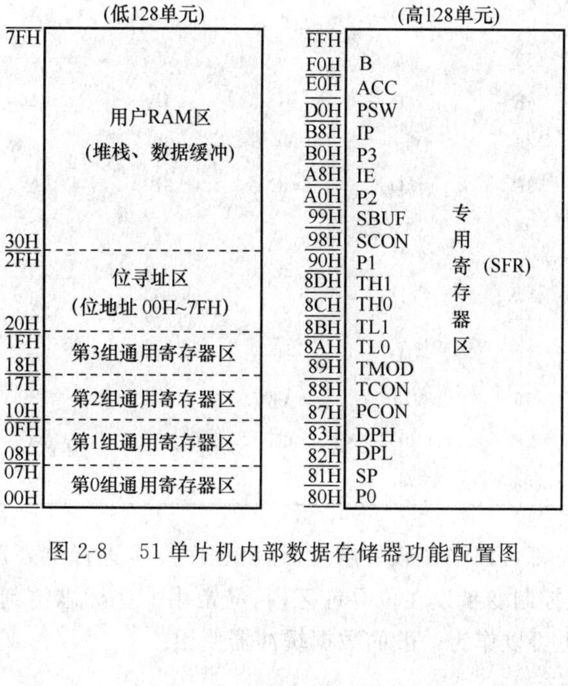

(低128单元)

7FH
用户RAM区
(堆栈、数据缓冲)
30H
2FH
位寻址区
(位地址 00H~7FH)
20H
1FH
第3组通用寄存器区
18H
17H
第2组通用寄存器区
10H
0FH
第1组通用寄存器区
08H
07H
第0组通用寄存器区
00H

(高128单元)

FFH
F0H B
E0H ACC
D0H PSW
B8H IP
B0H P3
A8H IE
A0H P2
99H SBUF
98H SCON
90H P1
8DH TH1
8CH TH0
8BH TL1
8AH TL0
89H TMOD
88H TCON
87H PCON
83H DPH
82H DPL
81H SP
80H P0
专用寄存器区 (SFR)

图 2-8　51 单片机内部数据存储器功能配置图

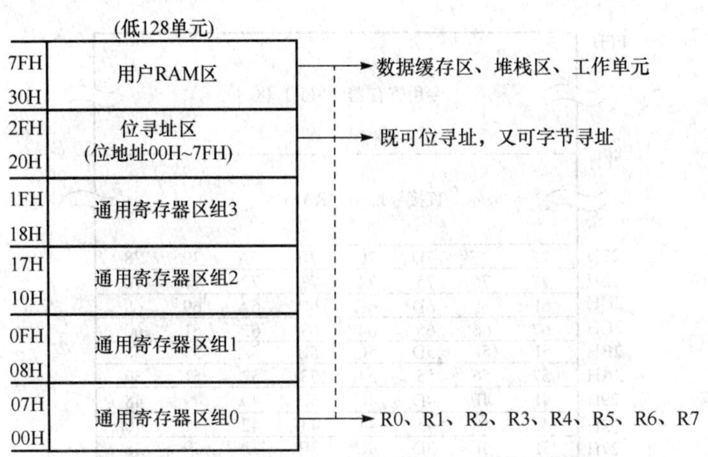


图 2-9　51 单片机内部 RAM 低 128 字节配置图

2）位寻址区

低 128 个单元中还开辟有一个“位地址”区，共计 128 个二进制位。位寻址区有 16 字节，字节地址为 20H～2FH。每字节有 8 个二进制位，每个二进制位都有各自的地址，称为“位地址”。16 字节共计包含 128 个二进制位，位地址范围是 00H～7FH。该区域内不但可按字节寻址，还可按位(bit)寻址。对于那些需要进行位操作的数据，可以存放到这个区域。具体位地址如表 2-4 所示。

**表 2-4　内部 RAM 的 128 个位地址名称**

| 字节地址 | MSB | | | | 位地址 | | | LSB |
|---|---|---|---|---|---|---|---|---|
| 2FH | 7F | 7E | 7D | 7C | 7B | 7A | 79 | 78 |
| 2EH | 77 | 76 | 75 | 74 | 73 | 72 | 71 | 70 |
| 2DH | 6F | 6E | 6D | 6C | 6B | 6A | 69 | 68 |
| 2CH | 67 | 66 | 65 | 64 | 63 | 62 | 61 | 60 |
| 2BH | 5F | 5E | 5D | 5C | 5B | 5A | 59 | 58 |
| 2AH | 57 | 56 | 55 | 54 | 53 | 52 | 51 | 50 |
| 29H | 4F | 4E | 4D | 4C | 4B | 4A | 49 | 48 |
| 28H | 47 | 46 | 45 | 44 | 43 | 42 | 41 | 40 |
| 27H | 3F | 3E | 3D | 3C | 3B | 3A | 39 | 38 |
| 26H | 37 | 36 | 35 | 34 | 33 | 32 | 31 | 30 |
| 25H | 2F | 2E | 2D | 2C | 2B | 2A | 29 | 28 |
| 24H | 27 | 26 | 25 | 24 | 23 | 22 | 21 | 20 |
| 23H | 1F | 1E | 1D | 1C | 1B | 1A | 19 | 18 |
| 22H | 17 | 16 | 15 | 14 | 13 | 12 | 11 | 10 |
| 21H | 0F | 0E | 0D | 0C | 0B | 0A | 09 | 08 |
| 20H | 07 | 06 | 05 | 04 | 03 | 02 | 01 | 00 |

位寻址区的每一位都可以当作软件触发器，由程序直接进行位处理。程序设计时通常把各种程序状态标志、位控制变量设在位寻址区内，经常用一些标志位判断程序运行。同样，位寻址区的 RAM 单元也可以作为一般的数据缓冲器使用。

3）用户 RAM 区

30H～7FH 可供用户使用，属于用户 RAM 区。这 80 个单元只能以字节形式使用，堆栈区域就设在其中。

2. *内部数据存储器高 128 单元*

51 单片机片内 RAM 的高 128 单元地址 80H～FFH，因这些寄存器的功能已作专门规定，故而称为专用寄存器，也称为特殊功能寄存器(SFR)。特殊功能寄存器是用来对片内各功能模块进行管理、控制的控制寄存器和状态寄存器，反映单片机的当前工作状态。

51 单片机共有 22 个专用寄存器(Special Functional Register，SFR)，它们离散分布在片内 RAM 的 80H～FFH 中。除程序计数器(PC)不可寻址外，其余 21 个有地址，并可寻址。各特殊功能寄存器的符号和地址见表 2-5。其中，11 个具有位寻址能力(带 * 号)，用户可以通过使用位功能标记对这 11 个特殊功能寄存器的任一有效位进行位操作。

可寻址位说明如下：

(1) PC 为双字节寄存器，但是不在 80H～FFH 范围内。

(2) 在表 2-5 中，凡地址能被 8 整除的寄存器都是可位寻址的寄存器(带 * 号的)。

位地址的表示法：

| | |
|---|---|
| 位名称： | CY、RS0 |
| 寄存器名加序号： | PSW. 7、ACC. 1 |
| 字节地址加序号： | 20H. 3 |
| 直接位地址： | 00H |

特殊功能寄存器只能使用直接寻址方式，在指令中既可使用寄存器符号表示，也可使用寄存器地址表示。

**表 2-5　特殊功能寄存器地址空间**

| 符号 | 单元地址 | 名　称 | 位地址 | |
|---|---|---|---|---|
| | | | 符　号 | 地　址 |
| * ACC | E0H | 累加器 | ACC. 7～ACC. 0 | E7H～E0H |
| * B | F0H | 乘法寄存器 | B. 7～B. 0 | F7H～F0H |
| * PSW | D0H | 程序状态字 | PSW. 7～PSW. 0 | D7H～D0H |
| SP | 81H | 堆栈指针 | | |
| DPL | 82H | 数据存储器指针(低 8 位) | | |
| DPH | 83H | 数据存储器指针(高 8 位) | | |
| * IE | A8H | 中断允许控制器 | IE. 7～IE. 0 | AFH～A8H |
| * IP | B8H | 中断优先控制器 | IP. 7～IP. 0 | BFH～B8H |
| * P0 | 80H | 通道 0 | P0. 7～P0. 0 | 87H～80H |
| * P1 | 90H | 通道 1 | P1. 7～P1. 0 | 97H～90H |
| * P2 | A0H | 通道 2 | P2. 7～P2. 0 | AFH～A0H |
| * P3 | B0H | 通道 3 | P3. 7～P3. 0 | BFH～B0H |
| PCON | 87H | 电源控制及波特率选择 | | |
| * SCON | 98H | 串行口控制 | SCON. 7～SCON. 0 | 9FH～98H |
| SUBF | 99H | 串行数据缓冲器 | | |

续表

| 符号 | 单元地址 | 名　称 | 位地址 | |
|---|---|---|---|---|
| | | | 符　号 | 地　址 |
| * TCON | 88H | 定时控制 | TCON.7～TCON.0 | 8FH～88H |
| TMOD | 89H | 定时器选择方式 | | |
| TL0 | 8AH | 定时器 0 低 8 位 | | |
| TL1 | 8BH | 定时器 1 低 8 位 | | |
| TH0 | 8CH | 定时器 0 高 8 位 | | |
| TH1 | 8DH | 定时器 1 高 8 位 | | |

这些特殊功能寄存器可分为两类，一类与芯片的引脚有关，另一类作片内功能的控制用。与芯片引脚有关的特殊功能寄存器是 P0～P3，它们实际上是 4 个 8 位锁存器(每个 I/O 口一个)，每个锁存器附加相应的输出驱动器和输入缓冲器就构成一个并行口。51 单片机有 P0～P3 四个这样的并行口，可提供 32 根 I/O 线，每根线都是双向的，并且大都有第二功能。

以下先介绍的特殊功能寄存器有：程序计数器(PC)、累加器(ACC)、B 寄存器、程序状态字(PSW)、数据指针(DPTR)、堆栈指针(SP)。另一些专用寄存器的功能在后面有关部分再作进一步介绍。

1) 程序计数器(Program Counter，PC)

PC 是一个 16 位的计数器。其内容为将要执行的指令地址，可寻址范围达 64KB。PC 具有自动加 1 功能，以实现程序顺序执行。另外，PC 是唯一没有地址的专用寄存器，不可寻址，因此用户无法对它进行读写操作，但可以通过转移、调用、返回等指令改变其内容，以实现程序的转移。

2) 累加器(Accumulator，ACC)

累加器为 8 位寄存器，是程序中最常用的特殊功能寄存器。主要有以下几项功能：

• 可用于存放操作数，是算数逻辑运算单元(ALU)数据输入的一个重要来源。单片机中大部分单操作数指令的操作数来自累加器，许多双操作数指令中的一个操作数也取自累加器。

• 可用于存放运算的中间结果，是 ALU 运算结果的暂存单元。

• 累加器是数据传送的中转站，单片机大部分数据传送都通过累加器进行，如内部数据存储器与外部数据存储器之间的数据传送必须通过累加器传递。

• 在变址寻址方式中，即程序存储器的"读"操作中，累加器作为变址寄存器使用。

因此，单片机中的大部分操作都通过累加器进行，而 51 单片机只有一个累加器，所以累加器的使用非常频繁。其情形犹如城市中交通繁忙的路口，很容易出现阻塞现象。为此，在 51 单片机中设置一些不经过累加器的数据传送指令，例如，寄存器与单元之间直接传送指令，单元与单元之间直接传送指令，直接寻址单元与间接寻址单元之间数据传送指令，寄存器、直接寻址单元、间接寻址单元与立即数之间数据传送指令等，以降低累加器的使用频率，缓和累加器的拥堵现象。

由于累加器的瓶颈作用制约单片机运算速度，为此人们已开始考虑使用寄存器阵列(Register Array)代替累加器，即赋予更多寄存器以累加器的功能，形成多累加器结构，从而彻底解决单累加器的瓶颈问题，以利于提高单片机的效率。

3) B 寄存器(Register，B)

B 寄存器为 8 位寄存器，主要与累加器配合，用于执行乘法和除法指令的操作，也可作为一般寄存器使用。

4）程序状态字(Program Status Word,PSW)

程序状态字是8位寄存器，用于寄存指令执行的状态信息。其中，有些位状态根据指令执行结果由硬件自动设置1，而有些位状态则需要使用软件方法设定。PSW的状态可以用专门指令进行测试，也可以用指令读出。某些条件转移指令以PSW有关位的状态作为判定条件，实现程序的转移。PSW的各位定义如表2-6所示。

**表2-6　PSW的各位定义**

| 位序 | PSW.7 | PSW.6 | PSW.5 | PSW.4 | PSW.3 | PSW.2 | PSW.1 | PSW.0 |
|---|---|---|---|---|---|---|---|---|
| 位地址 | D7 | D6 | D5 | D4 | D3 | D2 | D2 | D0 |
| 位标志 | CY | AC | F0 | RS1 | RS0 | OV | / | P |

现对PSW的各位介绍如下。

(1) P(PSW.0) — 奇偶校验位。

表明累加器A中1的个数，若1的个数为偶数，则P=0；若1的个数为奇数，则P=1。

(2) OV(PSW.2) — 溢出标志位。

溢出标志位OV：做加法或减法时，由硬件置位或清零，以指示运算结果是否溢出。在带符号数的加减运算中，OV=1反映运算结果超出累加器A的数值范围(无符号数的范围为0～255)，以补码形式表示一个有符号数的范围为－128～＋127，即产生溢出，因此运算结果错误；反之，OV=0表示运算结果正确，即无溢出产生。做无符号数的加法或减法时，OV的值与进位位CY的值相同。

在做有符号数加法时，如最高位、次高位之一有进位，或做减法时，如最高位、次高位之一有借位，则OV被置位，即OV的值为最高位和次高位的“异或”(C7 ⊕ C6)。

在乘法运算中，OV=1表示乘积超过255，即乘积分别在B与A中；反之，OV=0，表示乘积只在A中。

在除法运算中，OV=1表示除数为零，除法不能进行；反之，OV=0，表示除数不为零，除法可正常进行。

(3) RS1和RS0(PSW.4和PSW.3) — 寄存器组选择位。

用于设定当前通用寄存器的组号。通用寄存器共有4组，对应关系如表2-7所示。RS1和RS0这两个位的状态由软件设置，被选中的寄存器组即为当前的通用寄存器组。

**表2-7　通用寄存器的选择**

| PSW.4(RS1) | PSW.3(RS0) | 当前使用的工作寄存器组(R0～R7) |
|---|---|---|
| 0 | 0 | 组0 (00H～07H) |
| 0 | 1 | 组1 (08H～0FH) |
| 1 | 0 | 组2 (10H～17H) |
| 1 | 1 | 组3 (18H～1FH) |

(4) F0(PSW.5) — 用户标志位。

这是一个由用户定义使用的标志位，用户根据需要用软件方法置位或复位，如用它控制程序的转向。

(5) AC(PSW.6) — 辅助进位标志位。

在加减运算中，当低 4 位向高位有进位或借位时，由硬件自动置"1"，否则 AC 位被清零。

(6) CY 或 C(PSW.7) — 进位标志位。

CY(或 C)是 PSW 中最常用的标志位。其功能有两个：

① 是存放算术运算的进位标志，在加减运算中，当第 7 位(D7)向更高位进位或借位时，CY 由硬件置位为 1，否则 CY 位被清零。

② 是在位操作中，作累加位使用。在位传送、位"与"、位"或"等位操作中，都使用进位标志位。

**【例 2-1】** 分析下面数据相加后，受影响的 PSW 的各位状态。

$$
\begin{array}{r}
1\ 0\ 0\ 0\ 0\ 0\ 1\ 1 \\
+\quad 1\ 0\ 0\ 1\ 0\ 0\ 0\ 0 \\
\hline
1\ 0\ 0\ 0\ 1\ 0\ 0\ 1\ 1
\end{array}
$$

则 CY=1，AC=0，OV=1，P=1，其余位状态未改变。

5) 数据指针(DPTR)

数据指针为 16 位寄存器，它的用法非常灵活，既可以按 16 位寄存器使用，也可以作为两个 8 位寄存器使用，即：

DPH　DPTR 高位字节

DPL　DPTR 低位字节

DPTR 在访问外部数据存储器时作为地址指针使用，由于外部数据存储器的寻址范围为 64KB，故把数据指针设计为 16 位。此外，在变址寻址方式中，用数据指针作基址寄存器，用于对程序存储器的访问。

### 2.4.4 单片机的堆栈操作

堆栈实际上是一种数据结构，指在 RAM 区中开辟的一段数据区，只允许在该数据区一端进行数据插入和数据删除操作。51 单片机的堆栈是在片内 RAM 中由用户自行指定的一部分内存区，例如图 2-10 中，由用户指定从 69H 后的内存单元作为堆栈。

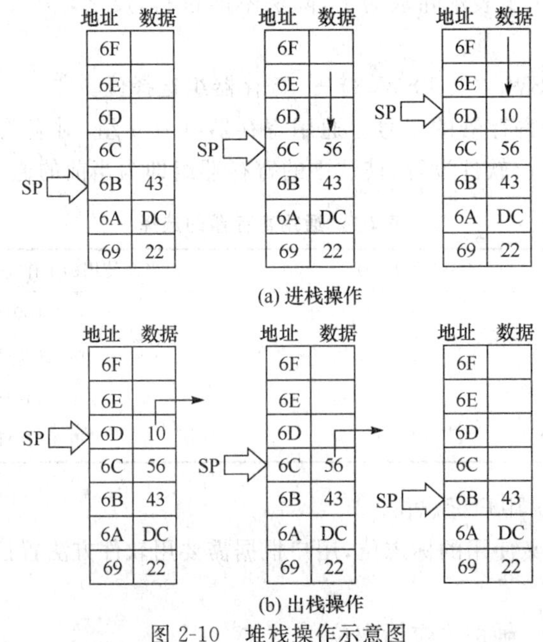


图 2-10　堆栈操作示意图

1. 堆栈的特点与操作

由图 2-10 可知，堆栈共有两种操作：进栈和出栈。采用"后进先出"的数据操作规则。因此，不论是进栈还是出栈，都是相对堆栈的栈顶单元进行。

2. 堆栈的功能

堆栈主要为调用子程序和中断操作而设立，具有保护断点和保护现场两个功能。

· 断点：实际上是程序存储器中一个存储单元的地址。这个存储单元用于存储"子程序调用指令"下面的那条指令的地址。图 2-11 为断点示意图。

· 现场：保存某些重复使用的寄存器中的内容，如 A、R0～R7、DPTR 等的内容。

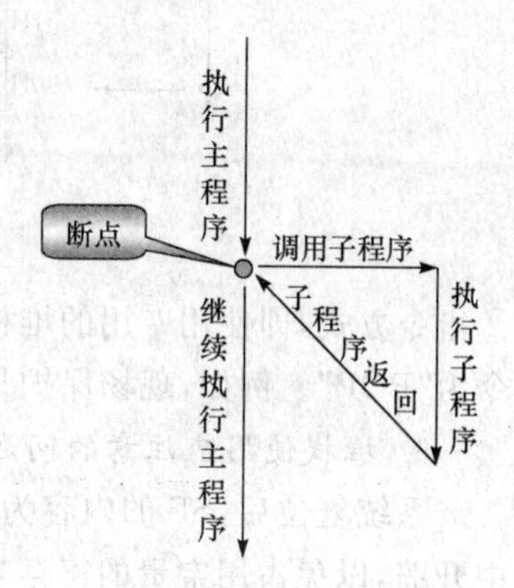

图 2-11 断点示意图

由图 2-11 可知，在单片机中无论是执行子程序调用还是执行中断操作，最终都返回主程序。因此，在单片机转去执行子程序或中断服务子程序之前，必须考虑其返回问题。为此，在进入子程序或中断服务前，预先把主程序的断点保护起来，为程序的正确返回作准备。

同时，在执行子程序或中断服务时，需要用到一些寄存器，如：累加器 A、寄存器 R0～R7、数据指针 DPTR 等，为不破坏这些寄存器的内容，又能在子程序或中断服务中使用它们，所以在转入子程序或中断服务之前把这些寄存器的内容保存起来，在返回主程序之前再恢复被保存的内容，这就是所谓的"现场保护"。这些内容都保存在堆栈中。因此可根据要保存内容的多少来确定足够的容量(或深度)。另外，在程序设计中，堆栈也可以用于数据临时存放。

3. 堆栈指针(SP)

由于堆栈中数据入栈和出栈都是相对堆栈的栈顶单元进行，即对栈顶单元的"读"和"写"。为指示栈顶地址，需要设置堆栈指针(Stack Pointer，SP)，SP 的内容就是当前栈顶单元的地址。由于 51 单片机堆栈设在内部数据存储器中，因此 SP 是 8 位专用寄存器，系统复位后，SP 的内容为 07H。

4. 堆栈的分类

计算机中堆栈有两种分类方法：

·按照开辟区域，堆栈可分为内堆栈和外堆栈。

其中，微机常用外堆栈。根据单片机特点，单片机常采用内堆栈，即堆栈开辟在内部数据存储器中，主要优点是速度快，但容量有限。

·按照操作方式，堆栈分为向上生长型和向下生长型。

向上生长型堆栈，栈底在低地址单元，随着数据进栈，地址递增，SP 的内容越来越大，指针上移；反之，随着数据出栈，地址递减，SP 的内容越来越小，指针下移，如图 2-12(a)所示。

向下生长型堆栈，栈底在高地址单元，随着数据进栈，地址递减，SP 的内容越来越小，指针下移；反之，随着数据出栈，地址递增，SP 的内容越来越大，指针上移，如图 2-12(b)所示。

51 系列单片机的堆栈属于向上生长型。

5. 堆栈的使用方式

堆栈的使用方式有两种。①自动方式，即在调用子程序或中断时，返回地址(断点)自动进栈。程序返回时，断点再自动弹回 PC。这种堆栈操作无须用户干预，因此称为自动方式。

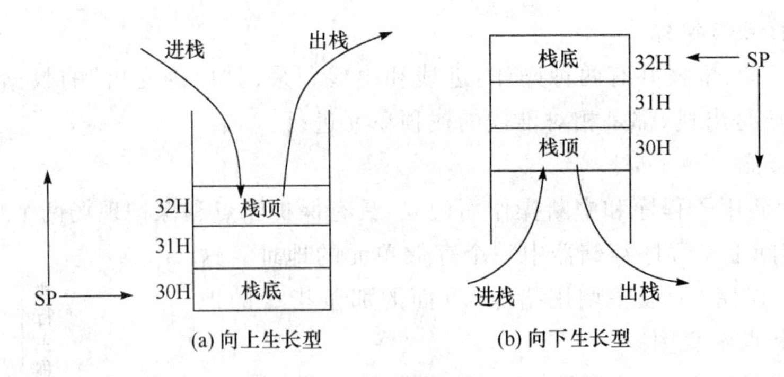

图 2-12　两种类型的堆栈

②指令方式，即使用专用的堆栈操作指令，进行进栈、出栈操作，进栈指令为“PUSH”，出栈指令为“POP”。例如，现场保护是指令方式的进栈操作，而现场恢复则是指令方式的出栈操作。

6. 堆栈使用应注意的问题

系统复位后，SP 的内容为 07H。一般情况下，堆栈最好在内部 RAM 的 30H～7FH 单元中开辟，以免占用宝贵的寄存器区和位寻址区。栈顶的位置则由堆栈指针 SP 指出，SP 的内容一经确定，堆栈的位置也就确定，由于 SP 可初始化为不同的值，所以堆栈位置可浮动。

例如，在程序设计时将 SP 的值初始化为 60H，即(SP)＝60H，此时堆栈区域在 60H～7FH 之间，深度是 32 个单元。

## 2.5　51 单片机的时钟电路与时序

单片机的工作在时序脉冲的控制下有条不紊地进行，这个脉冲可由单片机内部的时钟电路产生。

### 2.5.1　时钟信号的产生

时钟信号由时钟电路产生。51 单片机内部有一个用于构成振荡器的高增益反相放大器，引脚 XTAL1 和 XTAL2 分别是反相放大器的输入端和输出端，由这个放大器与作为反馈元件的片外晶体或陶瓷谐振器一起构成自激振荡器。时钟振荡器是单片机工作的原始动力，可以利用内部的振荡电路，在外围加接晶振和电容组成，也可从外部引入。51 单片机的时钟信号可由以下两种方式产生。

1. 通过芯片引脚 XTAL1 和 XTAL2 外接晶体振荡器和微调电容

晶体振荡器是首选的时钟源，这种驱动内部时钟电路的方法比较常用。当然，在对时钟频率要求不高的情况下，也可以用陶瓷谐振器代替。图 2-13 给出由晶振连接的内部时钟电路组成的振荡器电路。图 2-13 中的电容一般取 30pF。

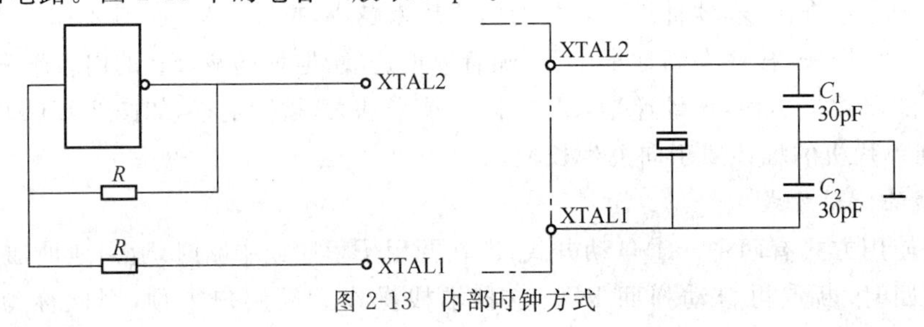

图 2-13　内部时钟方式

晶体振荡频率高，则系统的时钟频率也高，相应的单片机运行速度就高。振荡电路所产生的振荡脉冲并不直接使用，而是经分频后再为系统所用。振荡脉冲经四分频后才得到机器周期信号。

2. 外接TTL时钟信号

对于更高频率的设计，则应引入一个片外TTL时钟信号。图2-14为外部时钟方式。图2-14(b)的外部时钟信号经XTAL1引脚引入，而XTAL2引脚悬空。这种方式可应用于多机通信。

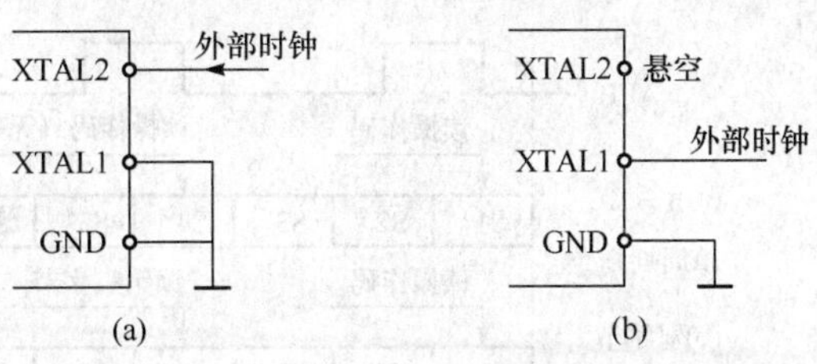


图2-14　外部时钟方式

### 2.5.2　51单片机的时序

单片机在执行指令时将一条指令分解为若干基本的微操作，这些微操作所对应的脉冲信号在时间上的先后次序(或指令执行中各信号之间的相互时间关系)称为计算机的时序。51单片机的时序由四种周期构成，即振荡周期、时钟周期、机器周期和指令周期。

1. 时序定时单位

单片机执行指令在时序电路的控制下逐步进行，通常以时序图的形式表明相关信号的波形及出现的先后次序。周期从小到大分别为：

(1) 振荡周期：指为单片机提供定时信号的振荡源周期，若为内部产生方式时，为石英晶体的振荡周期，也称拍节(用P表示)。

(2) 时钟周期：也称为状态周期，用S表示。时钟周期是计算机中最基本的时间单位，在一个时钟周期内，CPU完成一个最基本的动作。51单片机中一个时钟周期为振荡周期的两倍。

(3) 机器周期：51单片机采用同步控制方式，因此具有固定的机器周期。规定一个机器周期含有6个时钟周期，即振荡脉冲经过六分频后才得到机器周期信号，所以机器周期频率就是振荡频率的六分频，即一个机器周期包含6个状态，分别为S1、S2、S3、S4、S5、S6，也就包含12个拍节。不同的状态产生不同的操作。

例如，当振荡脉冲频率为12MHz时，一个机器周期为1μs；当振荡脉冲的频率为6MHz时，一个机器周期为2μs。

(4) 指令周期：指令周期是最大的时序定时单位，指完成一条指令(如存储器读、存储器写等)所需要的时间称为指令周期。指令周期以机器周期的数目表示，51单片机的指令周期含1～4个机器周期，其中多数为单周期指令，还有二周期和四周期指令。

2. 指令时序

51系列单片机共有111种指令，所有指令按其长度可分为单字节指令、双字节指令和三字节指令。执行这些指令所需要的机器周期数不同，概括起来有以下6种：单字节单周期指令、双字节单周期指令、单字节双周期指令、双字节双周期指令、三字节双周期指令和四周期指令。其中，四周期指令只有乘除两种指令。

指令时序如图2-15所示。

(1) 单周期指令(Single Cycle Instructions)。

执行单周期指令的CPU时序如图2-15所示。据图可知，CPU在固定时刻执行某种内部操作。其中，图2-15(a)是单字节指令，图2-15(b)是双字节指令。二者都在S1P2期间由CPU取指令，即将指令码读入指令寄存器，同时程序计数器PC加1。后者在同一机器周期的S4P2

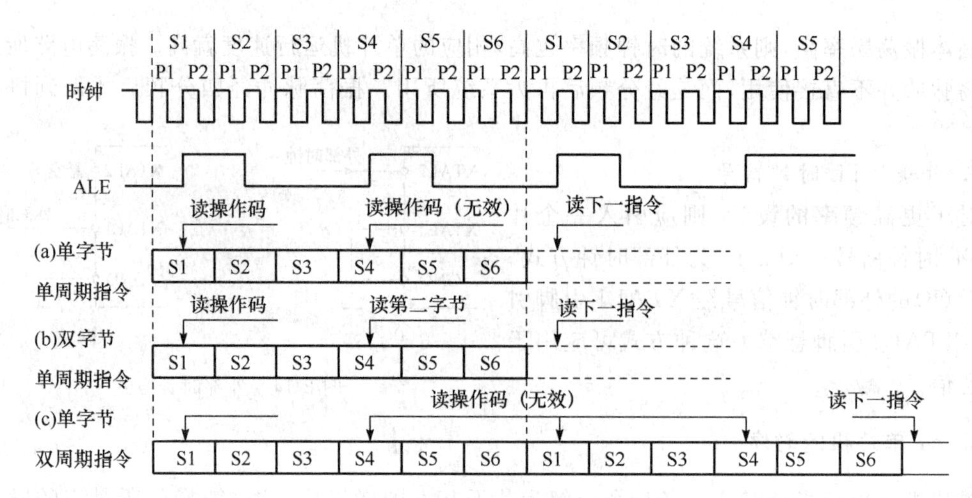


图 2-15　51 单片机的取指/执行时序

再读第二字节;前者在 S4P2 虽也读操作码,但既是单字节指令,读的已是下一条指令,故读后丢弃不用,PC 也不加 1。两种指令在 S6P2 结束时都完成操作。图 2-15(c)是单字节双周期指令,则在两个机器周期内将 4 次读操作码,不过后 3 次读后都丢弃不用。

(2) 双周期指令(Two Cycle Instructions )。

双周期指令执行一条指令需要两个机器周期,因为它们要求对存储器进行两次访问。访问双字节双周期指令时,第一个周期取操作码,第二个周期取操作数或操作数地址。例如:

```
ANL A,direct
ANL A,#data
```

这两条指令都是双周期指令,同时也是双字节指令。在第一个例子中,对存储器的第一次访问取出来的是操作码,而第二次访问取出来的则是操作数的地址。在第二个例子中,对存储器的第一次访问取出来的是操作码,而第二次访问取出来的则是操作数本身,由指令直接使用。

对于那些双字节双周期指令,第二次访问存储器是有关执行结果的操作。例如:

```
MOVX @DPTR,A
```

执行这条指令所需要的第二个机器周期向由 DPTR 指出的外部数据存储器的存储单元中写入数据。

## 2.6　51 单片机的复位

1. 复位目的与复位条件

复位目的:对单片机的片内电路重新进行初始化,使有关部件都恢复到原先规定的初始状态。并使 PC=0000H,不论原来程序运行到什么地方,都重新从 0000H 开始运行。

复位条件:必须在 51 单片机的 RST 引脚保持两个机器周期(24 个振荡周期)以上的高电平,才完成一次复位。复位后片内各专用寄存器的状态如表 2-8 所示。

表 2-8　复位后片内各专用寄存器的状态

| 寄存器 | 内容 | 寄存器 | 内容 |
|---|---|---|---|
| PC | 00H | TMOD | 00H |
| A | 00H | TCON | 00H |

续表

| 寄存器 | 内容 | 寄存器 | 内容 |
| --- | --- | --- | --- |
| B | 00H | TH0 | 00H |
| PSW | 00H | TL0 | 00H |
| SP | 07H | TH1 | 00H |
| DPTR | 0000H | TL1 | 00H |
| P0～P3 | 0FFH | SCON | 00H |
| IP | (XXX00000)B | SBUF | 不变 |
| IE | (0XX00000)B | PCON | (0XXXXXXX)B |

2. 复位电路

由单片机提供的 RST 引脚，外接电阻、电容元件组成复位电路。常用的复位电路如图 2-16所示。按钮按下时利用 *RC* 电路可保持 RST 有两个机器周期以上的高电平 。

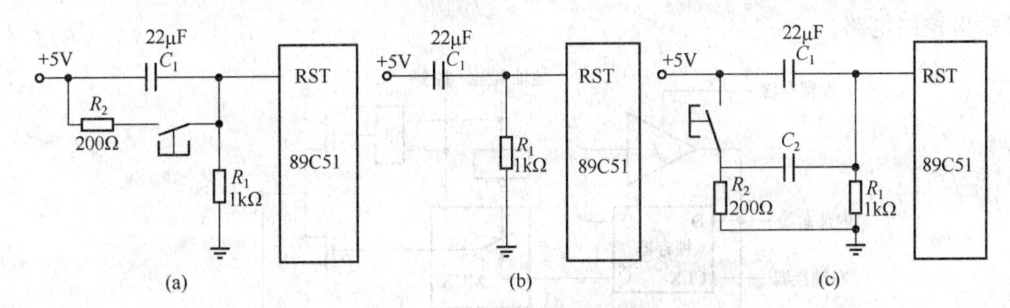


图 2-16　3 种实用的复位电路

3. 低功耗工作方式

51 系列单片机采用两种半导体工艺生产。一种是 HMOS 工艺，即高密度短沟道 MOS 工艺；另一种是 CHMOS 工艺，即互补金属氧化物 MOS 工艺。CHMOS 是 CMOS 和 HMOS 的结合，除保持高速度和高密度的特点外，还具有 CMOS 低功耗的特点。在便携式、手提式或野外作业仪器设备上，低功耗非常有意义。因此，在这些产品中必须使用 CHMOS 的单片机芯片。

采用 CHMOS 工艺的单片机不仅运行时耗电少，而且还提供两种节电工作方式，即空闲（等待、待机）方式和掉电（停机）保护工作方式，以进一步降低功耗。

(1) 待机（休闲）状态。

待机（休闲）状态是一种低功耗的工作方式。进入待机状态后，除中断功能外，停止其他工作，但片内 RAM 及特殊功能寄存器都保持不变，I/O 引脚保持原逻辑值，ALE、$\overline{\text{PSEN}}$保持逻辑高电平，停止读取指令。在这种状态下，工作电流可以从正常的 20mA 降到 5mA，使系统能在低功耗下待机。

为使单片机进入待机（休闲）状态，可以利用片内特殊功能寄存器中的 PCON，将其 D0 位 IDL 置 1（指令 MOV PCON，#01H）；为退出，可将 IDL 置零，或通过复位退出。

(2) 掉电保护状态。

单片机掉电后可以投入备用电池，这时希望系统耗电尽量小，以延长电池的使用时间，为此应使单片机进入掉电保护状态，这时工作电流大约只有 75μA。片内振荡器停振，所有功能部件停止工作，ALE、$\overline{\text{PSEN}}$为低电平，仅保留片内 RAM 的数据信息。为此，有人把备用电源提供仅供维持单片机内部 RAM 工作的最低消耗电流形象地称为“饥饿电流”。

为进入掉电保护状态，可将 PCON 寄存器中的 D1 位 PD 置 1；为退出掉电保护状态，只能通过电源 $V_{CC}$ 恢复或复位操作。单片机恢复正常工作以后首先现场恢复被保护信息。

## 2.7 单片机的并行 I/O 口

51 系列单片机提供 4 个 8 位的并行 I/O 口。4 个口都属于特殊功能寄存器，且每个口都拥有唯一的地址。每个口既可按位寻址，也可按字节寻址，CPU 通过相应的指令区分。

1. P0 口的位结构与功能

P0 口某位的结构图如图 2-17 所示。P0 口是一种三态双向口，可作为地址/数据分时复用口，也可作为通用 I/O 接口。P0 口由 8 个这样的电路组成。锁存器起输出锁存作用，8 个锁存器构成特殊功能寄存器 P0。场效应管(FET) $V_1$、$V_2$ 组成输出驱动器，以增大带负载能力。三态门 1 是引脚输入缓冲器，三态门 2 用于读锁存器端口。与门 3、反相器 4 及模拟转换开关构成输出控制电路。

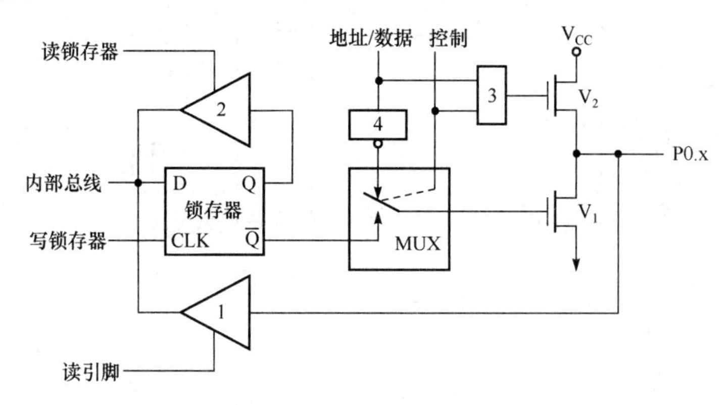


图 2-17 P0 口某位的结构图

(1) P0 口作一般 I/O 口，在输入数据时应先把口置 1，使两个 FET 都截止，引脚处于悬浮状态，可作高阻抗输入。具有内部程序存储器的单片机可用 P0 口作通用 I/O，数据可写入口锁存器。无内部 ROM 的单片机的 P0 口没有锁存器，因为它没有充当一个通用 I/O 口的机会。即使用作通用 I/O 口，也需要外接上拉电阻。

(2) 访问外部存储器时，它是一个复用的地址/数据总线。(分时使用)输出地址总线低 8 位 A0～A7(利用 ALE 信号的下降沿将地址锁存)，在 ALE 上升沿作数据总线 D0～D7 使用。

2. P1 口的位结构与功能

(1) P1 口也是一种准双向 I/O。P1 口某位的结构图如图 2-18 所示。

(2) P1 口应用：通常作一般 I/O 口用。如图 2-19 所示，P1.1 输入的状态由 P1.0 输出。可用如下指令实现：

```
MOV C,P1.1
MOV P1.0,C
```

因此，P1 口只有通用 I/O 接口一种功能，其输入输出原理特性与 P0 口作为通用 I/O 接口使用时一样，它在结构上与 P0 口的区别在于输出驱动部分。其输出驱动部分由场效应管 $V_1$ 与内部上拉电阻组成。当其某位输出高电平时，可以提供拉电流负载，不必像 P0 口那样外接电阻。P1 口具有驱动 4 个 LS TTL 负载的能力。

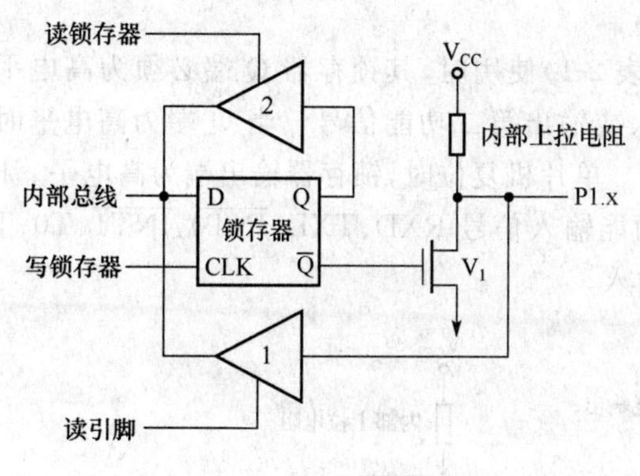


图 2-18 P1 口某位的结构图

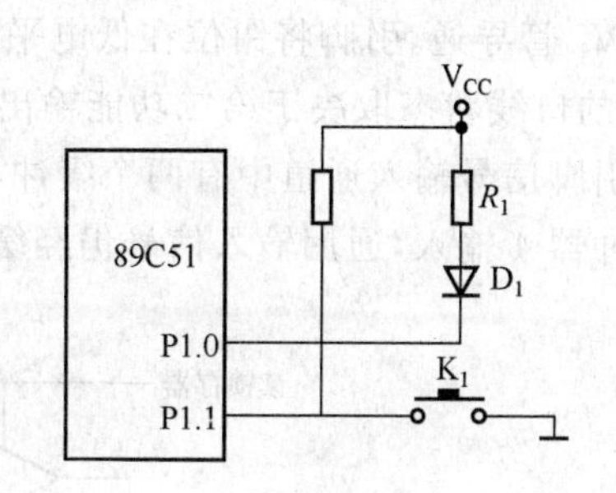


图 2-19 P1 口输入/输出功能应用

3. P2 口的位结构与功能

(1) 在结构上比 P0 口少了一个输出转换控制部分,多路开关 MUX 的倒向由 CPU 命令控制,且 P2 口内部接有固定的上拉电阻。

(2) P2 口既可作为通用 I/O 口使用(先写"1"),又可作为地址总线口输出高 8 位地址(A8～A15)。

当作为准双向通用 I/O 口使用时,控制信号使转换开关接向左侧,锁存器 Q 端经反相器 3 接 $V_1$,其工作原理与 P1 相同,也具有输入、输出、端口操作三种工作方式;负载能力也与 P1 相同。

作为外部扩展存储器的高 8 位地址总线使用时,控制信号使转换开关接向右侧,由程序计数器来的高 8 位地址 PCH 或数据指针来的高 8 位地址 DPH 经反相器 3 和 $V_1$ 原样呈现在 P2 口的引脚上,输出高 8 位地址 A8～A15。在上述情况下,口锁存器的内容不受影响,所以,读取指令或访问外部存储器结束后,由于转换开关又接至左侧,使输出驱动器与锁存器 Q 端相连,因而引脚恢复原来的数据。P2 口某位的结构图如图 2-20 所示。

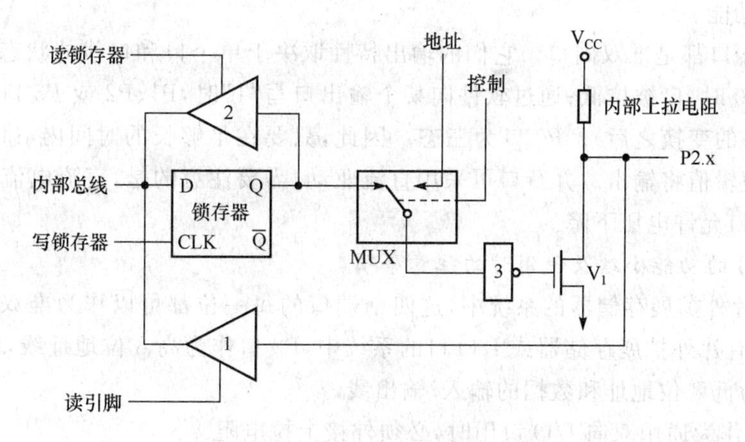


图 2-20 P2 口某位的结构图

4. P3 口的位结构与功能

P3 口与 P1 口的输出驱动部分及内部上拉电阻相同,但比 P1 口多一个第二功能控制部分的逻辑电路。具体如图 2-21 所示。

(1) 当 P3 口作为通用 I/O 接口时,第二功能输出线为高电平,使与非门 3 的输出取决于口锁存器的状态。在这种情况下,P3 口仍是准双向口,工作方式、负载能力均与 P1、P2 口相同。

(2) 当 P3 口作为第二功能(各引脚功能见表 2-1)使用时,其锁存器 Q 端必须为高电平,否则 $V_1$ 管导通,引脚将钳位在低电平,无法输入或输出第二功能信号。当 Q 端为高电平时,P3 口的口线状态取决于第二功能输出线的状态。单片机复位时,锁存器输出端为高电平。P3 口的引脚信号输入通道中有两个缓冲器,第二功能输入信号 RXD、TXD、$\overline{\text{INT0}}$、$\overline{\text{INT1}}$、T0、T1 经缓冲器 4 输入,通用输入信号仍经缓冲器 1 输入。

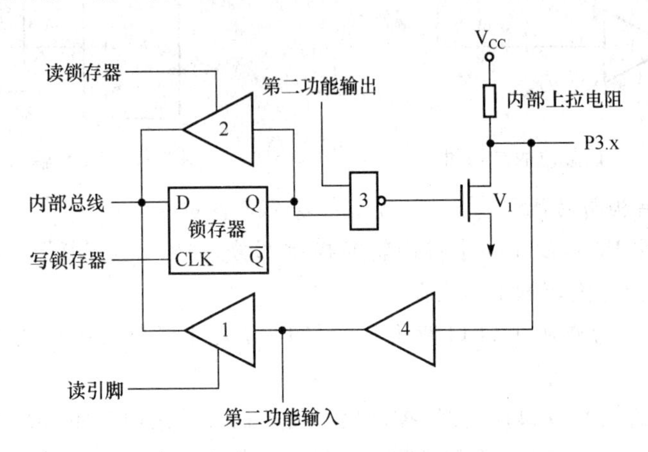


图 2-21　P3 口某位的结构图

5. I/O 口的输入/输出功能

(1) 输入功能。

I/O 口的输入状态与输出逻辑“1”状态相同,即管脚被弱上拉到逻辑“1”。这种“1”状态易被外部因素复写。这样,在通过软件给口线写“1”后,端口被设置为输入口。通过软件读端口时,管脚的状态被读取。唯一的例外是“读-修改-写”指令。

(2) 输出功能。

4 个并行端口都是准双向口。它们的输出特性取决于单个口和口线的状态。通过软件向某个输出口写 0 时,口被拉低;通过软件向某个输出口写“1”时,P1、P2 或 P3 口产生一个弱上拉(在从 0 到 1 的变换之后)。P0 口为三态。因此,只要在足够长的时间内,口不带太大的负载,则正确的逻辑值将输出。并行口可采用直流驱动,需要注意的是,直流电流可用于 I/O 口是因为并行端口允许电压下降。

6. P0～P3 的功能小结及使用时的注意事项

(1) 在无片外扩展存储器的系统中,这四个端口的每一位都可以作为准双向通用 I/O 端口使用。在具有片外扩展存储器或 I/O 口的系统中,P2 口作为高 8 位地址线,P0 口作为双向总线,分时作为低 8 位地址和数据的输入/输出线。

(2) P0 口作为通用双向 I/O 口用时,必须外接上拉电阻。

(3) P3 口除了作通用 I/O 使用外,它的各位还具有第二功能。当 P3 口某一位用于第二功能作输出时,则不能再作通用 I/O 使用。

(4) 当 P0～P3 端口用作输入时,为避免误读,“读引脚先写 1”,即都必须先向对应的输出锁存器写入“1”,使 FET 截止,然后再读端口引脚。如:

```
MOV P1,#0FFH
```

MOV A,P1

(5) 4 个 I/O 口 可按字节寻址，也可按位寻址。

(6) 单片机的片外三总线结构，如图 2-22 所示。

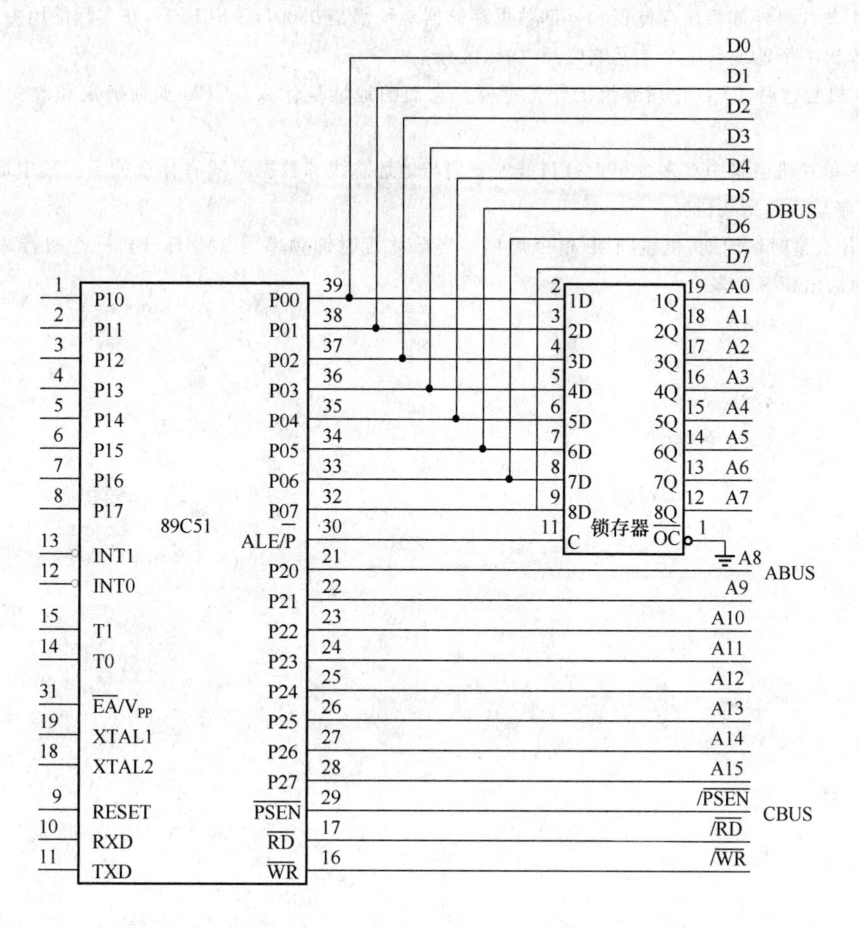


图 2-22　单片机的片外三总线结构

地址线(ABUS)：P0 提供低 8 位地址 A0～A7，P2 提供高 8 位地址 A8～A15。

数据线(DBUS)：P0 提供输入输出 8 位数据 D0～D7。

控制线(CBUS)：P3 口的部分第二功能，加上$\overline{\text{PSEN}}$、ALE 共同完成控制总线。

(7) 51 系列单片机虽然本身资源有限，但具有很强的外部器件扩展功能。进行外部存储器或 I/O 口扩展时，通过三总线连接才能构成一个完整的单片机系统。单片机本身没有专用的三总线，需通过其他引脚进行构造。此时，P0 口用作低 8 位地址/数据复合线，P2 口用以传送高 8 位地址。口线用作第二功能不会影响其余的管脚。剩余的口线可用于通作 I/O 口线。

例如：外扩 RAM 时，P3.6 是作为$\overline{\text{WR}}$信号输出端，而 P3.7 是作为$\overline{\text{RD}}$信号输出端。那么，如果系统只用$\overline{\text{RD}}$信号，则 P3.6 仍可用作通用 I/O 口。

## 习　　题

2-1　单片机存储器分哪几个空间？如何区别不同空间的寻址？

2-2　简述 51 单片机片内 RAM 区地址空间的分配特点。

2-3　51 单片机的$\overline{\text{EA}}$、ALE、$\overline{\text{PSEN}}$信号各自的功能是什么？

2-4　内部 RAM 低 128 单元划分为哪几个主要部分？说明各部分的使用特点。

2-5　堆栈有哪些功能？堆栈指针(SP)的作用是什么？在程序设计时，为什么还要对 SP 重新赋值？

2-6　存储器单元内容和存储器单元地址有何不同？

2-7　51 单片机外部程序存储器和外部数据存储器地址都是 0000H～FFFFH，在实际使用中是否存在地址重叠(即给出一个地址有两个单元响应)？如何区分？

2-8　开机复位后，CPU 使用哪组工作寄存器？它们的地址是什么？CPU 如何确定和改变当前工作寄存器？

2-9　51 单片机引脚中有多少根 I/O 口线？它们与地址总线和数据总线有什么关系？其中地址总线、数据总线与控制总线各是几位？

2-10　什么是时钟周期、机器周期、指令周期？当单片机时钟频率为 12MHz 时，一个机器周期是多少？ALE 引脚的输出频率是多少？

# 第3章　51单片机的指令系统

## 3.1　指令格式与寻址方式

### 3.1.1　指令与指令系统的概念

指令是使计算机内部执行相应动作的一种操作，是提供给用户编程使用的一种命令。指令由构成计算机的电子器件特性决定，计算机只能识别二进制代码，以二进制代码描述指令功能的语言，而机器只能直接识别和执行这种机器码程序，所以称之为机器语言，又称它为目标程序。由于机器语言不便于人们识别、记忆、理解和使用，并且不易查错，不易修改。为克服这些缺点，可采用有一定含义的符号，常以其英文名称或缩写形式表示，即给每条机器语言指令赋予助记符号，容易理解和记忆，起到助记作用，这就形成了汇编语言。

计算机能够执行的全部操作所对应的指令集合，称之为计算机的指令系统。从指令是反映计算机内部的一种操作的角度来看，指令系统全面展示计算机的操作功能，即它的工作原理；从用户使用的角度来看，指令系统是提供给用户使用计算机功能的软件资源。要让计算机处理问题，首先要编写程序。编写程序实际上是从指令系统中挑选一个指令子集的过程。

一种机器的指令系统是该机器本身所固有，用户无法改变，只能接受使用。虽然各种机器指令系统各不相同，但它们的指令类型、指令格式、指令基本操作，以及指令寻址方式都有很多共同之处。因此，在学习指令系统时，既要从编程使用的角度掌握指令的使用格式及每条指令的功能，又要掌握每条指令在计算机内部的微观操作过程（即工作原理），从而进一步加深对硬件组成原理的理解。学好一种机器的指令系统，再学习掌握其他机器指令系统就容易了。

指令一般有功能、时间和空间三种属性。功能属性是指每条指令都对应一个特定的操作功能；时间属性是指一条指令执行所用的时间，一般用机器周期表示；空间属性是指一条指令在程序存储器中存储时所占用的字节数。

采用汇编语言编写的程序称为源程序。由于计算机能够直接识别并执行机器语言，汇编语言程序不能被计算机直接识别并执行，必须经过一个中间环节把它翻译成机器语言程序，这个中间过程称为汇编。汇编语言是与机器语言指令一一对应。51系列单片机是8位机，其机器语言以8位二进制码为单位（称为一字节）。

汇编有两种方式：机器汇编和手工汇编。机器汇编用专门的汇编程序，在计算机上进行翻译；手工汇编是编程员把汇编语言指令逐条翻译成机器语言指令，现在主要使用机器汇编，有时也用到手工汇编。

由上述指令与指令系统基本概念的介绍可知，学习指令系统时，应掌握每条指令的功能、内部微观操作过程、汇编语言描述的指令格式及其对应的机器码、时间和空间属性等内容。

### 3.1.2　51单片机指令格式

用汇编语言编写程序，必须熟悉指令格式，包括汇编语言指令和伪指令。同时，应该熟练掌握单片机的寻址方式。

指令的表示方法称为指令格式,其内容包括指令的长度和指令内部信息的安排等。指令系统中的指令描述不同的操作,不同的操作对应不同的指令。指令由操作码和操作数两部分组成。操作码用来规定指令进行什么操作,而操作数则表示指令操作的对象。操作数可能是一个具体的数据,也可能是数据所在的存储空间地址。

指令格式为:操作码　[目的操作数],[源操作数]

例如:MOV A,#00H

操作码和操作数都有对应的二进制代码,指令代码由若干字节组成。对于不同的指令,指令的字节数不同。51 单片机指令系统有一字节,二字节,三字节等不同长度的指令,有无操作数、单操作数、双操作数三种情况。

1) 一字节指令(单字节指令)

一字节指令长度只有 1 字节,操作码和操作数信息同在其中。这种指令有两种情况:

(1) 指令码隐含对某一个寄存器的操作。

例如:指令 INC DPTR 的功能为数据指针加 1,由于操作的内容和操作对象 DPTR 是唯一的,用 8 位二进制代码就可表示。指令代码为 A3H,格式为:

| 1010 0011 |
|---|

(2) 操作数是通用寄存器,用 rrr 表示在同一个字节中。

例如:寄存器向累加器传送数据指令 MOV A,Rn。其指令码格式为:

| 1110 1rrr |
|---|

其中,高 5 位是传送到累加器 A 的操作码,后 3 位指定工作寄存器。000B~111B 分别对应寄存器 R0~R7。

2) 二字节指令(双字节指令)

二字节指令长度有 2 字节,操作码和操作数在程序存储器中分别占一个单元。

例如:指令 MOV A,#data 的指令码格式为:

| 0101 0011 |
|---|
| 立即数 data |

3) 三字节指令

三字节指令长度有 3 字节,其中操作码占一字节,操作数占两字节。操作数可能是数据,也可能是直接地址。

例如:指令 ANL direct,#data 的指令码格式为:

| 0101 0011 |
|---|
| direct |
| data |

为便于后面的学习,先对描述指令一些符号的约定意义加以说明。在 51 系列单片机的指令中,常用的符号有以下 14 种。

• #data8、#data16:分别表示 8 位、16 位立即数。

• direct:片内 RAM 单元地址(8 位),也可以指特殊功能寄存器的地址或符号名称。

• addr11、addr16:分别表示 11 位、16 位地址码。

• rel:相对转移指令中的偏移量,为 8 位有符号数(补码形式)。

• bit:片内 RAM 中(可位寻址)的位地址。

• A:累加器 A;ACC 则表示累加器 A 的字节地址。

• Rn:当前寄存器组的 8 个工作寄存器 R0～R7。

• Ri:可用作间接寻址的工作寄存器,只能是 R0、R1。

• @:间接寻址的前缀标志。

• $:当前指令的地址。

• (X):X 中的内容。

• ((X)):由 X 指出的地址单元中的内容。

• ←:箭头左边的内容被箭头右边的内容所取代,右边内容不变。

• ↔:箭头左边的内容与箭头右边的内容交换。

### 3.1.3 寻址方式

绝大多数指令执行时都需要使用操作数,也就存在到哪里取得操作数的问题。"寻址"的"址"是操作数所在的单元地址。因此所谓"寻址"就是寻找指令中的操作数或操作数所在地址。根据寻找方法的不同,也就有了不同的寻址方式。寻址方式是指令的重要组成内容,因为在计算机中只要给出单元地址,就能得到所需要的操作数。在用汇编语言编程时,数据的存放、传送、运算都要通过指令来完成。编程者必须自始至终都要十分清楚操作数的存放位置,以及如何将它们传送到适当的寄存器去参与运算。

深刻理解寻址方式对后面学习指令系统是非常重要的。一种计算机的寻址方式的种类由它的硬件结构决定,寻址方式越多样、灵活,指令系统越有效,用户编程也越方便,计算机的功能也随之越强。因此,寻址方式的多少是计算机的重要性能指标之一,是反映指令系统优劣的主要指标,也是汇编语言程序设计最基本的内容,必须十分熟悉。

根据指令操作的需要,计算机应提供多种寻址方式。一般来说,寻址方式越多,计算机的寻址能力就越强,但是指令系统也越加复杂。51 单片机共有 7 种寻址方式。以下逐一介绍。

1. 立即数寻址

所谓立即数寻址就是操作数在指令中直接给出,紧跟在操作码的后面。操作数直接出现在指令中,作为指令的一部分与操作码一起存放在程序存储器中,可以立即得到并执行,不需要经过别的途径寻找。立即数可能是 8 位,也可能是 16 位。通常把出现在指令中的操作数称为立即数,因此这种寻址方式称为立即数寻址。

在指令格式中,8 位立即数以 data 表示,为了防止与直接寻址指令中的直接地址混淆,在立即数前面加"#"以示区别。例如:

```
MOV A,#40H                  ;把数据 40H 送累加器 A
```

还有一条指令要求操作码后面紧跟两字节立即数,立即数以#data16 表示。例如:

```
MOV DPTR,#1000H             ;把 16 位立即数 1000H 送数据指针 DPTR
```

2. 直接寻址

在指令中直接给出操作数所在存储单元的地址。操作数不是立即数,而是操作数所在地址。所需的操作数从该地址单元中获得,由于这类指令的地址直接标注在指令上,所以称为直接寻址。

在 51 单片机指令系统中,直接寻址范围仅限于片内 RAM。具体可以访问 3 种存储器空间:

(1) 片内 RAM 低 128 单元，主要指 30H～7FH。

(2) 特殊功能寄存器。在指令中，特殊功能寄存器(SFR)既可以用它们的名称表示，也可以用它们的地址表示。

须注意的是，访问片内 RAM 低 128 单元的指令和访问 SFR 的指令没有什么区别。直接寻址方式是访问特殊功能寄存器的唯一方法。例如：

```
MOV A,40H                        ;将 40H 单元内容送入累加器 A
MOV P1,#00H                      ;将数据 00H 从 P1 口输出
```

(3) 位地址空间 20H～2FH。位寻址剩余的存储单元，可以以直接单元地址形式访问。

3. 寄存器寻址

寄存器寻址是指操作数不是立即数，也不是地址，而是一个寄存器名称，则称为寄存器寻址。操作数为寄存器中的内容，因此指定寄存器就能得到操作数。例如：

```
ADD A,R4
```

其功能是把寄存器 R4 的内容传送到累加器 A 中。由于操作数在 R4 中，因此在指令中指定 R4，也就得到操作数，所以是寄存器寻址方式。

寄存器寻址方式的寻址范围为：

(1) 四个通用寄存器组共有 32 个工作寄存器。在指令中只能使用当前寄存器组(R0～R7)，可通过 PSW 中 RS1、RS0 两位状态设置。

(2) 部分专用寄存器(如累加器 A，寄存器 B，以及数据指针 DPTR 等)。

4. 寄存器间接寻址

在这种指令中，寄存器的内容为操作数所在的单元地址。这类指令先从指令上所标明的寄存器中找出存放数据的地址，然后再从所找出的地址中取操作数。由于存储数据的地址不直接标明在指令中，所以称为间接寻址，即操作数通过寄存器间接得到，存放操作数地址的寄存器称为间址寄存器。

这里须强调的是：寄存器中的内容不是操作数本身，而是操作数的地址，到该地址单元中才能得到操作数。指令中寄存器作地址指针使用。寄存器间接寻址也须以寄存器符号的形式表示。51 单片机规定 R0 和 R1 作为间址寄存器，为了区别寄存器寻址和寄存器间接寻址，在寄存器间接寻址方式中，应在寄存器的名称前面加前缀标志@。例如：

```
MOV R1,#30H                      ;将立即数 30H 送入寄存器 R1 中
MOV A,@R1                        ;将 30H 单元中内容(2FH)送入 A 中
```

寄存器间接寻址示意如图 3-1 所示。又如：

```
MOV  DPTR,#2000H                 ;将立即数 2000H 送入寄存器 DPTR 中
MOVX @DPTR,A                     ;将累加器 A 中内容送入外部 RAM 2000H 单元
```

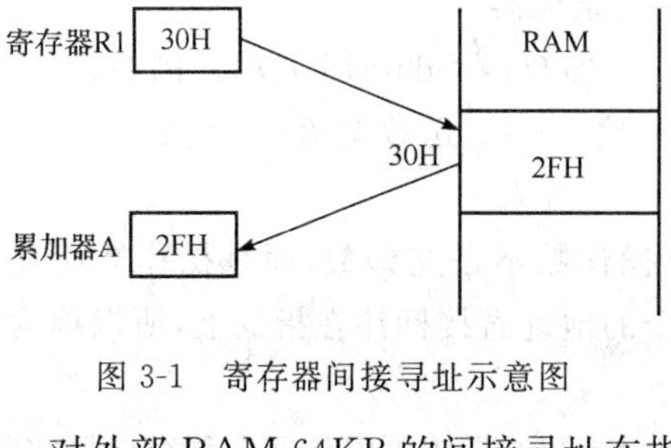

寄存器R1 30H

RAM

30H 2FH

累加器A 2FH

图 3-1　寄存器间接寻址示意图

关于寄存器间接寻址方式的寻址范围，具体有 4 种存储器空间：

(1) 内部 RAM 低 128 单元，主要指 30H～7FH。

对内部 RAM 低 128 单元的间接寻址，应使用 R0 或 R1 作间接寄存器，其通用形式为@Ri(i＝0 或 1)。

(2) 外部 RAM 64KB。

对外部 RAM 64KB 的间接寻址在指令符号上采用 MOVX 的形式，应使用 DPTR 作间址

寄存器，其形式为@DPTR。例如，指令 MOVX A,@DPTR 功能是把 DPTR 指定的外部 RAM 单元的内容送累加器 A。

(3) 外部 RAM 的低 256 单元。

这是一个特殊的寻址区，除可以使用 DPTR 作间接寄存器寻址外，还可以使用 R0 或 R1 作间接寄存器寻址。例如，指令 MOVX A,@R0 是把 R0 指定的外部 RAM 单元的内容送累加器 A。

(4) 堆栈操作指令(PUSH 和 POP)也应算作寄存器间接寻址。

这是因为整个堆栈操作过程中，栈顶单元的地址由堆栈指示器 SP 的值决定，所以可将 SP 看作是间址寄存器。例如：

```
PUSH ACC            ;将 A 中内容入栈保护
POP  ACC            ;将 A 中内容从堆栈中取出
```

5. 变址寻址(基址寄存器加变址寄存器间接寻址)

基址寄存器加变址寄存器间接寻址简称变址寻址。这种寻址方式用于访问程序存储器中的数据表格。它以数据指针寄存器(DPTR)或 PC 作为基址寄存器，A 作为变址寄存器，两者内容相加的和作为程序存储器单元地址，再寻址该单元，读取数据。例如：

```
MOV  DPTR,#1234H
MOV  A,#0A4H
MOVC A,@A+DPTR
```

前两条指令执行完，则 (A) = 0A4H，(DPTR) = 1234H，第 3 条指令的功能是将 DPTR 的内容与 A 的内容相加，变址寻址形成的操作数地址，即程序存储器存储单元的地址为 1234H+0A4H=12D8H，然后取出此存储单元中的内容送入累加器 A 中，而 12D8H 单元的内容为 3FH，故该指令执行结果使 A 的内容为 3FH。指令寻址及操作功能如图 3-2 所示。

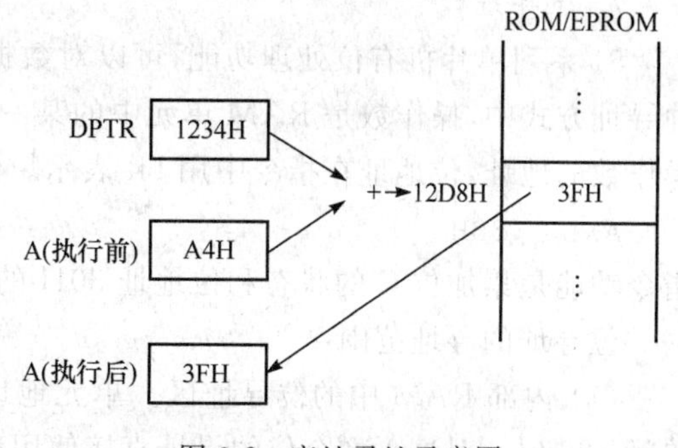


图 3-2　变址寻址示意图

对 51 指令系统的变址寻址方式作如下说明：

• 变址寻址方式只能访问程序存储器，或者说它是专门针对程序存储器的寻址方式。其寻址范围是 64KB。

• 变址寻址的指令只有三条：

```
MOVC A,@A+DPTR
MOVC A,@A+PC
JMP  @A+DPTR
```

其中，前两条是程序存储器读指令，后一条是无条件转移指令。

• 尽管变址寻址方式较为复杂，但变址寻址的指令却都是单字节指令。

6. 相对寻址

相对寻址用来决定程序转移的目标地址，用于访问程序存储器。51 指令系统设有转移指令，分为直接转移和相对转移指令，相对转移指令对应相对寻址方式。相对寻址指令执行时，是以当前的 PC 值加上指令中规定的偏移量 rel 而形成实际的转移目的地址。

转移目的地址＝转移指令所在地址＋转移指令字节数＋rel

＝PC 当前值＋偏移量 rel

rel 是一个 8 位二进制补码数。所能表示的数据范围是－128 ～＋127，所以程序转移可正向转移也可反向转移。反向转移时，转移目的地址小于源地址，rel 应用负数的补码表示。例如：

```
JC rel                    ; 设 CY=1  rel=75H
```

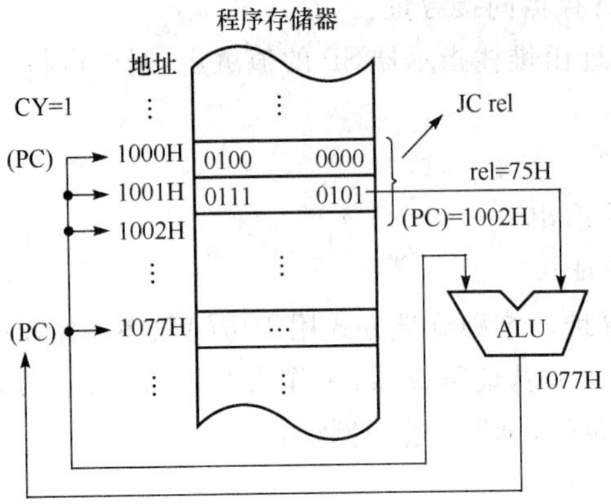

这是一条以 CY 为条件的转移指令。因为"JC rel"指令是双字节指令，当 CPU 取出指令的第二个字节时，PC 的当前值已是原 PC 内容加 2，由于 CY＝1，所以程序转向（PC 当前值＋75H）单元执行，执行过程如图 3-3 所示。相对转移指令"JC rel"的源地址为 1000H，转移的目标地址是 1077H。

图 3-3　相对寻址方式示意图

在实际应用中，经常需要根据已知的源地址和目的地址计算偏移量 rel。根据目标地址的计算方法得到偏移量 rel 的计算，即

rel ＝转移目的地址－PC 当前值

＝转移目的地址－(转移指令所在的地址＋2)

7. 位寻址

51 系列单片机有位处理功能，可以对数据位进行操作，因此有相应的位寻址方式。在这种寻址方式中，操作数是 RAM 单元中的某一位的信息。位寻址在位操作指令中直接给出位操作数的地址，位地址在指令中用 bit 表示。例如：

```
ANL C,30H
```

指令功能是累加位 C 的状态和位地址 30H 的状态进行逻辑"与"操作，并把结果保存在 C 中。

位寻址的寻址范围：

(1) 内部 RAM 中的位寻址区。单元地址为 20H～2FH，位地址是 00H～7FH，共 16 个单元 128 位。对这 128 个位的寻址直接使用位地址表示。例如：

```
MOV C,2BH                 ;指令功能是把位寻址区 2BH 位的状态送位累加位 CY
```

(2) 特殊功能寄存器的可寻址位。可供位寻址的特殊功能寄存器共 11 个（有 * 的能被 8 整除的字节地址），共有寻址位 83 位。这些寻址位在指令中有四种表示方法。

例如：对寄存器 PSW 的第 5 位置"1"，四种表示方法如下：

- 位名称：SETB F0。
- 寄存器名加位序号：SETB PSW. 5。
- 字节地址加位序号：SETB D0H. 5。
- 位地址法：SETB D5H。

### 3.1.4　操作数的 7 种寻址方式小结

对前面所讲的寻址方式总结如下：

(1) 以上 7 种寻址方式中，立即数寻址、直接寻址、寄存器寻址、寄存器间接寻址针对 RAM 中操作数。为方便起见，有关寻址方式的介绍以源操作数为例，对目的操作数同样

适用。

(2) 对片内、片外程序存储器只能使用变址寻址方式,或者变址寻址是一种专门用于程序存储器的寻址方式。

(3) 内部数据存储器由于使用频繁,因此寻址方式多。

(4) 相对寻址方式有关程序转移,改变的是程序计数器 PC 的值。

(5) 位寻址指所有的位操作。

具体如表 3-1 所示。

**表 3-1　7 种寻址方式和寻址的空间**

| 寻址方式 | 相关寄存器 | 寻址的空间 |
|---|---|---|
| 立即寻址 | | 程序存储器 ROM |
| 直接寻址 | | 片内 RAM 和 SFR |
| 寄存器寻址 | R0～R7,A,B,DPTR | R0～R7,A,B,DPTR |
| 寄存器间接寻址 | @R0,@R1 | 片内 RAM |
| | @R0,@R1,@DPTR | 片外 RAM |
| 变址寻址 | @A+PC,@A+DPTR | ROM 区 |
| 相对寻址 | PC | ROM 区 |
| 位寻址 | 可位寻址的 SFR | 片内 RAM20H～2FH<br>SFR 中可寻址位 |

## 3.2　51 单片机指令系统

### 3.2.1　单片机指令分类

51 单片机指令系统有 42 种助记符,代表 33 种功能,有的功能(如数据传送)可以有几种助记符(如 MOV、MOVX 、MOVC)。指令功能助记符与各种可能的寻址方式相结合,共构成 111 条指令。

在这些指令中,从指令长度看,单字节指令有 49 条,双字节指令有 45 条,三字节指令有 17 条;从指令执行的时间看,单机器周期指令有 64 条,双机器周期指令有 45 条,四机器周期指令有两条,即乘法操作指令和除法操作指令。从指令的功能看,51 系列单片机指令系统分为五大类:

- 数据传送类指令 29 条;
- 算术运算类指令 24 条;
- 逻辑运算类指令 24 条;
- 控制转移类指令 17 条;
- 位操作类指令 17 条。

### 3.2.2　数据传送类指令

1. 数据传送类指令概述

所谓"传送",是把源地址单元的内容传送到目的地址单元,而源地址单元内容不变,或者原目的单元内容互换。数据传送操作属复制性质，而不是剪切性质。该组指令是指令系统中最活跃、使用最频繁的一类指令，几乎所有的应用程序都用到这类指令。因为 CPU 在进行算术和逻辑运算时，需要操作数。所以，数据的传送是一种最基本、最主要的操作。在通常的应用程序中，传送指令占有极大的比例。数据传送是否灵活、迅速，对整个程序的编写和执行都有很大的作用。51 系列单片机为用户提供极其丰富的数据传送指令，功能很强。特别是直接寻址，可不使用工作寄存器或累加器，以提高数据传送的速度和效率。

数据传送指令类型如图 3-4 所示。源操作数可以是：累加器 A、通用寄存器 R0～R7、直接地址 direct、间址寄存器@Ri 和立即数，而目的操作数可以是：累加器 A、通用寄存器 R0～R7、直接地址 direct 和间址寄存器@Ri，两者只差一个立即数。

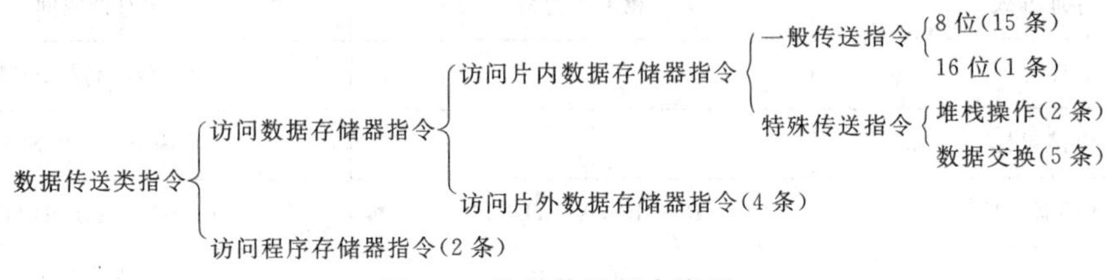


图 3-4　数据传送指令类型

该类指令的特点：除目的操作数为 A 的指令影响 P 位，一般操作并不影响标志位。另外，堆栈操作可以直接修改程序状态字(PSW)。这样，可能使某些标志位发生变化。用到的助记符有 8 种：MOV、MOVX、MOVC、XCH、XCHD、PUSH、POP、SWAP。其中，常用的三种传送指令为：

MOV：片内 RAM 的 256 个单元之间传送。

MOVX：片外 RAM 与 ACC 之间传送。

MOVC：读程序存储器的数据送 ACC。

现对数据传送类指令分述如下。

2. 片内 RAM 数据传送指令(16 条)

传送指令的助记符为“MOV”，通用格式为：

MOV 〈目的操作数〉，〈源操作数〉

传送指令时有从右向左传送数据的约定，即指令的右边操作数为源操作数，表达数据的来源；左边操作数为目的操作数，表达数据的去向。

单片机芯片内部是数据传送最为频繁的部分，有关的传送指令也很多。该类指令的功能是实现数据在片内 RAM 单元之间、寄存器之间、寄存器与 RAM 单元之间的传送。图 3-5 给出该类指令的操作关系图。

在图 3-5 中，一条单向箭头线表示一种操作，箭头线尾是源操作数，箭头指向目的操作数，箭头线旁的标识符表示对片内 RAM 的某种寻址方式。因此，一条单向箭头线对应一种寻址方式，即一条“MOV”指令。双向箭头线可以看成两条单向箭头线。由图 3-5 可知：

- 立即数只能作为源操作数，而不能作为目的操作数；
- 工作寄存器中的内容只能和直接寻址方式寻址的片内 RAM 单元内容相互传送，不能和其他寻址方式寻址的单元进行数据传送；
- 累加器 A 的内容可以和寄存器间接寻址方式、直接寻址方式寻址的片内 RAM 单元的内容相互传送；
- 寄存器间接寻址方式寻址的片内 RAM 单元的内容可以和直接寻址方式寻址的另一个

RAM 单元的内容相互传送；

• 直接寻址方式寻址的两个不同地址 RAM 单元的内容可以相互传送。16 位传送指令只有一条，是一条给 DPTR 送数的指令。

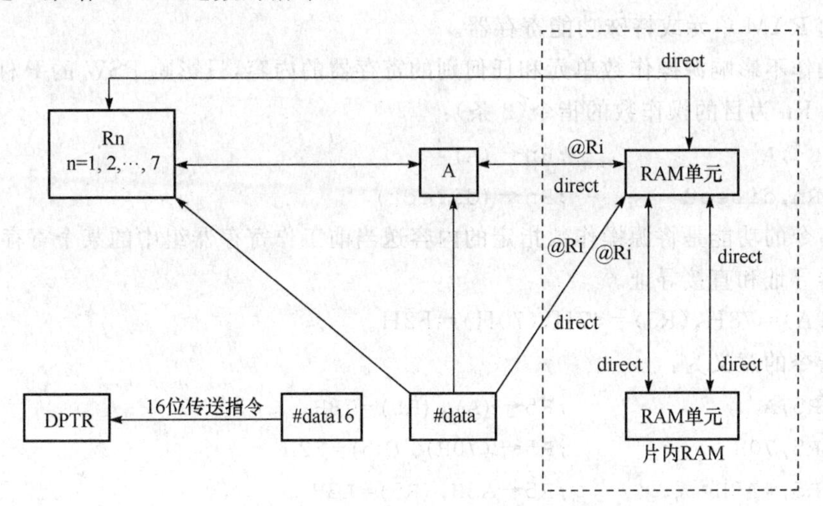


图 3-5　访问片内 RAM 的传送指令操作关系图

根据图 3-5 可很快推写出本类的 16 条指令。这部分指令具体如下所述。

1）立即数传送指令组(5 条)

立即数传送指令分为两种情况：8 位立即数传送指令和 16 位立即数传送指令。

(1) 8 位立即数传送指令(4 条)：

```
MOV  A,#data          ;A←data
MOV  direct,#data     ;direct←data
MOV  Rn,#data         ;Rn←data
MOV  @Ri,#data        ;(Ri)←data
```

这四条指令的功能都是实现 8 位立即数的传送，把立即数传送到不同寻址方式的内部 RAM 单元中。

(2) 16 位立即数传送指令(1 条)：

```
MOV  DPTR,#data16     ;DPTR←data16
```

这是唯一的 16 位立即数传送指令，其功能是把 16 位常数送入 DPTR。DPTR 由 DPH 和 DPL 组成。这条指令执行的结果是将高 8 位立即数 dataH 送入 DPH，低 8 位立即数 dataL 送入 DPL。译成机器码时，高位字节在前，低位字节在后，如“MOV DPTR，#1234H”的机器码是“90 12 34”，执行结果为：

| DPH(83H) | | | | | | | | DPL(82H) | | | | | | | |
|---|---|---|---|---|---|---|---|---|---|---|---|---|---|---|---|
| 0 | 0 | 0 | 1 | 0 | 0 | 1 | 0 | 0 | 0 | 1 | 1 | 0 | 1 | 0 | 0 |

2)片内 RAM 单元之间的数据传送指令组

按照目的操作数的不同，内部 RAM 单元之间的数据传送指令可分为以下 4 种情况。

(1) 以累加器 A 为目的操作数指令(3 条)：

```
MOV  A,direct         ;A←(direct)
MOV  A,Rn             ;A←(Rn)
```

```
MOV  A,@Ri               ;A←((Ri))
```

这类指令的功能是将源操作数指定的内容送到目的操作数累加器 A 中。其中,源操作数包括:寄存器寻址的工作寄存器 Rn(即 R0～R7)内容、直接寻址或寄存器间接寻址(R0 或 R1)所得的片内 RAM 单元或特殊功能寄存器。

上述操作不影响源操作数单元和任何别的寄存器的内容,只影响 PSW 的 P 标志位。

(2) 以 Rn 为目的操作数的指令(2 条):

```
MOV  Rn,A                ;Rn←(A)
MOV  Rn,direct           ;Rn←(direct)
```

这类指令的功能是将源操作数指定的内容送当前工作寄存器组中的某个寄存器。源操作数有寄存器寻址和直接寻址。

例如:(A)=78H,(R5)=47H,(70H)=F2H。

执行指令的意义为:

```
MOV  R5,A                ;R5←(A),(R5)=78H
MOV  R5,70H              ;R5←(70H),(R5)=F2H
MOV  R5,#A3H             ;R5←A3H,(R5)=A3H
```

注意:51 单片机指令系统中没有"MOV Rn,Rn"传送指令。

(3) 以直接地址为目的操作数的指令(4 条):

```
MOV  direct2,direct1  ;direct2←(direct1)
MOV  direct,Rn           ;direct←(Rn)
MOV  direct,@Ri          ;direct←((Ri))
MOV  direct,A            ;direct←(A)
```

这类指令的功能是将源操作数指定的内容送直接地址 direct 指定的片内存储单元。源操作数有直接寻址、寄存器寻址、寄存器间接寻址。

注意:"MOV direct2,direct1"指令在译成机器码时,源地址在前,目的地址在后,如"MOV 30H,40H"的机器码为"85 40 30"。

(4) 以间接地址为目的操作数的指令(2 条):

```
MOV  @Ri,A               ;(Ri)←(A)
MOV  @Ri,direct          ;(Ri)←(direct)
```

这类指令的功能是将源操作数指定的内容送入间址寄存器 R0 或 R1 所指出的存储单元。例如:

```
MOV  30H,#7AH            ;将立即数 7AH 送片内 RAM 30H 单元
MOV  R0,#30H             ;将立即数 30H 送 R0 寄存器
MOV  A,@R0               ;将 R0 指定的 30H 单元中的数 7AH 送 A
```

3. 片外 RAM 数据传送指令(4 条)

在 51 单片机指令系统中,CPU 对片外 RAM 的访问只能用寄存器间接寻址的方式,即 51 单片机对片外扩展的数据存储器 RAM 或 I/O 口进行数据传送时,必须采用寄存器间接寻址的方法,通过累加器 A 完成,且仅有四条指令,具体有两组。

(1) 使用 DPTR 作间址寄存器的指令(2 条):

```
MOVX A,@DPTR             ;A←((DPTR)),且使RD=0
MOVX @DPTR,A             ;(DPTR)←(A),且使WR=0
```

由于 DPTR 是 16 位地址指针，以 DPTR 为片外数据存储器的地址指针，寻址范围达 64KB。其功能是在 DPTR 所指定的片外数据存储器与累加器 A 之间传送数据。例如：

```
MOV   DPTR,#2000H
MOVX A,@DPTR              ;A←将外部 RAM 2000H 单元中内容
```

(2) 使用 Ri 作间址寄存器的指令(2 条)：

```
MOVX A,@Ri                ;A ←((Ri)),且使RD=0
MOVX @Ri,A                ;(Ri) ←(A),且使WR=0
```

两条指令是用 R0 或 R1 作地址指针。由于 R0 和 R1 是 8 位地址指针，因此指令寻址范围只限于外部 RAM 的低 256 个单元。此时，P0 口上分时输出 Ri 指定的 8 位地址信息及传输 8 位数据(P2 口仍可用作通用 I/O 口)，完成以 R0 或 R1 为地址指针的片外数据存储器与 A 之间的数据传送。例如：

```
MOV   R0,#80H
MOVX A,@R0
```

上述指令的功能是将外部 RAM 0080H 单元内容送入 A。

值得一提的是，51 系列单片机片外数据存储器的地址空间上有 I/O 接口，由于 51 单片机没有专门的输入/输出指令，则上述 4 条指令就是 51 单片机 I/O 口的输入/输出指令。它只能用这种方式与外部设备打交道。例如：

```
MOV   P1,#80H
```

又如：

```
MOV   DPTR,#8000H
MOVX A,@DPTR
```

上述指令的功能是将口地址为 8000H 的内容输入 A。

4. 程序存储器数据传送指令(2 条)

在单片机中，可将常数或数据表格放在程序存储器中。因此，51 单片机指令系统有两条极为有用的访问程序存储器的数据传送指令，又称查表指令。本组指令适合于内部、外部程序存储器。例如：

```
MOVC A,@A+DPTR            ;A←((A)+(DPTR))
MOVC A,@A+PC              ;A←((A)+(PC))
```

把程序存储器中存放的表格数据读出，传送到累加器 A。因为对程序存储器只能读不能写，所以数据单向传送，即从程序存储器读出数据，并且只能向累加器 A 传送。

这两条指令都是一字节指令，采用变址寻址方式，前一条指令采用 DPTR 作为基址寄存器，因此可以很方便地把一个 16 位地址送到 DPTR，实现在整个 64KB 程序存储器单元到累加器 A 的数据传送，即数据表格可以存放在程序存储器 64KB 地址范围的任何地方，称为远程查表，使用起来比较容易；后一条指令以 PC 作为基址寄存器，CPU 读取单字节指令“MOVC A,@A+PC”后，PC 的内容先自动加 1，指向下一条指令的第一个字节地址，即此时用 PC 当前值为基址的。将新的 PC 内容与累加器 A 中的 8 位无符号数相加形成地址，取出该地址单元中的内容送累加器 A。这种查表操作很方便，但只能查找指令所在地址以后 256B 范围内的代码或常数，称为近程查表或本地查表。

**【例 3-1】** 在 ROM 1000H 开始存有 5 个字节数，编程将第二个字节数取出送片内 RAM 30H 单元。程序段如下所述。

```
MOV  DPTR,#1000H            ;置ROM地址指针(基址)DPTR
MOV  A,#01H                 ;表内序号送A(变址)
MOVC A,@A+DPTR              ;从ROM 1001H单元中取数送到A;(A)= 67H
MOV  30H,A                  ;再存入内RAM 30H中
ORG  1000H                  ;伪指令,定义数表起始地址
TAB: DB 55H,67H,9AH,…       ;在ROM 1000H开始的空间中定义5个字节
```

**【例3-2】** 用查表方法把累加器中的十六进制数转换为ASCII码,并送回累加器中,其查表程序如下所述。

查表程序1:

```
2000H HBA:INC  A
2001H      MOVC A,@A+PC
2002H      RET
```

数据表格为

```
2003H  DB  30H             ;以下是十六进制数ASCII码表
2004H  DB  31H
2005H  DB  32H
        ⋮
200CH  DB  39H
200DH  DB  40H
200EH  DB  41H
200FH  DB  42H
2010H  DB  43H
2011H  DB  44H
2012H  DB  45H
```

由于数据表紧跟MOVC指令,因此以PC作为基址寄存器比较方便。假定A中的十六进制数为00H,加1后为01H ,执行MOVC指令时,(PC)=2002H,(A)+(PC)=2003H,从2003H单元取得数据送A,则(A)=30H,此即为十六进制数0的ASCII码值。查表之前A加1是因为MOVC指令与数据表之间有一个地址单元的间隔(RET指令)。

当然,也可使用下面的查表程序在上述同一个数据表中进行查表操作,完成相同的功能。

查表程序2:

```
2000H  HBA:MOV  DPTR,#2003H
2001H      MOVC A,@A+DPTR
2002H      RET
```

同样,假定A中的十六进制数为00H,执行第一条指令后,DPTR的内容为2003H,再取出MOVC指令后,(A)+(DPTR)=2003H,从2003H单元取得数据送A,则(A)=30H,此值即为十六进制数0的ASCII码值。

程序存储器数据传送指令使用说明如下所述。

• 用DPTR查表时,表格可以放在ROM的64KB范围。可设置DPTR值为该表格的表首地址。

• 由于PC为程序计数器,总是指向下一条指令的地址,在执行指令"MOVC A,@A+

PC”时，即在查表前应在累加器 A 中加上查表偏移量。

• 由于累加器 A 中的内容为 8 位无符号数，这使得“MOVC A,@A+PC”指令查表范围只能在 256 字节范围内((PC)+1H～(PC)+100H)，使表格地址空间分配受到限制。同时，编程时还需要偏移量的计算，即计算“MOVC A,@A+PC”指令所在地址与表格存放首地址间的距离字节数，并需要一条加法指令进行地址调整。偏移量计算公式为：

偏移量=表首地址-PC 当前值=表首地址-(MOVC 指令所在地址+1)

5. 数据交换指令(5 条)

交换指令数据作双向传送，涉及传送的双方互为源地址、目的地址，指令执行后每方的操作数都修改为另一方的操作数。因此，两操作数均未冲掉、丢失。数据交换主要在内部 RAM 单元与累加器 A 之间进行，有整字节和半字节两种情况。

1) 整字节交换指令(3 条)

```
XCH  A,Rn                   ;(A)↔(Rn)
XCH  A,direct               ;(A)↔(direct)
XCH  A,@Ri                  ;(A)↔((Ri))
```

这组指令的功能是将累加器 A 中内容与源操作数所指定的内容相交换。源操作数有寄存器寻址、直接寻址和寄存器间接寻址。

2)半字节交换指令(2 条)

```
XCHD A,@Ri                  ;(A)3～0 ↔((Ri))3～0
SWAP A                      ;(A)3～0 ↔(A)7～4
```

上面第 1 条指令的功能是将累加器 A 中内容的低 4 位与间址寄存器 Ri 所指定的内部 RAM 单元内容的低 4 位进行交换，而各自的高 4 位内容保持不变。第 2 条指令是把累加器 A 的低半字节与高半字节进行交换。

例如：已知(A)=34H，(R6)=29H，则

```
XCH  A,R6
SWAP A
```

执行指令后，(A)=92H。

**【例 3-3】** 设有一个待存双字节数，高字节在工作寄存器 R2，低字节在累加器 A 中，要求高字节存入片内 RAM 的 36H 单元，低字节存入 35H 单元，则相应的参考程序如下所述。

```
MOV  R0,#35H                ;先给 R0 赋值 35H,R0 作指向片内 RAM 单元的地址指针
MOV  @R0,A                  ;低字节存入 35H 单元
INC  R0                     ;使 R0 指向 36H 单元
XCH  A,R2                   ;R2 与 A 的内容交换,待存高字节交换到 A
MOV  @R0,A                  ;高字节存入 36H 单元,A 的内容未受影响
XCH  A,R2                   ;R2 与 A 的内容再次交换,两者的内容恢复原状
```

6. 堆栈操作指令(2 条)

堆栈是在内部 RAM 开辟的一个数据暂存空间，遵守“后进先出”原则操作。它可以用来暂时保存一些需要重新使用的数据或地址。使用堆栈可以在执行某些指令时自动完成，如调用子程序时，把当前 PC 值保存于堆栈，以便返回时使用；可以使用堆栈操作指令，将数据压入或弹出。堆栈操作有进栈和出栈，两条指令分别如下：

1）进栈指令

```
PUSH direct              ;SP←(SP)+1,(SP)←(direct)
```

指令实现的功能：将 direct 单元中内容送入 SP 指示的栈顶单元。

2）出栈指令

```
POP  direct              ;direct←((SP)),SP←(SP)-1
```

指令实现的功能：SP 指示的栈顶单元内容出栈，送入指令指定的 direct 单元。

堆栈操作永远是相对栈顶单元的操作，实际上是以堆栈指示器 SP 为间址寄存器的间接寻址方式，由 SP 指出栈顶的位置，通过 SP 进行读写操作。

在 51 系列单片机中，可在片内 RAM 的低 128 单元内设定一个区域作为堆栈（一般可设在 30H～7FH 单元中）。堆栈操作常用于保存或恢复现场。进栈指令用于保存片内 RAM 的 256 个单元的内容；出栈指令用于恢复被保存的内容。

例如，已知(A)=44H，(30H)=55H，执行以下程序段：

```
MOV  SP,#5FH             ;栈起点设置为 5FH
PUSH ACC                 ;A 中的 44H 入栈到 60H 中保存
PUSH 30H                 ;30H 中的 55H 入栈到 61H 中保存
POP  30H                 ;把 61H 中的 55H 出栈到 30H
POP  ACC                 ;把 60H 中的 44H 出栈到 A
```

执行指令后，(A)=44H，(30H)=55H。

上述程序段的功能是现场（A、30H 单元的内容）保护与恢复。

**【例 3-4】** 数据传送类指令综合运用举例。

(1) 将片内 RAM 30H 单元与 40H 单元中的内容互换，方法如下：

方法 1（直接地址传送法）：

```
MOV  31H,30H
MOV  30H,40H
MOV  40H,31H
SJMP $
```

方法 2（字节交换传送法）：

```
MOV  A,30H
XCH  A,40H
MOV  30H,A
SJMP $
```

方法 3（间接地址传送法）：

```
MOV  R0,#40H
MOV  R1,#30H
MOV  A,@R0
MOV  B,@R1
MOV  @R1,A
MOV  @R0,B
SJMP $
```

方法 4（堆栈传送法）：

```
PUSH  30H
PUSH  40H
POP   30H
POP   40H
SJMP  $
```

(2) 原(DPTR)=507BH，(SP)=62H，(30H)=40H，(31H)=50H，(32H)=80H，则执行

```
PUSH DPH
PUSH DPL
PUSH 30H
PUSH 31H
```

```
PUSH 32H
POP  DPH         ;(DPH)=80H
POP  DPL         ;(DPL)=50H
POP  32H         ;(32H)=40H
POP  31H         ;(31H)=7BH
POP  30H         ;(30H)=50H
```

执行结果：(SP)＝62H，(DPTR)＝8050H，(30H)＝50H，(31H)＝7BH，(32H)＝40H。

由例 3-4 的第(2)小题可知：

(1) 当 PUSH 指令与 POP 指令在程序段中个数相同时，SP 的值不变。

(2) DPTR、30H、31H、32H 的内容改变了，本段程序的功能是实现传送。

(3) 要实现现场恢复功能，应遵循"先进后出"的原则。

**【例 3-5】** 内部 RAM 中，(70H)＝60H，(60H)＝20H，P1 口为输入口，且输入数据为 B7H，执行下列程序段后，各单元内容有何变化？

```
MOV  R0,#70H    ;(R0)=70H
MOV  A,@R0      ;(A)=60H
MOV  R1,0E0H    ;(R1)=60H
MOV  B,@R1      ;(B)=20H
MOV  @R0,P1     ;(70H)=0B7H
MOV  P2,70H     ;(P2)= 0B7H
```

执行结果：(P2)＝0B7H，(70H)＝0B7H，(60H)＝20H，(B)＝20H，(R1)＝60H，(R0)＝70H，(A)＝60H。

51 单片机指令系统的数据传送指令种类很多，这为程序中进行数据传送提供了方便。为更好地使用数据传送指令，作如下 4 点说明。

• 同样的数据传送，可以使用不同寻址方式的指令来实现。例如，把累加器 A 的内容送到内部 RAM 46H 单元，可由以下不同的指令完成。

```
➢ MOV   46H,A
➢ MOV   R0,#46H
  MOV   @R0,A
➢ MOV   46H,ACC
➢ MOV   46H,E0H
➢ PUSH  ACC
  POP   46H
```

在实际应用中选用哪种指令，可根据具体情况决定。

• 有些指令看起来很相似，但实际上是两条不同的指令，例如：

```
MOV  46H,A
MOV  46H,ACC
```

这两条指令的功能都是把累加器的内容传送到内部 RAM 46H 单元。指令功能相同且外形相似，但实际上它们却是两条不同寻址方式的指令。前一条指令的源操作数是寄存器寻址方式，指令长度为二字节；后一条指令的源操作数则是直接寻址方式，指令长度为三字节。

• 数据传送类指令不影响程序状态字。

• 交换指令可使许多数据传送更为高效、快捷，且不丢失信息。

### 3.2.3 算术运算类指令

51系列单片机算术运算类指令很丰富，包括加法、带进位加法、带借位减法、乘法、除法及加1、减1、十进制调整指令，主要完成加、减、乘、除四则运算，以及增量、减量和BCD码数值调整操作。由于算术/逻辑运算部件(ALU)仅执行无符号二进制整数的算术运算，因此参与运算的数据为8位无符号数。其中，加、减、乘、除这4种指令能对8位无符号数进行直接的运算；借助溢出标志OV，可对带符号数进行2的补码运算；借助进位标志CY，可以实现多精度的加减运算，同时还可对压缩的BCD码进行运算，其运算功能较强。多字节数或有符号数的算术运算必须编程实现。算术运算指令用到的助记符共有8种：ADD、ADDC、INC、SUBB、DEC、DAA、MUL、DIV。加减法指令类型如3-6图所示。该类指令的特点：

(1) 在双操作数的加、带进位加和带借位减的操作里，累加器A的内容为第一操作数。

(2) 加减法运算结果将影响进位标志CY、半进位标志AC、溢出标志OV，乘除运算只影响CY、OV。使用时应注意判断各种结果对哪些标志位产生影响。

(3) 只有加1和减1指令不影响这三种标志。奇偶标志P要由累加器A的值确定。

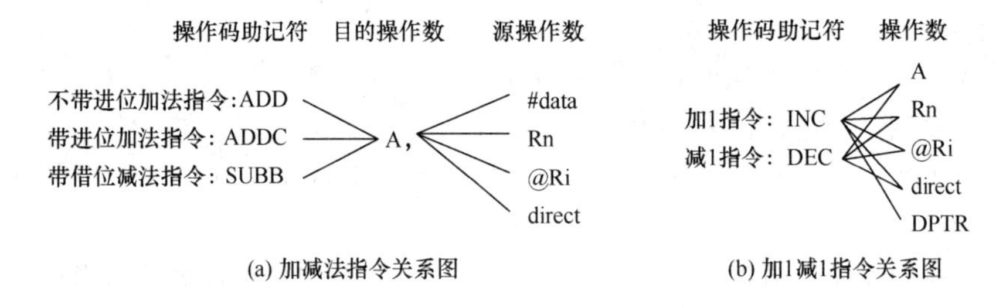


图3-6 加减法指令形式结构图

图3-6中的连线仅表示操作码、两个操作数的组合关系。从图3-6中可以看出，不带进位加法、带进位加法、带借位减法指令的目的操作数都只能是累加器A，并将操作后的中间结果存放在A中；源操作数可以是立即数或寄存器寻址、寄存器间接寻址、直接寻址方式所确定的片内RAM单元的数。加1或减1指令是单操作数指令，将操作数单元的内容加1或减1后，再送回原单元。

1. *加法指令*(13条)

加法指令可分为三种情况：普通加法运算指令、带进位加法运算指令和加1运算指令。

1) 普通加法指令(4条)

指令助记符为ADD，4条指令的目的操作数都是A，源操作数有4种寻址方式。

```
ADD A,Rn          ;A ← (A)+(Rn)
ADD A,direct      ;A ← (A)+(direct)
ADD A,@Ri         ;A ← (A)+((Ri))
ADD A,#data       ;A← (A)+data
```

这些指令是将工作寄存器、内部RAM单元内容或立即数的8位无符号二进制数和累加器A中的数相加，所得的“和”存放于累加器A中。当“和”的第3位或第7位有进位时，分别将AC、CY标志位置1，否则为0。另外，这组指令由于不考虑进位，常用于多个单字节数(数据长度只占1字节)相加。

上述指令的执行结果影响标志位AC、CY、OV、P。当然,溢出标志位OV的状态只有在符号数加法运算时才有意义。两个符号数相加时,OV=1,表示加法运算超出了累加器A所能表示的符号数有效范围(−128~+127),即产生了溢出,因此运算结果是错误的,否则运算是正确的,即无溢出产生。

例如:设(A)=0C3H,(R3)=0AAH,

执行指令“ADD A,R3”,所得和为6DH。

标志位CY=1,OV=1,AC=0。

```
     (A):   1100 0011
+)   (R3):  1010 1010
          1 0110 1101
```

溢出标志OV在CPU内部根据“异或”门输出置位,OV=C7 ⊕ C6。

**【例3-6】** 设(A)=0BH,(R0)=0ECH,执行指令

ADD A,R0

结果为:(A)=0F7H,(CY)=0,(AC)=1,(OV)=0,(P)=1。

```
 00001011B
 11101100B
 11110111B
```

2) 带进位加法指令(4条)

指令助记符为ADDC,比ADD多了加CY位的值(之前指令留下的CY值)。

```
ADDC A Rn           ;A← (A)+(Rn)+(CY)
ADDC A,direct       ;A ← (A)+(direct)+(CY)
ADDC A,@Ri          ;A← (A)+((Ri))+(CY)
ADDC A,#data        ;A← (A)+data+(CY)
```

这组指令共有三个数参加运算:即累加器A中内容、不同寻址方式的加数,以及进位标志位CY的状态。功能是同时把源操作数所指出的内容和进位标志位CY都加到累加器A,结果存放在A中。其余的功能和上面ADD指令相同。当运算结果第3、7位产生进位或溢出时,分别置位AC、CY和OV标志位。由于进位标志位CY参与运算,常用于多个多字节数(数据长度至少占2个字节以上)的加法运算。

例如:设(A)=0C3H,(R0)=0AAH,(CY)=1,

执行指令“ADDC A,R0”,得到的和6EH存于A中。

标志位CY=1,OV=1,AC=0。

```
     (A):   1100 0011
+)   (CY):  0000 0001
            1100 0100
+)   (R0):  1010 1010
            0110 1110
```

又例如:设(A)=0C3H,数据指针低位(DPL)=0ABH,(CY)=1,分析执行指令“ADDC A,DPL”后的结果。

结果为:(A)=6FH,(CY)=1,(AC)=0,(P)=0。

**【例3-7】** 两个双字节二进制数相加,被加数存放在内部RAM的21H和20H单元中,加数存放在31H和30H单元中,相加后结果存放在21H和20H单元。参考程序如下:

```
MOV  A,20H          ;被加数低字节赋给A
ADD  A,30H          ;两数低字节相加
MOV  20H,A          ;结果放在20H单元中
MOV  A,21H          ;被加数高字节取值
ADDC A,31H          ;两数高字节相加
MOV  21H,A          ;结果存放在21H单元中
```

3) 加1指令(5条)

```
INC  A              ;A← (A)+1
INC  Rn             ;Rn← (Rn)+1
```

```
INC  direct      ;direct←(direct)+1
INC  @Ri         ;(Ri)←((Ri))+1
INC  DPTR        ;DPTR← (DPTR)+1
```

这组指令无论被加数如何，加数总是1。功能是将操作数所指定的单元内容加1，其操作不影响PSW。若原单元内容为FFH，加1后溢出为00H，也不影响PSW标志。

另外，“INC A”和“ADD A，#01H”这两条指令都将累加器A的内容加1，但后者对标志位CY有影响。“INC DPTR”指令在加1过程中低8位有进位，直接进上高8位而不置位进位标志CY。加1指令常用于循环程序中地址增量控制。

例如：设(R0)=7EH，(7EH)=FFH，(7FH)=38H，(DPTR)=10FEH，分析逐条执行下列指令后各单元的内容。

```
INC  @R0         ;使7EH单元内容由FFH变为00H
INC  R0          ;使R0的内容由7EH变为7FH
INC  @R0         ;使7FH单元内容由38H变为39H
INC  DPTR        ;使DPL为FFH,DPH不变
INC  DPTR        ;使DPL为00H,DPH为11H
INC  DPTR        ;使DPL为01H,DPH不变
```

2. *减法指令(8条)*

指令助记符为SUBB。指令的功能都是目的操作数A的内容减去源操作数的内容，再减去上次的CY值，然后把差存入A中，同时产生新的AC、CY、OV、P位的值。

减法指令可分为两种情况：带借位减法运算指令和减1运算指令。

1）带借位减法指令(4条)

```
SUBB A,Rn        ;A←(A)-(Rn)-(CY)
SUBB A,direct    ;A←(A)-(direct)-(CY)
SUBB A,@Ri       ;A←(A)-((Ri))-(CY)
SUBB A,#data     ;A←(A)-data-(CY)
```

这组指令被减数在累加器A中，源操作数(减数)可以是寄存器寻址、直接寻址、寄存器间接寻址、立即寻址。

在多字节减法运算中，低字节差有时会向高字节产生借位(CY置1)，所以在高字节运算时，用带借位减法指令。由于51单片机指令系统没有不带借位的减法指令，如有必要，可以在SUBB指令前用“CLR C”指令将CY清零。这一点必须注意。

此外，还应注意：

• 两个数相减时，如果位7有借位，则CY置1；否则清零。

• 若位3有借位，则AC置1；否则清零。

• 在带借位减法运算中，若两个带符号数相减，还应考查OV标志，若OV为1，表示差数溢出有效范围(－128～127)，即破坏正确结论的符号位。否则，若OV为0，无溢出，运算结果正确，即无溢出。

```
        (A):    1100 1001
-)      (CY):   0000 0001
        ─────────────────
                1100 1000
-)      (R2):   0101 0100
        ─────────────────
                0111 0100
```

例如：设累加器A内容为0C9H，寄存器R2内容为54H，进位标志CY=1。执行指令“SUBB A，R2”的结果为：(A)=74H，标志位CY=0，AC=0，OV=1。若0C9H和54H为无符号数，则结果正确；若为有符号数，则有溢出，结果错误。

如果在进行单字节或多字节减法前，不知道进位标志位 CY 的值，则应在减法指令前先将 CY 清零。

2) 减 1 指令(4 条)

```
DEC  A              ;A←(A)-1
DEC  Rn             ;Rn←(Rn)-1
DEC  direct         ;direct←(direct)-1
DEC  @Ri            ;(Ri)←((Ri))-1
```

这组指令的功能是将操作数所指的单元内容减 1，其操作不影响标志位 CY。若原单元内容为 00H，减 1 后为 FFH，也不影响标志位。其他情况与加 1 指令相同。另外，在指令系统中，只有数据指针 DPTR 加 1 指令，而没有 DPTR 减 1 指令，可用指令"DEC DPL" 实现，常用于循环程序中地址减量控制。

例如：(A)＝0FH，(R7)＝19H，(30H)＝00H，(R1)＝40H，(40H)＝0FFH，执行下列指令后的结果是：

```
DEC  A              ;(A)=0EH
DEC  R7             ;(R3)=18H
DEC  30H            ;(30H)=0FFH
DEC  @R1            ;(R1)=40H,(40H)=0FEH
```

3. 乘除指令

乘除指令各一条，它们都是单字节指令。乘除指令是整个指令系统中执行时间最长的指令，各需要 4 个机器周期，对于 12MHz 晶振的单片机，一次乘除时间约为 4μs。

1) 乘法指令(1 条)

MUL AB  $\left.\begin{matrix} B_{8\sim15} \\ A_{0\sim7} \end{matrix}\right\} (A)\times(B)$

这条指令的功能是：

(1) 把累加器 A 和寄存器 B 中的两个无符号 8 位二进制数相乘，所得 16 位乘积的低 8 位放在 A 中，高 8 位放在 B 中。

(2) 乘法运算影响 PSW 的状态，包括进位标志位 CY 总是清零，溢出标志位状态与乘积有关，若乘积小于 0FFH(即 B 的内容为 0)，则 OV 清零，否则 OV 被置 1。

**【例 3-8】** (A)＝50H，(B)＝0A0H，执行指令"MUL AB"。

**解** 指令为

MUL AB

过程分析：

$$\begin{array}{r} 5\,0\,H \\ \times\quad A\,0\,H \\ \hline 0\,0\,H \\ 3\,2\,0\,H\phantom{0} \\ \hline 3\,2\,0\,0\,H \end{array}$$

执行结果：(B)＝32H，(A)＝00H，OV＝1，CY＝0。

2) 除法指令(1 条)

```
DIV AB              ;[A(商),B(余数)]←(A)÷(B)
```

这条指令的功能是：

（1）把两个8位无符号二进制数相除。除法运算前，被除数存放于累加器A中，除数存放于寄存器B中。指令执行后，商存放在A中，余数存放于B中。CY和OV均被清零。

（2）除法运算影响PSW的状态，包括进位标志位CY总是被清零，而溢出标志位OV状态则反映除数情况，当除数为0(B=00H)时，表明除法没有意义，无法进行，用OV=1表示，而CY仍为0。其他情况OV都被清零。

**【例3-9】** (A)=0FBH，(B)=12H，执行指令“DIV AB”。

**解** 指令为

```
DIV AB
```

过程分析：

```
         0DH
    12H ) FBH
      -) EAH
     ---------
         11H
```

执行结果：(A)=0DH，(B)=11H，(OV)=0，(CY)=0。

4. 十进制调整指令

十进制调整指令是一条专用指令，其指令格式为：

```
DA A
```

这条指令紧跟在ADD或ADDC指令后面，对累加器A中的内容进行修正，即对BCD码十进制数加法运算的结果进行修正。

51单片机指令系统中没有专门的BCD码(十进制数)运算指令。为实现十进制数的加法运算，即当两个BCD码数据进行加法时，必须增加一条对其结果进行调整的指令，实现十进制的加法运算，否则结果出错。下面具体分析。

1）十进制调整问题

例如：进行BCD码加法运算59+68=127。

```
     0101    1001    59      AC=1，高位大于9
 +   0110    1000    68
 ----------------------
     1100    0001    C1      加法运算结果为C1H，不是BCD码
 +、 0110    0110    66      加66H进行压缩BCD调整
 ----------------------
   1 0010    0111   127      结果127是正确的十进制数(BCD码)
```

前面讲过的ADD和ADDC指令都是二进制数加法指令，只能实现8位二进制数的加法运算，对二进制数的加法运算都能得到正确的结果。但对于十进制数(BCD码)的加法运算，由于指令系统中并没有专门的指令，只能借助二进制加法ADD、ADDC指令，然而二进制数的加法运算原则不能完全适用于十进制数的加法运算。因为运算时，被运算的数据属于什么类型，CPU并不了解，在运算时一律视之为二进制数。如果所运算的数据不是二进制数而是BCD码，结果可能是正确的二进制数，而不是正确的BCD码数据，即以二进制加法指令来进行BCD码的加法运算，有时会产生错误结果。又例如：

```
(1) 6+3=9          (2) 8+7=15          (3) 8+9=17
    0110               1000                1000
 +  0011            +  0111             +  1001
 --------           --------            --------
    1001               1111              1←0001
```

其中：

(1) 运算结果正确，因为 9 的 BCD 码就是 1001；

(2) 运算结果不正确，因为十进制数的 BCD 码中没有 1111 这个编码；

(3) 运算结果不正确，因为 8+9 的正确结果是 17，而运算所得到的结果却是 11。

这种情况表明，二进制数加法指令不能完全适用于 BCD 码十进制数的加法运算，因此在使用 ADD 和 ADDC 指令对十进制数进行加法运算之后，要对结果作有条件的修正。这就是所谓的十进制调整问题。

2) 出错原因及调整方法

出错的原因在于 BCD 码是 4 位二进制编码，4 位二进制数共有 16 个编码，但 BCD 码只用其中的 10 个，剩下 6 个不用。通常把这 6 个不用的编码(1010、1011、1100、1101、1110 和 1111)称为无效码。

在 BCD 码的加法运算中，凡结果进入或者跳过无效编码区时，其结果就是错误的。因此，一位 BCD 码加法运算出错情况有以下两种：

(1) 相加结果大于 9，说明已进入无效编码区。

(2) 相加结果有进位，说明已跳过无效编码区。

但不管是哪一种出错情况，都是相加结果比正确值小 6。这是因为出错是由 6 个无效编码所造成的。

为此，对 BCD 码加法运算的结果出现上述两种情况之一时，必须进行调整，才能得到正确的结果。调整的方法是把结果加 6，以便把因 6 个无效码所造成的“损失”补回来。这就是所谓的“加 6 调整”或“加 6 修正”。

综合上述情况，十进制调整的修正方法是：

• 累加器 A 低 4 位大于 9 或辅助进位标志位 AC=1，则 A←(A)+06H 修正。

• 累加器 A 高 4 位大于 9 或进位标志位 CY=1，则 A←(A)+60H 修正。

• 累加器 A 高 4 位大于等于 9 或 CY=1 且低 4 位大于 9 或 AC=1，则 A←(A)+66H 修正。

以上所讲的是十进制调整的原理和方法，具体的操作通过逻辑电路实现，这里不再介绍。

例如：(A)=56H，(R5)=67H，执行指令：

```
ADD A,R5
DA  A
```

结果：(A)=23H，CY=1。

3) 关于“DA A”指令的使用注意事项

• “DA A”指令只能跟在加法指令 ADD、ADDC 后面使用，只能修正加法结果。

• 调整前参与运算的两数是 BCD 码数。

• “DA A”指令不能与减法指令配合使用，但可以实现对 A 中压缩 BCD 数减 1 操作。

例如：设(A)=30H(压缩 BCD 码数)，执行如下指令：

```
ADD A,#99H                ;实现了 30-1=29 的操作
DA  A                     ;调整
```

4) 减法运算时，可采用十进制补码相加，然后用“DA A”指令进行调整

例如：$70-20=70+[20]_{补}=70+(100-20)=70+80=150$

机内十进制补码可采用：$[X]_{补}=9AH-|X|$

**【例 3-10】** 设片内 RAM 30H，31H 单元中分别存放着两位 BCD 码表示的被减数和减

数，两数相减的差仍以BCD码的形式存放在32H单元中，可用下面的程序实现：

```
CLR  C
MOV  A,#9AH
SUBB A,31H                   ;求减数的十进制补码
ADD  A,30H                   ;十进制补码加法
DA   A                       ;进行BCD调整
MOV  32H,A                   ;将BCD码的差送存32H单元
```

### 3.2.4 逻辑运算类指令

逻辑运算指令有“与”、“或”、“异或”、累加器A清零和求反等20条，移位指令有4条。逻辑运算指令用到的助记符有9种：ANL、ORL、XRL、CLR、CPL、RL、RLC、RR、RRC。具体的指令形式如图3-7所示。

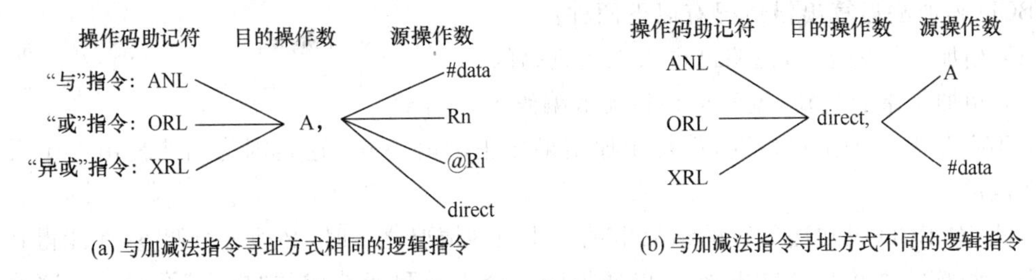


图3-7　逻辑指令形式结构图

从图3-7中可看出，逻辑操作指令的目的操作数可以是累加器A或直接寻址。累加器A作目的操作数时，操作数的寻址方式与加减运算指令完全相同；直接寻址作目的操作数时，源操作数只能是累加器A或立即数。累加器A清零和取反、移位指令都是针对累加器A进行操作的单操作数指令。这类指令的特点是：

(1) 当A作第一操作数(目的操作数)时，影响P位；只有带进位的移位指令影响CY位，其余都不影响PSW。

(2) 逻辑运算都是按位进行的。

1. 逻辑“与”运算指令组(6条)

逻辑“与”运算用符号∧表示。6条指令如下：

```
ANL  A,Rn                    ;A←(A)∧(Rn)
ANL  A,direct                ;A←(A)∧(direct)
ANL  A,@Ri                   ;A←(A)∧((Ri))
ANL  A,#data                 ;A←(A)∧data
ANL  direct,A                ;direct←(direct)∧(A)
ANL  direct,#data            ;direct←(direct)∧data
```

这组指令中前四条指令是将累加器A的内容和源操作数所指的内容按位进行逻辑“与”，结果存放在A中。后两条指令是将直接地址单元中的内容和源操作数所指的内容按位进行逻辑“与”，结果存入直接地址单元中。

逻辑“与”指令常用于屏蔽(清零)字节中的某些位。若清除某位，则用“0”和该位相与；若保留某位，则用“1”和该位相与。

例如：(P1)＝C5H＝11000101B，屏蔽 P1 口高 4 位而保留低 4 位。

执行指令：

```
ANL P1,#0FH
```

结果为：(P1)＝05H＝00000101B。

2. 逻辑“或”运算指令组(6 条)

逻辑“或”运算用符号 ∨ 表示，6 条指令如下：

```
ORL  A,Rn                      ;A ←(A)∨(Rn)
ORL  A,direct                  ;A←(A)∨(direct)
ORL  A,@Ri                     ;A ←(A) ∨((Ri))
ORL  A,#data                   ;A ←(A) ∨data
ORL  direct,A                  ;direct ←(direct)∨(A)
ORL  direct,#data              ;direct←(direct)∨data
```

这组指令的功能是将两个指定的操作数按位进行逻辑“或”。前四条指令的操作结果存放在累加器 A 中，后两条指令的操作结果存放在直接地址单元中。

逻辑“或”指令常用来使字节中某些位置“1”，其他位保持不变。欲置位的位用“1”与该位相或，保留不变的位用“0”与该位相或，也可用来实现拼接两数。

例如：若(A)＝C0H，(R0)＝3FH，(3FH)＝0FH。

执行指令：

```
ORL A,@R0
```

结果为：(A)＝CFH＝11001111B。

**【例 3-11】** 将累加器 A 的低 4 位传送到 P1 口的低 4 位，但 P1 口的高 4 位保持不变，则可由以下程序段实现。

分析：假设 A 的内容为 25H，即 00100101B，P1 口的内容为 43H，即 01000011B，则运算的结果是：A 的内容仍为 00100101B，即 25H；P1 口的内容变为 01000101B，即 45H。

```
QQQ:MOV R0,A                   ;A 内容暂存 R0
    ANL A,#0FH                 ;屏蔽 A 的高 4 位(低 4 位不变)
    ANL P1,#0FH                ;屏蔽 P1 口的低 4 位(高 4 位不变)
    ORL P1,A                   ;实现低 4 位传送(完成两数拼接)
    MOV A,R0                   ;恢复 A 的内容
```

3. 逻辑“异或”运算指令组(6 条)

“异或”运算的符号是“⊕”，其运算规则为：

$$0 \oplus 0=0,\quad 1 \oplus 1=0$$

$$0 \oplus 1=1,\quad 1 \oplus 0=1$$

6 条“异或”运算指令为：

```
XRL  A,Rn                ;A←(A)⊕(Rn)
XRL  A, direct           ;A←(A)⊕(direct)
XRL  A,@Ri               ;A ←(A)⊕((Ri))
XRL  A,#data             ;A←(A)⊕data
XRL  direct,A            ;direct←(direct)⊕(A)
XRL  direct,#data        ;direct←(direct)⊕ data
```

这组指令的功能是，将两个指定的操作数按位进行“异或”。前四条指令的结果存放在累加器 A 中，后两条指令的操作结果存放在直接地址单元中。

逻辑“异或”指令常用来使字节中某些位进行取反操作，其他位保持不变。某位用“0”异或不变，用“1”异或该位取反，也称为“指定位取反”。还可利用异或指令对某单元自身异或，以实现清零操作。

例如，使 P1 口的低 2 位为 0，高 2 位取反，其余位不变，即

```
ANL  P1,#11111100          ;先对低 2 位清零
XRL  P1,#11000000          ;再对高 2 位取反
```

又例如，若(A)=B5H=10110101B，执行下列操作：

```
XRL  A,#0F0H               ;A 的高 4 位取反，低 4 位保留，(A)=01000101B=45H
MOV  30H,A                 ;(30H)=45H
XRL  A,30H                 ;自身异或使 A 清零
```

逻辑运算指令使用小结：

在程序设计中，逻辑操作实现的功能有如下 4 种。

(1) 在实际运用中，当需要只改变字节数据的某几位，而其余位不变时，不能使用直接传送数据的方法，只能通过逻辑运算完成。

(2) ANL 指令实现对一个数据某些位清零。如：

```
ANL  A,#0FH
```

(3) ORL 指令实现对一个数据某些位置 1。如：

```
ORL  A,#02H
```

(4) XRL 指令使某些寄存器清零 或单元内容的某些位取反。如：

```
XRL  A,#88H
```

4. 累加器清零取反指令组(2 条)

(1) 累加器清零指令：

```
CLR  A                     ;A←0
```

将数据 00H 送入累加器 A，只影响标志位 P。

(2) 累加器按位取反指令：

```
CPL  A                     ;A ← (Ā)
```

对累加器 A 内容按位取反，累加器按位取反实际上是逻辑“非”运算。该指令不影响标志位。

5. 移位指令组(4 条)

51 单片机的移位指令只能对累加器 A 进行移位操作，共有不带进位的循环左右移和带进位的循环左右移指令 4 条。移位指令操作如图 3-8 所示。

```
循环左移        RL   A      ;An+ 1←An,A0←A7
循环右移        RR   A      ;An←An+ 1,A7←A0
带进位循环左移  RLC  A      ;An+ 1←An,CY←A7,A0←CY
带进位循环右移  RRC  A      ;An←An+ 1,A7←CY,CY←A0
```

前两条指令的功能分别是将累加器 A 的内容循环左移或右移一位；后两条指令的功能分别是将累加器 A 的内容连同进位位 CY 一起循环左移或右移一位。

例如：设(A)=5AH=90 且 CY=0，则：

执行指令 RL A 后，(A)=B4H=180；

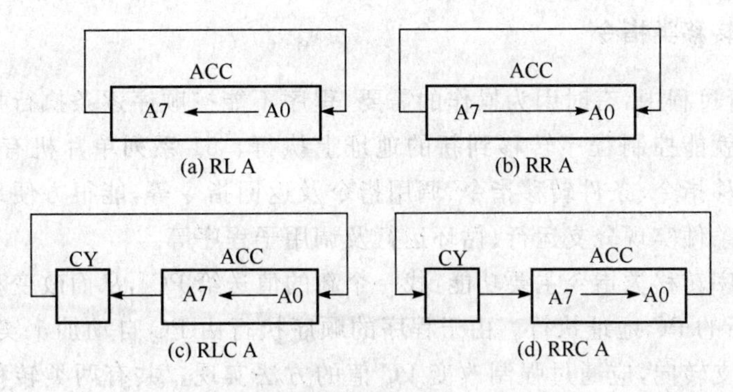


图 3-8 移位指令示意图

执行指令 RR A 后，(A)＝2DH＝45；

执行指令 RLC A 后，(A)＝B4H＝180；

执行指令 RRC A 后，(A)＝2DH＝45。

**【例 3-12】** 将双字节数(R2)(R3)右移一位，程序段如下：

```
CLR  C              ;CY 清零
MOV  A,R2
RRC  A              ;先右移高字节
MOV  R2,A
MOV  A,R3
RRC  A              ;再右移低字节
MOV  R3,A
```

用移位指令还可以实现算术运算，左移一位相当于原内容乘以 2，通常用“RLC A”指令实现累加器 A 的内容乘 2 的运算。右移一位相当于原内容除以 2，通常用“RRC A”指令实现累加器 A 的内容做除 2 运算，前提条件 CY＝0。这种运算关系只对某些数成立。

例如：无符号 8 位二进制数(A)＝10111101B＝BDH，CY＝0，将(A)乘 2 运算。

执行指令“RLC A”的结果为(A)＝01111010B＝7AH，CY＝1。17AH 正是 BDH 的两倍。

**【例 3-13】** 执行以下程序段，实现的功能是把 data 单元的内容乘以 10。

```
MOV  R0,#data
MOV  A,@R0
CLR  C
RLC  A              ;(A)×2
MOV  R1,A
CLR  C
RLC  A              ;(A)×4
CLR  C
RLC  A              ;(A)×8
ADD  A,R1           ;(A)×10
MOV  @R0,A
```

### 3.2.5 控制程序转移类指令

在计算机运行过程中，有时因为操作的需要，程序不能按顺序逐条执行指令，所以计算机执行这类指令时，就能控制程序转移到新的地址上执行。51 系列单片机有丰富的转移类指令，包括无条件转移指令、条件转移指令、调用指令及返回指令等，能很方便地实现程序向前、向后转移，并根据条件实现分支运行、循环运行及调用子程序等。

因此，控制程序转移类指令主要功能：找一个新的值送给 PC，从而改变程序执行方向，即控制程序转移到新的 PC 地址执行。由于程序的顺序执行由 PC 自动加 1 实现。改变程序的执行顺序，实现分支转向，应通过强制改变 PC 值的方法实现。共有两类转移：无条件转移和有条件转移。用到的助记符共有 10 种：LJMP、AJMP、SJMP、JMP、ACALL、LCALL、JZ、JNZ、CJNE、DJNZ。下面分别介绍。

1. 无条件转移指令(4 条)

不规定条件的程序转移称为无条件转移。

1) 长转移指令(1 条)

```
LJMP addr16            ;PC←addr16
```

这是一条三字节指令，LJMP 指令执行后，程序无条件地转向指令给定的 16 位目标地址(addr16)处执行，使程序无条件转向指定的目标地址执行。不影响标志位。由于指令提供 16 位目标地址，因此执行这条指令可以使程序从当前地址转移到 64KB 程序存储器地址空间的任意地址，转移范围大，故得名为“长转移”。该指令的缺点是执行时间长，字节多。

2) 绝对转移指令(1 条)

```
AJMP addr11            ;PC←(PC)+ 2,PC10～0←addr11,(PC15～11)不变
```

这是一条双字节指令，指令格式为：

| a10 | a9 | a8 | 0 | 0 | 0 | 0 | 1 |
|---|---|---|---|---|---|---|---|
| a7 | a6 | a5 | a4 | a3 | a2 | a1 | a0 |

在指令提供的 11 位地址中，a0～a7 在第 2 字节中，a8～a10 则占据第 1 字节的高 3 位，而指令操作码 00001 只占第 1 字节的低 5 位。AJMP 指令的功能是构造程序转移的目的地址，实现程序转移。其构造方法是：以指令提供的 11 位地址替换 PC 当前值的低 11 位内容，形成新的 PC 值，即程序的转移目的地址。因此，AJMP 指令的操作过程可表示为：

先 PC←(PC)+2，再 $PC_{0\sim10}$←addr11。

但要注意，被替换的 PC 值是本条指令地址加 2 以后的 PC 值，即指向下一条指令的 PC 值。因此，程序可转移的位置只能和 PC 当前值在同一 2KB 范围的空间内。本指令可以向前也可以向后转移，指令执行后不影响状态标志位。

例如，程序中 2070H 地址单元有短转移指令：

```
2070H AJMP 16AH
```

形成方法：

(1) PC←(PC)+2=2070H+2=2072H；

(2) 程序转移的目的地址=0010000101101010B=216AH。

程序计数器(PC)加 2 后的内容为 2072H，以 11 位绝对转移地址替换 PC 的低 11 位内容，

最后形成的目的地址为 0010000101101010B(216AH)。addr11 是地址，因此是无符号数，其最小值为 000H，最大值为 7FFH，因此绝对转移指令所能转移的最大范围是 2KB。对于“2070H AJMP 16AH”指令，其转移范围是 2000H～27FFH。

3）相对转移指令(1 条)

```
SJMP rel
```

SJMP 指令的操作数是相对偏移量。该指令是一条双字节指令，功能是计算目的地址，并按计算得到的目的地址实现程序的相对转移。程序转移目的地址的计算公式为

$$目的地址=PC 当前值+rel=(PC)+2+rel$$

值得一提的是，rel 是一个带符号的偏移字节数(2 的补码)，范围为 $-128\sim+127$。因此，所能实现的程序转移是双向的。负数表示反向转移 128 字节，正数表示正向转移 127 字节。执行时先将 PC 内容加 2，再加相对地址 rel，就得到转移目标地址。转移范围笼统地说是 256，因此称为短转移。

相对转移的使用可从以下两方面进行讨论。

(1)根据 rel 计算转移的目的地址。

这种情况经常在读目标程序时遇到，是解决往何处转移的问题。例如：

```
705AH SJMP 35H
```

源地址为 705AH，rel＝35H 是正数，因此程序向前(正向)转移。目的地址＝705AH＋02H＋35H＝7091H，即执行完本指令后，程序正向转到 7091H 地址执行。

例如，在 705AH 地址上的 SJMP 指令是：

```
705AH SJMP 0E7H
```

rel＝0E7H，是负数 19H 的补码，因此程序向后(反向)转移，目的地址＝705AH＋02H－19H＝7043H，即执行完本指令之后，程序反向转到 7043H 地址执行。

(2) 根据目的地址计算偏移量。

这是编程时必须解决的问题，也是一项比较麻烦的工作。假定把 SJMP 指令所在地址定义为源地址，转移地址定义为目的地址，并以(目的地址－源地址)作为地址差，则对于双字节的 SJMP 指令，rel 的计算公式如下所述。

① 向前转移：

$$rel=目的地址-(源地址+2)=地址差-2$$

② 向后转移：

$$\begin{aligned} rel &=(目的地址-(源地址+2))_{补} \\ &=FF-(源地址+2-目的地址)+1 \\ &=FE-|地址差| \end{aligned}$$

上述公式对于其他双字节的相对转移指令也适用，而对于三字节相对转移指令只需把“2”改成“3”即可。

这条指令的执行不影响标志位。它的突出优点是，指令只给出相对转移地址，不具体指出地址。这样，当程序修改时，若相对地址不发生变化，该指令就不需要任何改动。对于 LJMP、AJMP 指令，由于指令直接给出转移地址，在程序修改时就可能需要修改该地址，因此 SJMP 指令在子程序中应用较多。

此外，在汇编语言程序中，为等待中断或程序结束，常使程序“原地踏步”，这可通过 SJMP 指令完成，即

```
HERE:SJMP HERE  或  SJMP $
```

则程序不再向后执行,造成单指令的无限循环,进入等待状态。指令机器码为80FEH。在汇编语言中,以"$"代表PC的当前值。

注释:为方便起见,汇编程序都有计算偏移量的功能。

• 用户编写汇编源程序时,只需在相对转移指令中直接写上待转向的地址标号即可,程序汇编时由汇编程序自动计算和填入偏移量。手工汇编时,偏移量的值则由程序设计人员计算。

• 正数的真值是该数本身。

• 负数真值=负数的补码-100H。

4)间接转移指令(1条)

```
JMP @A+DPTR                 ;PC←(A)+(DPTR)
```

这是一条单字节转移指令,转移目的地址由A的内容和DPTR内容之和确定,即以数据指针DPTR的内容为基址,以累加器A的内容为相对偏移量,在64KB范围内无条件转移。因此,只要把DPTR的值固定,而A赋予不同的值,即可实现程序的多分支转移,具有散转功能(又称为散转指令)。

该指令的特点是转移地址可以在程序运行中加以改变。例如,若DPTR为确定值,则根据A的不同值就可以实现多分支的转移。该指令在执行后不会改变DPTR及A中原来的内容。键盘译码程序是本指令的一个典型应用。

**【例3-14】** 根据累加器A中命令键的键值,设计命令键操作程序入口跳转表的程序如下:

```
          CLR  C              ;清进位
          RLC  A              ;键值乘2
          MOV  DPTR,#JPTAB    ;指向命令键跳转表首址
          JMP  @A+DPTR        ;散转到命令键入口
JPTAB:    AJMP CCS0           ;双字节指令
          AJMP CCS1
          AJMP CCS2
```

以上程序可以根据A的内容进行多分支操作,由于AJMP是双字节指令,因此A的值必须是偶数。从程序中看出,当(A)=00H时,散转到CCS0;当(A)=01H,散转到CCS1……由于AJMP是双字节指令,散转前A中键值应先乘2。

2. 条件转移指令(8条)

所谓"条件转移"就是程序转移是有条件的。转移的条件可以是上一条指令或更前一条指令的执行结果(常体现在标志位上),也可以是条件转移指令本身包含的某种运算结果。

执行条件转移指令时,如指令中规定的条件满足,则程序转向指定的目的地址(目的地址是以下一条指令的起始地址为中心的-128~+127共256字节范围)执行,否则程序顺序执行。该类指令共有8条,可以分为累加器判断零条件转移指令、比较条件转移指令和减1条件转移指令三类。此类指令均为相对寻址指令。条件转移有如下指令。

1)累加器判断零转移指令(2条)

```
JZ  rel                     ;若(A)=0,则转移:PC←(PC)+2+rel
                            ;若(A)≠0,则顺序:PC←(PC)+2
JNZ rel                     ;若(A)≠0,则转移:PC←(PC)+2+rel
```

;若(A)=0,则顺序:PC←(PC)+2

以上两条指令均为双字节指令。JZ 和 JNZ 指令分别实现对累加器 A 的内容全为零和不全为零时进行检测并转移,由指令以前的其他指令执行的结果决定。当不满足各自的条件时,程序继续往下执行。当各自的条件满足时(相当于一条相对转移指令),则程序转向指定的目标地址。其目标地址以下一条指令第一个字节的地址为基础,加上指令的第二个字节中的相对偏移量。

执行这条指令不改变累加器 A 的内容,不作任何运算,也不影响标志位。指令中以 rel 为偏移量,构造目的地址方法同"SJMP rel"指令。

**【例 3-15】** 将片外 RAM 首地址为 DATA1 的一个数据块转送到片内 RAM 首地址为 DATA2 的存储区中。

分析:外部 RAM 向内部 RAM 传送数据时一定经过累加器 A,利用判断零条件转移正好可以判别是否继续传送或者终止。完成数据传送的参考程序如下:

```
        MOV  R0,#DATA1        ;R0 作为外部数据块的地址指针
        MOV  R1,#DATA2        ;R1 作为内部数据块的地址指针
LOOP:   MOVX A,@R0            ;取外部 RAM 数据送入 A
HERE:   JZ   HERE             ;数据为零则终止传送
        MOV  @R1,A            ;数据传送至内部 RAM 单元
        INC  R0               ;修改指针,指向下一数据地址
        INC  R1
        SJMP LOOP             ;循环取数
```

2) 数值比较转移指令(4 条)

```
CJNE A,#data,rel          ;累加器内容与立即数比较,不等则转移
CJNE A,direct,rel         ;累加器内容与内部 RAM 单元内容比较,不等则转移
CJNE Rn,#data,rel         ;寄存器内容与立即数比较,不等则转移
CJNE @Ri,#data,rel        ;内部 RAM 单元内容与立即数比较,不等则转移
```

数值比较转移指令都是三字节指令,通过把两个操作数进行比较(参与比较的数为无符号数),以比较结果作为条件控制程序转移。具体说是对指定的目的字节和源字节进行比较,若它们的值不相等,则转移。转移的目标地址为指令所在的 PC 值加 3 后再加指令的第三字节偏移量(rel)。本指令执行后不影响任何操作数。

数值比较转移指令是 51 单片机指令系统中仅有的 4 条三个操作数的指令,在程序设计中非常有用。这 4 条指令的功能可从程序转移和数值比较两个方面分析。

(1) 程序转移。

为简单起见,把指令中的两个比较数据分别称为左操作数(目的操作数)和右操作数(源操作数),则指令的转移可按以下 3 种情况说明。

• 若左操作数=右操作数,则程序顺序执行:

PC←(PC)+3　　　　进位标志位清零,CY←0

• 若左操作数>右操作数,则程序转移:

PC←(PC)+3+rel　　　　进位标志位清零,CY←0

• 若左操作数<右操作数,则程序转移:

PC←(PC)+3+rel　　　　进位标志位置 1,CY←1

(2) 数值比较。

51 单片机没有专门的数值比较指令，两个数的数值比较可利用这 4 条指令实现，数值比较可在程序转移的基础上进行，即按指令执行后 CY 的状态判断数值大小。

• 程序顺序执行，则左操作数＝右操作数
• 程序转移且(CY)←0，则左操作数＞右操作数
• 程序转移且(CY)←1，则左操作数＜右操作数

比较一次，执行一次减法运算，其差值不保存，两个操作数的内容不改变，标志位受到影响。利用标志位 CY 进一步判断，可实现三分支转移。

**【例 3-16】** 有温度控制系统，采集的温度值(Ta)放在累加器 A 中。此外，内部 RAM 的 54H 单元存放温度的下限值(T54)，55H 单元存放温度上限值(T55)。若 Ta＞T55，程序转向 JW(降温处理程序)；若 Ta＜T54，则程序转向 SW(升温处理程序)；若 T55≥Ta≥T54，则程序转向 FH(返回主程序)。有关流程图如图 3-9 所示。

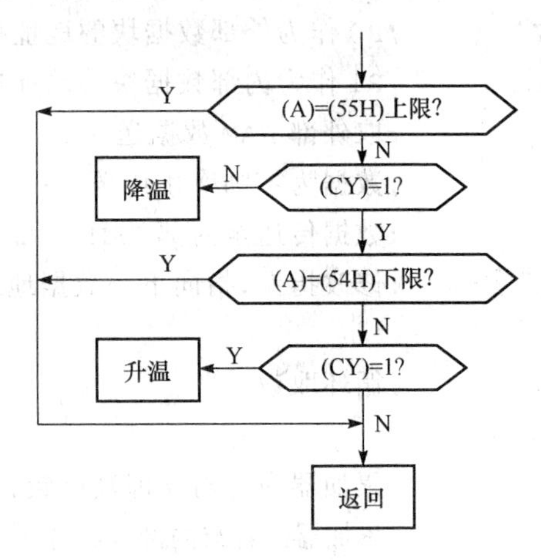


图 3-9　例 3-16 题程序流程图

参考程序如下：

```
  QQQ:NOP
      MOV  A,P1
      CJNE A,55H,LOOP1          ;Ta≠T55,转向 LOOP1
      AJMP FH                   ;Ta=T55,返回
LOOP1:JNC  JW                   ;若(CY)=0,表明 Ta＞T55,转降温处理程序
      CJNE A,54H,LOOP2          ;Ta ≠T54,转向 LOOP2
      AJMP FH                   ;Ta=T54,返回
LOOP2:JC   SW                   ;若(CY)=1,表明 Ta＜T54,转升温处理程序
   FH:RET                       ;T55≥Ta≥T54,返回主程序
```

3) 循环转移指令(2 条)

51 单片机循环转移指令功能同样很强。它以工作寄存器 Rn 和直接地址单元内容作为循环控制，派生出很多条循环转移指令。这是其他微型计算机所不及的。

(1)寄存器减 1 条件转移指令：

```
DJNZ Rn,rel                     ;若(Rn)≠0,Rn←(Rn)-1,则 PC←PC+2+rel
                                ;若(Rn)=0,则 PC←(PC)+2
```

这是一条双字节指令，功能为：每循环一次，寄存器 Rn 内容减 1。如果所得结果为零，则程序顺序执行；反之，程序转移。

(2)直接寻址单元减 1 条件转移指令：

```
DJNZ direct,rel   ;若(direct)≠0,direct←(direct)-1,则 PC←(PC)+3+
                   rel;若(direct)=0,则 PC←(PC)+3
```

这是一条三字节指令，功能为：每循环一次，直接单元内容减 1。如果所得结果为零，则程序顺序执行；反之，则程序转移。

减 1 条件转移指令只有两条。每执行一次这种指令，就把目的操作数内容判断是否为零，并把结果仍保存在目的操作数中，若不为零，目的操作数内容减 1，并转移到指定的地址单元，否则顺序执行。这组指令对于构成循环程序十分有用，可以指定任何一个工作寄存器或者内部 RAM 单元作为循环计数器。每循环一次，这种指令被执行一次，计数器就减 1 一次。预定的循环次数不到，计数器不会为 0，转移执行循环操作；到达预定的循环次数，计数器就被减为 0，顺序执行下一条指令，也就结束了循环。因此，主要应用在循环结构的编程中，作循环结束控制使用。

**【例 3-17】** 把 2000H 开始外部 RAM 单元中的数据送到 3000H 开始的外部 RAM 单元中，数据个数已在内部 35H 单元中。参考程序段如下所述。

```
  QQQ:NOP
      MOV  SP,#60H
      MOV  DPTR,#2000H          ;源数据区首址
      PUSH DPL                  ;源首址暂存堆栈
      PUSH DPH
      MOV  DPTR,#3000H          ;目的数据区首址
LOOP: MOV  R2,DPL               ;目的地址暂存寄存器
      MOV  R3,DPH
      POP  DPH                  ;取回源地址
      POP  DPL
      MOVX A,@DPTR              ;取出数据
      INC  DPTR                 ;源地址增量
      PUSH DPL                  ;源地址暂存堆栈
      PUSH DPH
      MOV  DPL,R2               ;取回目的地址
      MOV  DPH,R3
      MOVX @DPTR,A              ;数据送目的区
      INC  DPTR                 ;目的地址增量
      DJNZ 35H,LOOP
      RET                       ;程序返回
```

由上述两类转移指令可知，无条件转移指令有直接寻址和相对寻址两种方式，而条件转移指令则只有相对寻址一种寻址方式。

3. 子程序调用与返回指令组

子程序结构是一种重要的程序结构。在程序设计中，有时在一个程序中经常遇到反复多

次执行某程序段的情况，如果重复书写这个程序段，使程序变得冗长而杂乱。这时，应使这段程序能被公用，以减少程序编写和调试的工作量，于是引进了主程序和子程序的概念。通常把具有一定功能的公用程序段作为子程序，子程序的最后一条指令为返回主程序指令(RET)。

借助子程序调用与返回指令，才能使模块化程序设计得以实现，不但减少编程工作量，而且也缩短程序的长度。如用一条子程序调用指令，可将主程序执行转向子程序的入口地址。仅从转向子程序入口看，子程序调用指令和转移指令相似，但二者有本质的区别：子程序调用指令使程序执行转向子程序入口，执行完子程序，返回主程序继续执行。为实现程序返回，执行子程序调用指令时，首先将断点地址压栈保存，然后才转向子程序入口地址。子程序的最后用一条子程序返回指令，使断点地址得以恢复，返回主程序继续执行。

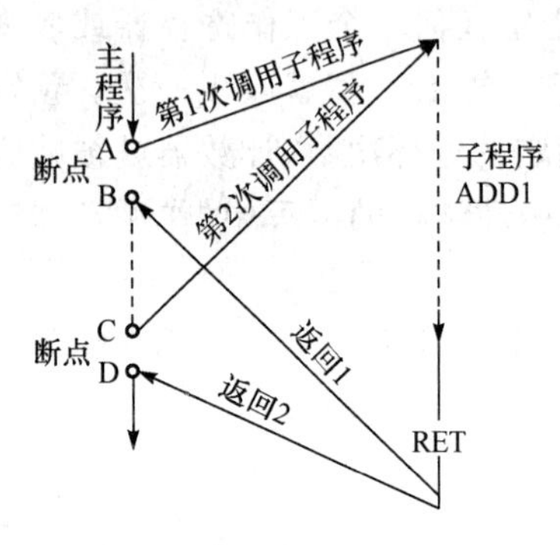


图 3-10　程序调用与返回指令示意图

主程序调用子程序以及从子程序返回主程序的过程如图 3-10。当 CPU 执行主程序到 A 处遇到调用子程序 ADD1 的指令时，CPU 自动把 B 处即下一条指令第一字节的地址(PC 值，称为断点)压入堆栈中，栈指针(SP)＋2，并将子程序 ADD1 的起始地址送入 PC。于是，CPU 转向子程序 ADD1 执行。遇到 ADD1 中的 RET 指令时，CPU 自动把断点 B 的地址弹回 PC，于是，CPU 又回到主程序继续往下执行。当主程序执行到 C 处又遇到调用子程序 ADD1 的指令时，再次重复上述过程。因此，子程序能被主程序多次调用。51 单片机设置绝对调用和长调用两种指令。

1）子程序调用指令(2 条)

(1) 绝对调用指令：

```
ACALL addr11  ;(PC)←(PC)+2          PC 当前值
               (SP)←(SP)+1           修改堆栈指针
               ((SP))←(PC7～0)       返回地址压栈保存
               (SP)←(SP)+ 1          修改堆栈指针
               ((SP))←(PC15～8)      返回地址压栈保存
               (PC10～0)← addr11     转向子程序
```

绝对调用指令为双字节指令，用于目标地址在当前指令的 2KB 范围内调用。为实现子程序调用，该指令共完成两项操作。

① 断点保护。断点保护通过自动方式的堆栈操作实现，即把加 2 以后的 PC 值自动送堆栈保存，待子程序返回时再送回 PC。

② 构造目的地址。指令是双字节指令，目的地址构造方法同 AJMP addr11 指令。指令中提供子程序入口地址的低 11 位，这 11 位地址的 a0～a7 在指令的第二字节中，a8～a10 则占据第一字节的高 3 位。

通过以上两项操作，获得子程序的入口地址，并装入 PC，转向执行子程序。所调用的子程序入口地址必须与 ACALL 指令的下一条指令第一字节在同一 2KB 空间内。

例如，设程序中有绝对调用指令：

```
8100H ACALL 48FH
```

执行此指令后，PC 的内容首先加 2，PC＝8102H，再以 11 位绝对转移地址替换 PC 的低 11 位地址，最后形成目标地址为 848FH，即被调用子程序入口地址为 848FH。

因为指令给出子程序入口地址的低 11 位，因此子程序的调用范围是 2KB。本调用指令的地址为 8100H，不变的高 5 位是操作码 10000。因此，其调用范围是 8000H～87FFH。

(2) 长调用指令：

```
LCALL addr16  ;(PC)←(PC)+3          PC 当前值
               (SP)←(SP)+1          修改堆栈指针
               ((SP))←PC7～0        返回地址低字节压栈保存
               (SP)←(SP)+1          修改堆栈指针
               ((SP))←PC15～8       返回地址高字节压栈保存
               (PC)← addr16         转向子程序
```

长调用指令为三字节指令，可调用 64KB 程序空间的任一目标地址的子程序。

2) 返回指令(2 条)

返回指令共有两条：

```
RET           ;PC15～8←((SP)),弹出断点高 8 位,SP←(SP)-1
              ;PC7～0←((SP)),弹出断点低 8 位,SP←(SP)-1
RETI          ;PC15～8←((SP)),SP←(SP)-1
              ;PC7～0←((SP)),SP←(SP)-1
```

RET 指令是从子程序返回。当程序执行到本指令时，表示结束子程序的执行，返回调用指令(ACALL 或 LCALL)的下一条指令处(断点)继续往下执行。

RETI 指令是中断返回指令，除具有 RET 指令的功能外，还将开放中断逻辑，示意图如图 3-11所示。

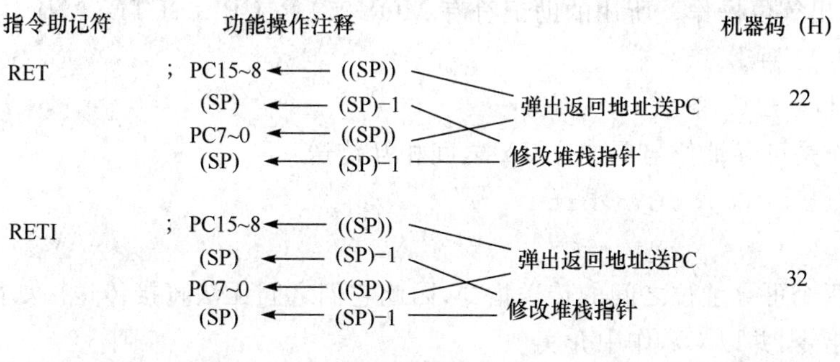


图 3-11　程序返回指令的操作示意图

由上述两条指令的功能操作可知，返回指令从堆栈中弹出返回地址送 PC，堆栈指针减 2，但它们是两条不同的指令，主要有下面两个不同点。

(1) 从使用上，RET 指令必须作为子程序的最后一条指令；RETI 必须作为中断服务程序的最后一条指令。

(2) RETI 指令除恢复断点地址外，还恢复 CPU 响应中断时硬件自动保护的现场信息。执行 RETI 指令后，清除中断响应时所置位的优先级状态触发器，使得已申请的同级或低级中断申请可以响应；而 RET 指令只能恢复返回地址。

4. 空操作指令

```
NOP           ;PC ←(PC)+1
```

空操作指令也是一条控制指令，即控制 CPU 不作任何操作，只消耗一个机器周期的时间。空操作指令是单字节指令，因此执行后 PC 加 1，时间延续一个机器周期。

例如，在延时子程序中微调延时时间；调试程序时用一些 NOP 过渡；有些单片机应用系统还应用它实现软件抗干扰等。

### 3.2.6 位操作类指令

位操作类指令在单片机指令系统中占有重要地位，这是因为单片机在控制系统中主要用于控制线路通、断及继电器吸合与释放等。单片机是可以把由模拟电路或数字电路实现的控制功能改由软件方法实现，使控制系统软化的微控制技术。

位变量称为布尔变量或开关变量，那么位操作（位处理）也称布尔变量操作，即以位（bit）为单位进行的运算和操作。位操作指令是位处理器的软件资源，它是 51 单片机指令系统的一个子集。51 单片机内部有一个功能相对独立的布尔处理机，位处理器的硬件资源包括：

• 运算器中的 ALU，与字节处理合用。

• 程序存储器，与字节处理合用。

• 布尔处理机借用进位标志 CY 作为位累加器，它是位传送的中心。字节处理中有一个累加器 A，而位处理使用进位标志（CY）作为累加器，为区分起见，暂且把 A 称为字节累加器，而把 CY 称为位累加器，在指令中写作 C。

• 内部 RAM 位寻址区的 128 个可寻址位。

• 专用寄存器中的可寻址位。

• 4 个 8 位的并行 I/O 口，每位均可单独进行操作。因此，布尔 I/O 口共有 32 个（P0.0～P0.7，P1.0～P1.7，P2.0～P2.7，P3.0～P3.7）。

• 位处理指令可以完成以位为对象的数据传送、置位、清零、取反、位状态判跳、位逻辑运算及位输入/输出等位操作。所用的助记符有 MOV、CLR、CPL、SETB、ANL、ORL、JC、JNC、JB、JNB、JBC 共 11 种。

1. 位传送指令组(2 条)

位传送操作是可寻址位与累加位 CY 之间相互传送：

```
MOV  C,bit          ;CY←bit
MOV  bit,C          ;bit←CY
```

由于没有两个可寻址位之间的传送指令，因此它们之间无法直接传送。如需要这种传送，应使用这两条指令，并以 CY 作中介实现。

例如，将 20H 位的内容传送至 5AH 位：

```
MOV  10H,C          ;暂存 CY 内容
MOV  C,20H          ;20H 位送 CY
MOV  5AH,C          ;CY 送 5AH 位
MOV  C,10H          ;恢复 CY 内容
```

2. 位修改指令组(6 条)

1) 位清零指令

```
CLR  C              ;CY←0
CLR  bit            ;bit←0
```

2) 位置 1 指令

```
SETB C              ;CY←1
SETB bit            ;bit←1
```

3）位取反指令

```
CPL  C          ; CY←(C̄)
CPL  bit        ; bit←(bit̄)
```

这类指令的功能分别是清零、置位进位标志 C 或直接寻址位、取反，执行结果不影响其他标志位。

3. 位逻辑运算指令(4 条)

位运算都是逻辑运算，有“与”、“或”两种情况：

```
ANL  C,bit      ;CY←(CY)∧(bit)
ANL  C,/bit     ;CY←(CY)∧(/bit)
ORL  C,bit      ;CY←(CY)∨(bit)
ORL  C,/bit     ;CY←(CY)∨(/bit)
```

这组指令的功能是把位累加器 C 的内容与直接位地址的内容进行逻辑“与”、“或”操作，结果再送回 C 中。斜杠(/)表示对该位取反后再参与运算，但不改变原来的数值。

在位操作指令中，没有位的“异或”运算指令，如需要时可由多条上述位操作指令实现。

例如：E、B、D 代表位地址，进行 E、B 内容的异或操作，结果送 D。因此按公式进行异或运算：

$$D=E\oplus B=\overline{E}B+E\overline{B}$$

实现的程序如下：

```
MOV  C,B
ANL  C,/E       ;CY←ĒB
MOV  D,C
MOV  C,E
ANL  C,/B       ;CY←E B̄
ORL  C,D        ;ĒB+ Ē
MOV  D,C        ;异或结果送 D 位
```

多数位操作指令与同类字节操作指令的助记符完全相同，但位操作指令中有“C”作为操作数，可以以此区别。而与“CLR bit”和“CPL bit”两条指令相对应的只有“CLRA”和“CPLA”，不会发生混淆。最后只剩下 SETB 一条指令，这是位操作独有的指令。

此外，通过位逻辑运算，可以对各种组合逻辑电路进行模拟，即用软件方法获得组合电路的逻辑功能。

4. 进位标志位 C 判零转移指令(2 条)

这两条指令都是双字节指令：

```
JC   rel        ;PC←(PC)+2,若 CY=1,则 PC←(PC)+rel
                           若 CY=0,则程序顺序执行
JNC  rel        ;PC←(PC)+2,若 CY=0,则 PC←(PC)+rel
                           若 CY=1,则程序顺序执行
```

5. 位变量 bit 判一转移指令(2 条)

这两条指令都是三字节指令：

```
JB   bit,rel    ;PC←(PC)+3,若(bit)=1,则 PC←(PC)+ rel ,程序转移
                           若(bit)=0,则程序顺序执行
JNB  bit,rel    ;PC←(PC)+3,若(bit)=0,则 PC←(PC)+ rel,程序转移
```

若(bit)=1,则程序顺序执行

6. 位变量bit判零转移并将位变量bit清零指令(1条)

这条指令是三字节指令：

```
JBC  bit,rel       ;PC←(PC)+3,若(bit)=1,则PC←(PC)+rel且(bit←0),
                    程序转移;若(bit)=0,则程序顺序执行
```

以上5条指令都是位控制转移指令,该类指令是以位的状态作为实现程序转移的判断条件。

### 3.2.7 51单片机指令小结

51单片机的指令系统充分反映它是一种面向控制且功能很强的电子计算机。本章主要讲述了51系列单片机指令的寻址方式及各类指令的格式、功能和使用方法等。指令主要用于数据操作,而寻址方式则解决如何取得操作数的问题。51单片机共有7种寻址方式,即寄存器寻址、寄存器间接寻址、直接寻址、立即数寻址、变址寻址、相对寻址和位寻址。寻址方式的不同主要表现在取操作数的方法不同和寻址范围的不同,因此总结寻址方式时,应从这两方面着手进行。对于寄存器寻址,寻址范围是通用寄存器和一些专用寄存器,被寻址寄存器的内容是操作数;而寄存器间接寻址,寻址范围包括整个数据存储器,寄存器的内容是存储单元的地址。对于具体指令,应掌握格式和功能,但因为指令条数多,开始时不宜死记硬背,应在以后涉及程序设计内容时,多加练习,自然能熟练掌握。

同时,指令系统是熟悉单片机功能、开发与应用单片机的基础。掌握指令系统必须与单片机的CPU结构、存储空间的分布、I/O端口的分布结合起来,真正理解符号指令的操作含义,结合实际问题多作程序分析和简单程序设计,以便达到更好的效果。

### 3.2.8 I/O口访问指令使用说明

51系列单片机有4个8位的双向I/O口,供单片机输入/输出数据使用。这些口既可以按口寻址,进行字节数据操作;也可以按口线寻址,进行位操作。由于口的操作存在一些特殊问题,而在具体应用中又常涉及,因此此处特地予以说明。

1. 可以对口进行操作的指令

因为51单片机把4个I/O口归结为专用寄存器,因此凡是能对专用寄存器寻址的指令都能用于口操作。为使用方便,在讲述时把口操作指令分为按口操作和按口线操作两类。

在下面的指令中,m代表口的序号,n代表口线的序号。

1) 按口操作指令

如前面所说,凡是能对专用寄存器寻址的指令都能用于口的操作,但其中的典型代表是口输入/输出,因为51系列单片机没有专门的输入/输出指令,数据输入/输出操作都使用MOV传送指令完成。输出数据时,用MOV指令把输出数据写入各口线电路的锁存器;输入数据时,用MOV指令把各口线的引脚状态读入。例如：

| 口输出指令 | 口输入指令 |
|---|---|
| MOV Pm,A | MOV A,Pm |
| MOV Pm,#data | MOV direct,Pm |
| MOV Pm,direct | |

2) 按口线操作的指令

专用寄存器可以位寻址。对于口,寻址的是口线,下面是一些典型的按口线操作的指令：

口线的输入/输出指令

```
MOV Pm.n,C
MOV C,Pm.n
```

口线逻辑运算指令

```
ANL C,Pm.n
ORL C,Pm.n
```

口线的置位与清零指令

```
SETB Pm.n
CLR  Pm.n
```

口线状态判跳指令

```
JB  Pm.n,rel
JBC Pm.n,rel
```

2. 读引脚数据前先写"1"

当把口作为输入口而进行读操作时,应注意区分读引脚和读端口两种情况。在第2章的口电路结构图中,锁存器下方的缓冲器用于读引脚,而锁存器上方的缓冲器则用于读端口(或称读锁存器)。

使用MOV进行数据输入属于读引脚的操作,即读芯片引脚的信号。指令执行时产生的"读引脚"信号打开缓冲器,把引脚上的信号经缓冲器通过内部总线读入。

但51单片机的4个I/O口在用于数据输入时均呈准双向口特性,这种口在引脚信号输入操作中存在一个特殊问题,即如果口线引脚的原状态为低电平,则外界输入的任何信号均被引脚拉低为低电平,不能反映出外界输入的是"1"还是"0",这实际上是封锁口线,使外界的信号不能输入。更为严重的是,当外界输入信号为高电平信号时,在拉低过程中产生的大电流还有可能把晶体管烧坏。为此,在进行引脚数据输入操作之前,必须先向电路中的锁存器写入"1",使FET截止,以避免锁存器为"0"状态时对引脚读入的干扰。

因此,特别注意:在使用输入指令前应先用指令把口线引脚设置为高电平。例如,在应用系统中,用P1口的P1.0和P1.1进行外界信号的输入,在应用程序中进行数据输入的程序段为:

```
ORL P1,#03H     ;将P1.0和P1.1置"1",准备输入信号
MOV C,P1.0      ;从P1.0输入信号
MOV C,P1.1      ;从P1.1输入信号
```

这是使用MOV指令进行读口操作存在的特殊问题,但用MOV指令进行写口操作时不存在这样的问题,编程时应注意。

3. 读端口操作时的"读-修改-写"功能

读端口是指通过锁存器上面的缓冲器读锁存器Q端的状态,这样安排的目的是为适应对口进行"读-修改-写"操作指令的需要。

在对口的操作指令中,有些指令的操作过程是:先读出口的数据,然后对读出数据进行运算或修改等操作,最后再把结果回送给口。这类指令包括以口为目的操作数的逻辑运算指令(如ANL、ORL和XRL等)与对口线的位操作指令(如JBC、CPL、SETB和CLR等),通常把这类指令称之为"读-修改-写"指令。例如,下面是一条典型的"读-修改-写"指令:

```
ORL P0,#0FH
```

这条指令的功能是先从口的锁存器中读取数据,再对数据进行逻辑"或"操作,然后将操作结果送回口锁存器,从而实现对P0口低4位全部置为"1"的操作。

对于这类"读-修改-写"指令,不直接读引脚而读锁存器是为避免可能出现的错误。如本来口线的状态应为"1"(锁存器与引脚状态均为"1"),而如果口线的输出负载恰是一个晶体管的基极,则导通的晶体管会把引脚的高电平拉低,这样直接读引脚就把本来的"1"误读为"0"。但若从锁存器Q端读出,就能避免这样的错误,得到正确的数据。

对于读引脚和读端口,使用时CPU能根据不同的指令,分别发出"读引脚"和"读锁存器"

信号,以完成不同的操作。

## 习　题

3-1　51 单片机指令系统按功能可分为几类?具有几种寻址方式?它们的寻找范围如何?

3-2　简述 51 单片机的寻址方式和所能涉及的寻址空间。

3-3　设内部 RAM 中 59H 单元的内容为 50H,写出当执行下列程序段后,寄存器 A,R0 和内部 RAM 中 50H、51H 单元的内容为何值?

```
MOV A,59H
MOV R0,A
MOV A,#00
MOV @R0,A
MOV A,#25H
MOV 51H,A
MOV 52H,#70H
```

3-4　设 R0 的内容为 32H,A 的内容为 48H,片内 RAM 的 32H 单元内容为 80H,40H 单元内容为 08H。试指出在执行下列程序段后上述各单元内容的变化。

```
MOV A,@Ro
MOV @R0,40H
MOV 40H,A
MOV R0,#35H
```

3-5　下列指令执行后,求(A),以及 PSW 中 Y、OV、AC 的值。

(1) 当(A)=6BH,ADD A,#81H

(2) 当(A)=6BH,ADD A,#8CH

(3) 当(A)=6BH,CY=0,ADDC A,#72H

(4) 当(A)=6BH,CY=1,ADDC A,#79H

(5) 当(A)=6BH,CY=1,SUBB A,#0F9H

(6) 当(A)=6BH,CY=0,SUBB A,#0FCH

(7) 当(A)=6BH,CY=1,SUBB A,#7AH

(8) 当(A)=6BH,CY=0,SUBB A,#8CH

3-6　假定(A)=83H,(R0)=17H,(17H)=34H,执行以下程序段后(A)为何值?

```
ANL A,#17H
ORL 17H,A
XRL A,@R0
CPL A
```

3-7　阅读下列程序,完成问题。

(1) 说明该程序的功能;

(2) 试修改程序,使片内 RAM 的内容成为如图 3-12 所示的结果。

```
      MOV  R2,#0AH
      MOV  R0,#50H
      CLRA
LOOP: MOV  @R0,A
      INC  R0
      DJNZ R2,LOOP
```

| 内容 | 地址 |
|---|---|
| ⋮ | |
| 00 | 50 H |
| 01 | 51 H |
| 02 | 52 H |
| 03 | 53 H |
| 04 | 54 H |
| 05 | 55 H |
| 06 | 56 H |
| 07 | 57 H |
| 08 | 58 H |
| 09 | 59 H |
| ⋮ | |

图 3-12　习题 3-7 示意图

3-8 分析下列程序段的执行功能。

```
      CLR  A
      MOV  R2,A
      MOV  R7,#04H
LOOP: CLR  C
      MOV  A,R0
      RLC  A
      MOV  R0,A
      MOV  A,R1
      RLC  A
      MOV  R1,A
      MOV  A,R2
      RLC  A
      MOV  R2,A
      DJNZ R7,LOOP
      SJMP $
```

3-9 设系统晶振为12MHz,阅读下列程序,分析其功能。

```
START: SETB P1.0
 NEXT: MOV  30H,#10H
LOOP2: MOV  31H,#0FAH
LOOP1: NOP
       DJNZ 31H,LOOP1
       DJNZ 30H,LOOP2
       CPL  P1.0
       AJMP NEXT
       SJMP $
```

3-10 阅读下列程序,分析其功能。

```
       MOV  R7,#0AH
       MOV  A,#30H
       MOV  DPTR,#2000H
LOOP:  MOVX @DPTR,A
       INC  A
       INC  DPL
       DJNZ R7,LOOP
       SJMP $
```

3-11 简述下列程序段完成的功能,程序完成后,SP指针指向哪里。

```
       MOV  SP,#2FH
       MOV  DPTR,#2000H
       MOV  R7,#50H
NEXT:  MOVX A,@DPTR
       PUSH A
       DJNZ R7,NEXT
       SJMP $
```

3-12 分析以下程序段执行结果,程序执行完后,SP指针指向哪里。

```
        MOV   SP,#3FH
        MOV   R0,#40H
        MOV   R7,#10H
NEXT:   POP   A
        MOV   @R0,A
        DEC   R0
        DJNZ  R7,NEXT
        SJMP  $
```

3-13　分析以下程序段执行结果。

```
XCH   A,30H
MOV   B,A
ANL   A,#0FH
MOV   33H,A
MOV   A,B
SWAP  A
ANL   A,#15H
MOV   34H,A
SJMP  $
```

3-14　设堆栈指针SP中的内容为60H,内部RAM中30H和31H单元的内容分别为24H和10H。执行下列程序段后,61H,62H,30H,31H,DPTR及SP中的内容将有何变化?

```
PUSH  30H
PUSH  31H
POP   DPL
POP   DPH
MOV   30H,#00H
MOV   31H,#0FH
```

3-15　试分析下列程序段,程序执行后,位地址00H和01H中的内容将为何值?P1口的8条I/O线为何状态?

```
        CLR   C
        MOV   A,#66H
        JC    LOOP1
        CPL   C
        SETB  01H
LOOP1:  ORL   C,ACC.0
        JB    ACC.2,LOOP2
LOOP2:  MOV   P1,A
          ⋮
```

3-16　阅读(1)、(2)、(3)程序段,分析其功能,运行结果存在哪里?

```
(1) MOV   A,R2
    ADD   A,R0
    MOV   30H,A
    MOV   A,R3
    ADDC  A,R1
    MOV   31H,A
```

```
    MOV  A,#0
    ADDC A,#0
    MOV  32H,A
    SJMP $
(2) CLR  C
    MOV  A,R4
    SUBB A,R2
    MOV  R0,A
    MOV  A,R5
    SUBB A,R3
    MOV  R1,A
(3) MOV  A,R1
    MOV  B,R0
    MUL  AB
    MOV  30H,A
    MOV  31H,B
    MOV  A,R2
    MOV  B,R0
    MUL  AB
    ADD  A,31H
    MOV  31H,A
    MOV  A,B
    ADDC A,#0
    MOV  32H,A
    SJMP $
```

3-17　四个变量 U、V、W、X 分别从 P1.0～P1.3 输入，阅读如下程序，写出逻辑表达式并画出逻辑电路图。

```
MOV  P1,#0FH
MOV  C,P1.0
ANL  C,P1.1
CPL  C
MOV  ACC.0,C
MOV  C,P1.2
ORL  C,/P1.3
ORL  C,ACC.0
MOV  F,C
SJMP $
```

3-18　用布尔指令求解逻辑方程。

(1) PSW.5＝P1.3∧ACC.2∨B.5∧P1.1；

(2) PSW.5＝P1.5∧B.4∨ACC.7∧P1.0。

# 第4章　单片机的Keil C51开发语言

本章从Keil C51语言的程序结构入手，着重分析不同于标准C语言的C51数据结构，以及C51与汇编语言的混合编程方法。

## 4.1　51系列单片机的Keil C51开发语言

### 4.1.1　Keil C51语言概述

从1985年起，就有专门针对MCS-51单片机的C语言编译器不断问世，我国使用较广泛的主要是Franklin C51和Keil C51。其中，Keil C51因为能在Windows操作系统中得到更好的支持和具有更好的开发、调试界面，并且适用于开发多个公司的产品，因此在近几年成为51系列单片机开发者的首选。

Keil公司成立于德国，在世界数十个国家有技术支持中心，提供销售和技术服务。

Keil公司开发、研制和销售8051，151，251，USB及ARM系列单片机嵌入式软件开发工具，包括C语言编译器、汇编器、实时可执行库函数代码、调试器、模拟器、集成开发环境和评估板等。

Keil公司的产品开发以严谨著称，发行的各种软件产品均经过多种工业场合反复试用、严格考核过。

Keil的C51完全支持C语言的标准指令和很多用来优化8051指令结构的C语言扩展指令，少量的差异主要是Keil C51可以让用户针对8051的结构进行程序设计，还有就是8051的一些局限所引起的。

用汇编语言编写MCS-51单片机程序必须考虑存储器的结构，尤其应考虑片内数据存储器与特殊功能寄存器的使用情况，以及按实际地址处理端口数据等具体应用。C语言是一种通用的计算机程序设计语言，在功能、结构、可读和可维护方面比汇编语言有明显的优势，因而易学易用。Keil C51软件提供丰富的库函数和功能强大的集成开发调试工具，以及全Windows界面。更重要的一点是，Keil C51生成的目标代码效率非常高，多数语句生成的汇编代码很紧凑，容易理解。在开发大型软件时更能体现高级语言的优势。因此，用C51语言编写单片机应用程序，进行51系列单片机系统开发，编程者可以专注于应用软件部分的设计，而不用具体组织、分配存储器资源和处理端口数据；对数据类型与变量的定义，必须与单片机的存储结构相关联，否则编译器不能正确地映射定位。

与标准C语言相比，C51在数据类型、变量存储模式、输入/输出处理、函数等方面有一定差异，它根据单片机存储结构及内部资源定义相应的数据类型和变量，而其他语法规则、程序结构及程序设计方法等与标准的C语言程序设计相同。

### 4.1.2　C51的程序结构

C51程序的基本单位是函数。一个C51源程序至少包含一个主函数，也可以是一个主函数和若干个其他函数。主函数是程序的入口；主函数中所有的语句执行完毕，程序结束。

下面通过一个可实现LED闪烁控制功能的源程序说明C51程序的基本结构(硬件电路原理图如图4-1所示)。程序如下:

```
#include <reg51.h>                          //51单片机头文件
void delay();                               //延时函数声明
sbit P1_0=P1^0;                             //输出端口定义
main ()
{                                           //主函数
   while (1)
   {                                        //无限循环体
      P1_0=0;                               //P1.0="0",LED亮
      delay();                              //延时
      P1_0=1;                               //P1.0="1",LED灭
      delay();                              //延时
   }
}
void delay (void)
{                                           //延时函数
   unsigned char i;                         //字符型变量i定义
   for (i=200;i>0;i--)                      //循环延时
}
```

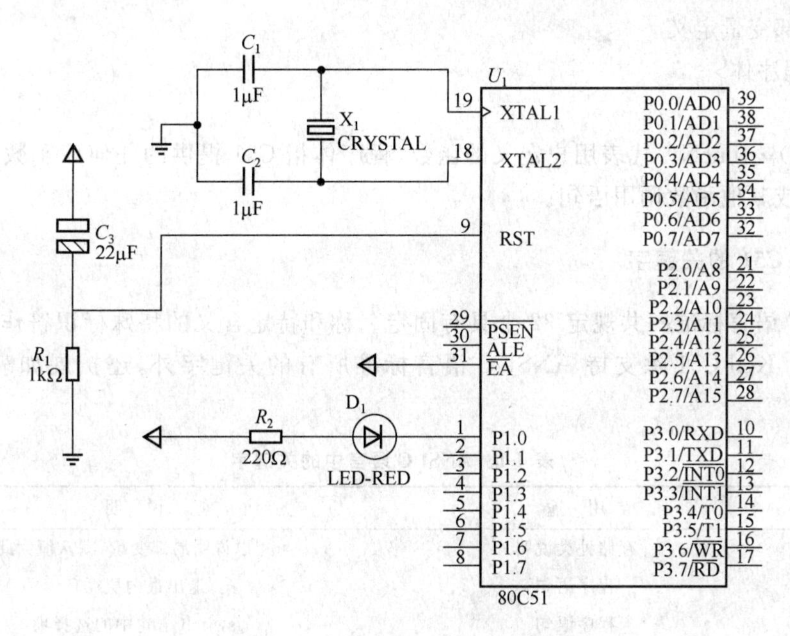


图4-1　LED指示灯闪烁电路原理图

本例的开始处使用预处理命令#include,它告诉编译器在编译时将头文件reg51.h读入一起编译。头文件reg51.h包括对8051单片机特殊功能寄存器名的集中说明。

本例main()是一个无返回、无参数型函数,虽然参数表为空,但一对圆括号()必须有,不能省略。其中:

• sbit P1_0=P1^0 是全局变量定义，它将 P1.0 端口定义为 P1_0 变量；

• unsigned char i 是局部变量定义，它说明 i 是位于片内 RAM 且长度为 8 的字符型变量；

• while(1)是循环语句，可实现死循环功能；

• P1_0=1 和 P1_0=0 是两个赋值语句，等号(=)作为赋值运算符；

• for(i=200;i>0;i--)是没有语句体的循环语句，这里起到软件延时的作用。

综上所述，C51 语言程序的基本结构为：

```
包含<头文件>
函数类型说明
全局变量定义
    main () {
    局部变量定义
    <程序体>
    }
    func1 () {
    局部变量定义
    <程序体>
    }

    funcN () {
    局部变量定义
    <程序体>
    }
```

其中，func1()…funcN()代表用户定义的函数，程序体指 C51 提供的任何库函数调用语句、控制流程语句或其他函数调用语句。

### 4.1.3 Keil C51 的关键字

ANSI C 语言标准一共规定 32 个具有固定名称和特定含义的特殊标识符作为关键字，如表 4-1 所示。Keil C51 除支持 ANSI C 语言标准所有的关键字外，还扩展如表 4-2 所示的关键字。

**表 4-1 ANSI C 语言中的关键字**

| 关键字 | 用途 | 说明 |
| --- | --- | --- |
| auto | 存储种类说明 | 用以说明局部变量，默认值为此 |
| break | 程序语句 | 退出最内层循环 |
| case | 程序语句 | switch 语句中的选择项 |
| char | 数据类型说明 | 单字节整型数或字符型数据 |
| const | 存储类型说明 | 在程序执行过程中不可更改的常量值 |
| continue | 程序语句 | 转向下一次循环 |
| default | 程序语句 | switch 语句中的失败选择项 |
| do | 程序语句 | 构成 do…while 循环结构 |

续表

| 关键字 | 用 途 | 说 明 |
|---|---|---|
| double | 数据类型说明 | 双精度浮点数 |
| else | 程序语句 | 构成 if…else 选择结构 |
| enum | 数据类型说明 | 枚举 |
| exten | 存储种类说明 | 在其他程序模块中说明的全局变量 |
| float | 数据类型说明 | 单精度浮点数 |
| for | 程序语句 | 构成 for 循环结构 |
| goto | 程序语句 | 构成 goto 转移结构 |
| if | 程序语句 | 构成 if…else 选择结构 |
| int | 数据类型说明 | 基本整型数 |
| long | 数据类型说明 | 长整型数 |
| register | 存储种类说明 | 使用 CPU 内部寄存的变量 |
| return | 程序语句 | 函数返回 |
| short | 数据类型说明 | 短整型数 |
| signed | 数据类型说明 | 有符号数，二进制数据的最高位为符号位 |
| sizeof | 运算符 | 计算表达式或数据类型的字节数 |
| static | 存储种类说明 | 静态变量 |
| struct | 数据类型说明 | 结构类型数据 |
| swith | 程序语句 | 构成 switch 选择结构 |
| typedef | 数据类型说明 | 重新进行数据类型定义 |
| union | 数据类型说明 | 联合类型数据 |
| unsigned | 数据类型说明 | 无符号数数据 |
| void | 数据类型说明 | 无类型数据 |
| volatile | 数据类型说明 | 该变量在程序执行中可被隐性改变 |
| while | 程序语句 | 构成 while 和 do…while 循环结构 |

**表 4-2 Keil C51 中的扩展关键字**

| 关键字 | 用 途 | 说 明 |
|---|---|---|
| bit | 位标量声明 | 声明一个位标量或位类型量 |
| sbit | 位标量声明 | 声明一个可位寻址变量 |
| sfr | 特殊功能寄存器声明 | 声明一个特殊功能寄存器 |
| sfr16 | 特殊功能寄存器声明 | 声明一个 16 位的特殊功能寄存器 |
| data | 存储器类型说明 | 直接寻址的内部数据存储器 |
| bdata | 存储器类型说明 | 可位寻址的内部数据存储器 |
| idata | 存储器类型说明 | 间接寻址的内部数据存储器 |
| pdata | 存储器类型说明 | 分页寻址的外部数据存储器 |
| xdata | 存储器类型说明 | 外部数据存储器 |

| 关键字 | 用 途 | 说 明 |
|---|---|---|
| code | 存储器类型说明 | 程序存储器 |
| interrupt | 中断函数说明 | 定义一个中断函数 |
| reentrant | 再入函数说明 | 定义一个再入函数 |
| using | 寄存器组定义 | 定义芯片的工作寄存器 |

此外，Keil C51 不但具有 ANSI C 语言所有的标准数据类型，为更加有效地利用 8051 的结构特点，又加入一些特殊的数据类型。

# 4.2 Keil C51 的数据结构

## 4.2.1 Keil C51 的基本数据类型

程序设计离不开对数据的处理。一个程序如果没有数据，就无法工作。数据在计算机内存中的存放情况由数据结构决定。C 语言的数据结构以数据类型出现。在 C 语言中，基本数据类型有 char、int、short、float 和 double 等，对于 Keil C51 编译器，short 型等同于 int 型，double 型等同于 float 型。图 4-2 列举为 C 语言所能处理的各种数据类型，表 4-3 列举 Keil C51所支持的基本数据类型。

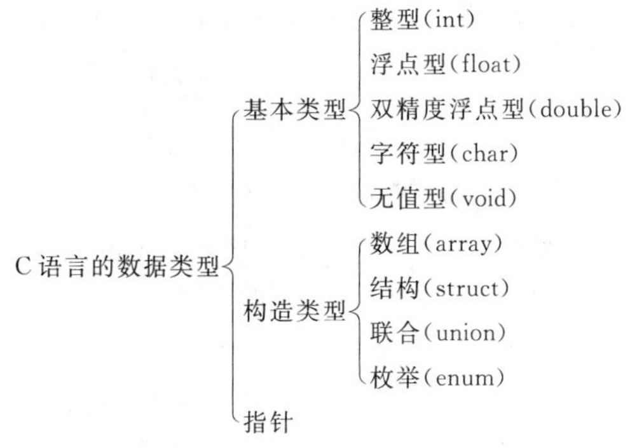


图 4-2 C 语言所能处理的各种数据类型

**表 4-3 Keil C51 的数据类型**

| 类 型 | 长度(位数) | 数学表达 |
|---|---|---|
| signed char | 8 | 有符号字符变量，取值范围：－128～＋127 |
| unsigned char | 8 | 无符号字符变量，取值范围：0～＋255 |
| signed int | 16 | 有符号整型数，取值范围：－32768～＋32767 |
| unsigned int | 16 | 无符号整型数，取值范围：0～＋65535 |
| signed long | 32 | 有符号长整型数，取值范围：－2147483648～＋2147483647 |
| unsigned long | 32 | 无符号长整型数，取值范围：0～＋4294967295 |
| float | 32 | 浮点数，取值范围：±1.175 494e－38～＋3.402823e＋38 |
| * | 8～24 | 对象的地址 |
| bit | 1 | 布尔型位变量，0 或 1 两种取值 |
| sfr | 8 | 取值范围：0～＋255 |
| sfr16 | 16 | 取值范围：0～＋65535 |
| sbit | 1 | 取值范围：0 或 1 |

下面解释 Keil C51 的基本数据类型。

• char(字符型)。char 的长度是一字节，通常用于定义字符数据的变量或常量。char 型又分无符号字符型(unsigned char)和有符号字符型(signed char)。在未指明是否有符号时，Keil C51 默认 char 字符型值为 signed char 型。unsigned char 型用字节中所有的位表示数值，所以可以表达的数值范围是0～+255。unsigned char常用于处理ASCII字符或用于处理小于或等于255的整型数。signed char型用字节中最高位字节表示数据的符号，“0”表示正数，“1”表示负数，负数用补码（即该数的绝对值按位取反后再加1）表示。因此，signed char型数据所能表示的数值范围是−128～+127。

• int（整型）。int数据的长度为两字节，用于存放一个双字节数据，同样分有符号int型数（signed int）和无符号整型数（unsigned int），默认值为signed int类型。signed int表示的数值范围是−32768～+32767，字节中最高位表示数据的符号，“0”表示正数，“1”表示负数，负数也用补码表示。unsigned int表示的数值范围是0～+65535。

• long（长整型）。long数据的长度为4字节，用于存放一个四字节数据。与char和int数据一样，long数据也分有符号长整型（signed long）和无符号长整型（unsigned long），默认值为signed long型。signed long表示的数值范围是−2147483648～+2147483647，字节中最高位表示数据的符号，“0”表示正数，“1”表示负数，负数也用补码表示。unsigned long表示的数值范围是0～+4294967295。

• float（浮点型）。float在十进制中具有7位有效数字，是符合IEEE-754标准的单精度浮点型数据，占用4字节。

• 指针型。指针型本身是一个变量，这个变量存放指向另一个数据的地址。这个指针变量占据一定的内存单元，对不同的处理器长度也不尽相同。在C51中，它的长度一般为1～3字节。

• bit（位标量）。bit是C51编译器的一种扩充数据类型，利用它可定义一个位标量，但不能定义位指针，也不能定义位数组。它的值是一个二进制位，0或1，类似于一些高级语言中的布尔（Boolean）类型中的True和False。

• sfr（特殊功能寄存器）。sfr也是一种扩充数据类型，占用一个内存单元，值域为0～+255。利用它可以访问MCS-51单片机内部所有的特殊功能寄存器，如用sfr P1=0x90定义P1为P1端口在片内的寄存器，在后面的语句中用P1=255（对P1端口所有的引脚置高电平）之类的语句操作特殊功能寄存器。

• sfr16（16位特殊功能寄存器）。sfr16占用两个内存单元，值域为0～+65535。sfr16和sfr一样用于操作特殊功能寄存器，所不同的是它用于操作占两字节的寄存器。

• sbit（可寻址位）。sbit是C51中的一种扩充数据类型，利用它可以访问芯片内部RAM中的可寻址位或特殊功能寄存器中的可寻址位。例如，定义zwe为位于位寻址区bdata的无符号字符型变量，即

```
unsigned char bdata zwe
```

再用sbit定义zwe中的每一位，即

```
sbit zwe_bit0=zwe^0
sbit zwe_bit1=zwe^1
sbit zwe_bit2=zwe^2
sbit zwe_bit3=zwe^3
sbit zwe_bit4=zwe^4
sbit zwe_bit5=zwe^5
sbit zwe_bit6=zwe^6
sbit zwe_bit7=zwe^7
```

于是，程序可以分别用 zwe bit0，zwe bit1，…，zwe bit7 代表 zwe 变量的第 0 位，第 1 位直至第 7 位。

在 C 语言中，用 signed 表示一个变量(或常数)是有符号类型，unsigned 表示无符号类型。它们表示数值范围不一样。必须注意的是因为有符号运算比无符号运算耗资源，因此应尽可能使用无符号数。

另外需要注意的是，C51 支持的多字节数据都按照高字节在前，低字节在后的原则安排，即一个多字节数，如 int 型，在内存单元中存储顺序为高位字节存储在地址低的存储单元中，低位字节存储在地址高的存储单元中。

### 4.2.2 Keil C51 的常量

C 语言把在程序执行过程中数值不改变的量称为常量。常量的数据类型有整型、浮点型、字符型等。

1. 整型常量

整型常量是整型常数，可按一般数字的写法直接写成十进制，如 12345、－12345、0 等；可以写成十六进制，写成十六进制时必须以 0x 开头，如 0x64、0x123、0xFF 等。另外，还可以在整型常数后面加一个字母 L，构成长整型数，如 10L、123L 和 0x4FL。

浮点型常数可以写成十进制定点表示形式，即由数字和小数点组成，如 3.14159、－4.7、130.4 等；可以写成指数形式，即[±] 数字[. 数字] e[±]数字。其中，[]中的内容为可选项，可根据具体情况选择，但其余部分必须有，如－456e－3、123e5、－123e4。

2. 字符型常量

字符型常量是单引号内的字符，如‘a’、‘b’等，一个字符占用一字节。对于不可以显示的控制字符，可以在该字符前面加一个反斜杠(\)组成专用转义字符。利用转义字符可以完成一些特殊功能和输出时的格式控制。常用转义字符表如表 4-4 所示。

表 4-4 常用转义字符表

| 转义字符 | 含义 | ASCII 码(十六/十进制) | 转义字符 | 含义 | ASCII 码(十六/十进制) |
|---|---|---|---|---|---|
| \0 | 空字符(NULL) | 00H/0 | \n | 换行符(LF) | 0AH/10 |
| \r | 回车符(CR) | 0DH/13 | \t | 水平制表符(HT) | 09H/9 |
| \b | 退格符(BS) | 08H/8 | \f | 换页符(FF) | 0CH/12 |
| \’ | 单引号 | 27H/39 | \” | 双引号 | 22H/34 |
| \\ | 反斜杠 | 5CH/92 | | | |

3. 字符串常量

字符串常量由双引号内的字符组成，如“ABCDE”、“OK”等。引号内没有字符时，称为空字符串。注意字符串常量前面和后面的双引号是界限符，当需要表示双引号字符串时，可以使用转义符号“\”表示，如“\\””。

在 C 语言中，字符串常量作为字符类型数组处理，所以在存储字符串时，系统在字符串尾部加上\o 转义字符以作为该字符串的结束符，所以字符串常量“A”和字符常量‘A’不同，前者在存储时多占用一个字节的空间。

4. 位标量

位标量是 C51 编译器扩充的一种数据类型，它用关键字 bit 定义，其值是一个二进制位。

函数可以包含 bit 类型的参数,函数的返回值也可以为 bit 类型。例如:

```
static  bit  a1                //定义一个静态标量 a1
extern  bit  b1                //定义一个外部位 b1
bit     func (bit c1,c2)       //定义一个返回型值的函数 func,包含两个位参
                                 数 c1 和 c2
{
⋮
return(c2);                    //返回一个位型值 c2
}
```

常量可用在不需要改变其值的场合,如固定的数据表、字库等。常量的定义方式有几种,下面加以说明。

```
#define False 0x0;             //预定义语句可以定义常量
#define True  0x1;             //这里定义 False 为 0,True 为 1
                               //在程序中用 False 编译时自动用 0 替换,同理
                                 True 替换为 1
unsigned int code a= 200;     //这一句用 code 把 a 定义在程序存储器中并赋值
const unsigned int c= 110;    //用 const 定义 c 为无符号 int 常量并赋值
```

以上两句的值都保存在程序存储器中,而程序存储器在运行中不允许被修改,所以在这两句后面用类似 a=100,a++ 的赋值语句,编译时将会出错。

### 4.2.3 Keil C51 的变量

1. 变量定义

在程序执行过程中,数值可以发生改变的量称为变量。变量的基本属性是变量名和变量值。一旦在程序中定义一个变量,C51 编译器就给这个变量分配相应的存储单元。此后变量名与存储单元地址相对应,变量值与存储单元的内容相对应。

C51 程序使用变量前必须先对其进行定义,这样编译系统才能为变量分配相应的存储单元。定义一个变量的格式如下:

[存储种类] 数据类型 [存储类型] 变量名

存储种类是指变量在程序执行过程中的作用范围。变量的存储种类有 4 种:自动(auto)、外部(extern)、静态(static)和寄存器(register)。

C51 规定变量名可以由字母、数字和下划线 3 种字符组成,且第一个字符必须为字母或下划线,变量名长度无统一规定,随编译系统而定。

使用时应注意:大写的变量和小写的变量是不同的变量,如 SUM 和 sum。习惯上变量用小写表示。另外,变量名除应避免使用标准 C 语言的 32 个关键字外,还应避免使用 C51 扩展的新关键字。

2. 存储器类型

51 系列单片机具有 3 个存储空间:片内低 128B RAM、片外 64KB RAM 和片内外统一编址的 64KB ROM,8052 型单片机还有片内高 128B RAM 空间。这些存储空间与存储类型的对应关系如图 4-3 和表 4-5 所示。

存储器类型是指该变量在 C51 硬件系统中所使用的存储区域,并在编译时能够准确定

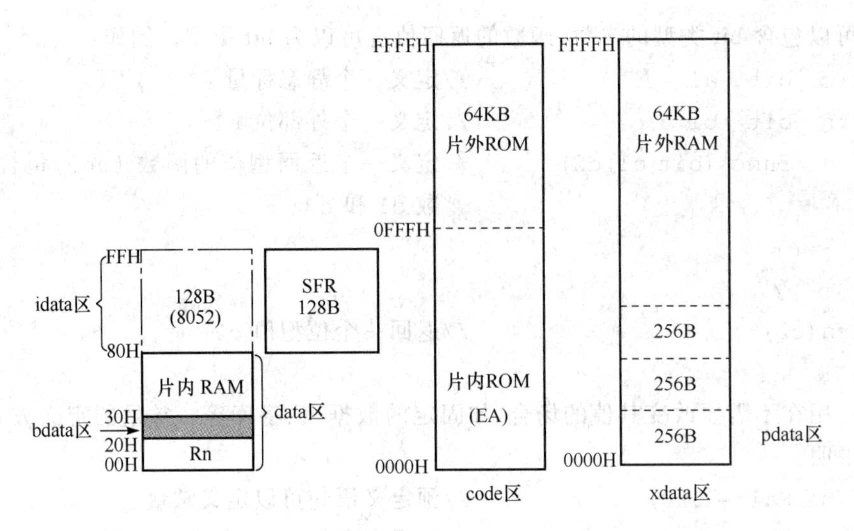


图 4-3 51 系列单片机存储空间示意图

位。表 4-5 列举 Keil C51 所能识别的存储器类型。必须注意的是在 Intel 8051 芯片中，RAM 只有低 128 位，位于 80H 到 FFH 的高 128 位则在 52 芯片中或其他公司在扩展 Intel 8051 后才有，并和特殊寄存器地址重叠。

**表 4-5 Keil C51 编译器所能识别的存储器类型**

| 存储器类型 | 说 明 |
| --- | --- |
| data | 直接访问内部数据存储器(128B)，访问速度最快 |
| bdata | 可位寻址内部数据存储器(16B)，允许位与字节混合访问 |
| idata | 间接访问内部数据存储器(256B)，允许访问全部内部地址 |
| pdata | 分页访问外部数据存储器(256B)，用 MOVX @Ri 指令访问 |
| xdata | 外部数据存储器(64KB)，用 MOVX @DPTR 指令访问 |
| code | 程序存储器(64KB)，用 MOVC @A+DPTR 指令访问 |

由此可见，一个变量除与存储单元相对应外，还与它所在的存储空间有关，即还需要指出其存储类型。例如，语句 char data a 声明 a 是位于片内低 128B RAM 区的字符型变量。

需要特别指出的是，变量的存储种类与存储器类型完全无关。例如：

```
static unsigned char data i;   //在内部数据存储器中定义一个静态无符号字符型变量
int j;                         //定义一个自动整型变量 j，它的存储器类型由编译模式确定
```

第一条语句所定义的字符型变量 i，其存储种类为“静态”，即俗称的静态变量，它的存储器类型为 data，即这个变量位于 8051 芯片内部 RAM 中的低 128 位，即地址为 00H～7FH 之间。

第二条语句所定义的是一个整型变量，由于没有定义存储种类和存储器类型，于是系统默认存储种类为“自动”，存储器类型由存储器编译模式确定。

3. 数据类型

数据的不同格式为数据类型，C51 支持的基本数据类型与标准 C 语言相同(表 4-6)。

表 4-6　C51 支持的基本数据类型

| 数据类型 | | 长度 | 值域 |
|---|---|---|---|
| 字符型(char) | unsigned char | 单字节 | 0～+255 |
| | signed char | 单字节 | −128～+127 |
| 整型(int) | unsigned int | 双字节 | 0～+65535 |
| | signed int | 双字节 | −32768～+32767 |
| 长整型(long) | unsigned long | 4 字节 | 0～+4294967295 |
| | signed long | 4 字节 | −2147483648～+2147483647 |
| 浮点型(float) | float | 4 字节 | $10^{-38}$～$10^{38}$ |
| | double | 8 字节 | $10^{-308}$～$10^{308}$ |
| 指针型 | 普通指针 * | 1～3 字节 | 0～+65535 |

其中,有符号数据类型可以忽略标识符 signed,如 signed int 等价于 int,signed char 等价于 char 等。

为更有效地利用 51 单片机的内部结构,C51 还增加一些特殊的数据类型,分别对应 bit、sfr、sfr16 和 sbit。

1) bit 位型

bit 位型是 C51 编译器的一种扩充数据类型,利用它可定义一个位变量或位函数,但不能定义位指针,也不能定义位数组。它的值是一个二进制位,为 0 或 1。

2) sfr 特殊功能寄存器型

51 系列单片机内有 21 个特殊功能寄存器(SFR),分散在片内 RAM 区的高 128 字节,地址为 80H～FFH。为能直接访问这些 SFR,须通过关键字 sfr 对其进行定义,语法如下:

```
sfr sfr_name=地址常数;
```

这里,sfr_name 是特殊功能寄存器名,"="后面必须是常数,其数值范围必须在特殊功能寄存器地址范围内,即位于 0x80～0xFF 之间。例如:

```
sfr P1=0x90;                //定义 P1 口地址 90H
sfr PSW=0xD0;               //定义 PSW 地址 D0H
```

对于 16 位 SFR 可使用关键字 sfr16,语法与 8 位 SFR 相同,定义的地址必须是 16 位 SFR 的低端地址,例如:

```
sfr16 DPTR=0x82;            //定义 DPTR,其 DPL=82H,DPH=83H
```

注意,这种定义适用于所有新的 SFR,但不能定义定时/计数器 0 和 1。

3) sbit 可寻址位

51 系列单片机经常访问特殊功能寄存器中的某些位,用关键字 sbit 定义可位寻址的特殊功能寄存器的位寻址对象。定义方法有如下 3 种。

(1) sbit 位变量名=位地址。

将位的绝对地址赋给位变量名,位地址必须位于 0x80～0xFF 之间。例如:

```
sbit CY= 0xD7;              //将位的绝对地址赋给变量
```

(2) sbit 位变量名=SFR 名称^位位置。

当可寻址位位于特殊功能寄存器中时,可采用这种方法。其中,SFR 名称必须是已定义的 SFR 的名字,位位置是一个 0～7 之间的常数。例如:

```
sfr PSW=0xD0;
sbit CY=PSW^7;              //定义 CY 位为 PSW.7,位地址为 0xD0
```

(3) sbit 位变量名＝字节地址^位位置。

这种方法是以一个常数(字节地址)作为基地址,该常数必须在 0x80～0xFF 之间。位位置是一个 0～7 之间的常数。例如:

```
sbit CY=0xD0^7;             //将位的相对地址赋给变量
```

• 注意 sbit 和 bit 的区别:sbit 定义特殊功能寄存器中的可寻址位;bit 则定义一个普通的位变量,一个函数可包含 bit 类型的参数,函数返回值也可为 bit 类型。

在 C51 中,为用户处理方便,C51 编译器把 51 单片机的常用特殊功能寄存器和特殊位进行统一定义,并存放在一个 reg51.h 或 reg52.h 的头文件中,用户使用时,用一条预处理命令 #include 〈reg51.h〉把这个头文件包含到程序中,然后使用特殊功能寄存器名和特殊位名称。

4. 存储器模式

定义变量时如果省略存储器类型,Keil C51 编译系统则按编译模式 SMALL、COMPACT 或 LARGE 所规定的默认存储器类型指定变量的存储区域。无论什么存储模式都可以声明变量在任何的 8051 存储区范围,然后把最常用的命令放在内部数据区以显著提高系统性能。

SMALL 存储模式把所有函数变量和局部数据段放在 8051 系统的内部数据存储区,因此对这种变量的访问速度最快,但 SMALL 存储模式的地址空间受限。在写小型的应用程序时,变量和数据最好放在 data 内部数据存储器中,因为访问速度快,但在较大的应用程序中 data 区最好只存放小的变量、数据或常用的变量(如循环计数、数据索引),而大的数据则放置在别的存储区域,否则 data 区很容易溢出。

COMPACT 存储模式把变量定位在 MCS-51 系统的外部数据存储器中。外部数据存储段最多可有 256 字节(一页),这时对变量的访问通过寄存器间接寻址(MOVX @Ri)进行。采用这种编译模式时,变量的高 8 位地址由 P2 口确定,因此,在采用这种模式的同时,必须适当改变启动程序 STARTUP.A51 中的参数 PDATASTART 和 PDATALEN,用 L51 进行连接时还必须采用连接控制命令 PDATA 对 P2 口地址进行定位,这样才能确保 P2 口为所需要的高 8 位地址。

在 LARGE 存储模式中,所有的函数和过程变量及局部数据段都被定位在 MCS-51 系统的外部数据存储器中,外部数据存储器最多有 64KB,这要求用 DPTR 数据指针来间接地访问数据,因此,这种访问方式效率并不高,尤其是对于双或多字节的变量,用这种方式访问数据程序的代码可能很大。

变量还分为全局变量和局部变量。全局变量在任何函数之外说明,可被任意模块使用,在整个程序执行期间都保持有效;局部变量在函数内部说明,只在本函数或功能块以内有效,该函数或功能块以外则不能使用。局部变量可以与全局变量取同样的名字,此时,局部变量的优先级高于全局变量,即同名的全局变量在局部变量使用的函数内部暂时屏蔽。

5. 重新定义数据类型

Keil-C51 支持的基本数据类型有 char、int 和 float 等,除了这些数据类型外,用户还可以根据需求,用关键字 typedef 对数据类型重新定义,重新定义方法如下:

```
typedef  已有的数据类型  新的数据类型名;
```

“已有的数据类型”指的是 C 语言中所有的数据类型,包括结构、指针和数组等。“新的数据类型名”可以按用户的习惯或根据任务的需要决定。关键字 typedef 的作用只是将 C 语言中已有的数据类型作置换，因此可用置换后的新数据类型名进行变量的定义，举例如下：

```
typedef int counter;          //将 counter 定义为整型
counter i,j;                  //将 i ,j 定义为整型
```

### 4.2.4 C51 的指针

C51 作为标准 C 语言的扩展，它的指针与标准 C 语言的指针几乎一样，都可以简单理解为“存储某个地址的变量”。C 语言指针变量的一般定义形式为：

类型标识符 *变量名；

例如：

```
char  *ip;
```

上述代码定义一个指向字符型值的指针变量 ip。

为表示指针变量与它所指向的变量地址之间的关系，C 语言为指针运算专门设置两种运算符。

(1) & 运算符：这是取地址运算符，返回其后所跟操作数的地址，如：

```
int i,*ip;
ip=&i;
```

将变量 i 的地址(注意，不是 i 的值)赋予 ip。如果 i 的地址是 30H，那么赋值后 ip 的值是 30H。

(2) * 运算符：把它的操作数当地址对待，并访问那个地址以便操作所需要的值。例如：

```
i=15;
ip=&i;
j=*ip;
```

则 j 中存放的是 15，因为 ip 指向 i 的地址，*ip 把 ip 中存放的值作为地址，然后取这个地址(即 i 的地址)中的值，最后赋值给 j。换言之，*ip 表示变量 i。

由于单片机编程涉及多种存储区域，如 data、idata 和 xdata 等(这是与在 PC 上使用的标准 C 语言编程不一样的地方，后者只涉及一种 RAM)，因此 C51 定义指针时还需要额外指明两个问题：①指针变量自身位于哪个存储区域；②该指针的值代表哪个存储区域里的地址。

### 4.2.5 Keil C51 的构造类型

1. 结构

结构是将若干个不同类型的数据变量有序地组合在一起而形成一种数据的集合体。组成该集合体的各个数据变量称为结构成员，整个集合体使用一个单独的结构变量名。结构中的各个变量之间有密切的联系，它们用来描述一个事物的几个方面，但它们并不一定属于同一种类型。

结构类型的一般定义格式为：

```
struct 结构名
{成员分量};
```

花括号中的成员分量是组成这个结构类型的各数据项，定义形式为：

类型标识符　成员分量名

例如，定义一个由三个结构元素 year、month、day 组成的日期结构类型 date，格式如下：

```
struct date
{
  int year;
  char month,day;
}
```

定义好结构类型后，就可以用它定义结构变量，就像定义其他类型的变量一样，如：

```
struct date d1,d2;
```

上面是先定义结构类型，再用结构类型定义结构变量。也可以在定义结构类型的同时定义结构变量，如：

```
struct date
{
 int year;
 char month,day;
}d1,d2;
```

定义结构变量后，就可以对它进行赋值、存取和运算。不能对结构整体进行操作，只能分别引用结构变量的各分量，引用的形式为：

结构变量名.成员分量名

如：

```
d1.year=2004;
sum=d1.day+d2.day;
```

这里的“.”是成员运算符，具有最高的优先权。

2. 联合

前面介绍的数据类型有一个共同的特点，即不同数据类型的数据各自占有一定的内存空间，彼此不互相复用重叠。Keil C51 还有一种数据类型，它可以使各种类型的数据共同使用同一块内存空间，只是在时间上交错，以提高内存的利用效率，这种数据类型叫联合，也有人称之为共同体。

联合说明和定义的格式如下：

```
union[联合名]
{
 数据类型  成员名;
 数据类型  成员名;
  ⋮
}[联合变量名];
```

联合的意义是把联合的成员都存储在内存的同一地方，即在一个联合中，可以在同一个地址开始的内存单元中放进不同数据类型的数据，如将一个 float 型变量、一个 int 型变量、一个 char 型变量放在同一个地址开始的内存单元中：

```
union data
{
 float i;
 int   j;
```

```
    char  k;
}a,b,c;
```

也可以把类型定义与变量定义分开，即先定义一个 union data 类型，再将 a、b、c 定义为 union data类型的变量。例如：

```
union data
{
  float i;
  int   j;
  char  k;
};
union data a,b,c;
```

联合类型与结构类型的定义方法很相似，只是将关键字 struct 改成 union，但是在内存的分配上两者却有本质的区别。结构变量所占用的内存长度是其中各个元素所占用内存长度的总和；联合变量所占用的内存长度是其中最长元素的长度。必须注意，一个联合的所有联合成员都存储在同一地址开始的存储单元里，但在任何一个给定的时间，只能有其中的一个成员被选中留在联合中，因此程序必须保证不能同时使用不同的联合成员，以免内存中的数据被打乱。

与结构变量类似的是，“联合”也通过对其联合元素的引用实现联合变量的引用。引用联合元素的一般格式是：

联合变量名.联合元素或联合变量名-> 联合元素

3. 枚举

在实际问题中，有些变量的取值限定在一个有限的范围内。例如，一个星期只有七天，一年只有十二个月，一个班组只有十个人。把这些量说明为整型、字符型或其他类型显然不妥当。为此，C 语言提供一种称为“枚举”的类型，它实际上是一个有名字的某些整型数常量的集合，这些整型数常量是该类型变量可取的所有合法值，即在“枚举”类型的定义中列举出所有可能的取值。被说明为该“枚举”类型的变量取值不能超过定义的范围。应说明的是，枚举类型是一种基本数据类型，而不是一种构造类型，因为它不能再分解为任何基本类型。

枚举在日常生活中很常见，如表示星期的 SUNDAY，MONDAY，TUESDAY，WEDNESDAY，THURSDAY，FRIDAY，SATURDAY，是一个枚举。

枚举的定义应当列出该类型变量的可取值，其形式为：

```
enum 枚举名
{
    标识符[=整型常数],
    标识符[=整型常数],
       ⋮
    标识符[=整型常数],
}枚举变量;
```

枚举的定义和说明也可以分为两步完成：

```
enum 枚举名 {枚举变量表};
enum 枚举名 枚举列表;
```

例如：

```
enum weekday {sun,mon,tue,wed,thu,fri,sat}d1,d2;
```

或

```
enum weekday {sun,mon,tue,wed,thu,fri,sat};
enum weekday d1,d2;
```

枚举值表应罗列出所有的可用值，这些值称为枚举元素。枚举变量只能取枚举说明结构中的某个标识符常量。如枚举名为 weekday，枚举值共有 7 个，即一周中的七天。凡被说明为 weekday 类型变量的取值只能是七天中的某一天。

## 4.3　单片机汇编语言与C语言程序设计对照

汇编语言是编写单片机应用程序的常用语言之一。众所周知，用汇编语言能编写出代码效率非常高的程序，因此汇编语言有执行效率高、速度快、与硬件结合紧密等特点，尤其在进行输入/输出管理时，使用汇编语言有快捷、直观的优点。但是，学习和使用汇编语言相对于使用高级语言编程难度大一些，且程序的可读性低，开放性差，从系统开发时间来看，效率不是很高。

C语言是一种编译型高级程序设计语言，它兼顾多种高级语言的特点，并兼备汇编语言的功能。因此越来越多的程序员喜欢用C语言编写单片机的应用程序。

与汇编语言相比，用C语言开发单片机应用程序方面具有如下较为明显的优点。

• 并不一定要求了解单片机的指令系统，仅要求对 8051 的存储结构有所了解，也能够编写完美的单片机程序。

• 寄存器分配、不同存储器的寻址及数据类型等细节由编译器管理，因此无须懂得单片机的具体硬件，也能够编出符合硬件实际的专业水平的程序。

• C语言提供复杂的数据类型(数组、结构、联合、枚举、指针等)，极大地增强程序处理能力和灵活性。

• 程序有规范的结构，可分为不同的函数，使程序结构化。

• 提供 auto、static、const 等存储类型和专门针对 8051 单片机的 data、idata、pdata、xdata、code 等存储类型，自动为变量合理地分配地址。

• 不同函数的数据实行覆盖，有效利用片上有限的 RAM 空间。

• 具有将可变的选择与特殊操作组合在一起的能力，改善程序的可读性。

• 关键字及运算符可用近似人的思维方式使用。

• 提供 small、compact、large 等编译模式，以适应片上存储器的大小。

• 中断服务程序的现场保护和恢复，中断向量表的填写直接与单片机相关，这些都可以由C语言编译器代办。

• 编程及程序调试时间显著缩短，从而提高编程的效率。

• 提供的标准函数库包含许多标准子程序，具有较强的数据处理能力，可以供用户直接使用。

• 程序具有坚固性：数据被破坏是导致程序运行异常的重要因素。C语言对数据进行许多专业性的处理，避免了运行中间非异步的破坏。

• 对大程序和结构复杂的程序，用C语言开发比用汇编语言开发更具有较大的优势。

• 方便多人同时开发，统一链接组合。

• 头文件中定义宏、说明复杂数据类型和函数原型，有利于程序的移植和支持单片机的系列化产品的开发。

• 已编好的程序容易植入新程序，因为它具有方便的模块化编程技术。

• 句法检查严格，错误很少，很容易在高级语言的水平上迅速排除。

• 可方便地接受多种实用程序的服务：如片上资源的初始化有专门的实用程序自动生成；有实时多任务操作系统可调度多道任务，简化用户编程，提高运行的安全性等。

• 编程效率很高，由C语言编译出的程序代码长度与用汇编产生的代码长度相差不多。关于最后一点，我们可以用下面的例子得到直观的体验。

为让单片机从P1口的第0位线上输出一个方波信号，可用汇编语言简单编写下列程序。

```
LOOP: CPL  P1.0
      NOP
      SIMP LOOP
      END
```

也可以用C51语言写出完成同样功能的程序：

```
#include <reg52.h>
#include <stdio.h>
#include <intrins.h>
sbit clk=P^0;
main()
{
 do
 {
  clk=!clk;
  _nop_();
 }
 while(1);
}
```

在Keil C51环境中，经编译后再反汇编，可以得到与前面用汇编程序编出的一样的程序，两者的机器代码完全相同。由此可见，汇编语言程序和C语言程序所生成机器代码的长度完全相同或者很接近，即C51的代码效率很高，而汇编语言的可读性显然不如C语言。

当然，用C语言编写出高效的程序，有时也需要一定的技巧，也可以在编写调试C51程序时，不时将它转换为汇编语言，或注意观察编译后产生的代码长度，找出最佳的编程方法，使其效率最高。

## 4.4 C51与汇编语言的混合编程

C51语言提供丰富的库函数，具有很强的数据处理能力，可生成高效简洁的目标代码，在绝大多数场合采用C51语言编程即可完成预期的任务。尽管如此，有时仍采用一定的汇编语言程序，如对于某些特殊的I/O接口地址的处理、中断向量地址的安排、提高程序代码的执行速度等。为此,C51 编译器提供与汇编语言程序的接口规则,按此规则可以方便实现 C51 语言程序与汇编语言程序的相互调用。

为简化起见,本节仅讨论在 C51 中调用汇编函数和在 C51 中嵌入汇编代码两种方法。

### 4.4.1 在 C51 中调用汇编程序

要实现在 C51 函数中调用汇编函数,需要了解 C51 编译器的编译规则。下面从一个实例入手介绍有关内容。在两个给定数据中选出较大的数据,其程序源代码如下:

```
//以下代码在 main.c 文件中实现
void max(char a,char b);              //由汇编语言实现
main()
{
    char a=30,b=40,c;
    c=max(a,b);
}
```

在上面的主函数中,void max(char a,char b)函数是在下面的汇编文件中实现的:

```
//以下代码在汇编文件 max.asm 中实现
      PUBLIC_MAX
      DE SEGMENT CODE
      RSEG DE
_MAX:MOV A,R7                         ;取第一个参数
      MOV 30H,R5                      ;取第二个参数
      CJNE 30H,A,TAG
TAG: JC EXIT
      MOV R7,R5
EXIT:RET
      END
```

由上述实例可知,为使以汇编语言实现的函数能够在 C 程序中被调用,需要解决下面 3 个问题。

(1) 程序的寻址,在 main.c 中调用的 max()函数,如何与汇编文件中相应的代码对应;

(2) 参数传递,从 main.c 中传递给 max()函数的参数 a 和 b,存放在何处可使汇编程序能够获取它们的值;

(3) 返回值传递,汇编语言计算得到的结果,存放在何处可使 C 语言程序能够获取。

程序的寻址通过在汇编文件中定义同名的“函数”实现,如上面汇编代码中的代码:

```
    PUBLIC_MAX
    DE SEGMENT CODE
    RSEG DE
_MAX: …
```

在上面的例子中,“_MAX”与 C 语言程序中的 max 相对应。在 C 语言程序和汇编语言之间,函数名的转换规则如表 4-7 所示。

**表 4-7　函数名的转换规则**

| C 程序的函数声明 | 汇编语言的符号名 | 解释 |
| --- | --- | --- |
| void func(void) | FUNC | 无参数传递或不含寄存器参数的函数名原样传入目标文件中，名字只是简单地转换为大写形式 |
| void func( char) | _FUNC | 带寄存器参数的函数名转为大写，并加上"_"前缀 |
| void func (void) reentrant | _? FUNC | 重入函数须使用前缀"_?" |

传递参数的简单办法是使用寄存器，这种做法能够产生精炼高效的代码，具体规则见表4-8。

**表 4-8　参数传递规则**

| 参数类型 | char | int | long, float | 一般指针 |
| --- | --- | --- | --- | --- |
| 第 1 个参数 | R7 | R6, R7 | R4～R7 | R1, R2, R3 |
| 第 2 个参数 | R5 | R4, R5 | R4～R7 | R1, R2, R3 |
| 第 3 个参数 | R3 | R2, R3 | 无 | R1, R2, R3 |

例如，在前面的例子语句"void max(char a, char b);"中，第一个 char 型参数 a 放在寄存器 R7 中，第二个 char 型参数 b 放在寄存器 R5 中。因此在后面的汇编代码中，就是分别从 R7 和 R5 中取这两个参数：

```
        ……
_MAX: MOV  A,R7              ;取第一个参数
      MOV  30H,R5            ;取第二个参数
```

汇编语言通过寄存器或存储器传递参数给 C 语言程序。汇编语言通过寄存器传递参数给 C 语言的返回值见表 4-9。

**表 4-9　汇编语言返回值**

| 返回值 | 寄存器 | 说明 |
| --- | --- | --- |
| bit | C | 进位标志 |
| (unsigned) char | R7 | |
| (unsigned) int | R6, R7 | 高位在 R6，低位在 R7 |
| (unsigned) long | R4～R7 | 高位在 R4，低位在 R7 |
| float | R4～R7 | 32 位 IEEE 格式，指数和符号位在 R7 |
| 指针 | R1, R2, R3 | R3 存放寄存器类型，高位在 R2，低位在 R1 |

在前面的例子中，汇编程序就是通过把两个数中较大的一个保存在寄存器 R7 中返回给 C 函数的。

### 4.4.2　在 C51 中嵌入汇编代码

在 C51 函数内嵌入汇编代码，可以有 3 种不同的方法。

(1) 方法 1：直接在函数体内的每个汇编语句前加"asm"预编译指令，例如：

```
void reset_data (void)
{
   asm       MOV R1,#0AH
   asm  LOOP: INC A
```

```
    asm        DJNZ R0,LOOP
    return;
}
```

(2) 方法 2:把 asm 作为关键字,后续的汇编语句用大括号括起来即可,例如:

```
void reset_data (void)
{
    asm
    {
            MOV  R1,#0AH
      LOOP: INC  A
            DJNZ R0,LOOP
     }
    return;
}
```

(3) 方法 3:在 C 语言模块内通过语句 #pragma 嵌入汇编代码,例如:

```
void reset (void)
{
            #pragma asm
            MOV  R1,#0AH
      LOOP: INC  A
            DJNZ R0,LOOP
            #pragma endasm
            return;
}
```

应当指出的是,上述嵌入汇编代码的 C 语言函数对 Keil 编译器进行设置后才能正常编译,具体设置办法可参见相关文献。

### 4.4.3 汇编程序调用 C 语言程序

在汇编程序中调用 C 语言程序的方法与在 C 语言程序中调用汇编程序的方法基本相同,也是先用 C51 编写出程序的主体,在程序中加入 #pragma src( *.a51)控制命令,或在工程项目窗口中设置 Generate Assembler SRC File 和 Assemble SRC File 选项,编译模块文件,得到相应的 a51 文件,按要求改写汇编代码。这样,可把汇编程序与 C 语言程序的接口和各种段的安排都交给编译器处理,减少编写程序的工作量。

下面是一个在 C 语言程序中调用汇编程序而在汇编程序中又调用 C 语言程序的实例,全部用寄存器进行参数传递,在汇编程序中定义两字节的局部变量 MMP。汇编模块文件名为 afunc.asm,汇编程序中接口与段由编程者编写,其调用的 C 语言模块文件名为 func1.c,模块程序如下:

func1.c 模块文件,c 函数名 fun()。

```
#define uchar unsigned char
uchar func1(uchar a)
{                                   //用寄存器传递无符号字符变量 a
```

```
    uchar  b=100;
    uchar  c;
    return(c=b/a);                      //函数返回值
 }
//afunc.asm 模块文件,有两字节的整型变量参数返回
PUBLIC_AFUNC                            //定义公共符号,"- "表示有参数传递
EXTRN CODE(_FUNC1)                      //外部函数 func1 声明,"- "表示有参数传递
? PR? Afunc? AFUNC SEGMENT CODE         //定义程序代码段
PUBLIC                                  //定义公共符号,为局部变量的公共符号
LLT SEGMENT DATA OVERLAYABLE            //定义可覆盖局部数据段
RSEG LLT
PPP:
MMP:DS 2                                //定义局部变量字节,MMP 为局部变量,两字节
RSEG ? PR? afunc? AFUNC                 //程序代码段
afunc:                                  //以下为汇编程序
MOV   MMP+1,R7                          //C 语言程序传递的整型变量参数
MOV   MMP.R6
CLR   C
MOV   A,MMP+1
RLC   A
MOV   MMP+1,A
MOV   A,MMP
RLC   A
MOV   MMP,A
MOV   A,MMP+1
ADDC  A,#OOH
MOV   MMP+1,A
MOV   R7,MMP+1                          //无符号字符参数传递
LCALL func1                             //C 语言程序的调用
MOV   R7,MMP+1
MOV   R6,MMP
RET
END
```

## 习　　题

4-1　Keil C51 在 ANSI C 基础上增加了哪些新的数据类型？

4-2　Keil C51 的基本程序结构是怎么样的？

4-3　Keil C51 编译器所能识别的存储器类型有哪些？分别用什么关键字表示？

4-4　Keil C51 编译时的存储器模式有哪些？各是什么含义？

4-5　Keil C51 函数调用汇编子程序时，参数是如何传递的？

# 第 5 章　51 单片机程序设计

## 5.1　汇编语言程序设计概述

在掌握 51 单片机的硬件结构和指令系统后，应用它们完成人们所希望的工作，这就是程序设计。程序设计是一个按实际问题的要求和单片机的特点，采用适当的算法，合理利用指令系统中的指令编制程序的过程。程序设计可采用三种语言，即机器语言、汇编语言和高级语言，对单片机，更多的用汇编语言。用汇编语言编写的程序为源程序，将源程序经手工或微机汇编为目标程序，然后再导入单片机运行。

### 5.1.1　汇编语言特点及其语句格式

以助记符书写的指令系统是单片机的汇编语言。每一条指令是汇编语言的一条语句。

1. 汇编语言的特点

(1) 助记符指令和机器指令一一对应，用汇编语言编写的程序效率高，占用存储空间小，运行速度快，而且能反映计算机的实际运行情况。因此，汇编语言能编写出最优的程序。

(2) 汇编语言编程比高级语言困难。因为汇编语言面向计算机，程序设计人员必须对计算机硬件有相当深入的了解，才能使用汇编语言编写程序。

(3) 汇编语言能直接和存储器及接口电路打交道，也能申请中断。因此，汇编语言程序能直接管理和控制硬件设备。

(4) 汇编语言不通用，程序不易移植。各种计算机都有其汇编语言，不同计算机的汇编语言之间不能通用。但是，若掌握一种计算机的汇编语言，却有助于学习其他计算机的汇编语言。

2. 汇编语言的语句格式

各种汇编语言的语法规则基本相同，且具有相同的语句格式，现结合 51 汇编语言具体说明。

51 汇编语言的语句格式表示如下：

[〈标号〉]:〈操作码〉[〈操作数〉];[〈注释〉]

即一条汇编语句由标号、操作码、操作数和注释四个部分所组成。其中，方括号内部分可有可无，视需要而定。每个部分称为字段，字段之间通常留有空格。

1) 标号

标号是用户定义的符号，用以表示指令所在的地址，位于语句的第一个字段。汇编时，汇编程序把该指令机器码的第一个字节在程序存储器中的地址值赋给该标号。于是，标号就可作为一个确定的数值应用于其他指令的操作字段中。使用标号，可便于查找或修改，便于转移指令修改。使用时应注意：

• 标号由 1～8 个 ASCII 字符组成，但头一个字符必须是字母，其余字符可以是字母、数字或其他特定字符。标号后边必须紧跟冒号“:”结束。

• 不使用指令助记符、寄存器名、标识符等作为标号。

• 标号不允许重复定义，即不能在同一程序多处标号字段出现同样的标号。

• 一条语句可以有标号，也可以没有标号，标号的有无取决于本程序中的其他语句是否需要访问这条语句。通常在子程序的第一个语句和转移语句的转入地址处使用标号。

下面给出一些正确的和错误的标号，以加深了解。

| 错误的标号 | 正确的标号 |
|---|---|
| 2BT：(以数字开头) | LOOP： |
| BEGIN(无冒号) | STAB： |
| TB+5T：(“+”号不能在标号中出现) | TABCE： |
| ADD：(指令助记符) | START： |

2）操作码

操作码字段用于规定语句执行的操作，以指令助记符或伪指令助记符表示。操作码是汇编指令中唯一不能空缺的部分。使用时应注意：

• 操作码在计算机系统设计时规定，和机器的类型有关，不能任意编造。例如，51单片机共有44种助记符，代表33种指令功能。有的功能可能有多种助记符，数据传送有MOV、MOVC、MOVX等助记符。这些都由系统设计人员定义。

• 操作码和操作数两字段之间必须至少有一个空格分隔。

3）操作数

操作数字段指示参与操作的数据或数据所在的地址。根据不同的指令，操作数字段中的操作数可以有3个(如CJNE A，#3CH，LOOP)、2个(如MOV A，R2)、1个(如CPL A)，甚至没有(如RET)。

操作数出现的形式与具体的指令及寻址方式有关，它可以是寄存器名、立即数、标号、存储器地址等，也可以是表达式。使用时应注意：

• “#”后面紧跟的是立即数，可用各种数制表示。若用二进制数，则末尾加“B”；若用十六进制数，则末尾加“H”(以字母开头的十六进制数，前面必须加一个0)。对于末尾没有标志的立即数，汇编程序均认为是十进制数。

• 没有“#”开头的数，表示直接寻址的地址。有时以符号“$”表示当前指令第一字节的地址，它主要用于转移指令中。

• 操作数字段内若有多个操作数，彼此之间用逗号“，”分隔开。

4）注释

注释不属于语句的功能部分，它是程序的说明部分，即对程序的作用、主要内容、进入和退出子程序的条件等关键地方加以解释，可提高程序的可读性。注释可以和程序一起存入机器，打印程序清单时，注释也一起打印出来，但是，在汇编时，汇编程序并不把它翻译为目标程序代码，因此它不影响程序执行。使用时应注意：

• 注释必须以分号“；”开始。当注释占用多行时，每一行必须以“；”开始。

• 注释应力求简明扼要。

### 5.1.2 汇编语言伪指令

汇编语言程序的机器汇编由计算机自动完成。为此，源程序应向汇编程序发出指示信息，告诉它应该如何完成汇编工作，这一任务通过使用伪指令实现。伪指令不是真正的指令，无对应的机器码，只有在汇编前的源程序才有伪指令，用来对汇编过程进行某种控制。目标程序没有与伪指令相对应的机器码。

不同汇编语言的伪指令也有所不同,但一些基本的东西却是相同的。标准的51汇编程序(如Intel的ASM51)定义的伪指令常用的有以下7条。

1. ORG(Origin)汇编起始地址命令

本命令总是出现在源程序的开头位置。用于规定目标程序的起始地址,即此命令后面的程序或数据块的起始地址。该起始地址在命令中指定。命令格式:

[〈标号:〉]ORG〈地址〉

其中,[〈标号:〉]是选择项,根据需要选用。〈地址〉项通常为16位绝对地址,但也可以使用标号或表达式表示。

在汇编语言源程序的开始,通常都用一条ORG伪指令规定程序的起始地址。如果不用ORG伪指令,则汇编得到的目标程序从0000H开始。例如:

```
      ORG 2000H
MAIN: MOV A,#00H
        ⋮
```

即规定标号MAIN代表地址2000H,目标程序的第一条指令从2000H开始。

2. END(END of Assembly)汇编终止命令

本命令用于终止源程序的汇编工作。END是汇编语言源程序的结束标志,因此在整个源程序中只能有一条END命令,且位于程序的最后。如果END命令出现在中间,则对于后面的源程序,汇编程序不予处理。命令格式:

[〈标号:〉]END[〈表达式〉]

只有主程序模块才具有〈表达式〉项,且〈表达式〉的值等于该程序模块的入口地址。其他程序模块没有〈表达式〉项。

本命令中[〈标号:〉]也是选择项。当源程序为主程序时,END伪指令可带标号,这个标号应是主程序第一条指令的符号地址。若源程序为子程序,则END伪指令不应带标号。

3. EQU(Equate)赋值命令

本命令用于给标号赋值。赋值以后,其标号值在整个程序中有效。命令格式:

〈字符名称〉EQU〈赋值项〉

其中,〈赋值项〉可以是常数、地址、标号或表达式,其值为8位或16位二进制数。赋值以后的字符名称既可以作地址使用,也可以作立即数使用。EQU语句指令一般放在程序的开始处。

4. DB(Define Byte)定义字节命令

本命令用于从指定的地址开始,在程序存储器的连续单元中定义字节数据。命令格式:

[〈标号:〉]DB〈8位数表〉

字节数据可以是一个字节常数或字符,可以是用逗号分开的字节串,或用引号括起来的字符串,也可以是表达式。例如:

```
DB  "how are you?"
```

把字符串中的字符按ASCII码存于连续的ROM单元中。例如:

```
DB -2,-4,-6,10,11,17
```

把6个数转换为十六进制(即0FEH,0FCH,0FAH,0AH,0BH,11H),并连续存放在6个程序存储单元中。

常使用本命令存放数据表格,如存放数码管显示的十六进制数的字形码可使用多条DB

命令定义,即

```
DB 0C0H,0F9H,0A4H,080H
DB 99H,92H,82H,0F8H
DB 80H,90H,88H,83H
DB 0C6H,0A1H,86H,84H
```

查表时,为确定数据区的起始地址,可采用两种方法。

(1) 根据DB命令前一条指令的地址确定。把该地址加上它的字节数,是DB所定义的数据字节的起始地址。例如:

```
2100H MOV A,#49H
TAB:DB 0C0H,0F9H,0A4H,0B0H
```

定义的数码管字型码从2102H地址开始存放。因为MOV A,#49H指令是双字节指令。

(2) 使用ORG命令专门规定。例如:

```
     ORG 2100H
TAB: DB 0C0H,0F9H,0A4H,080H
```

定义的数码管字型码从2100H地址开始存放。

5. DW(Define Word)定义数据字命令

本命令用于从指定地址开始,在程序存储器的连续单元中定义16位的数据字。命令格式:

[〈标号:〉]DW〈16位数表〉

存放时,数据字的高8位在前(低地址),低8位在后(高地址)。例如:

```
DW“AA”                ;存入41H,41H
DW“A”                 ;存入00H,41H
DW“ABC”               ;不合法,因超过两个字节
DW 100H,1ACH,814      ;按顺序存入01H,00H,01H,0ACH,0FCH,0DCH
```

对于DB和DW定义的数表,数的个数不得超过80个。如数据的数目较多,可使用多个定义命令。在51程序设计中,常以DB定义数据,以DW定义地址。

6. DS(Define Storage)定义存储区命令

本命令用于从指定地址开始,保留指定数目的字节单元作为存储区,供程序运行使用。汇编时,对这些单元不赋值。命令格式:

[〈标号:〉]DS〈16位数表〉

例如:

```
ADDRTABL:DS 20
```

从标号ADDRTABL代表的地址开始,保留20个连续的地址单元。又例如:

```
ORG 2100H
DS  08H
```

从2100H地址开始,保留8个连续的地址单元。

注意:对于51单片机,DB、DW、DS命令只能对程序存储器使用,而不能对数据存储器使用。

7. BIT 位定义命令

本命令用于给字符名称赋以位地址。命令格式:

〈字符名称〉BIT〈位地址〉

其中,〈位地址〉可以是绝对地址,也可以是符号地址(即位符号名称)。例如:

```
AQ BIT P1.0
```

把 P1.0 的位地址赋给变量 AQ,在其后的编程中 AQ 可以作为位地址使用。

应当指出的是,对于不同的汇编程序,同一功能的伪指令操作码助记符有可能不相同。除上述常用的伪指令外,还有其他一些伪指令,可参阅有关的手册。

### 5.1.3 汇编语言程序设计的特点及方法

程序是为实现特定的任务而组成的指令序列,使用一种计算机语言选用合适的算法和数据结构编写完成此特定任务的程序过程为程序设计。汇编语言程序设计,是使用汇编指令编写计算机程序。

程序设计的基本步骤为:

(1) 分析任务。

(2) 确定算法和数据结构。

(3) 编写源程序。

(4) 上机调试。经过反复调试、修改,直至达到预定的功能为止。

一般来说,用汇编语言进行程序设计与使用其他高级语言进行程序设计的过程相似,读者在学习高级语言程序设计时已经熟悉,此处不多叙述。汇编语言程序设计也有其特点,具体表现在以下三个方面。

(1) 汇编语言程序设计时,对数据的存储、寄存器和工作单元的使用等由设计者安排。高级语言程序设计时,这些工作都由计算机软件安排,程序设计者不必考虑。

(2) 汇编语言程序设计要求设计人员必须对所使用计算机的硬件结构有较为详细的了解,特别是对各类寄存器、端口、定时器/计数器、中断等内容更应了如指掌,以便在程序设计中熟练使用。

(3) 汇编语言程序设计的技巧较高,具有软硬件结合的特点。

### 5.1.4 汇编语言源程序的编辑与汇编

单片机的程序设计通常都借助微机实现,即在微型计算机上使用编辑软件编写源程序,再使用交叉汇编的方法对源程序进行汇编,然后采用串行通信的方法,把汇编后得到的目标程序传送到单片机内,并进行程序调试和运行。

1. 源程序的编辑

源程序编辑是在微型计算机上,借助编辑软件,编写汇编语言源程序。可供使用的编辑工具很多,如可利用 Word 进行编辑或利用写字板进行编辑等。

2. 源程序的汇编

汇编语言源程序必须转换为机器码表示的目标程序,计算机才能执行,这种转换过程称为汇编。对单片机而言,汇编方法有手工汇编和机器汇编两种。手工汇编已在前面介绍过,下面主要介绍机器汇编。

机器汇编是在计算机上使用交叉汇编程序进行源程序的汇编。汇编工作由机器自动完成,最后得到以机器码表示的目标程序。

鉴于目前个人计算机(PC)使用得非常普遍,这种交叉汇编通常都在 PC 上进行。汇编完成后,再由 PC 把生成的目标程序加载到用户样机上。

## 5.2　51 单片机程序的基本结构形式

程序结构一般有四种基本形式:顺序结构、分支结构、循环结构和子程序结构。汇编语言程序以这四种结构作为基本结构。本节从程序结构及某些应用出发,介绍顺序程序、分支程序、循环程序和子程序的设计。

### 5.2.1　顺序结构

顺序结构是最简单的程序结构,在顺序结构中既无分支、循环,也不调用子程序,程序从第一条指令开始依次执行每条指令,直到程序执行完毕。这种程序只有一个入口和一个出口。顺序结构虽然简单,却是复杂程序设计的基础。从局部的程序段来看,它是应用得最普遍的程序结构。第 3 章已介绍一些程序段,现再举几例说明。

**【例 5-1】**　两个双字节二进制数相加。

设被加数存放在内部 RAM 的 21H 和 20H 单元中,加数存放在 31H 和 30H 单元中,相加后结果存放在 21H 和 20H 单元。这个简单的加法运算可分 6 步实现:

(1) 取两个数的低位字节;

(2) 加法运算;

(3) 和数存入指定单元;

(4) 取两个数的高位字节;

(5) 带进位的加法运算;

(6) 和数存入指定单元。

该程序的指令寻址方式均采用直接寻址方式。实现这个功能的编程方法有多种。下面的程序段采用寄存器间接寻址方式。

```
      ORG  1000H
JFCX: MOV  R0,#20H         ;一个加数的低字节地址
      MOV  R1,#30H         ;另一个加数的低字节地址
      MOV  A,@R0
      ADD  A,@R1           ;两低字节相加
      MOV  @R0,A           ;存低字节相加结果
      INC  R0              ;修改数据指针
      INC  R1
      MOV  A,@R0
      ADDC A,@R1           ; 高字节带进位相加
      MOV  @R0,A           ; 存高字节相加结果
      SJMP $
```

对应 C 语言代码如下:

```
#include<reg51.h>          //包含单片机寄存器的头文件
#include<absacc.h>         //包含决定地址定位头文件
#define SUMMAND DWORD[0x20]
```

```
#define ADDEND DWORD[0x30]
/*******************************
函数功能:双字节无符号数相加
*******************************/
unsigned int DuleCharAdd(unsigned int summand,unsigned int addend)
{
   return(summand+addend);
}
/*******************************
函数功能:主函数
*******************************/
void main()
{
    SUMMAND=DuleCharAdd(SUMMAND ,ADDEND);
    while(1)
    {
      ;
    }
}
```

【例 5-2】 拆字程序。

将 30H 单元内的两位 BCD 码拆开并转换成 ASCII 码,存入内部 RAM 的 31H 和 32H 两个单元中。

程序流程如图 5-1 所示,对应的程序如下:

```
ORG 1000H
MOV  A,30H          ;取值
ANL  A,#0FH         ;取低 4 位
ADD  A,#30H         ;转换成 ASCII 码
MOV  31H,A          ;保存结果
MOV  A,30H          ;取值
SWAPA               ;高 4 位与低 4 位互换
ADD  A,#30H         ;取低 4 位(原来的高 4 位)
ANL  A,#0FH         ;转换成 ASCII 码
MOV  32H,A          ;保存结果
SJMP$
END
```

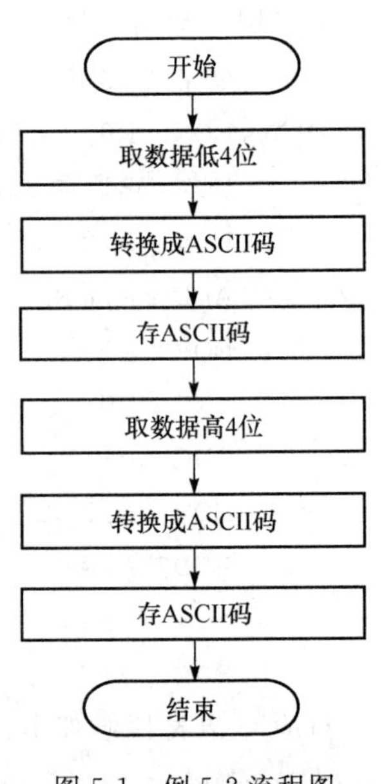

图 5-1 例 5-2 流程图

对应 C 语言代码如下:

```
#include<stdio.h>
extern serial_initial( );
unsigned char data BCDCell_at_0x30;
unsigned char data* SplitResult;
```

```
/******************************
函数功能:BCD 码拆分
******************************/
void BCDSplit(unsigned char BCDCell,unsigned char*SplitResult)
{
    *SplitResult=(BCDCell&0x0F);
    SplitResult++;
    *SplitResult=(BCDCell&0xF0)>>4;
}
/******************************
函数功能:主函数
******************************/
void main()
{
    serial_initial();
    while(1)
    {
        BCDCell=0x78;
        SplitResult=0x31;
        BCDSplit(BCDCell,SplitResult);
    }
}
```

### 5.2.2 分支结构

在实际问题中,顺序结构用得并不多,大部分有分支和循环。执行某一条指令后,根据某些条件的判断,或顺序执行或转移到其他指令执行,这是分支结构。分支结构通过转移指令实现,分为单分支和多分支结构,其结构图如图 5-2 所示。

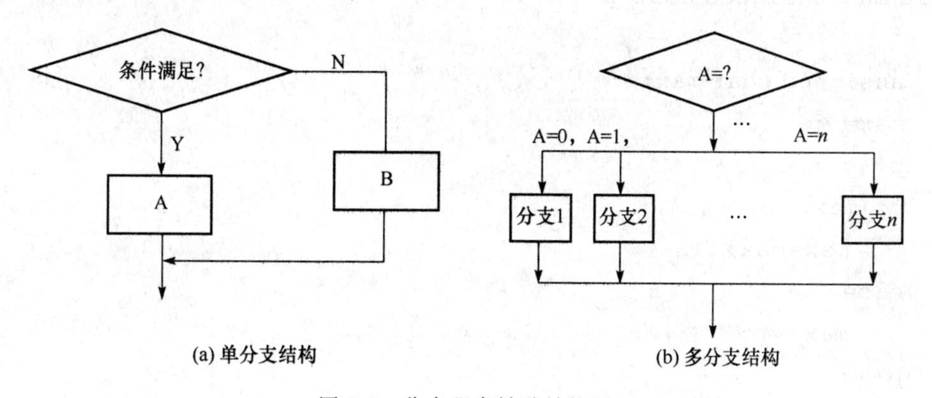


图 5-2　分支程序转移结构图

1. 单分支结构

在 51 指令系统中,通过条件判断实现单分支程序转移的指令有 JZ,JNZ,CJNE 和 DJNZ

等。此外，还有以位状态作为条件进行程序分支的指令，如 JC、JNC、JB、JNB 和 JBC 等。使用这些指令，可以完成以 0、1，正、负，以及“相等”、“不相等”作为各种条件判断依据的程序转移。

**【例 5-3】** 假定在内部 RAM 中有 40H、41H、42H 共 3 个连续单元，其中 40H 和 41H 中分别存放两个 8 位无符号二进制数，要求找出两数中较大者并存入 42H 单元中。流程图如图 5-3所示。

```
        ORG   2000H
BJDS：NOP
        MOV   R0,＃40H        ;设置间址寄存器
        MOV   A,@R0           ;取第一个数
        MOV   R2,A            ;第一个数存 R2
        INC   R0
        MOV   A,@R0           ;取第二个数
        CLR   C               ;进位位清零
        SUBB  A,R2            ;两数比较
        JNC   BIG1            ;第二个数大,转 BIG1
        XCH   A,R2            ;第一个数大,则整字节交换
BIG0：INC   R0
        MOV   @R0,A           ;存大数
        RET                   ;返回主程序
BIG1：MOV   A,@R0
        SJMP  BIG0
```

图 5-3　比较大小程序流程图

对应 C 语言代码如下：

```
＃include<stdio.h>
/*******************************
函数功能:求两个单元的最大值
*******************************/
void max(unsigned char *p)
{
    unsigned char max;
    max= *p;
    p++;
    if(max> *p)
        max=max;
    else
        max= *p;
    p++;
    *p=max;
}
/*******************************
函数功能:主函数
```

```
*******************************/
void main()
{
    unsigned char data*p=0x40;
    max(p);
    while(1);
}
```

2. 多分支结构

51指令系统没有多分支转移指令，无法使用单条指令完成多分支转移。为实现多分支转移，可采用以下3种方法。

(1) 使用多条条件转移指令，通过多次判断，实现多分支程序转移。

假定分支序号值保存在累加器A中，则可使用CJNE A,#data,rel指令，其分支流程如图5-2(b)所示。

这种多分支方法的优点是层次清晰，程序简单易懂，但这种方法分支速度较慢，特别是层次较多时。此外，分支程序的入口地址应在8位偏移量的有效范围之内。下面举一个使用多条转移指令进行程序多分支的例子。

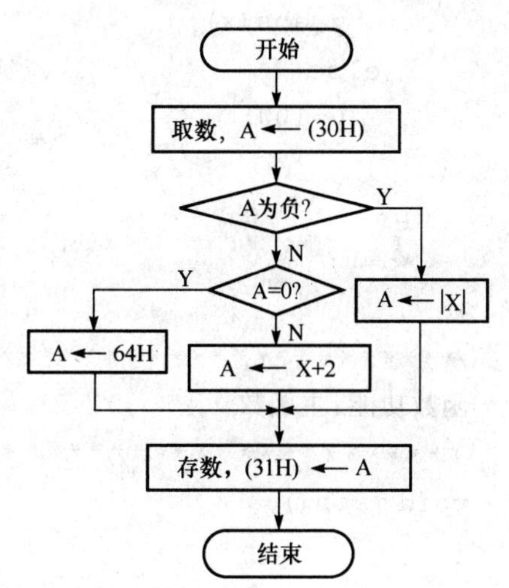


图5-4　求值程序流程图

**【例5-4】** 设$X$存在30H单元中，根据下式求出$Y$值，将$Y$值存入31H单元。

$$Y=\begin{cases} X+2 & (X>0) \\ |X| & (X<0) \\ 100 & (X=0) \end{cases}$$

分析：先根据数据的符号位判别该数的正负，若最高位为0，再判别该数是否为0。

流程图如图5-4所示。

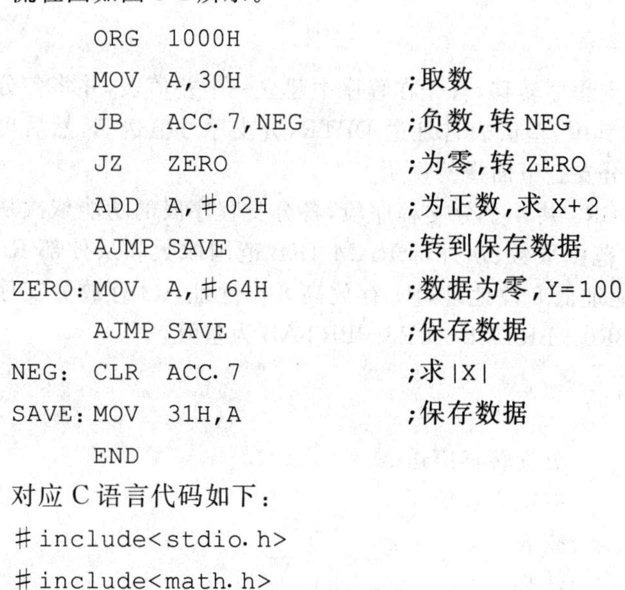

```
      ORG   1000H
      MOV   A,30H             ;取数
      JB    ACC.7,NEG         ;负数，转NEG
      JZ    ZERO              ;为零，转ZERO
      ADD   A,#02H            ;为正数，求X+2
      AJMP  SAVE              ;转到保存数据
ZERO: MOV   A,#64H            ;数据为零，Y=100
      AJMP  SAVE              ;保存数据
NEG:  CLR   ACC.7             ;求|X|
SAVE: MOV   31H,A             ;保存数据
      END
```

对应C语言代码如下：

```
#include<stdio.h>
#include<math.h>
/*******************************
```

```
函数功能:求一个单元的绝对值
*******************************/
void AbsoluteValue(unsigned char * p)
{
    unsigned char x,y;
    x= *p;
    if(x>0)
      y=x+2;
    else
      {
      if(x<0)
        y=abs(x);
      else
        y=100;
      }
    p++;
    *p=y;
}
/*******************************
函数功能:主函数
*******************************/
void main()
{
  unsigned char data *p=0x30;
  AbsoluteValue(p);
  while(1);
}
```

(2) 使用查地址表方法实现多分支程序转移，首先在程序中建立一个差值表，并将各分支入口地址与该表首址的差值按序排列其中，差值表首址送 DPTR，分支序号值送 A，然后可通过转移指令“JMP @A＋DPTR”进行分支。下面举例说明。

**【例 5-5】** 有 BR0、BR1、BR2 和 BR3 共 4 个分支程序段，各分支程序段的功能依次从内部 RAM 取数、从外部 RAM 低 256B 范围取数、从外部 RAM 4KB 范围取数和从外部 RAM 64KB 范围取数。假定 R0 存放取数地址低 8 位地址，R1 存放高 8 位地址，R3 存放分支序号值。假定 BRTAB 作差值表首地址，BR0－BRTAB～BR3－BRTAB 为差值。

```
        ORG   4000H
        NOP
        MOV   A,R3            ;分支转移值送 A
        MOV   DPTR,#BRTAB     ;差值表首址
        MOVC  A,@A+DPTR       ;查表
        JMP   @A+DPTR         ;转移
BRTAB:  DB    BR0_BRTAB       ;差值表
```

```
    DB   BR1_BRTAB
    DB   BR2_BRTAB
    DB   BR3_BRTAB
BR0:MOV  A,@R0              ;从内部 RAM 取数
    SJMP BRE
BR1:MOVX A,@R0              ;从外部 RAM 256B 取数
    SJMP BRE
BR2:MOV  A,R1               ;从外部 RAM 4KB 取数
    ANL  A,#0FH             ;高位地址取低 4 位
    ANL  P2,#0F0H           ;清 P2 口低 4 位
    ORL  P2,A               ;发高位地址
    MOVX A,@R0
BR3:MOV  DPL,R0             ;从外部 RAM 64KB 取数
    MOV  DPH,R1
    MOVX A,@DPTR
BRE:SJMP $
```

对应 C 语言代码如下：

```
#include<reg52.h>
#include<stdio.h>
unsigned char code brtab[4]={0,1,2,3};//BR0_BRTAB,BR1_BRTAB,BR2_BRT-
                                        AB,BR3_BRTAB,分别对应 0,1,2,3
unsigned char data brannum _at_ 0x03;   //R3
unsigned char data addlow8 _at_ 0x00;   //R0
unsigned char data addhigh8 _at_ 0x01;  //R1
/*****************************
函数功能:分支程序 0  从内部 RAM 取数
*****************************/
unsigned char br0()
{
    unsigned char data*p;
    p=&addlow8;
    return(*p);
}
/***************************************
函数功能:分支程序 1  从外部 RAM 低 256B 范围取数
***************************************/
unsigned char br1()
{
    unsigned char pdata * p;
    p=&addlow8;
    return(* p);
```

```
}
/************************************
函数功能:分支程序 2  从外部 RAM 4KB 范围取数
************************************/
unsigned char br2( )
{
    unsigned char xdata * p;
    unsigned char xdata y;
    y=addlow8;
    p=&y;
    addhigh8=addhigh8&0x0F;
    P2=P2&0xF0;
    P2=P2|addhigh8;
    return(* p);
}
/************************************
函数功能:分支程序 3 从外部 RAM 64KB 范围取数
************************************/
unsigned char br3( )
{
    unsigned int xdata *p;
    p=(int)&addlow8;
    return(*p);
}
/****************************
函数功能:分支转向程序
****************************/
unsigned char branches(unsigned char *brtab,unsigned char brannum)
{
    unsigned char subnum,value;
    subnum= *brtab+brannum;
    switch(subnum )
    {
      case0:value=br0(); break;
      case1:value=br1(); break;
      case2:value=br2(); break;
      case3:value=br3(); break;
      default:return 0;
    }
    return(value);
}
```

```
/*******************************
函数功能:主函数
*******************************/
void main()
{
    unsigned char i;
    i=branches(brtab,brannum);
    while(1);
}
```

其中,BR2 分支从外部 RAM 的 4KB 范围取数,因此需要 12 位地址,在程序中对所需的高 4 位地址之所以那样处理,是为留出 P2 的高 4 位口线以做它用。查表方法的技巧较强,但由于表中的差值只限于 8 位,使分支程序入口地址的分布范围受到限制。

(3) 使用查转移指令表的方法实现多分支程序转移。

这也是一种以查表实现多分支程序转移的方法,但表中存放的是转移指令。例如,对于多个分支程序,如果通过绝对转移指令 AJMP 进行转移,则应把这些转移指令按序写入表中,并设置一个序号指针如 R2,然后根据 R2 的内容,转向各个相应处理程序。

(R2)=0　转向处理程序 PROG0

(R2)=1　转向处理程序 PROG1

⋮

(R2)=n　转向处理程序 PROGn

其算法如下:

(1) 建立转移指令表,表中内容为转向各处理程序转移指令 AJMP n,并使数据指针(DPTR)指向转移指令表的首地址。

(2) 将 R2 的内容送累加器 A(即分支序号)。

(3) AJMP 指令是双字节指令,在转移指令表中占用两个单元。因此分支序号必须乘以 2,然后和 16 位数据指针内容相加,才能得到表中相应的地址。将此值装入程序计数器(PC),之后执行转移指令 AJMP PROGn,就转向和分支序号 n 相应的处理程序 PROGn。

程序段如下:

```
        MOV  A,R2               ;取分支序号
        RL   A                  ;分支序号值乘 2
        MOV  DPTR,#BRTAB        ;转移指令表首址
        JMP  @A+DPTR
BRTAB:  AJMP PROG0              ;转分支程序 0
        AJMP PROG1              ;转分支程序 1
        ⋮
        AJMP PROGn              ;转分支程序 n
```

注意:

(1) 程序中的分支序号乘以 2 使用 RL 指令(左移一位)实现,因此要求(A)的最高位为 0,即分支数最多为 128。

(2) 由于 AJMP 指令的转移范围是 2KB,要求分支程序段和各处理程序入口地址均位于同一个 2KB 范围内。如果要想把处理程序安排在 64KB 程序存储器的任意地址空间,则可将

AJMP 指令改为 LJMP 指令，后者需占 3 字节，所以程序中对分支序号值乘 3 处理。

作上述修改的程序，读者可自行练习。

**【例 5-6】** 假定键盘上有 4 个操作键，若功能键字符已被译出，键码为 0AH，0BH，0CH，0DH，已送入 A 中，要求根据键码确定程序转移方向。具体程序如下：

```
KEYBS: MOV  DPTR,#4000H    ;建立查表的基地址
       CLR  C
       SUBB A,#0AH         ;键码在 A 中
       RL   A              ;分支序号值乘 2，因为 AJMP 是双字节指令
       JMP  @A+DPTR
4000H: AJMP AAA            ;转到相应键处理程序
4001H:
4002H: AJMP BBB
4003H:
4004H: AJMP CCC
4005H:
4006H: AJMP DDD
4007H:
         ⋮
```

若译出的键码为 0BH，则入口时 (A)=0BH；第一条指令执行结果 (DPTR)=4000H；减法指令执行结果 (A)=01H；左移一位结果 (A)=02H，产生的转移地址为 4000H+02H，程序自动跳到 “AJMP BBB”处，继而自动转移到 B 键处理程序入口。

对应 C 语言代码如下：

```
#include<reg52.h>
#include<stdio.h>    //编译时，可以把函数 AAA 等函数定位到 0x4000 开始的地址
extern AAA();
extern BBB();
extern CCC();
extern DDD();
/******************************
函数功能:主函数
*******************************/
void main()
{
    unsigned char keyword;
    keyword=ACC;
    keyword=keyword-0x0A;
    switch(keyword)
    {
      case0: AAA();break;
      case1: BBB();break;
      case2: CCC();break;
```

```
        case3: DDD();break;
        default: break;
    }
    while(1);
}
```

### 5.2.3 循环结构

循环结构是最常见的程序组织方式。在程序运行时，有时须连续重复执行某段程序，这时可以使用循环结构。这种设计方法可大大简化程序。汇编语言没有专门的循环指令，但可以用条件转移指令控制循环。

循环结构程序的一般包括下面 4 个部分。

1. 初始化部分

对于循环过程中所使用的工作单元，在循环开始时应置初值。例如，工作寄存器设置计数初值，累加器 A 清零，以及设置地址指针、长度等。这是循环程序中的一个重要部分，不注意很容易出错。

2. 循环体(循环工作部分)

这是循环结构程序的核心部分，完成需要多次重复执行的实际处理工作。

3. 修改控制部分

包括修改和控制两部分。它为进入下一轮处理而修改循环变量、数据指针等有关参数，并判断循环结束条件是否满足，若不满足则继续循环。

4. 结束部分

这是对循环程序执行的结果进行分析、处理和存放。

上述四个部分有时不能明显区分，有时可以缺省一两个部分，这根据具体处理问题而定。按照控制部分和处理部分的前后关系，上述四个部分有两种组织方式，如图 5-5 所示。

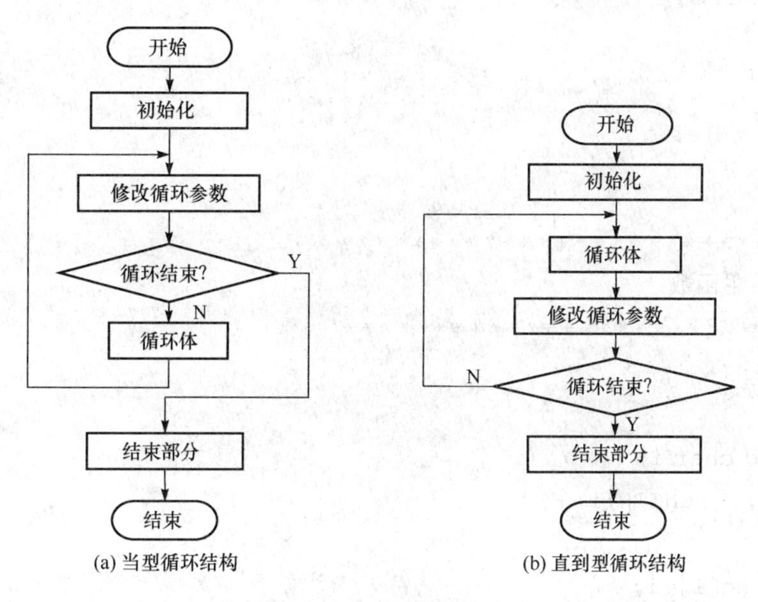


图 5-5　两种循环结构

【例 5-7】 要求对内部 RAM 区的一片单元清零。已知数据区首地址为 30H,长度为 10H,要求把它们都清零,流程图如图 5-6 所示。

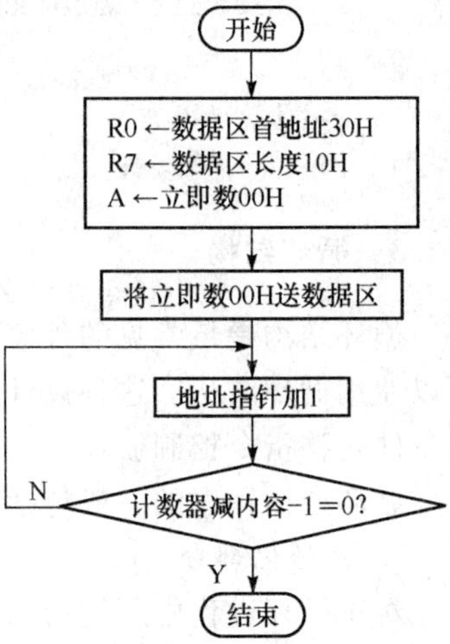

```
        ORG   2000H
  ZZZ:  MOV   R0,#30H  ;R0指向数据区首址
        MOV   R7,#10H  ;设置循环计数器
        MOV   A,#00H
 LOOP:  MOV   @R0,A    ;将指定单元清零
        INC   R0       ;指向下一个单元
        DJNZ  R7,LOOP  ;(R7)-1→R7,若(R7)=0
                        结束循环,否则继续
        RET
```



图 5-6 数据段清零程序流程图

对应 C 语言代码如下:

```
#include<reg52.h>
#include<stdio.h>
#define LENGTH 0x10
unsigned char string[LENGTH] _at_0x30;
/*******************************
函数功能:对 N 个连续 RAM 单元清零
*******************************/
void RamClear(unsigned char *p,unsigned char length)
{
unsigned char i;
for(i=0;i<length;i++)
{
   *p=0;
   p++;
}
}
/*******************************
函数功能:主函数
*******************************/
void main()
{
unsigned char i;
for(i=0;i<LENGTH;i++)
{
   string[i]=i;
}
RamClear(string,LENGTH);
```

```
while(1);
}
```

**【例 5-8】** 延时程序。

在实时控制电路中,常在两个操作之间延迟一定的时间。它可以利用硬件电路实现,也可由定时器实现,还可采用软件的方法延时,即通过循环程序的执行实现。因为执行一条指令需要一定的时间,适当控制循环次数,可得到所需要的延迟时间。

```
      ORG  1000H
STAR: MOV  R5,#50          ;外循环计数初值
LOP1: MOV  R6,#250         ;内循环计数初值
LOP2: NOP
      NOP
      DJNZ R6,LOP2         ;内循环结束
      DJNZ R5,LOP1         ;外循环结束
      END
```

对应 C 语言代码如下:

```
#include<reg51.h>
#include<stdio.h>
extern serial_initial();
/*******************************
函数功能:延时 int ms,晶振 11.0592MHz,延时 1ms
*******************************/
void Delay(unsigned int ms)
{
   unsigned int x,y;
   for(x=ms;x>0;x--)
      for(y=110;y>0;y--);
}
/*******************************
函数功能:主函数
*******************************/
void main()
{
   unsigned int time=10;
   serial_initial();
   Delay(time);
   printf("%d ms.\n",time);
   while(1);
}
```

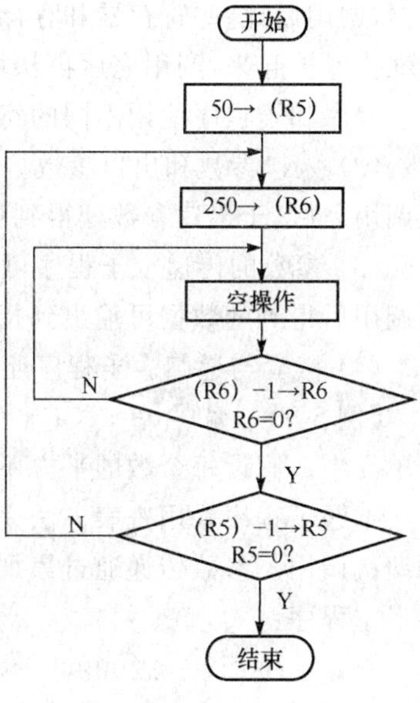

图 5-7 延时程序流程图

由流程图(图 5-7)可知,循环体内还包含循环程序,即循环内套循环,这种结构成为多重循环。循环程序设计时应注意:

• 循环体是整个程序的核心，它在程序运行时多次重复执行，而初始化和结束部分只执行一次，因此程序的执行时间主要取决于循环体。

• 不允许从循环体外部直接跳入循环体的内部，否则会因未设置初值而引起程序混乱。

• 在多重循环中，只允许外层循环嵌套内层循环，如图 5-8(a)、(b)所示。

• 在多重循环中，不允许从外层循环跳入内层循环，即不允许内外层循环相互交叉，如图 5-8(c)所示。

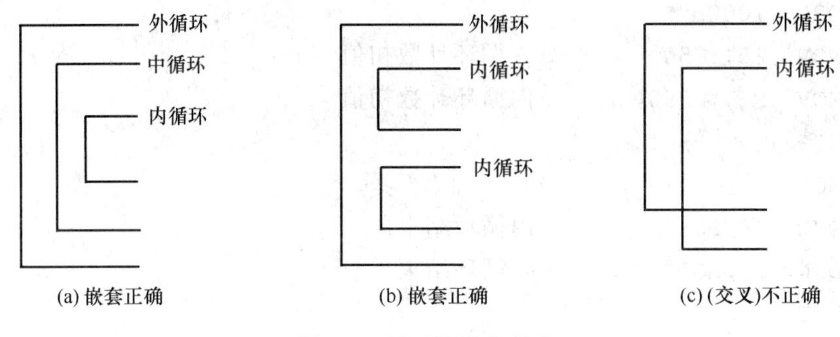


图 5-8　循环的嵌套形式

### 5.2.4　子程序调用

子程序是构成单片机应用程序必不可少的部分，由于 51 单片机有 ACALL 和 LCALL 两种子程序调用指令，可以十分方便地用来调用安排在任何地址处的子程序。善于灵活地使用子程序，是程序设计的重要技巧之一。

在调用子程序时，以下 4 点应予以注意：

(1) 子程序占用的存储单元和寄存器。如果在调用前主程序已经使用这些存储单元或寄存器，调用后，这些寄存器和存储单元又有其他用途，就应先把这些单元或寄存器中的内容压入堆栈保护起来，调用完后再从堆栈中弹出以便加以恢复。如果有较多的寄存器须保护，则应使主程序和子程序使用不同的寄存器组。

(2) 入口参数和出口参数。调用之前一定按子程序的要求设置入口参数，只有这样才能在调用之后，于出口参数处得到调用后的正确结果。

(3) 参数的传递。子程序可以从指定的地址单元或寄存器获得调用程序的数据参数，经过调用后得到的数据可输出到指定地址单元和寄存器，从而实现两者间的参数传递。

(4) 嵌套与递归。子程序还可包括对另外子程序及自身的调用。

**【例 5-9】**　编写 c＝a×a ＋ b×b 程序。设 a,b,c 存在内部 RAM 的 5AH,5BH,5CH 三个单元中。假设每个数的平方不大于 255。

本题子程序采用查表方法完成一个数平方的计算，主程序完成入口参数的传递和子程序的两次调用。参数传递通过累加器 A 传递。

主程序：

```
        ORG     1200H
MAIN:   MOV     A,5AH           ;取第一操作数 a
        ACALL   SQR             ;调查表程序
        MOV     R1,A            ;a×a → R1
        MOV     A,5BH           ;取第二操作数 b
```

```
    ACALL  SQR                  ;第二次调查表程序
    ADD    A,R1                 ;a×a+ b×b → (A)
    MOV    5C,A                 ;结果存于 5C 中
      ⋮
```

子程序：

```
SQR:MOV  DPTR,#TAB             ;置表首地址
    MOVC A,@A+DPTR
    RET
TAB:DB 0,1,4,16,25,36,49,64,81,…
    END
```

本例中子程序入口条件(A)＝待查表的数，出口条件(A)＝平方值。数据表中是所给数据的平方值。

对应C语言代码如下：

```
#include<stdio.h>
#include<absacc.h>
unsigned char code table[ ]={0,1,4,9,16,25,36,49,64,81,100,121,144,
                             169,196,225};     //0～15 平方表
#define a DBYTE[0x5A]
#define b DBYTE[0x5B]
#define c DBYTE[0x5C]
/******************************
函数功能:无符号字符型数据查平方表
******************************/
unsigned char Sqr(unsigned char num )
{
    return(table[num]);
}
/******************************
函数功能:主函数
******************************/
void main( )
{
    c=(Sqr(a)+Sqr(b));
    while(1);
}
```

**【例 5-10】** 在内部RAM的30H单元存有一个十六进制数，试编程把它转换成ASCII码存入内部RAM的50H和51H单元。

本题子程序采用查表方法完成一个十六进制数的ASCII码转换，主程序完成入口参数的传递和子程序的两次调用。参数的传递采用堆栈方式。

主程序：

```
        ORG    1200H
        PUSH   30H                 ;入口参数压栈
        ACALL  HASC                ;求低位十六进制数的 ASCII 码
        POP    50H                 ;出口参数存入 ASC
        MOV    A,30H               ;十六进制数送 A
        SWAP   A                   ;高位十六进制数送低 4 位
        PUSH   ACC                 ;入口参数压栈
        ACALL  HASC                ;求高位十六进制数的 ASCII 码
        POP    51H                 ;出口参数送 ASC+1
        SJMP   $
```

子程序：

```
HASC:   DEC    SP
        DEC    SP
        POP    ACC
        ANL    A,#0FH
        ADD    A,#07H
        MOVC   A,@A+PC
        PUSH   ACC
        INC    SP
        INC    SP
        RET
TAB:    DB    '0',  '1',  '2',  '3'
        DB    '4',  '5',  '6',  '7'
        DB    '8',  '9',  'A',  'B'
        DB    'C',  'D',  'E',  'F'
        END
```

对应 C 语言代码如下：

```
#include<stdio.h>
unsigned char data BCDCell _at_ 0x30;
unsigned char data * SplitResult;
unsigned char code table[ ]= {'0','1','2','3','4','5','6','7','8','9',
                              'A','B','C','D','E','F'};
                               //0～15 ASCII 码表
/*******************************
函数功能:BCD 码拆分
*******************************/
void BCDSplit(unsigned char BCDCell,unsigned char * SplitResult)
{
    * SplitResult=table[(BCDCell&0x0F)];
   SplitResult++;
    * SplitResult=table[(BCDCell&0xF0)>>4];
```

```
}
/******************************
函数功能:主函数
******************************/
void main()
{
    BCDCell=0x78;
    SplitResult=0x50;
    BCDSplit(BCDCell,SplitResult);
    while(1);
}
```

## 5.3 51单片机程序设计举例

### 5.3.1 算术运算程序

1. 加减法运算

1）无符号的多个单字节数加法

**【例 5-11】** 假设有多个单字节数,依次存放在外部 RAM 0021H 开始的连续单元中。要求把计算结果存放在 R1 和 R2 中(假定相加的和为二字节数),其中 R1 为高位,R2 为低位。

```
        ORG   3000H
        CLR   C
        MOV   DPTR,#0021H          ;设置数据指针
        MOV   R3,#N                ;字节个数
        MOV   R1,#00H              ;和的高位清零
        MOV   R2,#00H              ;和的低位清零
LOOP:   MOVX  A,@DPTR              ;取一个加数
        ADD   A,R2                 ;单字节数相加
        MOV   R2,A                 ;和的低位送 R2
        JNC   LOOP1
        INC   R1                   ;有进位,则和的高位加 1
LOOP1:  INC   DPTR                 ;指向下一单元
        DJNZ  R3,LOOP
        END
```

对应 C 语言代码如下:

```
#include<stdio.h>
#include<absacc.h>
#define N 8                                  //N 小于 255,数组长度
unsigned char xdata string[N] _at_ 0x0021;   //外部 0x0021 开始的 N 个单元
/******************************
函数功能:对 N 个连续 RAM 单元求和
```

```
*****************************/
void RamAdd(unsigned char num,unsigned char xdata * p)
{
    unsigned char i;
    unsigned int data sum=DBYTE[0x01];
    for(i=0;i<num;i++)
    {
        sum=sum+ * p;
        p++;
    }
    printf("The sum is % d\n",sum);
}
/*****************************
函数功能:主函数
*****************************/
void main( )
{
    unsigned char i;
    for (i=0;i<N;i++)
    string[i]=i;
    RamAdd(N,string);
    while(1);
}
```

2）无符号的两个多字节数减法

**【例 5-12】** 设有两个 $n$ 字节无符号数分别存放在内部 RAM 的单元中,低字节在前,高字节在后,分别由 R0 指定被减数单元地址,由 R1 指定减数单元地址,其差存放在原被减数单元中。

```
      ORG  1000H
      CLR  C                  ;清进位位
      MOV  R2,#N              ;字节个数
LOOP: MOV  A,@R0              ;从低位取被减数的一个字节
      SUBB A,@R1              ;两数相减
      MOV  @R0,A              ;存字节相减的差
      INC  R0
      INC  R1
      DJNZ R2,LOOP            ;两数相减完否
      JC   QAZ                ;最高字节有借位,转溢出处理
      RET
```

对应 C 语言代码如下:

```
#include<reg51.h>
```

```
/*******************************
函数功能:对n个连续RAM单元减法
*******************************/
void RamSub(unsigned char * pminuend,unsigned char * psubtrahend,
          unsigned char n)
{
    unsigned char i;
    CY=0;
    for(i=0;i<n;i++)                  //假设高字节存放数据的高位,低字
                                        节存放数据低位
    {
      * pminuend= * pminuend- * psubtrahend;
      pminuend++;
      psubtrahend++;
    }
}
/*******************************
函数功能:主函数
*******************************/
void main()
{
    unsigned char data * pminuend;      //定义被减数指针
    unsigned char data * psubtrahend;   //定义减数指针
    unsigned char data num;
    pminuend=0x00;
    psubtrahend=0x01;
    RamSub(pminuend,psubtrahend,num);
    while(1);
}
```

3) 有符号数加减法运算

对于符号数的减法运算,只要将减数的符号位取反,即可把减法运算转换成加法运算的原则处理。

对于符号数的加法运算,首先进行两数符号的判定。如果两数符号相同,应进行两数相加,并以被加数符号为结果符号。

如果两数符号不同,应进行两数相减。如果相减的差数为正,则该差数即为最后结果,并以被减数符号为结果符号;如果相减的差数为负,则应将其差数取补,并把被减数的符号取反后作为结果符号。

**【例5-13】** 假定R2、R3和R4、R5分别存放两个16位的带符号二进制数,其中R2和R4的最高位为两数的符号位。试编写带符号双字节二进制数的加减法运算程序,以BSUB为减法程序入口,以BADD为加法程序入口,以R6、R7保存运算结果。

```
BSUB: MOV  A,R4           ;取减数高字节
      CPL  ACC.7          ;减数符号取反以进行加法
      MOV  R4,A
BADD: MOV  A,R2           ;取被加数
      MOV  C,ACC.7
      MOV  F0,C           ;被加数符号保存在 F0 中
      XRL  A,R4           ;两数高字节异或
      MOV  C,ACC.7        ;两数同号 CY= 0,两数异号 CY= 1
      MOV  A,R2
      CLR  ACC.7          ;高字节符号位清零
      MOV  R2,A           ;取其数值部分
      MOV  A,R4
      CLR  ACC.7          ;低字节符号位清零
      MOV  R4,A           ;取其数值部分
      JC   JIAN           ;两数异号转 JIAN
 JIA: MOV  A,R3           ;两数同号进行加法
      ADD  A,R5           ;低字节相加
      MOV  R7,A           ;保存和
      MOV  A,R2
      ADDC A,R4           ;高字节相加
      MOV  R6,A           ;保存和
      JB   ACC.7,QAZ      ;符号位为"1"转溢出处理
 QWE: MOV  C,F0           ;结果符号处理
      MOV  ACC.7,C
      MOV  R6,A
      RET
JIAN: MOV  A,R4           ;两数异号进行减法
      CLR  C
      SUBB A,R4           ;低字节相减
      MOV  R7,A           ;保存差
      MOV  A,R2
      SUBB A,R4           ;高字节相减
      MOV  R6,A           ;保存差
      JNB  ACC.7,QWE      ;判差的符号,为"0"转 QWE
 BMP: MOV  A,R7           ;为"1"进行低字节取补
      CPL  A
      ADD  A,#1
      MOV  R7,A
      MOV  A,R6           ;高字节取补
      CPL  A
```

```
    ADDC A,#0
    MOV  R6,A
    CPL  F0                 ;保存在 F0 中的符号取反
    SJMP QWE                ;转结果符号处理
    QAZ                     ;溢出处理
JIES: RET
```

对应 C 语言代码如下：

```
#include <reg51.h>
#include <string.h>
extern qaz();
/******************************
函数功能:双字节有符号数求补运算
******************************/
void bmp(int data * result)
{
   * result=(* result)^(0x7FFF)+1;
}
/******************************
函数功能:有符号两个连续 RAM 单元相加
      减数指针 psubtrahend,被减数指针 pminuend
******************************/
void badd(int data * pminuend, int data * psubtrahend,int data * result)
{
  int temp,signal;
  signal=(* pminuend&0x8000);
  temp=(* pminuend)^(* psubtrahend);
  temp=temp&0x8000;
  if(!temp)                    //符号位相同,直接求和
  {
    * result=((* pminuend)&0x7FFF)+((* psubtrahend)&0x7FFF);
                               //两数字符号位清零并相加
    if((* result)&0x8000)      //最高位若为 1,则结果溢出
    {
      qaz();                   //溢出处理
      return;
    }
    * result=signal| * result;
    return;
  }
  else                         //符号位不同,转减法
```

```
    {
        * result=((* pminuend)&0x7FFF)- ((* psubtrahend)&0x7FFF);
                                                  //两数字符号位清零并相减
       if(! (* result)&0x8000)
       {
           * result=signal| * result;
           return;
       }
       bmp(result);
       signal=signal^0x8000;                       //符号位取反
        * result=signal| * result;                 //保存结果
       return;
    }
}
/*****************************
函数功能:带符号 2 个连续 RAM 单元减法
         减数指针 psubtrahend,被减数指针 pminuend
*****************************/
void bsub(int data * pminuend, int data * psubtrahend,int data * result )
                                                  //接收函数
{
    * psubtrahend= * psubtrahend^0x8000;           //减数符号位翻转
   badd(pminuend,psubtrahend,result);
}
/*****************************
函数功能:主函数
*****************************/
main()
{
   data int * pminuend=0x02;                       //R0 从机发送的数据块首地址
   data int * psubtrahend=0x04;                    //R1 从机接收的数据块首地址
   data int * result=0x06;
   bsub(pminuend, psubtrahend,result );
   while(1);
}
```

4) 十进制数(BCD 码)加法

由于 51 单片机的加法指令是二进制加法指令,对于二进制的加法运算都能得到正确的结果。对于十进制数(BCD 码)的加法运算,指令系统并没有专门的指令,因此只能借助二进制加法指令进行。然而,二进制数的加法运算原则不能完全适用于 BCD 码十进制数的加法运算,因此在使用 ADD 和 ADDC 指令对十进制数进行加法运算之后,要对结果做有条件的修正。

**【例 5-14】** 编程求两个十进制数和，如 984＋297＝1281，并分析十进制调整的过程。

分析：计算机中的十进制数用 BCD 码表示。984 的 BCD 码为 0984H，297 的 BCD 码为 0297H。

```
ORG   3000H
MOV   30H,#84H                          ;被加数低字节的 BCD 码
MOV   31H,#09H                          ;被加数高字节的 BCD 码
MOV   40H,#97H                          ;加数低字节的 BCD 码
MOV   41H,#02H                          ;加数高字节的 BCD 码
MOV   A,30H
ADD   A,40H                             ;低字节相加
DA    A                                 ;十进制调整
MOV   30H,A                             ;把结果转存到目的地址
MOV   A,31H
ADDC  A,41H                             ;高字节相加
DA    A                                 ;十进制调整
MOV   31H,A                             ;把结果转存到目的地址
END
```

结果分析：当二进制数低四位相加，向高四位产生进位，或者未产生进位但结果大于 9，即结果为 A、B、C、D、E、F 中的任意一个时，需要进行十进制调整，即对低四位再加 6(0110B)。高四位调整同低四位。

对应 C 语言代码如下：

```
#include<reg51.h>                       //包含单片机寄存器的头文件
#include<absacc.h>
#define N 2                             //两字节
unsigned char idata databuf1[N]={0x12,0x34};
unsigned char idata databuf2[N]={0x56,0x78};
/******************************
函数功能:N 字节 BCD 数相加
******************************/
void DataAdd(unsigned char idata * DataOneDptr,unsigned char idata *
            DataTwoDptr,unsigned char DataLend)
{
   unsigned char One,Two,Tmp;           //中间变量
   unsigned int Sum=0;                  //考虑 CY 位故取整型
   while(DataLend)                      //不能 DataLend--或--DataLend
   {
      DataLend--;                       //调整到正确的数组位置
      One=DataOneDptr[DataLend];        //取出正确的被加数
      Two=DataTwoDptr[DataLend];        //取出正确的加数
      Sum=One+Two+(Sum>>8);             //二进制求和(注意上次低位向高位的
```

```
                                                    进位)
        Tmp=(One & 0xf0)+(Two & 0xf0);  //为半进位做准备
        if((Tmp!=(Sum & 0xf0))||((Sum & 0x0f)> 9)) //BCD码低4位调整
        {
          Sum+=6;
        }
        if(Sum>=0xa0)                   //BCD码高4位调整
        {
            Sum+=0x60;
        }
        DataOneDptr[DataLend]=Sum;      //只存入低8位
    }
}
/******************************
函数功能:主函数
******************************/
void main()
{
    unsigned char idata * DataOnePtr, * DataTwoPtr;
    DataOnePtr=databuf1;
    DataTwoPtr=databuf2;
    DataAdd(DataOnePtr, DataTwoPtr, N);
    while(1)
    {
        ;
    }
}
```

2. 乘法运算

由于乘法指令(MUL AB)针对单字节,因此单字节数的乘法运算使用一条指令可直接完成,但对于多字节数的乘法必须通过程序实现。

**【例5-15】** 将外部RAM的3000H,3100H单元的两个8位无符号整数相乘,乘积存放在内部RAM 31H,30H单元中。

```
ORG   3000H
MOV   DPTR,#3100H
MOVX A,@DPTR                     ;取乘数1
MOV   B,A
DEC   DPH
MOVX A,@DPTR                     ;取乘数2
MUL   AB                         ;两数相乘
MOV   R0,#30H
```

```
MOV  @R0,A                        ;存放结果的低字节
INC  R0
MOV  A,B
MOV  @ R0,A                       ;存放结果的高字节
END
```

对应C语言代码如下：

```
#include<reg51.h>                    //包含单片机寄存器的头文件
unsigned char xdata CharOne _at_ 0x3000;
unsigned char xdata CharTwo _at_ 0x3100;
unsigned int data product _at_ 0x30;
/******************************
函数功能:单字节无符号数相乘
******************************/
unsigned int Multi(unsigned char DataOne,unsigned char DataTwo)
{
    unsigned int data temp;
    temp=DataOne*DataTwo;
    return temp;
}
/******************************
函数功能:主函数
******************************/
void main( )
{
    CharOne=0x05;
    CharTwo=0x02;
    product=Multi(CharOne, CharTwo);
    while(1)
    {
        ;
    }
}
```

3. 除法运算

除法指令(DIV AB)也针对单字节,单字节数的除法运算可直接使用该指令完成。多字节数据的除法由编程实现。

**【例 5-16】** 将内部 RAM 的 40H,41H 单元的两个 8 位无符号整数相除,商存放在内部 RAM 31H 单元中,余数存放在内部 RAM 30H 单元中。

```
ORG 3000H
MOV A,41H            ;取除数
MOV B,A
```

```
MOV A,40H              ;取被除数
DIV AB                 ;两数相除
MOV 31H,A              ;存放结果(商)
MOV A,B
MOV 30H,A              ;存放结果(余数)
END
```

对应C语言代码如下:

```
#include<reg51.h>      //包含单片机寄存器的头文件
unsigned char data CharOne _at_ 0x40;
unsigned char data CharTwo _at_ 0x41;
unsigned char data DivResult[2] _at_ 0x30;
/******************************
函数功能:单字节无符号数相除
******************************/
void Divid(unsigned char DataOne,unsigned char DataTwo)
{
    DivResult[0]=DataOne/DataTwo;
    DivResult[1]=DataOne% DataTwo;
}
/******************************
函数功能:主函数
******************************/
void main( )
{
    CharOne=0x05;
    CharTwo=0x02;
    Divid(CharOne, CharTwo);
    while(1)
    {
        ;
    }
}
```

### 5.3.2 代码转换程序

在该类程序中,通常代码转换都采用子程序调用方法进行,即把具体的转换功能由子程序完成,而由主程序完成组织数据和安排结果等工作。下面举例说明。

**【例5-17】** 将30H中的十六进制数转换为BCD码,并存于40H、41H。

主程序:入口条件为待转换的十六进制数存R1。

```
    ORG    0100H
    MOV    R1,30H
```

```
    LCALL HBCD
    MOV   40H,R2
    MOV   41H,R3
    NOP
    END
```

子程序:出口条件为转换所得 BCD 码存 R2、R3。

```
      ORG   2000H
HBCD: MOV   A,R1                    ;取十六进制数
      MOV   B,#64H
      DIV   AB                      ;除以 100
      MOV   R2,A                    ;商为百位数存 R2
      MOV   A,#0AH
      XCH   A,B                     ;除 100 余数作为下一次的被除数
      DIV   AB                      ;余数再除以 10
      SWAP  A
      ORL   A,B                     ;十位个位合并
      MOV   R3,A                    ;十位个位合并存 R3
      RET
```

对应 C 语言代码如下:

```
#include<reg51.h>                   //包含单片机寄存器的头文件
unsigned char data HexData _at_ 0x30;
unsigned char data * BCDPtr _at_ 0x40;
/******************************
函数功能:单字节十六进制数转换为 BCD
******************************/
void Hex2BCD(unsigned char HexData,unsigned char * BCDPtr)
{
   unsigned char data temp1,temp2;
   temp1=(HexData/0x64);
   *BCDPtr=temp1;
   BCDPtr++;
   temp1=(HexData% 0x64);
   temp2=(temp1/0x0A);
   temp1=(temp1% 0x0A);
   temp2=(temp2<<4);
   *BCDPtr=((temp2)|(temp1));
}
/******************************
函数功能:主函数
******************************/
```

```
void main()
{
    HexData=0x2F;
    Hex2BCD(HexData, BCDPtr);
    while(1)
    {
        ;
    }
}
```

**【例 5-18】** 把外部 RAM 30H～3FH 单元中的 ASCII 码依次转换为十六进制数，并存入内部 RAM60H～67H 单元之中。

转换算法：把转换的 ASCII 码减去 30H。若小于 0 则为非十六进制数；若为 0～9 之间，即为转换结果；若大于等于 0AH，应再减 7。减 7 后，若小于 0AH，则为非十六进制数；若在 0AH～0FH 之间，即为转换结果；若大于 0FH，还是非十六进制数。

转换流程如图 5-9 所示。

因为一个字节可装两个转换后得到的十六进制数，即两次转换才能拼装为一字节。为避免在程序中重复出现转换程序段，因此通常采用子程序结构，把转换操作编写为子程序。

主程序流程如图 5-10 所示。

主程序：

```
      ORG   1000H
MAIN: MOV   R0,#30H          ;设置 ASCII 码地址指针
      MOV   R1,#60H          ;设置十六进制数地址指针
      MOV   R7,#08H          ;需拼装的十六进制数字节个数
  AB: ACALL TRAN             ;调用转换子程序
      SWAP  A                ;A 高低 4 位交换
      MOV   @R1,A            ;存放内部 RAM
      INC   R0
      ACALL TRAN             ;调用转换子程序
      XCHD  A,@R1            ;十六进制数拼装
      INC   R0
      INC   R1
      DJNZ  R7,AB            ;继续
HALT: AJMP  HALT
```

子程序：

```
TRAN: CLR   C                ;清进位位
      MOVX  A,@ R0           ;取 ASCII 码
      SUBB  A,#30H           ;减 30H
      CJNE  A,#0AH,BB
      AJMP  BC
  BB: JC    DONE
```

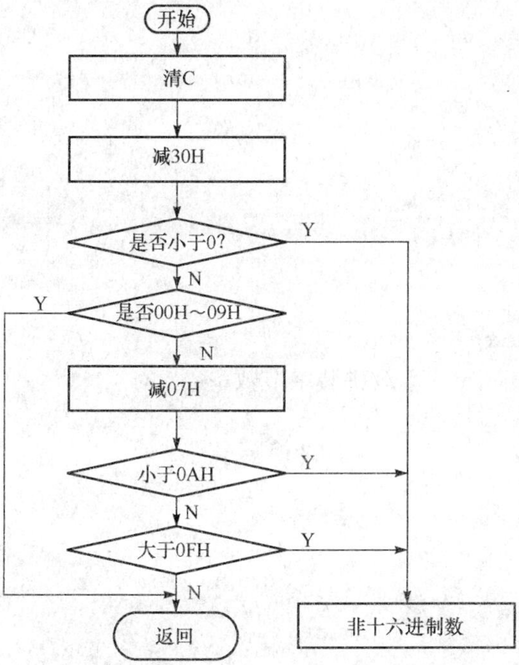

开始
清C
减30H
是否小于0?
Y
N
是否00H～09H
Y
N
减07H
小于0AH
Y
N
大于0FH
Y
N
返回
非十六进制数

图 5-9　ASCII 码→十六进制数转换程序流程

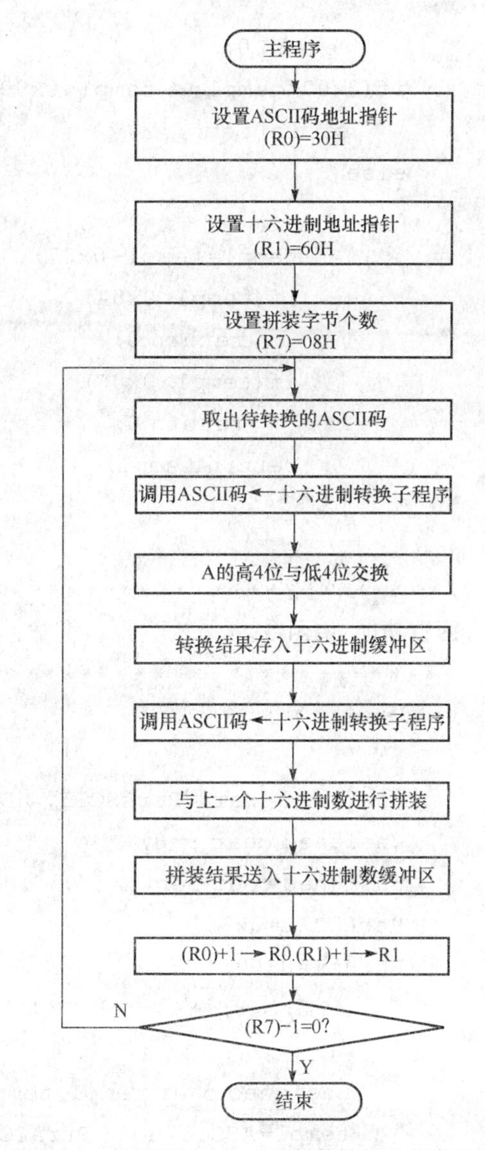


图 5-10　ASCII 码→十六进制数转换主程序流程

```
  BC: SUBB  A,#07H              ;大于等于 0AH,再减 07H
DONE: RET                       ;返回
```

对应 C 语言代码如下：

```
#include<reg51.h>               //包含单片机寄存器的头文件
/*******************************
函数功能:单字节 ASCII 进制数转换为 HEX
*******************************/
unsigned char ASCII2Hex(unsigned char * PtrASCII)
{
    unsigned char data temp1;
    temp1= * PtrASCII-0x30;
    if(temp1<0x00)
```

```
        return 0;
    if(0x00<temp1 && temp1<0x09)
        return temp1;
    else
        {
            temp1=temp1-0x07;
            if(temp1<0x0A)
                return 0;
            if(temp1>0x0F)
                return 0;
            return temp1;
        }
}
/******************************
函数功能:主函数
******************************/
void main( )
{
    unsigned char * PtrASCII, * PtrHex;
    unsigned char i=8;                              //拼装字节数
    unsigned char lenth=16;
    PtrASCII=0x30;
    PtrHex=0x60;
    for(i=0;i<8;i++)
    {
        unsigned char temp1,temp2;
        temp1=ASCII2Hex( PtrASCII);
        PtrASCII++ ;
        temp2=ASCII2Hex( PtrASCII);
        * PtrHex= (temp1<<4) | temp2;
        PtrHex++ ;
    }
    while(1)
    {
        ;
    }
}
```

### 5.3.3 定时程序

在单片机的控制应用中,常有定时的需要,如定时中断,定时检测和定时扫描。定时功能除可以使用定时器/计数器实现以外，更多的是使用定时程序完成。

定时程序是典型的循环程序，通过执行一个具有固定延迟时间的循环实现延时。因此把定时程序称为延时程序。

1. 单循环定时程序

例如：

```
      MOV  R5,#5
LOOP: NOP
      NOP
      DJNZ R5,LOOP
```

NOP 指令的执行需要 1 个机器周期，DJNZ 指令的执行需要两个机器周期，则一次循环共 4 个机器周期，如单片机的晶振频率为 6MHz，则一个机器周期是 2μs。因此，一次循环的延时时间为 8μs。又由于 R5 是 8 位寄存器，所以最长延时时间为 $256\times8=2048\mu s$，即定时范围为 8～2048μs。

2. 较长时间的定时程序

```
       MOV  R5,#TIMER1
LOOP2: MOV  R4,#TIMER2
LOOP1: NOP
       NOP
       DJNZ R4,LOOP1
       DJNZ R5,LOOP2
```

最大定时时间计算公式为：$(256\times4+3+2)\times256\times2+2\times2=526852(\mu s)$。

3. 调整定时时间

在定时程序中，可通过在循环程序段中增减指令的方法对定时时间进行微调，如下定时程序：

```
      MOV  R0,#TIME
LOOP: ADD  A,R1
      INC  DPTR
      DJNZ R0,LOOP
```

由于 ADD 指令机器周期数为 1，INC 指令的机器周期为 2，DJNZ 指令的机器周期是 2，因此在 6MHz 晶振频率下，该程序的定时时间为 $10\times TIME(\mu s)$。

假定要求定时时间为 24μs，对于这个定时程序，无论 TIME 取任何值均得不到要求的定时时间。对此可通过增加一条 NOP 指令，把循环程序段的机器周期增加到 6，即

```
      MOV  R0,#TIME
LOOP: ADD  A,R1
      INC  DPTR
      NOP
      DJNZ R0,LOOP
```

这时 TIME 值取 2，可以得到精确的 24μs 定时。

在定时程序中，循环程序段的指令操作并无实际意义，只是起到调节机器周期的作用，通常把这些指令称为哑指令。上述程序中的 NOP 指令是一个典型的哑指令，此外 ADD 指令和 INC 指令在程序中也作为哑指令出现。使用哑指令注意：一不破坏有用存储单元的内容；二

不破坏有用寄存器的内容；三不破坏有用标志位的状态。

4. 以一个基本的延时程序满足不同的定时要求

如果系统有多个定时需要，可以先设计一个基本的延时程序，使其延迟时间为各定时时间的最大公约数，然后以此基本程序作为子程序，通过调用的方法实现所需的不同定时。例如，要求的定时时间分别为 5s、10s 和 20s，并设计一个 1s 延时子程序 DELAY，则不同定时的调用情况表示如下：

```
        MOV    R0,#05H          ;5s 延时
LOOP1:  LCALL  DELAY
        DJNZ   R0,LOOP1
                ⋮
        MOV    R0,#0AH          ;10s 延时
LOOP2:  LCALL  DELAY
        DJNZ   R0,LOOP2
                ⋮
        MOV    R0,#14H          ;20s 延时
LOOP3:  LCALL  DELAY
        DJNZ   R0,LOOP3
```

### 5.3.4 查表程序

在计算机控制应用中，查表程序是很有用的程序，常用于实现非线性修正，非线性函数转换，以及代码转换等。指令系统有查表指令："MOVC A,@A+DPTR"和"MOVC A,@A+PC"，适用于在 64KB 的 ROM 范围内查表。在编写程序时，首先把表的首地址送入 DPTR 中，再将待查找的数据序号(或下标值)送入 A 中，然后使用该指令进行查表操作，并把结果送累加器 A 中。

"MOVC A,@A+PC"指令用于在"本地"范围内查表。编写查表程序时，首先把查表数据的序号送入 A 中，再把从查表指令到表的首地址间的偏移量与 A 值相加，然后使用该指令进行查表操作，并把结果送累加器 A 中。

例如，有 4×4 键盘，键扫描后把被按键的键码放在 A 中。键码与处理子程序入口地址的对应关系为：

| 键码 | 入口地址 |
|---|---|
| 0 | RK0 |
| 1 | RK1 |
| 2 | RK2 |
| ⋮ | ⋮ |

假定处理子程序在 ROM 64KB 的范围内分布。要求以查表方法转向对应的处理子程序。程序如下：

```
    ⋮
    MOV  DPTR,#BS           ;子程序入口地址表首址
    RL   A                  ;键码值乘以 2
    MOV  R2,A               ;暂存 A
    MOVC A,@A+DPTR          ;取得入口地址低位
```

```
    PUSH ACC              ;进栈暂存
    MOV  A,R2
    INC  A
    MOVC A, @A+DPTR       ;取入口地址高位
    MOV  DPH,A
    POP  DPL
    CLR  A
    JMP  @A+DPTR          ;转向键处理子程序
BS: DB   RK0L             ;处理子程序入口地址表
    DB   RK0H
    DB   RK1L
    DB   RK1H
    DB   RK2L
    DB   RK2H
      ⋮
```

### 5.3.5 散转程序

散转程序实际是一种并行分支程序,可根据某个输入值或运算结果,转到不同的分支处理。

**【例 5-19】** 假设程序有四个功能子程序入口,分别为 1000H、1200H、1400H、1600H。要求根据运行后 21H 的数值 0、1、2、3 转移到相应的子程序。

```
        ORG  1000H
ANYCHEN:MOV  DPTR,#TABLE    ;取入口地址表头
        MOV  A,21H          ;取输入值
        CLR  C
        RLC  A
        ADD  A,21H          ;输入值乘 3
        JMP  A,@A+DPTR
TABLE:  LJMP 1000H
        LJMP 1200H
        LJMP 1400H
        LJMP 1600H
```

对应 C 语言代码如下:

```
#include<reg52.h>
#include<stdio.h>
unsigned char data keyword _at_ 0x21;
extern AAA();               //编译时,定位在程序存储器的 0x1000 处
extern BBB();               //编译时,定位在程序存储器的 0x1200 处
extern CCC();               //编译时,定位在程序存储器的 0x1400 处
extern DDD();               //编译时,定位在程序存储器的 0x1600 处
/******************************
```

```
函数功能:主函数
*****************************/
void main()
{
    switch(keyword)
{
    case 0:AAA();break;
    case 1:BBB();break;
    case 2:CCC();break;
    case 3:DDD();break;
    default: break;
}
while(1);
}
```

### 5.3.6 数据极值查找程序

极值查找是在给定的数据区中挑出最大值或最小值。极值查找操作的主要内容是进行数值大小的比较。

**【例 5-20】** 内部 RAM 20H 单元开始存放 8 个无符号 8 位二进制数,找出其中的最大数。极值查找操作的主要内容是进行数值大小的比较。假定在比较过程中,以 A 存放大数,与之逐个比较的另一个数放在 2AH 单元中。比较结束后,把查找到的最大数送 2BH 单元中。程序流程如图 5-11 所示。

程序设计如下:

```
        ORG   1000H
        MOV   R0,#20H        ;数据区首地址
        MOV   R7,#08H        ;数据区长度
        MOV   A,@R0          ;读第一个数
        DEC   R7
 LOOP:  INC   R0
        MOV   2AH,@R0        ;读下一个数
        CJNE  A,2AH,CHK      ;数值比较
  CHK:  JNC   LOOP1          ;A 值大,转移
        MOV   A,@R0          ;大数送 A
LOOP1:  DJNZ  R7,LOOP        ;继续
        MOV   2BH,A          ;极值送 2BH 单元
HERE:   AJMP  HERE           ;停止
```

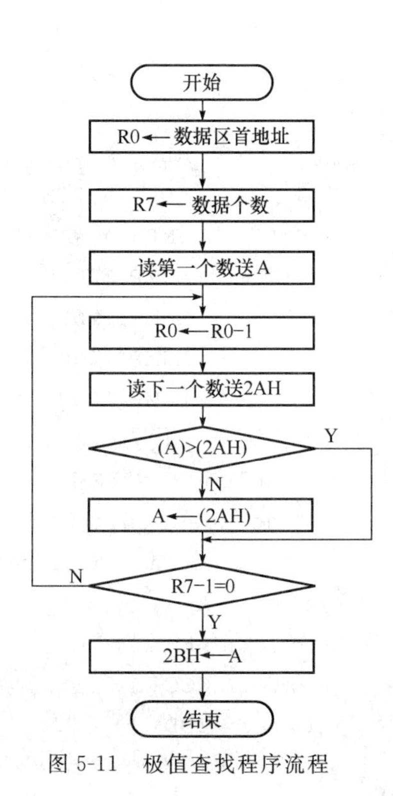

图 5-11　极值查找程序流程

对应 C 语言代码如下:

```
#include<stdio.h>
#include<absacc.h>
#define N 8                      //数据个数
#define MaxValue DBYTE[0x2B]
```

```
/*****************************
函数功能:求 N 个连续单元中的最大值
*****************************/
unsigned char max(unsigned char * p,unsigned char length)
{
unsigned char max,i;
max= * p;
p++;
for(i=length;i>0;i--)
{
    if(max> * p)
        max=max;
    else
        max= * p;
    p++;
}
return max;
}
/*****************************
函数功能:主函数
*****************************/
void main()
{
    unsigned char data * p=0x20;
    MaxValue=max(p,N);
    while(1);
}
```

### 5.3.7 数据排序程序

1. 算法说明

数据排序的算法很多,常用的有插入排序法、冒泡排序法、快速排序法、选择排序法、堆积排序法、二路归并排序法,以及基数排序法等。现以冒泡法为例,说明数据升序排序算法及编程实现。

冒泡法是一种相邻数互换的排序方法,因其过程类似于水中气泡上浮,故称冒泡法。执行时从前向后进行相邻数比较,如数据的大小次序与要求顺序不符时(逆序),将两个数互换,否则为正序,不互换。为进行升序排序,应通过这种相邻数互换方法,使小数向前移,大数向后移。如此从前向后进行一次冒泡(相邻数互换),把最大数换到最后;再进行一次冒泡,把次大数排在倒数第二的位置……

例如，原始数据为顺序50、38、7、13、59、44、78、22。第一次冒泡的过程是：

50、38、7、13、59、44、78、22　　（逆序，互换）

38、50、7、13、59、44、78、22　　（逆序，互换）

38、7、50、13、59、44、78、22　　（逆序，互换）

38、7、13、50、59、44、78、22　　（正序，不互换）

38、7、13、50、59、44、78、22　　（逆序，互换）

38、7、13、50、44、59、78、22　　（正序，不互换）

38、7、13、50、44、59、78、22　　（逆序，互换）

38、7、13、50、44、59、22、78　　（第一次冒泡结束）

如此进行，各次冒泡的结果是：

第一次冒泡　　38、7、13、50、44、59、22、78

第二次冒泡　　7、13、38、44、50、22、59、78

第三次冒泡　　7、13、38、44、22、50、59、78

第四次冒泡　　7、13、38、22、44、50、59、78

第五次冒泡　　7、13、22、38、44、50、59、78

第六次冒泡　　7、13、22、38、44、50、59、78

第七次冒泡　　7、13、22、38、44、50、59、78

可以看出冒泡排序到第五次已实际完成。

针对上述冒泡排序过程，有两个问题需要说明。

(1) 由于每次冒泡都从前向后排定一个大数（升序），因此每次冒泡所需进行的比较次数都递减1。例如，有$n$个数排序，则第一次冒泡需比较$(n-1)$次、第二次则需$(n-2)$次……实际编程时，有时为简化程序，往往把各次的比较次数都固定为$(n-1)$次。

(2) 对于$n$个数，理论上应进行$(n-1)$次冒泡才能完成排序，但实际上有时不到$(n-1)$次就已排好序。如本例共8个数，本应该进行7次冒泡，但实际进行到第5次时排序就完成。判定排序是否完成的最简单方法是看各次冒泡中是否有互换发生，如果有数据互换，说明排序还没完成，否则表示已排好序。为此，控制排序结束一般不使用计数方法，而使用设置互换标志的方法，以其状态表示在一次冒泡中有无数据互换进行。

2. 程序设计

**【例5-21】** 假定8个数连续存放在以20H为首地址的内部RAM单元中，使用冒泡法进行升序排序编程。设R7为比较次数计数器，初始值为07H。TR0为冒泡过程中是否有数据互换的状态标志，TR0=0表明无互换发生，TR0=1表明有互换发生。按前述冒泡排序算法，流程如图5-12所示。

```
SORT:MOV  R0,#20H         ;数据存储区首单元地址
     MOV  R7,#07H         ;各次冒泡比较次数
     CLR  TR0             ;互换标志清零
LOOP:MOV  A,@R0           ;取前数
     MOV  2BH,A           ;存前数
     INC  R0
```

```
    MOV   2AH,@R0          ;取后数
    CLR   C
    SUBB A,@R0             ;前数减后数
    JC    NEXT             ;前数小于后数,不互换
    MOV   @R0,2BH
    DEC   R0
    MOV   @R0,2AH          ;两个数交换位置
    INC   R0               ;准备下一次比较
    SETB TR0               ;置互换标志
NEXT:DJNZ R7,LOOP          ;返回,进行下一次比较
    JB    TR0,SORT         ;返回,进行下一轮冒泡
    STMP $                 ;排序结束
```

对应C语言代码如下:

```
#include<reg52.h>
#include<stdio.h>
#define N 7                    //8个数据,需要进行冒泡
                                 排序7次
sbit TRO=PSW^5;
/******************************
函数功能:求N个连续单元中的冒泡排序
******************************/
void Sort(unsigned char*p,unsigned char length)
{
    unsigned char max,i,temp;
    TR0=0;
    max=*p;
    p++ ;
    for(i=length;i>0;i-- )
    {
        if(max>*p)
        {
            temp=*p;
            *p=max;
            p--;
            *p=temp;
            TRO=1;
            p++;
            max=*p;
        }
        else
```

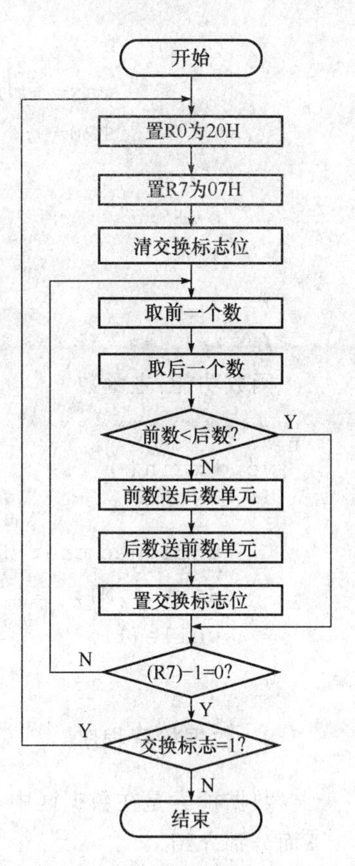


图5-12　冒泡法排序程序流程

```
    {
        max= * p;
        TR0=0;
    }
  p++ ;
  }
}
/*******************************
函数功能:主函数
*******************************/
void main( )
{
    unsigned char data * p=0x20;
    Sort(p,N);
    while(1);
}
```

### 5.3.8 数据检索程序

数据检索是在数据区中查找关键字的操作。有两种数据检索方法:顺序检索和对分检索,下面分别介绍。

1. *顺序检索*

所谓顺序检索,是把关键字与数据区中的数据从前向后逐个比较,判断是否相等。

**【例 5-22】** 假定数据区首地址是内部 RAM 20H,数据区长度为 8,关键字放在 2BH 单元,把检索成功的数据序号放在 2CH 单元中。

检索开始时应把 2CH 单元初始化为 00H。程序运行结束后,如 2CH 单元的内容仍为 00H,则表示没有检索到关键字,否则即为检索成功。2CH 单元的内容即为关键字在数据区中的序号(从 1 开始)。流程如图 5-13 所示。

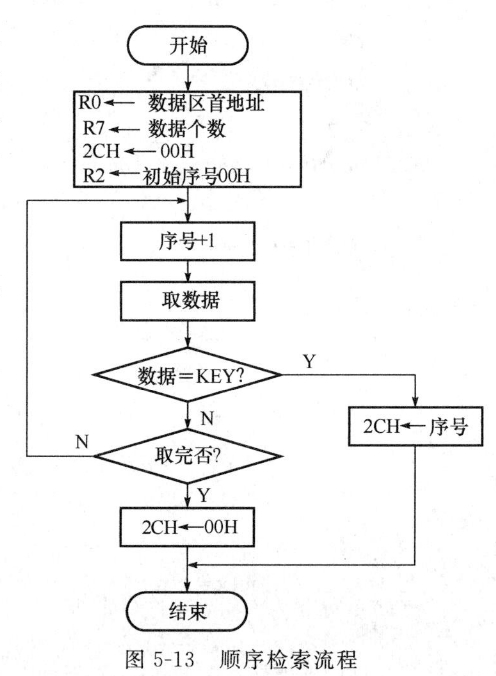

图 5-13 顺序检索流程

程序设计:

```
        MOV   R0,#20H     ;数据存储区首单元地址
        MOV   R7,#08H     ;数据个数
        MOV   2CH,#00H
        MOV   R2,#00H
        MOV   2BH,#KEY    ;关键字送 2BH 单元
NEXT:   INC   R2
        MOV   2AH,@R0     ;数据区取数
        CLR   C
        MOV   A,2BH
```

```
        SUBB A,@R0      ;与关键字比较
        JZ   ENDP
        INC  R0
        DJNZ R7,NEXT    ;继续
        MOV  R2,#00H
ENDP:   MOV  2CH,R2     ;送检索是否成功标志
HERE:   AJMP HERE       ;结束
```

对应C语言代码如下：

```
#include<reg52.h>
#include<absacc.h>
#define N 8                 //8个数据,进行冒泡排序7次
#define KeyChar DBYTE[0x2B]
#define KeyIndex DBYTE[0x2C]
/********************************
函数功能:检索N个连续单元中的关键字keychar
********************************/
void Search (unsigned char * p, unsigned char keychar, unsigned char
        length)
{
    unsigned char i;
    for(i=0;i<length;i++)
    {
        if(keychar== * p)
        {
            KeyIndex=i;
            return;
        }
        else
            p++;
        }
    KeyIndex=0x00;
}
/********************************
函数功能:主函数
********************************/
void main( )
{
    unsigned char data * p;
    p=0x20;
    KeyIndex=0;
```

```
    Search(p,KeyChar,N);
    while(1);
}
```

2. 对分检索

对分检索的前提是数据已排好序,以便于按对分原则取数进行关键字比较。具体的过程是:取数组中间位置的数与关键字比较,如果相等则检索成功。如果取数大于关键字,则下次对分检索的范围从数据区起点到本次取数。如果取数小于关键字,则下次对分检索的范围从本次取数到数据区终点。依此类推,逐次缩小检索范围,直到最后。对分检索可以减少检索次数,大大提高数据检索速度。对分检索是一种递归算法,具体实现时首先确定检索范围,范围的起点是 0,而终点是把最后一个数的序号加 1,这样才能使最后一个数也处在有效的检索范围之内,因为在程序中对分序号通过起点与终点相加,然后除 2 取整而得到。

对分检索程序流程如图 5-14 所示。

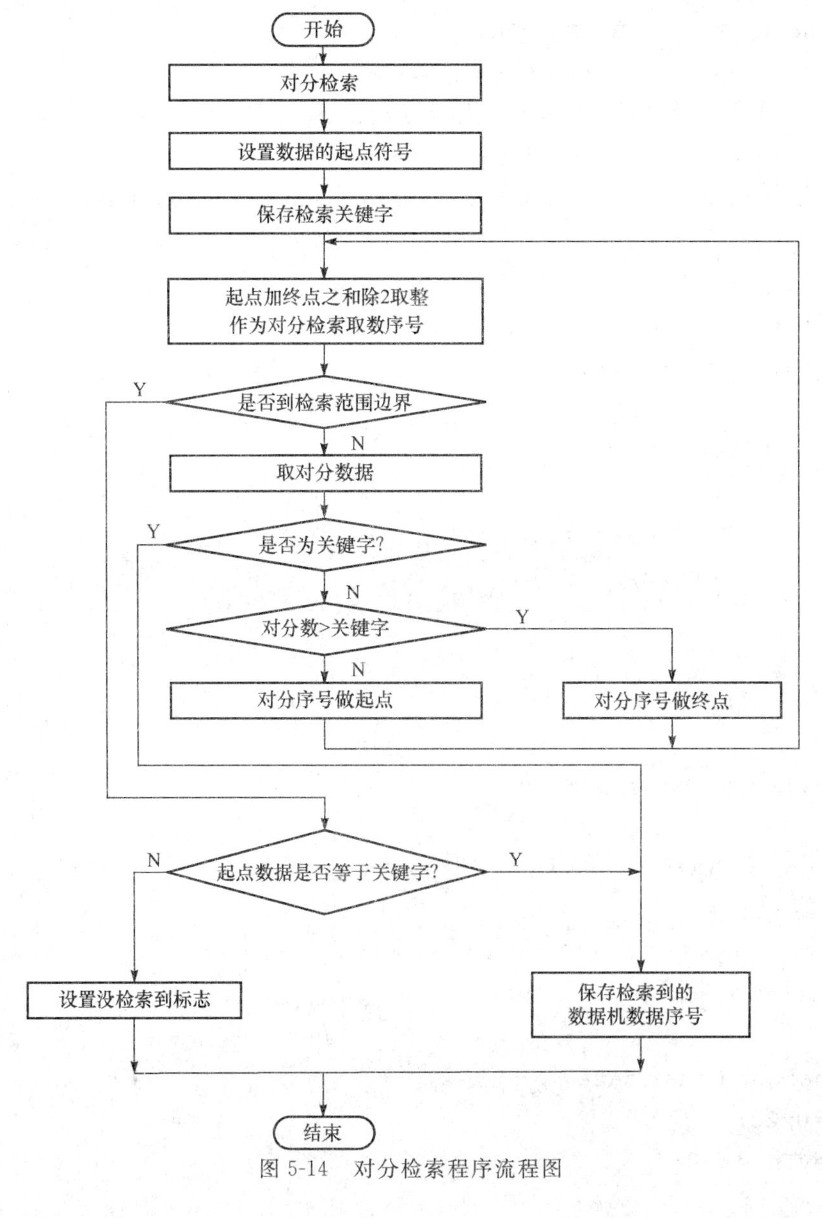


图 5-14　对分检索程序流程图

【例 5-23】 假定检索数据区在内部 RAM 中，首地址为 data，其数据为无符号数，并已按升序排序。工作单元定义如下：

2AH——存放检索范围的起点。

2BH——存放检索关键字。

R0——先指向数据区首地址。检索开始后，则为对分读数地址。

R1——检索成功标志。如检索成功，则数据序号放入其中，否则置为 0FFH 状态。

R3——检索次数计数器。

R4——存放检索到的数据。

R7——存放检索范围的终点。

对分检索程序为：

```
        MOV  2AH,#00H          ;检索范围起点
        MOV  R7,#DVL           ;检索范围终点
        MOV  2BH,#KEY          ;关键字
        MOV  R3,#01H           ;检索次数初值
 LOOP:  MOV  R0,#DATA          ;数据区首址
        MOV  A,2AH
        ADD  A,R7              ;起点加终点
        CLR  C
        RRC  A                 ;除 2 取整
        MOV  R2,A              ;存放取数的序号
        CLR  C
        SUBB A,2AH             ;判是否到范围边缘
        JZ   LOOP3             ;是边缘则转
        MOV  A,R2
        ADD  A,R0              ;形成取数地址
        MOV  R0,A
        MOV  A,@R0             ;取数
        MOV  R4,A              ;取数放 R4 中
        CLR  C
        SUBB A,2BH             ;与关键字比较
        JZ   LOOP5             ;相等则检索成功
        JNC  LOOP2             ;取数大，则转
        MOV  2AH,R2            ;取数小，修改检索范围起点
        INC  R3                ;检索次数加 1
        SJMP LOOP1             ;继续
LOOP2:  MOV  A,R2              ;取数大，修改检索范围终点
        MOV  R7,A
        INC  R3
        SJMP LOOP1             ;继续
LOOP3:  MOV  R0,#DATA          ;达到边缘，比较数据是否为关键字
```

```
        MOV  A,@R0
        CJNE A,2BH,LOOP4
        MOV  R4,A              ;是关键字,保存
        SJMP LOOP5
LOOP4:  MOV  A,#0FFH           ;不是关键字,送检索不成功标志
        MOV  R2,A
LOOP5:  SJMP LOOP5             ;结束
```

对应C语言代码如下:

```
#include<reg52.h>
#include<absacc.h>
#define N 8                                //8个数据,进行冒泡排序7次
#define StartPoint   DBYTE[0x2A]           //存放检索范围的起点
#define KeyChar      DBYTE[0x2B]           //存放检索关键字
#define SlipIndex    DBYTE[0x00]           //首地址及对分读数地址
#define SuccessFlag  DBYTE[0x01]           //检索成功标志
#define SearchCount  DBYTE[0x03]           //检索次数计数器
#define SearchData   DBYTE[0x04]           //存放检索到的数据
#define SearchEnd    DBYTE[0x07]           //存放检索范围的终点
/**********************************
函数功能:对分检索升序单元中的关键字keychar
**********************************/
void SlipSearch(unsigned char *p,unsigned char keychar)
{
   unsigned char temp,temp1;
   unsigned char *PtrIndex;
   SearchCount=1;
loop:p=&StartPoint;
   temp=(StartPoint+SearchEnd);
   temp1=temp-StartPoint;
   if(temp1!=StartPoint)                   //不是边缘
      SlipIndex=temp+temp1;
   else                                    //是边缘,则转
   {
      p=&SlipIndex;
      if(*p==keychar)
         {
            SearchData=*p;
            return;
         }
      else
```

```
        {
            SuccessFlag=0xFF;
            return;
        }
    }
    PtrIndex=&SlipIndex;                    //取数放 SearchData
    SearchData= * PtrIndex;
    if(SearchData==keychar)                 //是关键字 StartPoint=temp;
        return;
    else                                    // 不是关键字
        {
        if(SearchData<keychar)              //检索数小于关键字
        {
            StartPoint=temp;
            SearchCount++;
            goto loop;
        }
        else                                //检索数大于关键字
        {
        SearchEnd=temp;
        SearchCount++;
        goto loop;
        }
    }
}
/******************************
函数功能:主函数
******************************/
void main( )
{
    unsigned char data * p;
    p=0x20;
    SlipSearch(p,KeyChar);
    while(1);
}
```

## 习　题

5-1　编程将片内 RAM 30H～39H 单元中内容送到以 3000H 为首的存储区中。

5-2　片内 RAM 60H 开始存放 20 个数据，试统计正数、负数及为零的数据个数，并将结果分别存在 50H、51H、52H 单元中。

5-3　设 10 次采样值依次放在片内 RAM 50H～59H 的连续单元中，试编程去掉一个最大值，去掉一个最小值，求其余 8 个数的平均值，结果存放在 60H 中。

5-4　编写程序将 R4，R5，R6 中的 3 字节数据对半分解成 6 字节，存入显示缓冲区（DISMEMO～DISMEM5）。

5-5　从 20H 单元开始有一无符号数据块，其长度在 20H 单元。求出数据块中最小值，并存入 21H 单元。

5-6　片外 RAM 从 2000H 单元开始存有 10 个单字节无符号数，找出最大值存入片外 RAM 3000H 单元，试编写程序。

5-7　设在片外 RAM 2000H～2004H 单元存有 5 个压缩的 BCD 数，试编程将它们转变为 ASCII 码，存放到以 2005H 为首地址的存储区中。

5-8　两个 4 位 BCD 码数相加，被加数和加数分别存于 30H、31H 和 40H、41H 单元中（次序为千位、百位在低地址中，十位、个位在高地址中），和数存放在 50H、51H、52H 中（52H 用于存放最高位的进位），试编写加法程序。

5-9　查找内部 RAM 单元的 20H～50H 中是否有 0AAH 这一数据？若有，则将 51H 单元置为 01H；若没有，则使 51H 单元置为零。试编程实现。

5-10　将 20H 单元中的 8 位无符号数转换成 3 位 BCD 码并存放在 30H（百位）和 31H（十位、个位）单元中。

5-11　试求 20H 和 21H 单元中 16 位带符号二进制补码数的绝对值，并送回 20H 和 21H 单元，高位在先，低位在后。

5-12　在内部 RAM 的 BLOCK 开始单元中有一带符号数据块，其长度存入 LEN 单元。试编程求其中正数与负数的代数和，并分别存入 PSUM 和 MSUM 指向的单元中。

5-13　根据 R3 内容 00H～0FH，转换到 16 个不同的分支，分支均处于同一 2KB 程序存储器之内。试编程实现。

5-14　根据 R3 内容 00H～0FH，转换到 16 个不同的分支，分支程序处于 64KB 程序存储器任何位置。试编程实现。

# 第6章　单片机中断系统与定时器

## 6.1　中断系统概述

当CPU与外设交换信息时，若采用查询方式，CPU就要浪费很多时间去等待外设。这就导致一个快速的CPU与慢速的外设之间数据传送的矛盾，也是计算机在发展过程中遇到的严重问题之一。为解决这个问题，一方面提高外设的工作速度，另一方面也发展“中断”概念。中断系统是计算机的重要指标之一。中断技术是一项重要的计算机技术，这一技术在单片机中得到充分继承。其实，中断现象不仅在计算机中存在，日常生活中同样存在。举例说明，如图6-1所示。

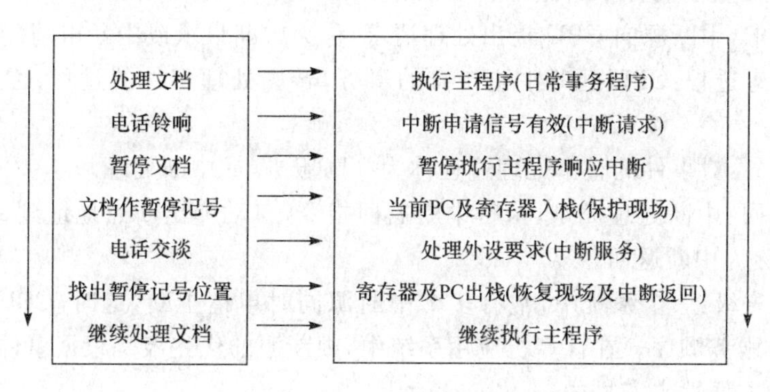


图6-1　中断过程举例

这是一种很典型的中断现象。从处理文档到接电话是一次中断过程。为什么发生上述的中断现象呢？当人在一个特定的时刻，面对两项任务：处理文档和打电话。一个人不可能同时完成多项任务，因此只好采用中断方法，穿插处理。计算机也一样，因为计算机中通常只有一个CPU，以打印输出为例，CPU传送数据的速度快，而打印机打印的速度慢，如果不采用中断技术，CPU经常处于等待状态，效率极低。采用中断方式，CPU可以进行其他的工作，只在打印机缓冲区中的当前内容打印完毕，发出中断请求之后才予以响应，暂时中断当前工作，转而向缓冲区传送数据，传送完成后又返回执行原来的程序，这样大大地提高计算机系统的效率。

把这种方法上升到计算机理论，是一个资源(CPU)面对多项任务，但由于资源有限，因此可能出现资源竞争的情形，即几项任务争夺一个CPU。中断技术是解决资源竞争的有效方法，中断技术可以使多项任务共享一个资源，所以中断技术实质上是一种资源共享技术。

## 6.2　中断的概念与功能

### 6.2.1　中断的概念

基于资源共享原理上的中断技术在计算机中得到广泛的应用。中断技术能实现CPU与外部设备并行工作，提高CPU的利用率，及数据的输入/输出效率；中断技术也能对计算机运行过程中突然发生的故障及时发现并进行自动处理，如硬件故障、运算错误及程序故障等；中断技术还能使用户通过键盘发出请求，随时对运行中的计算机进行干预，而不用先停机处理，然后再重新开机等。综上所述，在计算机系统中，有关中断的基本概念总结如下。

(1) 中断：外界突然发生紧急情况，要求CPU暂时停下现行的程序，转向对临时发生的事件进行处理，处理完后，再返回继续执行原来的程序，这个过程称为"中断"，是一种在发生一个外部事件时调用相应的处理程序(或称服务程序)的过程。中断服务程序与中断时CPU正在运行的主程序相互独立，相互不传递数据。

(2) 中断源：向CPU发出中断请求的设备或事件称为中断源。

从中断源来看，"中断"一般可分为三类：

① 由计算机硬件异常或故障引起的中断，称为内部中断。

② 外部设备(如输入/输出设备)请求引起的中断，称为外部中断或I/O中断。

③ 由程序中执行中断指令引起的中断，称为软中断。

单片机主要涉及前两种中断源。

(3) 中断请求：中断源向CPU提出处理请求，称为中断请求或中断申请。

(4) 中断响应过程：CPU暂时中止自身的事务，转去处理事件的过程，称为CPU的中断响应过程。

(5) 中断服务：对事件的整个处理过程称为中断服务(或中断处理)。

(6) 中断返回：中断处理完毕，执行中断返回指令，自动弹出断点地址到PC，再回到原来被中止的地方，称为中断返回。

(7) 中断优先级：一个系统中，常有多个中断源同时申请中断，这时，CPU必须确定首先服务的中断源及服务顺序。在计算机应用系统中，中断源的优先级是根据事件的实时性、重要性和软件处理的方便性来安排的。

(8) 中断嵌套：当CPU在执行某一个中断处理程序时，若有一优先级更高的中断源请求服务，则CPU应能挂起(用保护断点的方式)正在运行的低优先级中断处理程序，响应这个高优先级中断请求，即在中断过程中发生的又一次中断。在高优先级中断处理完后能自动返回低优先级中断，继续执行原来的中断处理程序。执行中断嵌套的原则是：高级别中断能打断低级别中断，反之不能。

(9) 矢量中断：识别中断源的方法。要求提供中断源的信号类型或其中断服务程序的入口地址，又称为中断矢量，即每个中断源都预先指定好各自的中断标志和中断矢量。

(10) 中断系统：一个计算机系统的中断源有多个，用来管理这些中断源的逻辑电路称为中断系统。

(11) 中断屏蔽：指通过设置相应的中断屏蔽位，以禁止响应某个中断。

中断屏蔽是一个十分重要的功能，这样做的目的，是保证在执行一些重要的程序中不响应中断，以免造成迟缓而引起错误。例如，在系统启动执行初始化程序时，就屏蔽键盘中断，使初始化程序能够顺利进行。这时，敲任何键都不会响应。当然，一些重要的中断不能屏蔽，如重新启动、电源故障、内存出错、总线出错等影响整个系统工作的中断不能屏蔽。因此，从中断是否可以被屏蔽来看，可分为可屏蔽中断和不可屏蔽中断两类。

### 6.2.2 中断的功能

中断技术在计算机中能实现很多的功能，主要有以下4种。

1. 实现CPU与外设的速度配合

由于许多外部设备速度较慢,无法与CPU进行直接的同步数据交换,为此可通过中断方法实现CPU与外设的协调工作。在CPU执行程序过程中,如需进行数据输入/输出时,先启动外设,然后CPU继续执行程序。与此同时,外设请求数据输入/输出。外设发出中断请求,请求CPU暂停正在执行的程序,转而完成数据输入/输出。传送结束后,CPU返回,继续执行原程序,而外设则准备下次数据传送。这种以中断方法完成的数据输入/输出操作,在宏观上看来似乎是CPU与外设在同时工作。因此就有了CPU与外设并行工作这种说法。

采用中断技术不但能实现主机和一台外设并行工作,而且还可以实现主机和多台外设并行工作。这样不但提高CPU的利用率,而且提高数据的输入/输出效率。例如,CPU在启动定时器之后,可继续执行主程序,同时定时器也在工作。当定时器定时时间到时,便向CPU发中断请求,CPU响应中断,执行定时器服务程序,中断结束后返回主程序继续运行。这样,CPU可以命令定时器及多个外设同时工作,分时为各中断源提供服务,使CPU高效而有序地工作。

2. 实现实时控制

实时处理是自动控制系统对计算机提出的要求。所谓实时处理就是计算机能及时完成被控对象随机提出的分析和计算任务,以便使被控对象能保持在最佳工作状态,达到预定的控制要求。在自动控制系统中,各控制参量可能随机地在任何时刻向计算机发出请求,要求进行某种处理。对此,CPU必须作出快速响应和及时处理。这种实时处理功能只能靠中断技术才能实现。

有了中断系统便可及时地处理瞬息变化的现场信息,使CPU具有随机应变和实时处理能力。在单片机中,中断技术主要用于实时控制。

3. 实现故障的及时处理

计算机在运行过程中,常突然发生一些事先无法预料的故障,如电源突变、硬件故障、运算错误及程序故障等。借助中断技术,计算机能对这些故障及时发现并进行自动处理,不必人工干预或停机,从而提高系统的稳定性和可靠度。

4. 实现人机联系

现代计算机再也不用像早期计算机那样随意把机器停下来对其进行干预,而是先通过键盘发出中断请求,在获得机器准许后,即可进行干预。

### 6.2.3 中断系统需要解决的基本问题

如前所述,良好的中断系统应有合理的结构和严密的逻辑,这样不仅可使CPU提高随机应变的能力,高效而有秩序地工作,扩大其应用范围,也可提高机器的功能。所以,实现中断功能的关键点是如下的3个基本问题。

1. 中断源

中断请求信号的来源,包括中断请求信号的产生及该信号怎样被CPU有效地识别,而且要求中断请求信号产生一次,只能被CPU接收处理一次,即不允许一次中断申请被CPU多次响应。这涉及中断请求信号及时撤除的问题。

2. 中断响应与返回

CPU采集到中断请求信号后,转向特定的中断服务子程序,执行完中断服务子程序后返回被中断的程序,继续正确执行。中断响应与返回的过程涉及CPU响应中断的条件、现场保护等问题。

3. 优先级控制

一个计算机应用系统，特别是计算机实时测控应用系统，往往有多个中断源，各中断源所要求的处理具有不同的轻重缓急程度。与人处理问题的思路一样，希望重要、紧急的事件先处理，而且如果当前正在处理某个事件的过程中，有更重要、更紧急的事件到来，应当暂停当前事件的处理，转去处理新事件。这是中断系统优先级控制所要解决的问题。中断优先级的控制形成中断嵌套。

## 6.3 51单片机中断系统

### 6.3.1 中断源

51单片机有5个中断源，分别为：内部定时器中断源T0、T1，发生溢出时，通过内部逻辑申请中断。内部串行口中断源，串行口缓冲器SBUF发送或接收完一个字符数据时，可通过内部逻辑申请中断。两个外部中断源$\overline{\text{INT0}}$、$\overline{\text{INT1}}$，可通过对(P3.2、P3.3)输入申请中断。

1. 定时中断

定时中断是为满足定时或计数的需要而设置。为此，在单片机芯片内部有两个定时器/计数器，以对其中的计数结构进行计数的方法实现定时或计数功能。当计数结构发生计数溢出时，表明定时时间到或计数值已满，这时以计数溢出信号作为中断请求。置位一个溢出标志位，作为单片机接收中断请求的标志。由于这种中断请求在单片机芯片内部发生，因此无须在芯片上设置引入端。

2. 串行中断

串行中断为串行数据传送的需要而设置。每当串行口接收或发送完一组串行数据时，就产生一个中断请求。因为串行中断请求也在单片机芯片内部自动发生，所以同样不在芯片上设置引入端。

3. 外中断

外中断由外部信号引起，共有两个中断源，即外部中断“0”和外部中断“1”。它们的中断请求信号分别由引脚$\overline{\text{INT0}}$(P3.2)和$\overline{\text{INT1}}$(P3.3)引入。常用的外部中断源有以下4种。

(1) 输入/输出设备的实时事件中断请求。一般的I/O设备(键盘、打印机、A/D转换器等)在完成自身的操作后，向CPU发出中断请求，请求CPU为其服务。

(2) 掉电和设备等硬件故障。例如，电源断电要求把正在执行的程序的一些重要信息(如程序计数器、各寄存器的内容，以及标志位的状态等)保存下来，以便重新供电后能从断点处继续执行。另外，目前绝大多数计算机的RAM使用半导体存储器，故电源断电后，必须接上备用电源，以保护存储器中的内容。所以，通常在直流电源上并联大容量的电容器，断电时，因电容的容量大，故直流电源电压不能立即变零，而是缓慢下降。电压下降到一定值时，向CPU发出中断请求，由计算机的中断系统执行上述各项操作。

(3) 实时时钟。在控制中常遇到定时检测和控制的情况，若用CPU执行一段程序以实现延时，则在规定时间内，CPU便不能进行其他任何操作，从而降低CPU的利用率。因此，常采用专门的时钟电路。当需要定时，CPU发出命令，启动时钟电路开始计时，待到达规定时间后，时钟电路发出中断请求，CPU响应并加以处理。

(4) 为调试程序而设置的中断源。一个新的程序编好后，必须经过反复调试才能正确可靠地工作。在调试程序时，为检查中间结果正确与否或为寻找问题，往往在程序中设置断点或单步运行程序，一般称这种中断为自愿中断。前三种中断是由随机事件引起的中断，称为强迫中断。

无论外部中断源是哪种类型，外部中断请求信号只有脉冲触发和电平触发两种，可通过设置有关控制位进行定义。对于外部中断源，需要说明的是：

(1) 对于脉冲触发的外部中断，脉冲的后沿负跳有效。CPU 在两个相邻机器周期对中断请求引入端进行采样，硬件自动判断执行并自动撤除中断请求信号。

(2) 对于电平触发的外部中断，低电平有效，只要单片机在中断请求引入端$\overline{\text{INT}}$($\overline{\text{INT0}}$和$\overline{\text{INT1}}$)上采样到有效的低电平，就激活外部中断。由于 CPU 对$\overline{\text{INT}}$引脚没有控制作用，也没有相应的中断请求标志位，因此需要外接电路来撤除中断请求信号。图 6-2 是一种可行的参考电路图。外部中断请求信号通过 D 触发器加到单片机$\overline{\text{INTX}}$引脚上，当外部中断请求信号使 D 触发器的 CLK 端发生正跳变时，由于 D 端接地，所以 Q 端输出 0，向单片机发出中断请求。CPU 响应中断后，利用一根口线(如 P1.0)作应答线，在中断服务程序中用两条指令撤除中断请求，即

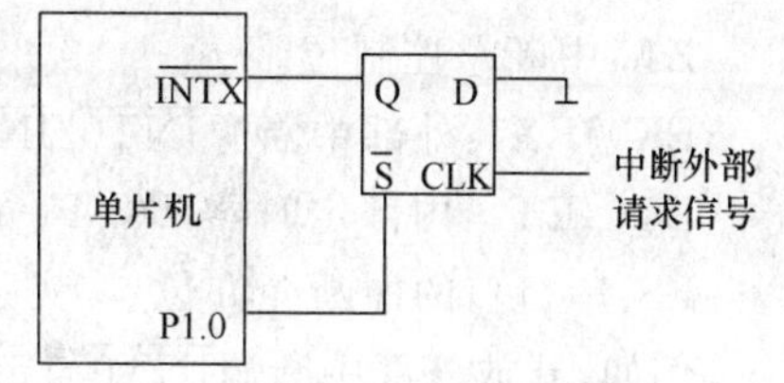


图 6-2　撤除外部中断请求的电路

```
ANL P1,#0FEH
ORL P1,#01H
```

第一条指令使 P1.0 为 0，而 P1 口其他各位的状态不变。由于 P1.0 与直接置 1 端$\overline{\text{S}}$相连，故 D 触发器 Q=1，撤除中断请求信号。第二条指令将 P1.0 变成 1，从而$\overline{\text{S}}$=1，使以后产生新的外部中断请求信号又能向单片机申请中断。

### 6.3.2 中断系统

每个中断源都对应一个中断请求标志位，因此这里所说的中断控制实际上是一些寄存器。

中断源和相关的特殊功能寄存器，以及内部硬件构成 51 单片机的中断系统，逻辑结构如图 6-3 所示。

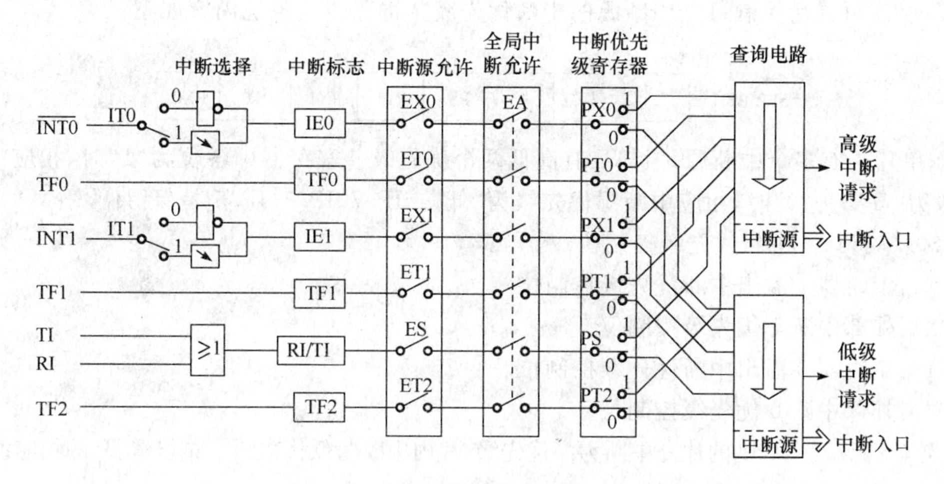


图 6-3　中断系统的逻辑结构示意图

在 51 单片机中，用于此目的的控制寄存器共有 4 种，即定时器控制寄存器(TCON)、中断允许控制寄存器(IE)、中断优先控制寄存器(IP)，以及串行口控制寄存器(SCON)。这 4 种控制寄存器都属于专用寄存器之列。当这些中断源请求中断时，相应的标志分别由 TCON 和

SCON 中相应的位锁存。下面分别介绍。

(1) 中断允许寄存器 IE:可以字节寻址,也可以位寻址。用户通过对该特殊功能寄存器的编程设置,可灵活控制每个中断源的中断允许或禁止。寄存器的各位内容如下:

| | 7 | 6 | 5 | 4 | 3 | 2 | 1 | 0 |
|---|---|---|---|---|---|---|---|---|
| SFR A8H | EA | / | / | ES | ET1 | EX1 | ET0 | EX0 |

其中,寄存器中各位为"1"时,则表示开放中断;对应位为"0"时,则表示禁止中断。

EA:中断总控制位。

EX0/EX1:外部中断源 $\overline{INT0}/\overline{INT1}$ 的中断允许位。

ET0/ET1:内部定时器 T0/T1 的中断允许位。

ES:串行口的中断允许位。

例如,开放外部中断源 $\overline{INT0}$ 与定时器 T0 的中断,可用下面的指令实现:

```
MOV IE,#83H
```

或用位寻址方式:

```
SETB EA
SETB ET0
SETB EX0
```

所以,51 单片机通过中断允许控制寄存器对中断的"允许"实行两级控制,即以 EA 位作为总控制位,以各中断源的中断允许位作为分控制位。当总控制位禁止时,关闭整个中断系统,不管分控制位状态如何,整个中断系统为禁止状态;当总控制位允许时,开放中断系统,这时才能由各分控制位设置各自中断的"允许"与"禁止"。51 单片机复位后(IE)=00H,因此中断系统处于禁止状态。单片机在中断响应后不会自动关闭中断。因此在转中断服务程序后,应根据需要使用有关指令禁止中断,即以软件方式关闭中断。

(2) 中断优先级寄存器 IP:可以字节寻址,也可以位寻址。用户通过对该特殊功能寄存器的编程设置,可灵活控制每个中断源的中断优先级。寄存器的各位内容如下:

| | 7 | 6 | 5 | 4 | 3 | 2 | 1 | 0 |
|---|---|---|---|---|---|---|---|---|
| SFR B8H | / | / | / | PS | PT1 | PX1 | PT0 | PX0 |

51 单片机有多个中断源,但却只有高低两个优先级。寄存器中各位为"1"时,相应中断源优先级为"高";为"0"时,相应中断源优先级为"低"。IP. 7、IP. 6、IP. 5 是保留位。

PS0:串行口 0 中断优先级控制位。

PT1:定时器 1 溢出中断优先级控制位。

PX1:外部中断 1 优先级控制位。

PT0:定时器 0 溢出中断优先级控制位。

PX0:外部中断 0 优先级控制位。

**【例 6-1】** 设 89C51 的片外中断为高优先级,片内中断为低优先级。试设置 IP 的相应值。

对应 C 语言代码如下:

```
#include<reg52.h>
void main()
{
  PX0=1;                          //或者 IP=0x05;
```

```
    PX1=1;
    PS=0;
    PT0=0;
    PT1=0;
}
```

(3) 定时器控制寄存器 TCON:可以字节寻址,也可以位寻址。该寄存器既有定时器/计数器的控制功能,又有中断控制功能,用户通过对该特殊功能寄存器的 IT0、IT1 编程设置,可灵活控制 2 个外部中断源的请求方式。寄存器的各位内容如下:

| | 7 | 6 | 5 | 4 | 3 | 2 | 1 | 0 |
|---|---|---|---|---|---|---|---|---|
| SFR 88H | TF1 | | TF0 | | IE1 | IT1 | IE0 | IT0 |

其中,与中断有关的控制位共 6 位。

IE0/IE1,外部中断 0 和 1 申请标志位:

=0,没有外部中断申请;

=1,有外部中断申请。

IT0/IT1,外部中断 0 和 1 请求的触发方式选择位:

=0,在$\overline{INT0}$/$\overline{INT1}$端申请中断的信号低电平有效;

=1,在$\overline{INT0}$/$\overline{INT1}$端申请中断的信号负跳变有效。

TF0/TF1,定时器 T0/定时器 T1 的中断申请位:

=0,没有中断申请;

=1,有中断申请。

(4) 串行口控制寄存器 SCON:可以字节寻址,可以位寻址。

| | 7 | 6 | 5 | 4 | 3 | 2 | 1 | 0 |
|---|---|---|---|---|---|---|---|---|
| SFR 98H | | | | | | | TI | RI |

其中,与中断有关的控制位共 2 位:

TI,串行口发送中断请求标志位。

当发送完一帧串行数据后,由硬件自动置“1”。CPU 响应中断后,由用户软件清零,撤除中断,即 CLR TI。

RI,串行口接收中断请求标志位。

当接收完一帧串行数据后,由硬件自动置“1”。CPU 响应中断后,由用户软件清零,撤除中断,即 CLR RI。

串行中断请求在硬件上,由 TI 和 RI 的逻辑“或”得到。就是说,无论是发送标志 TI 还是接收标志 RI,只要为“1”,都会产生串行中断请求。在中断子程序中判断是哪个标志位产生的“1”。

### 6.3.3 中断响应的条件、过程与时间

1. 中断响应的条件

单片机响应中断的条件为中断源有请求(中断允许寄存器 IE 相应位置 1),且 CPU 开中断(即 EA=1)。这样,在每个机器周期的 S5P2 期间,对所有中断源按用户设置的优先级和内部规定的优先级进行顺序检测,并可在 S6 期间找到所有有效的中断请求。如有中断请求,且满足下列条件,则在下一个机器周期的 S1 期间响应中断,否则将丢弃中断采样的结果:

(1) CPU 正处在为一个同级或高级的中断服务中。因为当一个中断被响应时，要把对应的优先级触发器置位，封锁低级和同级中断。

(2) 查询中断请求的机器周期不是当前指令的最后一个机器周期。作此限制的目的在于使当前指令执行完毕后，才能进行中断响应，以确保当前指令完整执行。

(3) 当前指令是返回指令(RET、RETI)或访问 IE、IP 的指令。因为按 51 单片机中断系统的特性规定，在执行完这些指令之后，还应继续执行一条指令，然后才能响应中断。

51 单片机对中断查询的结果不作记忆，当有新的查询结果出现时，因为以上原因而被拖延的查询结果将不复存在，其中断请求也就不能再被响应了。

2. 中断响应过程

CPU 响应中断后，由硬件自动执行如下的功能操作。

(1) 采样中断请求。根据中断请求源的优先级高低，对相应的优先级状态触发器置 1。

采样是中断处理的第一步，针对外中断请求信号进行，因为这类中断发生在单片机芯片的外部，欲知有无外中断请求发生，采样是唯一可行的方法。

采样是对芯片引脚$\overline{\text{INT0}}$(P3.2)和$\overline{\text{INT1}}$(P3.3)在每个机器周期的 S5P2 (第 5 状态第 2 拍节)进行的，根据采样结果设置 TCON 中响应标志位的状态，也就是把外中断请求锁定在寄存器中。

对于电平方式的外中断请求，若采样为高电平，表明没有中断请求。TCON 寄存器的外中断请求标志位 IE0 或 IE1 继续为“0”；若为低电平，表明有中断请求，应把 IE0 或 IE1 置“1”。由于采样直接对中断请求信号进行，因此对中断请求信号有一定的要求。假定系统的晶振频率为 6 MHz，对于电平方式的外部中断请求，信号电平至少保持 12 个晶振周期，才能保证中断请求能被采样到。

对于脉冲方式的外中断请求，若在两个相邻机器周期采样到的是先高电平后低电平，则中断请求有效，应把 IE0 或 IE1 置“1”；否则，IE0 或 IE1 继续为“0”。对于脉冲方式的外部中断请求，如果系统的晶振频率为 6 MHz，则负脉冲的宽度也应至少为 12 个晶振周期，才能使负脉冲的跳变被采样到。

(2) 对采样到的中断标志进行查询。

所谓“查询”，就是由 CPU 测试 TCON 和 SCON 中各标志位的状态，以确定有没有中断请求发生，以及是哪一个中断请求。中断请求汇集使中断查询变得简单，因为只针对两个寄存器进行查询即可。

51 系列单片机的设计思想是把所有中断的中断请求都汇集到 TCON 和 SCON 寄存器中。其中，外中断使用采样的方法是把中断请求锁定在 TCON 寄存器的相应标志位中，而定时中断和串行中断的中断请求由于都发生在芯片的内部，可以直接置位 TCON 和 SCON 中各自的中断请求标志位，不存在采样问题。汇集的情况如图 6-3 所示的中断标志。

由图 6-3 可知，不管是通过采样，还是直接置位，其结果都是把中断请求汇集到定时器控制寄存器(TCON)和串行口寄存器(SCON)中。51 单片机是在每一个机器周期的最后一个状态 S6 按优先级顺序对中断请求标志位进行查询，即先查询高级中断后再查询低级中断，同级中断按自然优先级的顺序查询。如果查询到有标志位为“1”，则表明有中断请求发生，之后从相邻的下一个机器周期的 S1 状态开始进行中断响应。由于中断请求是随机发生的，CPU 无法预先得知，因此在程序执行过程中，中断查询要在指令执行的每个机器周期中重复进行。

(3) CPU 响应中断。保护断点，即把程序计数器(PC)的内容压入堆栈保存。把被响应的中断服务程序入口地址送入 PC，从而转入相应的中断服务程序执行。

(4) 执行中断服务程序。

(5) 中断请求的撤除。内部硬件可清除的中断请求标志位(IE0、IE1、TF0、TF1)。

(6) 中断返回。中断返回前还要注意撤除中断请求，否则将在返回后引起新的中断。对于 T0、T1，可由硬件自动撤除。对于串口，应将 TI、RI 指令清零。对于$\overline{INT0}$、$\overline{INT1}$，应将外部中断引脚恢复为高电平。

中断服务程序的最后一条指令必须是中断返回指令 RETI。CPU 执行该指令时，先将相应的优先级状态触发器清零，然后从堆栈中弹出断点地址到 PC，从而返回到断点处。

由以上过程可知，51 单片机响应中断后，只保护断点而不保护现场信息(如累加器 A、工作寄存器 Rn、程序状态字 PSW 等)，且不能清除串行口中断标志 TI 和 RI，也无法清除电平触发的外部中断请求信号。这都需要用户在编制中断服务程序时予以考虑。

3. 中断响应时间

所谓“中断响应时间”，是指 CPU 检测到中断请求信号到转入中断服务程序入口所需的机器周期数。了解中断响应时间对设计实时测控应用系统有重要的指导意义。

51 单片机响应中断的最短时间需 3 个机器周期。若 CPU 检测到中断请求信号时正好是一条指令的最后一个机器周期，则不需要等待就可以响应。响应中断由内部硬件执行一条长调用指令，需要 2 个机器周期，加上检测所需的一个机器周期，一共需要 3 个机器周期即可执行中断服务程序。

中断响应的最长时间由下列情况决定：若中断检测时正在执行 RETI 或访问 IE 或 IP 指令的第一个机器周期，则包括检测在内需要 2 个机器周期(以上三条指令均需 2 个机器周期)；若紧接着要执行的指令恰好是执行时间最长的乘除法指令，则这两条指令的执行时间均为 4 个机器周期；再用 2 个机器周期执行一条长调用指令转入中断服务程序，总共需要 8 个机器周期。其他情况下的中断响应时间一般为 3～8 个机器周期。

4. 中断响应与执行过程

中断响应就是对中断源提出的中断请求的接受，在中断查询之后进行，当查询到有效的中断请求时，紧接着就进行中断响应。中断响应的主要内容是由硬件自动生成一条长调用指令 LCALL，其格式为 LCALL addr16，这里的 addr16 是程序存储器中相应中断源的入口地址。在 51 单片机中，这些入口地址已由系统设定。例如，对于外部中断 0 的响应，产生的长调用指令为：

```
LCALL 0003H
```

生成 LCALL 指令后，紧接着就由 CPU 执行。首先将程序计数器 PC 的内容压入堆栈以保护断点，再将中断入口地址装入 PC，使程序执行转向相应的中断区入口地址，但各中断区只有 8 个单元，一般情况下难以安排下一个完整的中断服务程序。因此，通常总是在各中断区入口地址处放置一条无条件转移指令，使程序执行转向在其他地址存放的中断服务程序。中断响应必须满足响应条件，并不是查询到的所有中断请求都能被立即响应。进入中断后，首先保护现场，再执行中断服务程序。执行完中断服务程序后，恢复现场并返回主程序。具体过程如图 6-4 所示。

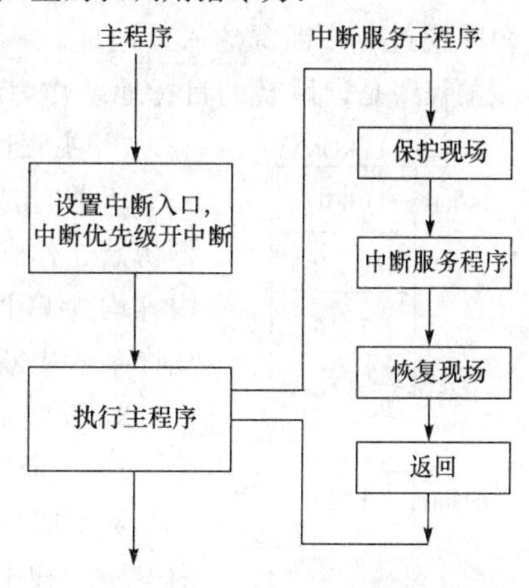

图 6-4　中断响应与执行过程示意图

### 6.3.4 中断优先级

1. 中断优先级控制

由于51单片机有多个中断源，但却只有两个优先级：高优先级中断、低优先级中断，由中断优先级寄存器IP确定其优先级，可实现二级中断嵌套。中断系统遵循如下3条规则。

(1) 正在进行的中断过程不能被新的同级或低优先级的中断请求所中断，一直到该中断服务程序结束，返回主程序且执行主程序中的一条指令后，CPU才响应新的中断请求。

(2) 正在进行的低优先级中断服务程序能被高优先级中断请求所中断，以实现两级中断嵌套。

(3) CPU同时接收到几个中断请求时，首先响应优先级最高的中断请求。

上述前两条规则的实现是靠中断系统中的两个用户不可寻址的优先级状态触发器来保证的。其中，一个触发器用来指示CPU是否正在执行高优先级的中断服务程序；另一个触发器则指示CPU是否正在执行低优先级的中断服务程序。当某个中断得到响应时，由硬件根据其优先级自动将相应的一个优先级状态触发器置"1"。执行时若高优先级的状态触发器为"1"，则屏蔽所有后来的中断请求；若低优先级的状态触发器为"1"，则屏蔽后来的同一优先级的中断请求。当中断响应结束时，对应优先级的状态触发器被硬件自动清零。

2. 自然优先级

系统复位时低优先级是默认值。当有若干中断源处于同一中断优先级时，若同时接收到几个同一优先级的中断请求，则CPU又该如何响应中断？在这种情况下，响应的优先顺序由中断系统的硬件确定，CPU自动按自然优先级执行，用户无法决定。顺序从高到低如下所示：

外部中断源0→定时器0→外部中断源1→定时器1→串口中断

### 6.3.5 中断程序举例

中断程序的结构及内容与CPU对中断的处理过程密切相关，通常分为两大部分。

1. 主程序

1) 主程序的起始地址

51单片机复位后，(PC)=0000H，而0003H～002BH分别为各中断源的入口地址。所以，编程时应在0000H处写一条跳转指令(一般为长跳转指令)，使CPU在执行程序时，从0000H跳过各中断源的入口地址。

主程序是以跳转的目标地址作为起始地址开始编写，一般从0030H开始，如图6-5所示。

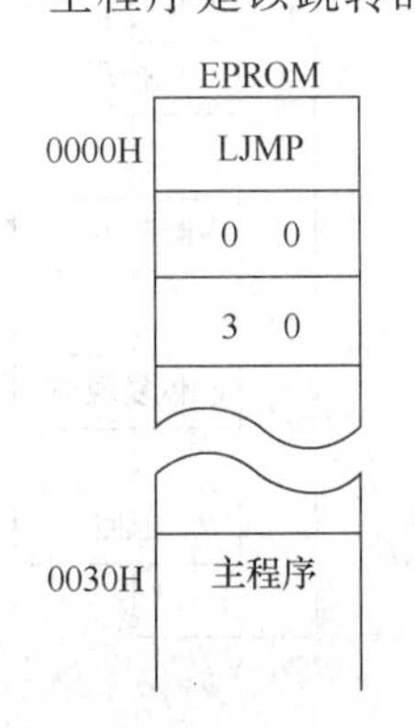


图6-5 主程序地址安排

2) 主程序的初始化内容

所谓"初始化"，是对将用到的51单片机内部部件或扩展芯片进行初始工作状态设定。51单片机复位后，特殊功能寄存器IE、IP的内容均为00H，所以应对IE、IP进行初始化编程，以开放CPU中断，允许某些中断源中断和设置中断优先级等。

2. 中断服务程序

1) 中断服务程序的起始地址

当CPU接收到中断请求信号并予以响应后，CPU把当前的PC内容压入栈中进行保护，然后转入相应的中断服务程序入口处执行。51单片机的中断系统对五个中断源分别规定各自的入口地址(见

表 2-2)，但这些入口地址相距很近(仅 8 字节)，如果中断程序的指令代码少于 8 字节，则可从规定的中断服务程序入口地址开始，直接编写中断服务程序；若中断服务程序的指令代码大于 8 字节，则应采用与主程序相同的方法，在相应的入口处写一条跳转指令，并以跳转指令的目标地址作为中断服务程序的起始地址进行编程。

以$\overline{INT0}$为例，中断矢量地址为 0003H，中断服务程序从 0200H 开始。如图 6-6 所示。

2) 中断服务程序编制中的注意事项

(1) 为使中断服务程序执行时不破坏 CPU 中寄存器或存储单元原有的内容，以免在中断返回后影响主程序运行，用户在进入中断服务之后，首先要把 CPU 中有关寄存器或存储单元的内容推入堆栈中保护起来。中断服务结束后，在返回主程序之前，则把保存的现场内容从堆栈中弹出，以恢复寄存器或存储单元原有的内容。

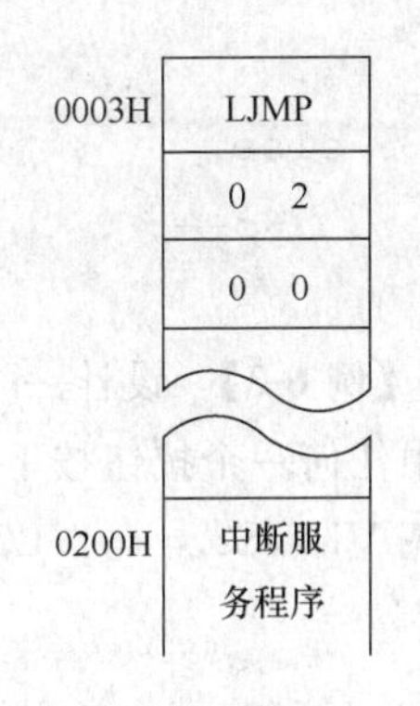

图 6-6　中断服务程序地址

(2) 在保护现场和恢复现场时，为不使现场信息破坏或混乱，一般应关闭 CPU 中断，使 CPU 暂不响应新的中断请求。这样，在编写中断服务程序时，应注意在保护现场之前关闭中断，在保护现场之后若允许高优先级中断嵌套，则应开中断。同样，在恢复现场之前关闭中断，恢复之后再开中断。

(3) 若在执行当前中断程序时禁止更高优先级中断，可以先用软件关闭 CPU 中断或禁止某中断源中断，在中断返回前再开放中断。

(4) 及时清除那些不能被硬件自动清除的中断请求标志，以免产生错误的中断。

**【例 6-2】** 在 89C51 单片机的$\overline{INT0}$引脚外接脉冲信号，要求每送来一个脉冲，把 30H 单元值加 1，若 30H 单元计满则进位 31H 单元。现利用中断编制脉冲计数程序。

对应 C 语言代码如下：

```
#include<reg52.h>                          //包括一个 52 标准内核的头文件
unsigned int data *p;
unsigned int data IntCount _at_ 0x30;      //计数值由 0x30、0x31 单元组成
//用定时器中断闪烁 LED
void main(void)                            //主程序
{
  TCON=0x01;                               //外中断 0 边沿触发方式
  EX0=1;                                   //打开外中断 0 中断
  EA=1;                                    //打开总中断
  p=&IntCount;
  while(1)                                 //程序循环
  {
    ;                                      //主程序在这里不断自循环。在实际
                                             应用中，这是主要工作
  }
}
//外部中断 0 中断
```

```
interrupt0() interrupt 0                    // 外中断 0 是 0 号
{
  if(*p==255)
  {
    p++;
    *p++;
  }
  else
    *p++;
}
```

【例 6-3】 设计一个比赛抢答器,电路如图 6-7 所示,P1.0～P1.3 分别接按钮 S1～S4,当其中任何一个按钮按下时,都能立即从 P3.3 发出铃声信号,并点亮相应的发光二极管,即 S1 点亮 VL1,S2 点亮 VL2,S3 点亮 VL3,S4 点亮 VL4。

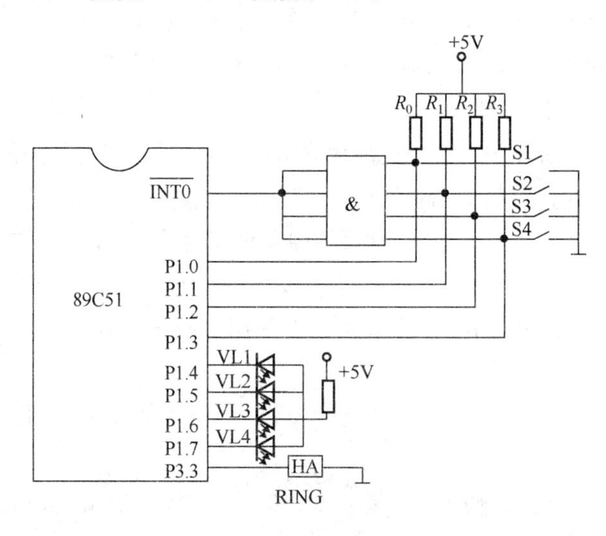


图 6-7 例 6-3 电路图

对应 C 语言代码如下:

```
#include<reg52.h>                           //包括一个 52 标准内核的头文件
extern ring();
extern delay();
sbit P33= P3^3;
//用定时器中断闪烁 LED
void main(void)                             //主程序
{
  P33=0;
  TCON=0x01;                                //外中断 0 边沿触发方式
  EX0=1;                                    //打开外中断 0 中断
  EA=1;                                     //打开总中断
  while(1)                                  //程序循环
```

```
    {
        ;               //主程序在这里不断自循环。在实际应用中,这是主要工作
    }
}
//外部中断 0 中断
interrupt0() interrupt 0              // 外中断 0 是 0 号
{
  unsigned temp;
  temp=P1;
  temp=temp&0x0f;
  temp=4<<temp;
  temp=temp|0xf0;
  P1=temp;
  ring();
  delay();
}
```

## 6.4　51 单片机定时器/计数器

### 6.4.1　定时器/计数器概述

定时器/计数器是 51 单片机的重要功能模块之一。在检测、控制及智能仪器等应用中,常用定时器作实时时钟来实现定时检测、定时控制;还可用定时器产生毫秒宽的脉冲,驱动步进电机一类的电器机械。计数器主要用于外部事件的计数。比如,在单片机控制的电力拖动系统中,控制的对象是电动机,为实现闭环控制,就需要定时对转速进行采样;若采用光电脉冲发生器做检测元件,则还应对每个采样周期中光电脉冲发生器发出的脉冲进行计数,然后再通过实时计算,可求得对应的转速。

1. 定时器/计数器特点

对于定时器/计数器来说,不管是独立的定时器芯片还是单片机内的定时器,大都具有以下特点:

(1) 定时器/计数器有多种方式,可以是计数方式,也可以是定时方式。

(2) 定时器/计数器的计数值可变,当然计数的最大值也有限,这取决于计数器的位数。计数的最大值限定定时的最大值。

(3) 在到达设定的定时或计数值时发出中断申请,以便实现功能控制。

2. 定时方法

在计算机的控制应用中,定时必不可少,可供选择的定时方法有以下 3 种。

1) 软件定时

软件定时是靠执行一个循环程序以进行时间延迟。软件定时的特点是时间精确,且无需外加硬件电路。但软件定时占用 CPU,增加 CPU 开销,因此软件定时的时间不宜太长。此外,软件定时方法在某些情况下无法使用。有关软件定时的详细内容请参见汇编语言程序设计一章。

2）硬件定时

对于时间较长的定时，常使用硬件电路完成。硬件定时方法的特点是定时功能全部由硬件电路完成，不占CPU时间，定时精确。但需通过改变电路中的元件参数来调节定时时间，在使用上不够灵活方便。

3）可编程定时器定时

这种定时方法通过对系统时钟脉冲的计数实现。计数值通过程序设定，改变计数值，也就改变定时时间，使用起来既灵活又方便。此外，由于计数方法实现定时，可编程定时器都兼有计数功能，可以对外来脉冲进行计数。

在单片机应用中，定时与计数的需求较多，为使用方便并增加单片机的功能，把定时电路集成在芯片中，称为定时器/计数器。

3. 计数功能的实现

所谓“计数”是指对外部事件进行计数。外部事件的发生以输入脉冲表示，因此计数功能的实质是对外来脉冲进行计数。当设置为计数工作方式时，51单片机有T0(P3.4)和T1(P3.5)两个信号引脚，分别是这两个计数器的计数输入端。外部输入的脉冲在负跳变时有效，进行计数器加1(加法计数)。

在计数方式下，单片机在每个机器周期的S5P2拍节对外部计数脉冲进行采样。如果前一个机器周期采样为高电平，后一个机器周期采样为低电平，即为一个有效的计数脉冲。在下一机器周期的S3P1进行计数。可见采样计数脉冲是在2个机器周期进行的。鉴于此，计数脉冲的频率不能高于振荡脉冲频率的1/24。

4. 定时功能的实现

关于可编程定时器，要强调的是，定时功能也通过计数器的计数实现，不过此时的计数脉冲来自单片机的内部，即每个机器周期产生一个计数脉冲，即对片内机器时钟(周期方波)进行计数，每个机器周期计数器加1。由于一个机器周期等于12个振荡脉冲周期，因此计数频率为振荡频率的1/12。如果单片机采用12 MHz晶体振荡，则计数频率为1MHz，即每微秒计数器加1。这样，不但可以根据计数值计算出定时时间，也可以反过来按定时时间的要求计算出计数器的预置值。

设置为定时工作方式时，对机器周期计数。这时，计数器的计数脉冲由振荡器的十二分频信号产生，即每经过一个机器周期，计数值加1，直至计满溢出。在机器周期固定的情况下，定时时间的长短与计数器事先装入的初值有关，装入的初值越大，定时越短。

### 6.4.2 定时器/计数器结构及工作原理

1. 定时器/计数器的结构

51系列单片机内部有两个定时器/计数器T0和T1。每个定时器/计数器都具有定时和计数两种功能。如图6-8定时器/计数器T0、T1的结构框图，图中给出了51系列单片机定时器T0、T1的结构及与CPU的关系框图，反映定时器/计数器在单片机中的位置和总体结构，由加法计数器、TMOD寄存器、TCON寄存器等组成。定时器/计数器的核心是16位加法计数器，16位加1计数器由两个八位的特殊功能寄存器组成，分别用TH0、TL0及TH1、TL1表示。其中，TH0、TL0是定时器/计数器T0加法计数器的高8位和低8位，TH1、TL1是定时器/计数器T1加法计数器的高8位和低8位。它们可被程序控制为不同的组合状态(13位、16位、两个分开的8位等)，只需用指令改变TMOD(工作方式控制寄存器)的相应位就形成定时器/计数器不同的四种工作方式。具体的情形如表 6-1 所示。

表 6-1　定时器工作方式

| 工作方式 | 定时器 0 | 定时器 1 |
| --- | --- | --- |
| 方式 0 | 13 位定时器/计数器 | 13 位定时器/计数器 |
| 方式 1 | 16 位定时器/计数器 | 16 位定时器/计数器 |
| 方式 2 | 8 位自动重装定时器 | 8 位自动重装定时器 |
| 方式 3 | 2 个 8 位定时器/计数器 | 串行口波特率发生器 |

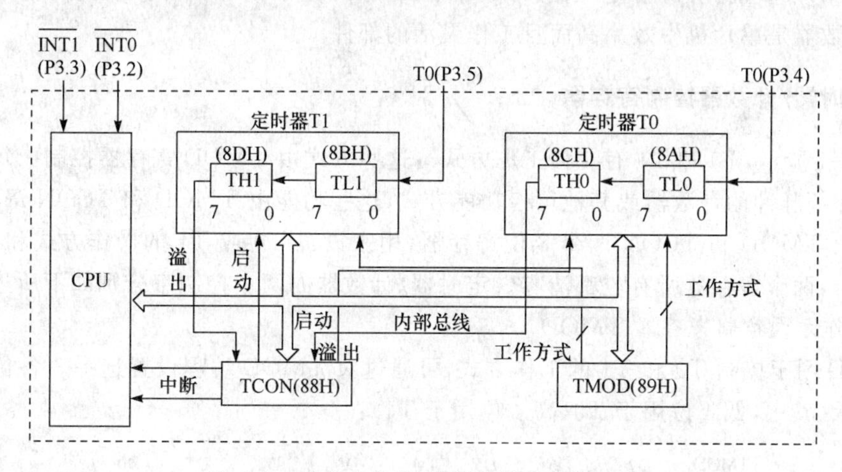


图 6-8　51 单片机定时器/计数器结构框图

2. 定时/计数器的工作原理

单片机定时器/计数器的基本逻辑结构框图如图 6-9 所示。由图可见,定时器/计数器的核心是一个加 1 计数器(注意,有的计数器是减 1 计数器,如 8155A 内部定时器),其输入的计数脉冲有两个来源:一个是外部脉冲源,另一个是系统的时钟振荡器。计数器对两个脉冲源之一进行输入计数,每输入一个脉冲,计数值加 1。加到计数器为全 1 时,再输入一个脉冲使计数器回零,同时从最高位溢出一个脉冲使特殊功能寄存器 TCON(定时器控制寄存器)中的溢出中断标志 TF0 或 TF1 置 1,并可向 CPU 申请中断。如果定时器/计数器工作于定时状态,则表示定时的时间到;若工作于计数状态,则表示计数回零。所以,加 1 计数器的基本功能是对输入脉冲进行计数,至于其工作在定时还是计数状态,取决于外接什么样的脉冲源。当脉冲源为时钟振荡器(等间隔脉冲序列)时,由于计数脉冲为一时间基准,所以脉冲数乘以计数脉冲周期是定时时间,因此是定时功能。当脉冲源为间隔不等的外部脉冲发生器时,是外部事件的计数器,因此是计数功能。

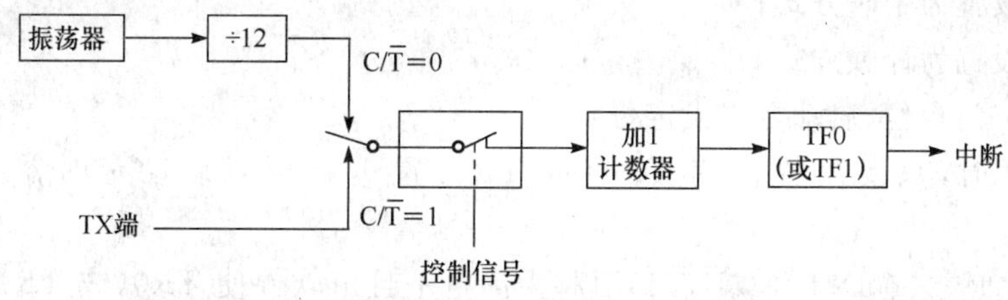


图 6-9　定时器/计数器原理示意图

图 6-9 中有两个模拟的位开关，前者决定定时器/计数器工作状态，是定时，也是计数。当开关与振荡器相接则为定时，与 TX 端相接则为计数。后一个开关受控制信号的控制，它实际上决定脉冲源是否加到计数器输入端，即决定加 1 计数器的开启与运行。在实际线路中，有这两个开关作用的是特殊功能寄存器 TMOD 与 TCON 的相应位。TMOD 和 TCON 是专门用于定时器/计数器的控制寄存器，用户可用指令对其各位进行写入或更改操作，从而选择不同的工作状态（计数或定时）或启动时间，并可设置相应的控制条件，换言之，定时器/计数器可编程。

不管是定时，还是计数工作方式，定时器/计数器 T0 或 T1 在对内部时钟或对外部事件计数时，不占用 CPU 时间，除非定时器/计数器溢出，才可能中断 CPU 的当前操作。由此可见，定时器/计数器是单片机中效率高而且工作灵活的部件。

### 6.4.3 定时器/计数器控制寄存器

如表 6-1 所示，T0 和 T1 有 4 种工作方式。这些方式由 TMOD 寄存器控制。每个定时器也可用作外部脉冲的计数器或其他可控功能方式，这些功能由 TMOD 和 TCON 寄存器控制，由软件写入 TMOD 和 TCON 两个 8 位寄存器，用来设置 T0 或 T1 的操作方式和控制功能。系统复位时，两个寄存器所有位都清零。定时器/计数器的两个控制字分别如下所述。

1. 工作方式控制寄存器 TMOD

TMOD 用于控制 T0 和 T1 的工作方式，可通过对 TMOD 编程设置选择。各位的定义格式如下所示（其中，低 4 位用于 T0，高 4 位用于 T1）：

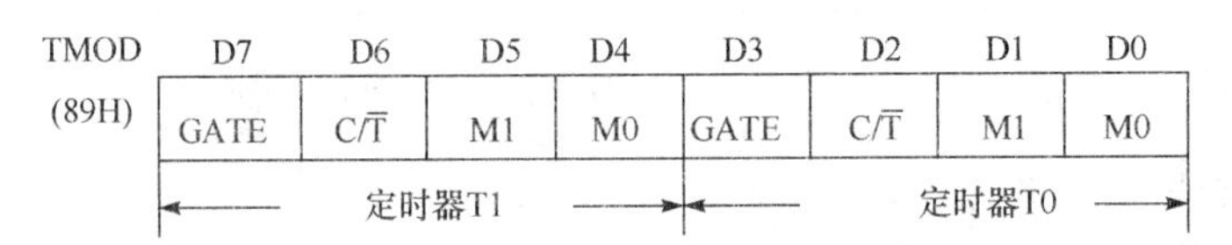


以下介绍各位的功能。

M1 和 M0——工作方式选择位，如表 6-2 所示。

**表 6-2　定时器工作方式选择**

| M1 | M0 | 工作模式 | 功能描述 |
|---|---|---|---|
| 0 | 0 | 方式 0 | 13 位计数器 |
| 0 | 1 | 方式 1 | 16 位计数器 |
| 1 | 0 | 方式 2 | 自动再装入 8 位计数器 |
| 1 | 1 | 方式 3 | 定时器 0：分成两个 8 位计数器。定时器 1：停止计数 |

C/T——计数器/定时器方式选择位：

C/$\overline{T}$=0，设置为定时方式；

C/$\overline{T}$=1，设置为计数方式。

GATE——门控位，启动方式设定位：

GATE=0 时，只要用软件使 TR0（或 TR1）置 1 就可以启动定时器，一般情况下 GATE=0；

GATE=1 时，只有 $\overline{INT0}$（或 $\overline{INT1}$）引脚为高电平且由软件使 TR0（或 TR1）置 1，才能启动定时器工作。常用于外部脉冲宽度的测量。

2. 定时器控制寄存器 TCON

TCON 除可以字节寻址外，还可以位寻址，各位定义及格式如下所示：

| TCON | 8FH | 8EH | 8DH | 8CH | 8BH | 8AH | 89H | 88H |
|---|---|---|---|---|---|---|---|---|
| (88H) | TF1 | TR1 | TF0 | TR0 | IE1 | IT1 | IE0 | IT0 |

TF0/TF1：T0/T1 定时器/计数器溢出中断标志位。当 T0/T1 计数溢出时，由硬件置位，并在允许中断的情况下向 CPU 发出中断请求信号，CPU 响应中断而转向中断服务程序时，由硬件自动将该位清零。

TR0/TR1：T0/T1 运行控制位。该位由软件进行设置。

当 TR0/TR1＝1 时，启动 T0/T1；

当 TR0/TR1＝0 时，关闭 T0/T1。

例如，启动 T0 工作，用指令 SETB TR0。

注意：①复位后 TMOD、TCON 各位均清零；②TCON 的低 4 位与外部中断有关。IE1、IT1、IE0 和 IT0(TCON. 3～TCON. 0)分别为外部中断$\overline{INT0}$，$\overline{INT1}$请求及请求方式控制位。

### 6.4.4 定时器/计数器工作方式及应用

为方便叙述，各工作方式以 T0 为例说明。

1. 工作方式 0

当 M1M0＝00 时，定时器/计数器设定为工作方式 0，由定时器(T0 或 T1)的高 8 位 THX 和低 5 位 TLX 构成 13 位定时器/计数器。其逻辑结构如图 6-10 所示(X 取 0 或 1，分别代表 T0 或 T1 的有关信号)。

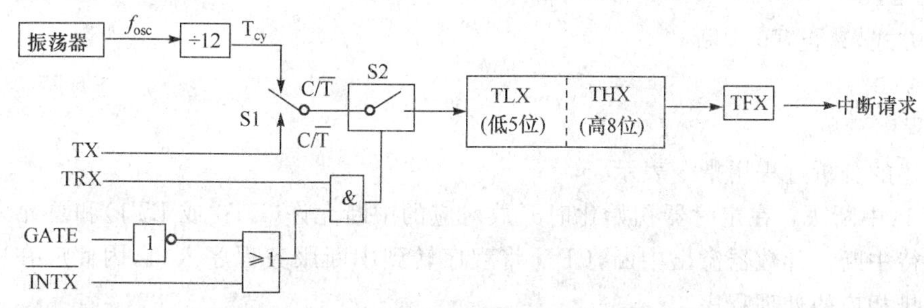


图 6-10 定时器/计数器方式 0 的逻辑结构

在这种模式下，16 位寄存器(TH0 和 TL0)只用了 13 位。其中，TL0 的高 3 位未用，其余位为整个 13 位的低 5 位，TH0 占高 8 位。当 TL0 的低 5 位溢出时，向 TH0 进位；TH0 溢出时，置位中断标志位(硬件置位 TF0)，并申请中断。T0 是否溢出可查询 TF0 是否被置位，以产生 T0 中断。

在图 6-10 中，将开关 S2 转至下面，C/$\overline{T}$＝1，定时器/计数器工作在计数状态，加法计数器对 TX 引脚上的外部脉冲计数，计数范围 1～$2^{13}$(8192)。

$$计数初始值＝2^{13}－外部计数个数$$

如果开关 S2 转至上面，C/$\overline{T}$＝0，定时工作方式控制开关接通振荡器十二分频输出端，加法计数器对机器周期脉冲计数，定时器/计数器工作在定时状态。

定时时间的计算公式为：($2^{13}$－计数初值)×晶振周期×12，或($2^{13}$－计数初值)×机器周期。

其时间单位与晶振周期或机器周期相同($\mu$s)，如晶振频率为 6MHz，则最小定时时间为

(初始值$=2^{13}-1$)

$$[2^{13}-(2^{13}-1)]\times 1/6\times 10^{-6}\times 12=2\times 10^{-6}(s)=2\mu s$$

最大定时时间为(初始值=0)

$$(2^{13}-0)\times 1/6\times 10^{-6}\times 12=16384\times 10^{-6}(s)=16384\mu s$$

GATE=0时,由TR0位可控制计数开关,开启或关断T0。

GATE=1时,仅当$\overline{INT0}=1$且TR0=1时,计数开关闭合,T0开始计数;当$\overline{INT0}$由1变0时,T0停止计数。这一特性可以用来测量在$\overline{INT0}$端出现的正脉冲的宽度。

**【例6-4】** 设定时器T0工作在方式0,在P1.0引脚上输出周期为2ms的方波(定时时间为1ms),$f_{osc}=6MHz$。编程实现其定时功能。

**解** 当T0处于工作方式0时,加1计数器为13位。设T0的初值为$X$。(1机器周期$=2\mu s$)

(1) 计算T0初值$X$

$$(2^{13}-X)\times\frac{1}{6\times 10^{6}\,Hz}\times 12=1\times 10^{-3}s$$

则$X=7692$,转换为二进制数:1111000001100B。结果为(TH0)=F0H,(TL0)=0CH。

(2) 初始化。

选择T0并确定工作方式:(TMOD)=00H。

装入初始值:(TH0)=0F0H,(TL0)=0CH。

选择数据传输方式:

中断方式,允许T0中断

```
SETB EA
SETB ET0
```

查询方式,禁止T0中断

```
CLR ET0
```

(3) 程序清单。

将上述的分析过程用指令表示。

方法1:中断法。在定时器初始化时开放对应的中断允许(ET0或ET1)和总允许EA,在启动后等待中断。计数器溢出中断,CPU将程序转到中断服务程序入口,因此应在中断服务程序中安排相应的处理程序。

对应C语言代码如下:

```
#include<reg51.h>                  //包括一个51标准内核的头文件
sbit P10=P1^0;
void main(void)                    //主程序
{
  TMOD=0x00;
  TL0=0x0C;
  TH0=0xF0;
  ET0=1;                           //打中断T0中断
  EA=1;                            //打开总中断
  TR0=1;
  while(1)                         //程序循环
```

```
    {
     ;                              //主程序在这里不断自循环。在实际应用中,这是
                                      主要工作
    }
}
//外部中断 0 中断
time0() interrupt 1               // 中断 T0 是 1 号
{
  TL0=0x0C;
  TH0=0xF0;
  P10=～P10;
}
```

方法 2:查询法。在定时器初始化并启动后,在程序中安排指令查询 TF0 的状态。

对应 C 语言代码如下:

```
#include<reg52.h>                  //包括一个 52 标准内核的头文件
sbit P10=P1^0;
void main(void)                    //主程序
{
  TMOD=0x00;
  TL0=0x0C;
  TH0=0xF0;
  ET0=0;                           //关中断 T0 中断
  EA=0;                            //关总中断
  TR0=1;
  while(1)                         //程序循环
  {
    if(TF0==1)
      {
        TL0=0x0C;
        TH0=0xF0;
        TF0=0;
        P10=～P10;
      }
  else
      ;                            //主程序在这里不断自循环。在实际应用中,这是
                                     主要工作
  }
}
```

2. 工作方式 1

当 M1M0=01 时,定时器/计数器设定为工作方式 1,构成 16 位定时器/计数器。此时 TH0、TL0 都是 8 位加法计数器。其他与工作方式 0 相同。定时时间和计数长度均大于方式 0。

当为计数工作方式时,计数值的范围是 $1\sim2^{16}=1\sim65536$(个外部脉冲)。

计数初始值$=2^{16}-$外部计数个数。

当为定时工作方式时，定时时间计算公式为：($2^{16}-$计数初值)×晶振周期×12，或($2^{16}-$计数初值)×机器周期。

其时间单位与晶振周期或机器周期相同，如晶振频率为6MHz，则最小定时时间为

$$[2^{16}-(2^{16}-1)]\times 1/6\times 10^{-6}\times 12=2\times 10^{-6}(\mathrm{s})=2\mu\mathrm{s}$$

最大定时时间为

$$(2^{16}-0)\times 1/6\times 10^{-6}\times 12=131072\times 10^{-6}(\mathrm{s})=131072\mu\mathrm{s}\approx 131\mathrm{ms}$$

**【例6-5】** 用89C51单片机产生方波信号，晶振频率为6MHz，用T0定时，通过并行口P1.0输出频率为1kHz的方波的程序。用查询方式。

对应C语言代码如下：

```
#include<reg52.h>                //包括一个52标准内核的头文件
sbit P10=P1^0;
void main(void)                  //主程序
{
  TMOD=0x01;
  TL0=0x06;
  TH0=0xff;
  ET0=0;                         //关T0中断
  EA=0;                          //关总中断
  TR0=1;
  while(1)                       //程序循环
  {
    if(TF0==1)
      {
        TL0=0x06;
        TH0=0xff;
        TF0=0;
        P10=~P10;
        }
    else
        ;                        //主程序在这里不断自循环。在实际应用中，这是
                                   主要工作
  }
}
```

中断方式的程序由读者自行编写。

3. 工作方式2

由前面的讲述可知，工作方式0和工作方式1的最大特点是计数溢出后，计数器为全“0”。因此，循环定时或循环计数应用时存在反复设置计数初值的问题。这不但影响定时精度，而且也给程序设计带来麻烦。方式2针对此问题而设置。它具有自动重新加载功能，即自动加载计数初值，因此方式2是自动重新加载工作方式。在这种工作方式下，16位计数器分为两部

分，即以 TL0 作计数器，以 TH0 作预置寄存器，初始化时把计数初值分别装入 TL0 和 TH0 中。当计数溢出后，不是像前两种工作方式那样通过软件方法，而由 TH0 以硬件方法自动给计数器 TL0 重新加载，变软件加载为硬件加载。

当 M1M0=10 时，定时器/计数器设定为工作方式 2。TL0 作为 8 位加法计数器使用，TH0 作为初值寄存器使用，TH0、TL0 的初值都由软件设置。TL0 计数溢出时，不仅置位 TF0 而且发出重装载信号，使三态门打开，将 TH0 中的初值自动送入 TL0，并从初值开始重新计数。重装初值后，TH0 的内容保持不变。逻辑结构如图 6-11 所示，其中 THX 为 TLX 重新赋值寄存器，TLX 为 8 位定时器/计数器。

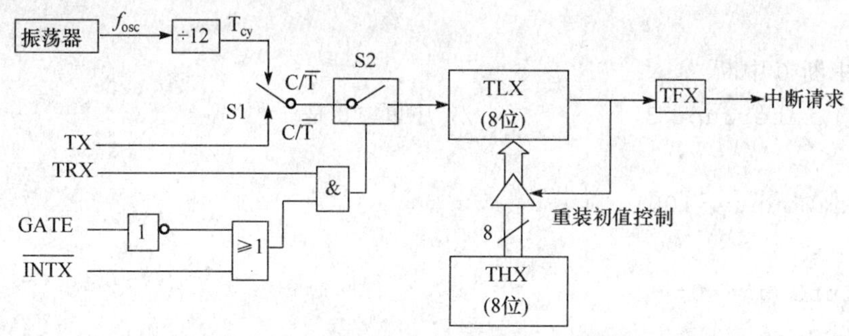

图 6-11　定时器/计数器方式 2 的逻辑结构

在程序初始化时，TLX 和 THX 由软件赋予相同的 8 位计数初值。一旦 TLX 计数溢出，便置位 TFX，并同时把保存在预置寄存器 THX 中的初值再自动装入 TLX，然后 TLX 重新计数，循环重复。这不但省去用户程序中的重装指令，而且也有利于提高定时精度。但这种工作方式是 8 位计数结构，计数值有限，最大只能到 255。用于计数工作方式时，最大计数长度（THX 初值=0）为 256 个外部脉冲。

用于定时工作方式时，其定时时间（TFX 溢出周期）为

$$t=(2^8-\text{THX 初值})\times 振荡周期\times 12$$

用于计数工作方式时，最大计数长度为

$$2^8=256(个外部脉冲)$$

这种自动重新加载工作方式非常适用于循环定时或循环计数应用，如用于产生固定脉宽的脉冲，此外还可以作串行数据通信的波特率发送器使用。

**【例 6-6】** 利用定时器 T1 的模式 2 对外部信号计数。要求每计满 100 次，累加器 A 加 1。

**解**　计算 T1 的计数初值：$X=2^8-100=156D=9CH$。因此，TL1 的初值为 9CH，重装初值寄存器 TH1=9CH。

对应 C 语言代码如下：

```
#include<reg52.h>                //包括一个 52 标准内核的头文件
sbit P10=P1^0;
unsigned char IntCount=0
void main(void)                  //主程序
{
  TMOD=0x60;
  TL0=0x9C;
  TH0=0x9C;
```

```
    ET1=1;                          //打中断 T0 中断
    EA=1;                           //打开总中断
    TR1=1;
    while(1)                        //程序循环
    {
        ;                           //主程序在这里不断自循环。在实际应用中,这是
                                      主要工作
    }
}
//外部中断 0 中断
time1() interrupt 3                 // 中断 T0 是 1 号
{
  if(IntCount==100)
    {
      IntCount=0;
      ACC++;
    }
  else
      IntCount++;
}
```

4. *工作方式 3*

当 M1M0=11 时,定时器/计数器设定为工作方式 3。方式 3 只适用于定时器 T0。在方式 3 下,T0 被分成两个相互独立的 8 位计数器 TL0 和 TH0,方式 3 下定时器/计数器的逻辑结构如图 6-12 所示。

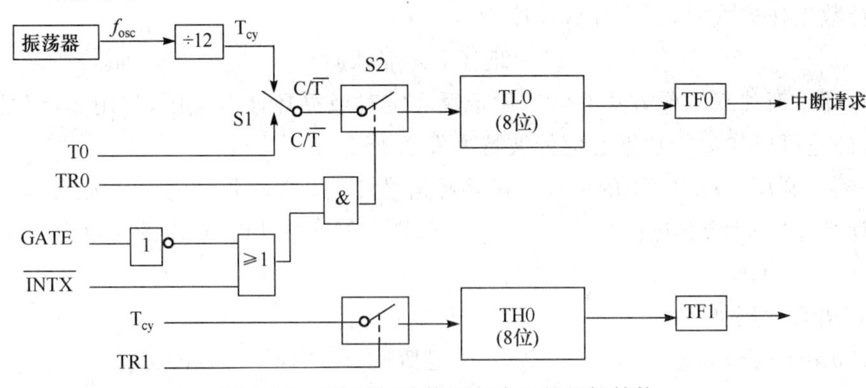


图 6-12　定时器/计数器方式 3 的逻辑结构

由图 6-12 可知:

(1) TH0 和 TL0 变成两个分开的计数器。

(2) TL0 占用定时器 T0 的全部控制位(C/$\overline{T}$,GATE,TR0,TF0),可工作在定时或计数方式。

(3) TH0 只能用于定时方式,运行控制位和溢出标志位则借用定时器 T1 的 TR1 和 TF1,其启动和关闭仅受 TR1 的控制。

(4) 在 T0 设置为方式 3 工作时，一般将定时器 T1 作为串行口波特率发生器，或用于不需要中断的场合。

在工作方式 0、工作方式 1、工作方式 2 下，T0、T1 两个定时器/计数器的设置和使用完全相同。但是，在工作方式 3 下，两个定时器/计数器的设置和使用却不同，因此分开介绍。

1）工作方式 3 下的定时器/计数器 T0

在工作方式 3 下，T0 被拆成两个独立的 8 位计数器 TL0 和 TH0。其中，TL0 既可以计数使用，又可以定时使用；T0 的各控制位和引脚信号全归它使用，功能和操作与方式 0 或方式 1 完全相同，而且逻辑电路结构也极其类似，如图 6-13(a)所示。

与 TL0 的情况相反的是，对于定时器/计数器 T0 的另一半 TH0，则只能作为简单的定时器使用。而且由于定时器/计数器 T0 的控制位已被 TL0 独占，因此只好借用 T1 的控制位 TR1 和 TF1，即以计数溢出置位 TF1，而定时的启动和停止则受 TR1 的状态控制。

由于 TL0 既能作定时器使用，也能作计数器使用，而 TH0 只能作定时器使用，却不能作计数器使用。因此在工作方式 3 下，定时器/计数器 T0 可以构成两个 8 位的定时器或一个 8 位定时器和一个 8 位计数器。

2）工作方式 3 下的定时器/计数器 T1

如果定时器/计数器 T0 已工作在工作方式 3，则 T1 只能工作在方式 0、方式 1 或方式 2 下，因为它的运行控制位 TR1 及计数溢出标志位 TF1 已被定时器/计数器 T0 借用，如图 6-13(b)所示。在这种情况下，T1 通常作为串行口的波特率发生器使用，以确定串行通信的速率。因为已没有计数溢出标志位 TF1 可供使用，因此只能把计数溢出直接送给串行口。

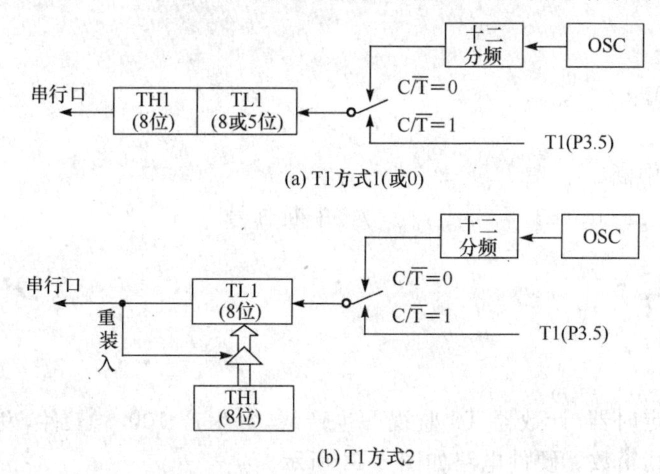


图 6-13　T0 在工作方式 3 时的 T1

作为波特率发生器使用时，只需设置好工作方式，便可自动运行。如要停止工作，只需送入一个把它设置为方式 3 的方式控制字即可。因为定时器/计数器 T1 不能在方式 3 下使用，如果强制把它设置为方式 3，则停止工作。

**【例 6-7】** 用 T0 方式 3 分别产生 200μs 和 300μs 的定时，并使 P1.0 和 P1.1 分别产生 400μs 和 600μs 的方波（$f_{osc}$＝6MHz）。

**解**　本题需要两个定时器 TH0 和 TL0。

计数初始值计算：($2^8$－初始值)×2＝200/300。

TH0 的初值＝156＝9CH；TL0 的初值＝106＝6AH。

初始化：TMOD，03H 且 TR0＝1 和 TR1＝1。

对应C语言代码如下：

```
#include<reg52.h>                    //包括一个52标准内核的头文件
sbit P10=P1^0;
sbit P11=P1^1;
void main(void)                      //主程序
{
  TMOD=0x03;
  TL0=0x9C;
  TH0=0x6A;
  IE=0x8A;                           //打中断T0中断
  TCON=0x50;
  while(1)                           //程序循环
  {
        ;                            //主程序在这里不断自循环。在实际应用中,这是
                                       主要工作

  }
}
//外部中断0中断
time0() interrupt 1                  // 中断T0是1号
{
  TH0=0x6A;
  P10=~P10;
}
//定时器T1中断
time1() interrupt 3                  // 中断3号
{
  TL0= 0x9C;
  P11=~P11;
}
```

**【例6-8】** 用定时器/计数器T0监视一生产线,每生产100个工件,发出一包装命令,包装成一箱,并记录其箱数。硬件电路如图6-14所示。

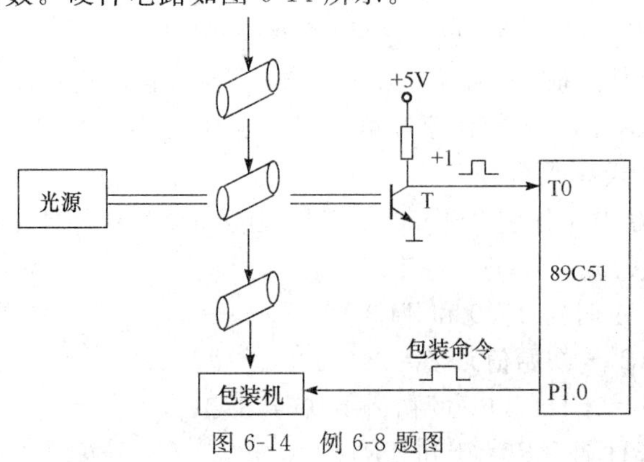


图6-14　例6-8题图

用 T0 作计数器，T 为光敏三极管。有工件通过时，三极管输出高电平，即每通过一个工件，产生一个计数脉冲。

T0 工作于计数器方式的方式 2，方式控制字为 TMOD：00000110B；计数初值为 TH0＝TL0＝256－100＝156＝9CH；用 P1.0 启动包装机包装命令；用 R5、R4 作为箱数计数器。

对应 C 语言代码如下：

```
#include<reg52.h>                    //包括一个 52 标准内核的头文件
extern delay();
sbit P10=P1^0;
unsigned char ProNum=0;
void main(void)                      //主程序
{
  P10=0;
  TMOD=0x06;
  TL0=0x9C;
  TH0=0x9C;
  IE=0x81;                           //打中断 T0 中断
  TR0=0x01;
  while(1)                           //程序循环
  {
     ;                               //主程序在这里不断自循环。在实际应用中，这是
                                       主要工作
  }
}
//定时器中断 T0
time0() interrupt 1
{
  ProNum+ +;
  if(ProNum= =100)
  {
    P10= 0x01;
    ProNum= =0x00;
    delay();
  }
  P10=0;
}
```

**【例 6-9】** 设系统时钟频率为 12MHz，编程实现 P1.1 引脚上输出周期为 1s，占空比为 20％的脉冲信号。

分析：根据输出要求，脉冲信号在一个周期内高电平占 0.2s，低电平占 0.8s，超出定时器的最大定时间隔，因此利用定时器 0 产生一个基准定时配合软件计数实现。取 10ms 作为基准定时，采用工作方式 1，这样整个周期需要 100 个基准定时，其中高电平占 20 个基准定时，

低电平占 80 个基准定时。

对应 C 语言代码如下：

```
#include<reg52.h>                   //包括一个 52 标准内核的头文件
sbit P11=P1^1;
unsigned char IntCount=0;
void main(void)                     //主程序
{
  TMOD=0x01;
  TL0=0xF0;
  TH0=0xD8;
  IE=0x81;                          //打中断 T0 中断
  TR0=0x01;
  while(1)                          //程序循环
  {
      ;                             //主程序在这里不断自循环。在实际应用中,这是
                                      主要工作
  }
}
//中断 T0
time0() interrupt 1
{
    TL0=0xF0;
    TH0=0xD8;
    IntCount+ +;
    if(IntCount= =20)
        P11=0;
        goto AA;
    if(IntCount= =100)
        P11=1;
    IntCount=0;
  AA: ;
}
```

如果定时时间长,8 位计数器不够,还可采用 16 位计数器或用更多字节单元计数。使用软件扩展方法,即利用内存单元作溢出次数的计数器。

**【例 6-10】** 试编写利用 T0 产生 1s 定时的程序。使得由 P1 口控制的 8 个 LED 指示灯每隔 1s 轮流闪亮(输出为低电平时亮),设 $f_{osc}=6$MHz。

**解** (1) 定时器 T0 工作模式的确定。

因定时时间较长,使用 51 单片机的定时器/计数器进行定时,即使按工作方式 1,其最大定时时间也只能达到 131 ms,离 1s 还差很远。为此,秒计时用硬件定时和软件计数相结合的方法实现。

采用哪一种工作模式合适呢？可以算出：

模式 0 最长可定时 16.384ms；

模式 1 最长可定时 131.072ms；

模式 2 最长可定时 512$\mu$s。

题中要求定时 1s，可选模式 1，每隔 100ms 中断一次，中断 10 次为 1s。

初始值 $X$（设 $f_{osc}=6MHz$，振荡脉冲经十二分频得到机器周期），因为

$$(2^{16}-X)\times\frac{12}{6\times10^6\,Hz}=100\times10^{-3}\,s$$

所以

$$X=15536=3CB0H$$

因此，(TL0)＝0B0H，(TH0)＝3CH。

(2) 实现方法。

对于中断 10 次计数，可使 T0 工作在计数方式，也可用循环程序的方法实现。本例采用循环程序法。

(3) 程序设计。

对应 C 语言代码如下：

```
#include<reg52.h>                  //包括一个 52 标准内核的头文件
sbit P11=P1^1;
unsigned char LoopCount=10;
unsigned char DispNum=1;
void main(void)                    //主程序
{
  TMOD=0x01;
  TL0=0xB0;
  TH0=0x3C;
  IE=0x81;                         //打中断 T0 中断
  TR0=0x01;
  while(1)                         //程序循环
  {
      ;                            //主程序在这里不断自循环。在实际应用中，这是
                                     主要工作

  }
}
//中断 T0
void time0() interrupt 1
{
    TL0=0xB0;
    TH0=0x3C;
    LoopCount- - ;
    if(LoopCount= =0)
      {
```

```
        DispNum=(1<<DispNum);
        P1=DispNum;
        LoopCount=20;
      }
  }
```

【例 6-11】 门控位 GATE 的应用。

利用定时/计数器 T0 的门控位 GATE 测量引脚上出现的脉冲宽度,并将结果(机器周期数)存入内部 RAM 30H 和 31H 单元中。

**解** (1) 由题意分析,外部脉冲由引脚输入,可设 T0 工作于定时方式 1,计数初值为 0,在一个完整的外部脉冲宽度内对机器周期计数(定时方式),显然计数值乘机器周期之积是脉冲宽度。

(2) 设定 GATE=1,当 TR0 置 1 时,由外部脉冲上升沿启动 T0 开始工作。加 1 计数器开始对机器周期计数;引脚变为低电平时,停止计数,这时读出 TH0、TL0 的值,该计数值即为被测信号的脉冲宽度对应的机器周期数。测试过程如图 6-15 所示。

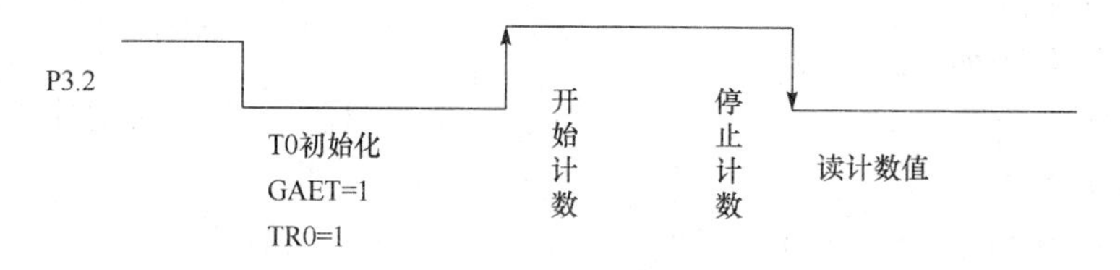


图 6-15 例 6-11 题图

(3) 工作方式字 TMOD=00001001B;计数初值 TH0=00H,TL0=00H。

(4) 程序设计。

对应 C 语言代码如下:

```
#include<reg52.h>                    //包括一个 52 标准内核的头文件
unsigned int PulseLenth _at_ 0x30;
extern void DataProcess(unsigned int);
sbit P32=P3^2;
void main(void)                      //主程序
{
  PulseLenth=0x00;
  TMOD=0x09;
  TL0=0x00;
  TH0=0x00;
  while(P32==1);                     //程序循环
  TR0=1;
  while(P32==0);                     //程序循环
  while(P32==1);                     //程序循环
  TR0=0;
  PulseLenth=PulseLenth|TH0;
  PulseLenth=(8<<PulseLenth)|TL0;
```

```
  DataProcess(PulseLenth);
  while(1);
}
```

### 6.4.5 定时器/计数器工作方式小结

1. 定时/计数器计数初始化

(1) 定时/计数器的初始化方法：初始化的主要内容是对 TCON 和 TMOD 编程，计算和装载 T0 和 T1 的计数初值；

(2) 分析定时器/计数器的工作方式，将方式字写入 TMOD 寄存器（选择定时/计数、内/外启动、工作方式等）；

(3) 计算 T0 或 T1 中的计数初值，并将其写入 TH0、TL0 或 TH1、TL1；

(4) 根据需要开放 CPU 和定时/计数器的中断，即对 IE 和 IP 寄存器编程送初值；

(5) 启动定时器/计数器工作：若要求用软件启动，编程时对 TCON 中的 TR0 或 TR1 置位即可启动；若由外部中断引脚电平启动，则对 TCON 中的 TR0 或 TR1 置位后，还需给外引脚（$\overline{INT0}$/$\overline{INT1}$）加启动电平。

2. 计数器初值的计算

(1) 计数器不同工作方式时的计数初值。

$$X=2^M-N \quad (M\text{为计数器位数},N\text{为要求的计数值})$$

方式 0：$M=13$，计数器的最大计数值 $2^{13}=8192$；

方式 1：$M=16$，计数器的最大计数值 $2^{16}=65536$；

方式 2：$M=8$，计数器的最大计数值 $2^8=256$；

方式 3：同方式 2。

(2) 定时器工作方式时的计数初值。

在定时器方式下，定时器 T0（或 T1）对机器周期进行计数。

定时时间为：$t=(2^M-$计数初值 $X)\times$机器周期，则计数初值 $X=2^M-(t/12\times f_{osc})$。

注意：在不同工作方式下，$M$ 的取值不同。若系统时钟频率 $f_{osc}=12\text{MHz}$，则

方式 0：$M=13$，定时器的最大定时值为 $2^{13}\times$机器周期$=8192\mu s$；

方式 1：$M=16$，定时器的最大定时值为 $2^{16}\times$机器周期$=65536\mu s$；

方式 2：$M=8$，定时器的最大定时值为 $2^8\times$机器周期$=256\mu s$；

方式 3：同方式 2。

3. 编写初始化程序的步骤

(1) 方式控制字送 TMOD。

```
MOV TMOD,#命令字
```

(2) 计数器的初值送 TH0/TH1、TL0/TL1。

```
MOV TH0,#初始值高 8 位
MOV TL0,#初始值低 8 位
```

根据需要开放中断和设定优先级：即对 IE 和 IP 赋初值。

(3) 启动 T0/T1 开始工作：置位 TR0/TR1。

```
SETB TR0/TR1
```

(4) 等待溢出信号出现(如何进入处理程序?)。(查询法或中断法)

注意问题:

- 方式0、1、3溢出后重装初值,方式2可自动重装初值。
- 方式0时THX为8位,TLX为5位。

## 习　　题

6-1　什么是中断和中断系统?其主要功能是什么?

6-2　试编写一段对中断系统初始化的程序,使之允许$\overline{INT0}$、$\overline{INT1}$、T0、串行口中断,且使T0中断为高优先级中断。

6-3　正在执行某一中断源的中断服务程序时,如果有新的中断请求出现,试问在什么情况下可响应新的中断请求?在什么情况下不能响应新的中断请求?

6-4　51单片机有5个中断源,但只能设置两个中断优先级,因此,在中断优先级安排上受到一定的限制。试问以下7种中断优先顺序的安排(级别由高到低)是否可能?若可能,则应如何设置中断源的中断级别?否则,试简述不可能的理由。

(1) 定时器0,定时器1,外中断0,外中断1,串行口中断。

(2) 串行口中断,外中断0,定时器0溢出中断,外中断1,定时器1溢出中断。

(3) 外中断0,定时器1溢出中断,外中断1,定时器0溢出中断,串行口中断。

(4) 外中断0,外中断1,串行口中断,定时器0溢出中断,定时器1溢出中断。

(5) 串行口中断,定时器0溢出中断,外中断0,外中断1,定时器1溢出中断。

(6) 外中断0,外中断1,定时器0溢出中断,串行口中断,定时器1溢出中断。

(7) 外中断0,定时器1溢出中断,定时器0溢出中断,外中断1,串行口中断。

6-5　阅读T0、T1初始化程序,回答下面5个问题(设主频为6MHz)。

```
MOV  A,#11H
MOV  TMOD,A
MOV  TH0,#9EH
MOV  TL0,#58H
MOV  TH1,#0F0H
MOV  TL1,#60H
CLR  PT0
SETB PT1
SETB ET0
SETB ET1
SETB EA
*MOV A,#50H
*MOV TCON,A
  ⋮
```

(1) T0,T1各用何方式工作?几位计数器?

(2) T0,T1各自定时时间或计数次数是多少?

(3) 求T0,T1的中断优先级?

(4) 求T0,T1的中断矢量地址?

(5) 最后两条带*号的指令功能是什么?

6-6　单片机用内部定时方法产生频率为100kHz等宽矩形波,假定单片机的晶振频率为12MHz,试编程实现。

6-7 以定时器/计数器 1 进行外部事件计数。每计数 1000 个脉冲后，定时器/计数器 1 转为定时工作方式；定时 10ms 后，又转为计数方式，如此循环不止。假定单片机晶振频率为 6MHz，试使用方式 1 编程实现。

6-8 每隔 1s 读一次 P1.0，如果所读的状态为“1”，内部 RAM 10H 单元加 1；如果所读的状态为 0，则内部 RAM 11H 单元加 1。假定单片机晶振频率为 12MHz，试以软硬件结合方法定时实现之。

# 第7章 单片机串行数据通信

## 7.1 计算机数据通信基础知识

计算机的数据传送共有两种方式:并行数据传送和串行数据传送。

并行数据传送的特点是:各数据位同时传送,传送速度快、效率高;有多少数据位就需多少根数据线,因此传送成本高。在集成电路芯片的内部、同一插件板上各部件之间、同一机箱内除插件板之间等的数据传送都是并行的,如图 7-1 所示。并行数据传送的距离通常小于 30m。

串行数据传送的特点是:数据传送按位顺序进行,最少只需一根传输线即可完成,成本低,但速度慢。计算机与远程终端或终端与终端之间的数据传送通常都是串行的,如图 7-2 所示。串行数据传送的距离可以从几米到几千千米。

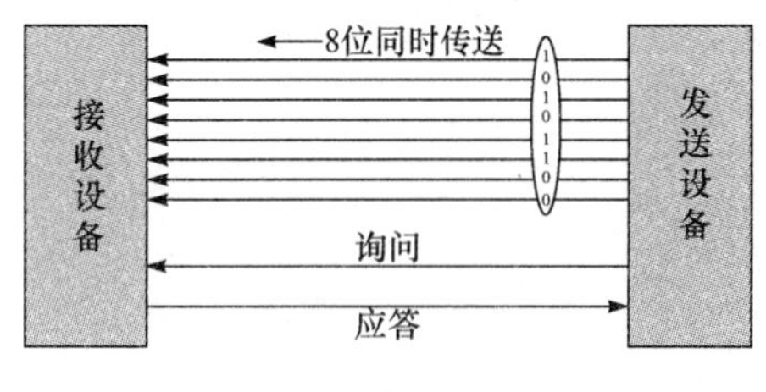


图 7-1　并行数据传送

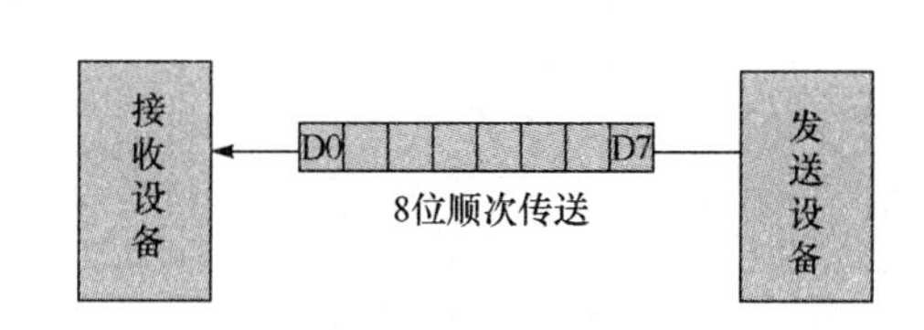


图 7-2　串行数据传送

### 7.1.1　串行通信基本原理

1. 串行通信方式

串行数据传送又分为异步传送和同步传送两种方式。

1) 异步通信

异步通信是指以字符(帧)为单位传送数据,用起始位和停止位标识每个字符的开始和结束字符,两次传送时间间隔不固定。

2) 同步通信

异步通信为了可靠地传送数据,在每次传送数据的同时,附加了一些标志位。大量数据传送时,为提高速度,去掉这些标志,这就是同步通信。采用同步传送,在数据块开始处用同步字符指示,并在发送端和接收端之间用时钟实现同步。

在同步通信中,在数据开始传送前用同步字符指示(常约定 1～2 个),并由时钟实现发送端和接收端同步,即检测到规定的同步字符后,下面连续按顺序传送数据,直到通信结束。同步传送时,字符与字符之间没有间隙,也不用起始位和停止位,仅在数据块开始时用同步字符 SYNC 指示,其数据格式如图 7-3 所示。

同步字符的插入可以是单同步字符方式或双同步字符方式,如图 7-3 所示,然后是连续的数据块。同步字符可以由用户约定,当然也可以采用 ASCII 码中规定的 SYNC 代码,即 16H。按同步方式通信时,先发送同步字符,接收方检测到同步字符后,即准备接收数据。在同步传送时,要求用时钟实现发送端与接收端之间的“同步”。为保证接收正确无误,发送方除传送数

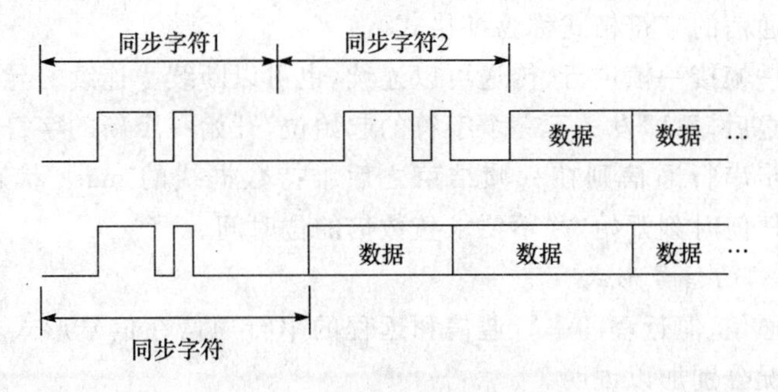


图 7-3　同步传送的数据格式

据外,还同时传送时钟信号。

同步传送可以提高传输速率(达 56Kbit/s 或更高),但硬件比较复杂。

在单片机应用系统中,异步串行通信用于单片机之间,以及单片机与计算机、控制器、条码阅读器、IC 读写卡等智能外设之间。因此本章重点介绍异步串行通信。

2. 异步串行通信的字符格式

由于异步串行数据通信以字符(帧)为单位,即一次传送一个字符。那么一个字符应包含哪些信息?或者字符传送的通信格式如何?图 7-4 是一个字符的异步串行传送格式图。

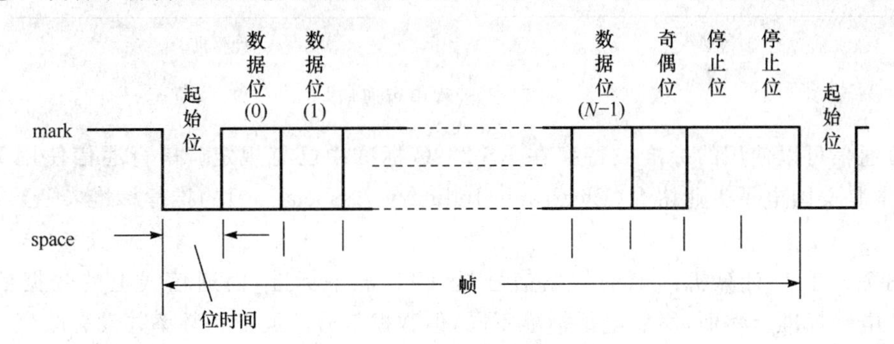


图 7-4　异步串行通信的字符格式

对异步串行数据通信的字符格式作如下说明。

(1) 在这种格式标准中,信息的两种状态分别为 mark 和 space 标志。其中“mark”译为“标号”,对应逻辑 1 状态。在发送器空闲时,数据线应保持在 mark 状态;“space”译为“空格”,对应逻辑 0 状态。

(2) 起始位。发送器通过发送起始位而开始传送一个字符。起始位使数据线处于“space”状态。

(3) 数据位。起始位之后就传送数据位。在数据位中,低位在前(左),高位在后(右)。由于字符编码方式的不同,数据位可以是 5、6、7 或 8 位。

(4) 奇偶校验位。用于对字符传送作正确性检查。奇偶校验位可选择,有 3 种可能,即奇、偶或无校验。由用户根据需要选定。

(5) 停止位。停止位在最后,用以标志一个字符传送结束,对应 mark 状态。停止位可能是 1、1.5 或 2 位,在实际应用中根据需要确定。

(6) 位时间。一个数据位的时间宽度。

(7) 帧(frame)。从起始位开始到停止位结束的时间间隔称为一帧,是一个字符的完整通信格式。因此串行通信的字符格式称为帧格式。

异步串行通信一帧接一帧进行，传送可以连续，也可以断续。连续的异步串行通信在一个字符格式的停止位之后，立即发送下一个字符的起始位，开始一个新的字符传送。即帧与帧之间连续。断续的异步串行通信则在一帧结束之后维持数据线的 mark 状态，使数据线空闲。新的起始位可以在任何时刻开始，并不要求整数倍的位时间。

3. 异步串行通信的信号形式

虽然都是串行通信，但近程的串行通信和远程的串行通信在信号形式上有所不同。因此应按近远程两种情况分别加以说明。

（1）近程通信。近程通信又称为本地通信，采用数字信号直接传送形式，即在传送过程中不改变原数据代码的波形和频率。这种数据传送方式称为基带传送方式。图 7-5 是两台计算机近程串行通信的连接和代码波形图。

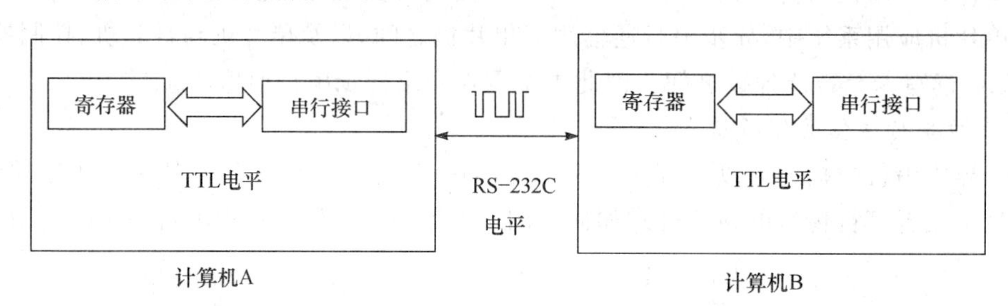


图 7-5 近程串行通信

串行通信可以使用的标准波特率在 RS-232C 标准中已有规定。串行通信使用 RS-232C 标准，它本是美国电子工业协会（Electronic Industry Association）的推荐标准，现已在全世界广泛采用。

由图 7-5 可见，计算机内部的数据信号是 TTL 电平标准，而通信线上的数据信号却是 RS-232C 电平标准。然而，尽管电平标准不同，但数据信号的波形和频率并没有改变。近程串行通信只需用传输线把两端的接口电路直接连起来即可实现，既方便又经济。

（2）远程通信。远程串行通信应使用专用的通信电缆，出于经济考虑通常使用电话线作为传输线，如图 7-6 所示。

图 7-6 远程串行通信

远距离直接传送数字信号时，信号会发生畸变，为此把数字信号转变为模拟信号再进行传送。通常使用频率调制法，即以不同频率的载波信号代表数字信号的两种不同电平状态。这种数据传送方式就称为频带传送方式。

因此，串行通信的发送端应有调制器，以便把电平信号调制为频率信号；接收端则应有解调器，以便把频率信号解调为电平信号。远程串行通信多采用双工方式，即通信双方都具有发送和接收功能。为此在远程串行通信线路的两端都应设置调制器和解调器，并且把两者合在一起，称为调制解调器(Modem)。

电话线本来用于传送声音，人讲话的声音频率范围为300～3000Hz。因此，使用电话线进行串行数据传送，其调频信号的频率也应在此范围之内。通常以1270Hz或2225Hz的频率信号代表RS-232C标准的mark电平，以1070Hz或2025Hz的频率信号代表space电平。

为降低成本，远程串行通信又多采用半双工方式，即用一条传输线完成两个方向的数据传送。发送端串行接口输出的是RS-232C标准的电平信号，由调制器把电平信号分别调制成1270Hz和1070Hz的调频信号后再送上电话线进行远程传送。在接收端，由解调器把调频信号解调为RS-232C标准的电平信号，再经串行接口电路调制为TTL电平信号。另一个方向的数据传输，其过程完全相同，所不同的只是调频信号的频率分别为2225Hz和2025Hz。

4．串行通信的数据通路形式

串行数据通信共有以下3种数据通路形式。

1）单工形式

单工形式的数据传送是单向的。通信双方中一方固定为发送端，另一方则固定为接收端。该数据通信只需要一条数据线，如图7-7所示。例如，计算机与打印机之间的串行通信就是单工形式，因为只能有计算机向打印机传送数据，而不可能有相反方向的数据传送。

2）全双工形式

全双工形式的数据传送是双向的，且可以同时发送和接收数据，因此需要两条数据线，如图7-8所示。

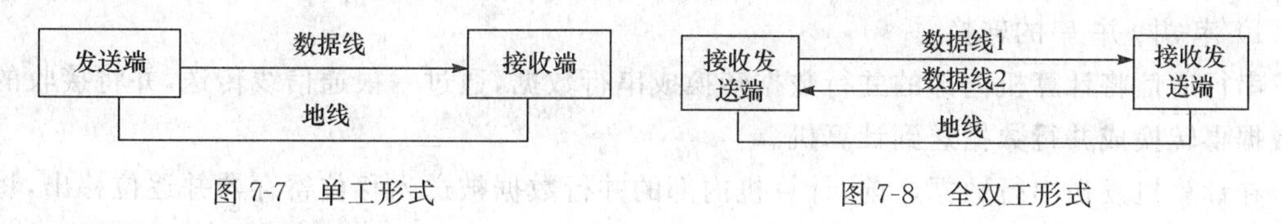


图7-7　单工形式　　　图7-8　全双工形式

3）半双工形式

半双工形式的数据传送也是双向的，但在任何时候只能由其中的一方发送数据，另一方接收数据。因此只需要一条数据线，但也可以采用两条数据线，如图7-9所示。

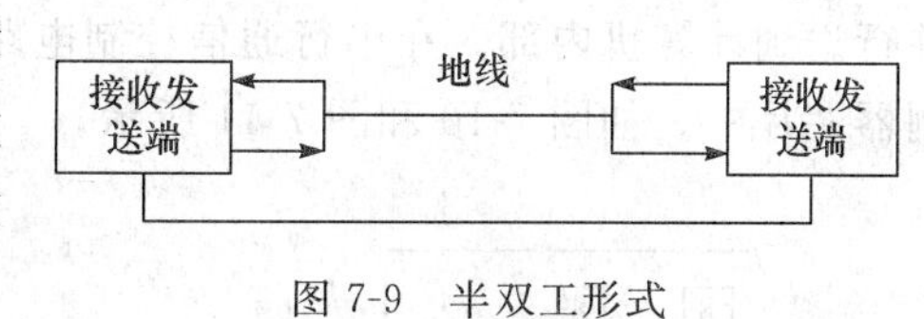


图7-9　半双工形式

5．波特率和接收/发送时钟

1）波特率

波特率，即数据传送速率，表示每秒钟传送二进制代码的位数，即每秒传送一个数据位是1波特，单位是位/秒(bit/s)。

$$1\text{ 波特}=1\text{bit/s(位/秒)}$$

波特率是通信协议的内容之一。假设数据传送速率是120字符/秒，而每个字符格式包含10个二进制位(1个起始位，8个数据位，无校验位，1个终止位)，这时通信波特率为：

$$10\times120\text{bit/s}=1200\text{bit/s}$$

异步通信的常用波特率在50～19200bit/s之间，常用于计算机到终端机和打印机之间的通信、直通电报，以及无线电通信的数据发送等，使用时应根据速度需要、线路质量及设备情况等因素选定。波特率选定之后，设计者应得到能满足波特率要求的发送时钟脉冲和接收时钟脉冲。

2）接收/发送时钟

在串行通信过程中，二进制数字以信号波形的形式出现。不论接收还是发送，都必须有时钟信号对传送的数据进行定位。接收/发送时钟用来控制通信设备接收/发送字符数据速度，该时钟信号由单片机和智能外设内部的时钟电路产生。

在接收数据时，接收器在接收时钟的上升沿对接收数据采样，进行数据位检测；在发送数据时，发送器在发送时钟的下降沿将移位寄存器的数据串行移位输出。在单片机系统中，接收/发送时钟频率一般是波特率的16倍或64倍。

3）允许的波特率误差

假设传递的数据一帧为10位，若发送和接收的波特率达到理想的要求，那么接收方时钟脉冲的出现时间保证对数据的采样都发生在每位数据有效时刻的中点。如果接收一方的波特率比发送一方大或小5％，那么对10位一帧的串行数据，时钟脉冲相对数据有效时刻逐位偏移。接收到第10位时，积累的误差达50％，采样的数据已是第10位数据有效与无效的临界状态，这时可能发生错位，所以，5％是最大的波特率允许误差。对于常用的8位、9位和11位一帧的串行传送，其最大的波特率允许误差分别为6.25％、5.56％和4.5％。

6. 串行通信的过程及通信协议

两个通信设备在串行线路上实现成功的通信必须解决两个问题：一是串-并/并-串的转换，即如何把待发送的并行数据串行化，把接收的串行数据并行化；二是设备同步，即发送设备和接收设备的工作节拍相同，以确保发送数据在接收端正确读出。

1）串-并/并-串的转换

串行通信将计算机内部的并行数据转换成串行数据，通过一根通信线传送，并将接收的串行数据再转换成并行数据送到计算机。

在计算机发送串行数据之前，计算机内部的并行数据被送入移位寄存器并逐位移出，将并行数据转换成串行数据。在接收数据时，来自通信线路的串行数据送入移位寄存器，满8位后并行送到计算机内部。在串行通信控制电路中，串-并/并-串转换逻辑集成在串行异步通信控制器芯片中。如图7-10和图7-11所示。

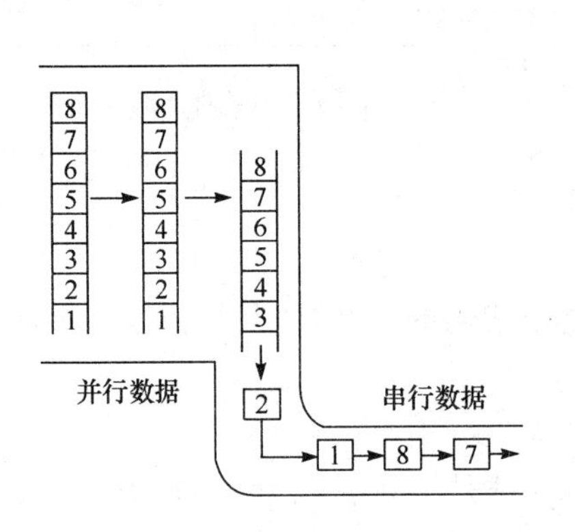


图7-10 发送时的并-串转换

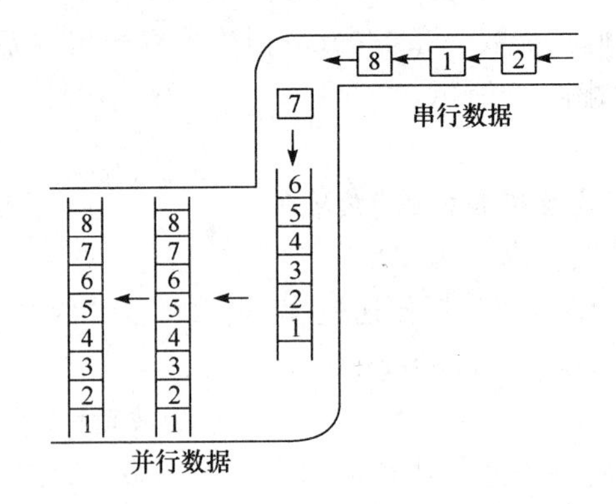


图7-11 接收时的串-并转换

2）设备同步

进行串行通信的两台设备必须同步工作才能有效地检测通信线路上的信号变化，从而采样传送数据脉冲。设备同步对通信双方有两个共同要求：一是通信双方必须采用统一的编码方法；二是通信双方必须产生相同的传送速率。

采用统一的编码方法确定一个字符二进制表示值的位发送顺序和位串长度，当然还包括统一的逻辑电平规定，即电平信号高低与逻辑“1”和逻辑“0”的对应关系。

通信双方只有产生相同的传送速率才能确保设备同步，这要求发送设备和接收设备采用相同频率的时钟。发送设备在统一的时钟脉冲上发出数据，接收设备才能正确地检测出与时钟脉冲同步的数据信息。

3）串行通信协议

通信协议是对数据传送方式的规定，包括数据格式定义和数据位定义等。通信方式必须遵从统一的通信协议。串行通信协议包括同步协议和异步协议两种，本书只讨论异步串行通信协议。

为使通信成功，通信双方必须有一系列的约定，例如，作为发送方，必须知道什么时候发送信息，发什么，对方是否收到，收到的内容有没有错，是否重发，怎样通知对方结束等；作为接收方，必须知道对方是否发送信息，发的是什么，收到的信息是否有错，如果有错怎样通知对方重发，怎样判断结束等。

这种约定就叫做通信规程或协议，必须在编程之前确定。为使通信双方能够正确地交换信息和数据，在协议中对什么时候开始通信，什么时候结束通信，何时交换信息等问题都必须做出明确的规定。只有双方都正确地识别并遵守这些规定，通信才能顺利地进行。

### 7.1.2 串行接口电路

串行数据通信主要涉及两个技术问题。一个是数据传送，另一个则是数据转换。数据传送主要解决传送中的标准、格式及工作方式等问题。这些内容已在前面叙述过了。

所谓“数据转换”是指数据的串并行转换。因为计算机使用的数据都是并行数据，因此在发送端，把并行数据转换为串行数据；在接收端，把接收到的串行数据转换为并行数据。

数据转换由串行接口电路实现，这种电路也称为通用异步接收发送器（UART）。尽管UART芯片的型号不同，但是，从原理上讲，典型的UART应包括接收器、发送器和控制电路等，基本组成如图7-12所示。其主要功能是：

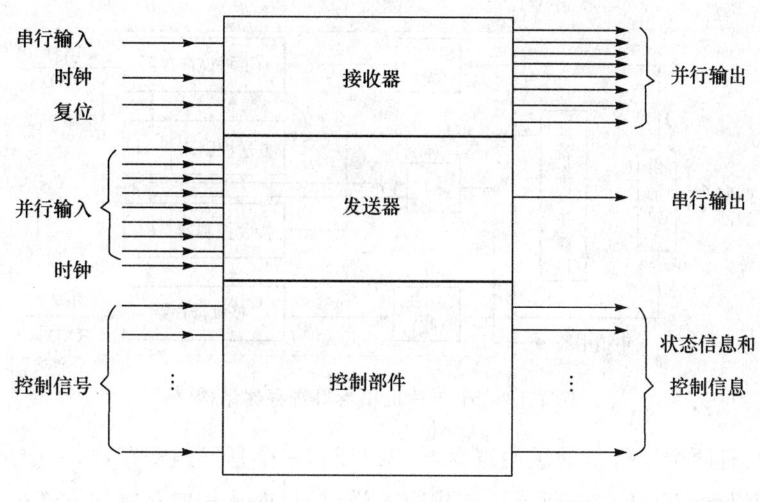


图7-12　UART基本组成框图

1. 数据的串行化/反串行化

所谓“串行化处理”是把并行数据格式变换为串行数据格式。所谓“反串行化”是把串行数据格式变换为并行数据格式。在 UART 中,完成数据串行化处理的电路属发送器,而实现数据反串行化处理的电路则属接收器。

2. 格式信息的插入和滤除

格式信息是指异步通信格式中的起始位、奇偶位和停止位等。在串行化过程中,按格式要求把格式信息插入,和数据位一起构成串行数据位串,然后进行串行数据传送。在反串行化过程中,则把格式信息滤除而保留数据位。

3. 错误检验

错误检验的目的在于检验数据通信过程是否正确。在串行通信中可能出现的错误包括奇偶错和帧错等。

对于微型计算机,为了进行串行数据通信,就需要使用 UART,但也不要以为串行接口芯片的功能很强,只要有一片串行接口芯片就可以实现串行数据通信了。实际情况是不管串行接口芯片的功能有多么强,要完成串行数据通信都要软件配合。

## 7.2 51 单片机串行口及控制寄存器

对于单片机,为进行串行数据通信,同样也需要有相应的串行接口电路,只不过这个接口电路不是单独的芯片,而是集成在单片机芯片的内部,成为单片机芯片的一个组成部分。51 系列单片机有一个全双工的串行口,这个口既可以用于网络通信,也可以实现串行异步通信,还可以作为同步移位寄存器使用。

在串行口中可供用户使用的是它的寄存器,因此其寄存器结构对用户来说十分重要。

### 7.2.1 串行口的结构

51 单片机串行口中寄存器的基本结构如图 7-13 所示。

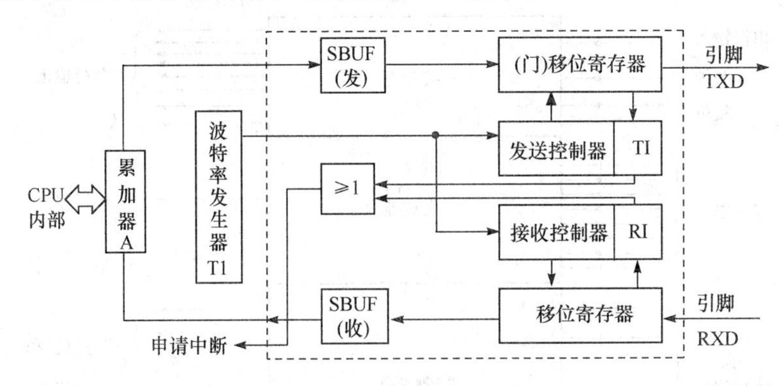


图 7-13 51 单片机串行口寄存器结构

图 7-3 中共有两个串行口的缓冲寄存器(SBUF),一个是发送寄存器,一个是接收寄存器,使 51 单片机能以全双工方式进行通信。串行发送时,只能从片内总线向发送缓冲器 SBUF 写入数据,不能读出。串行接收时,只能从接收缓冲器 SBUF 向片内总线读出数据,不能写入。它们都是可寻址的寄存器,但因为发送与接收不能同时进行,所以给这两个寄存器赋以同一地

址(99H)。

51单片机通过引脚RXD(P3.0,串行数据接收端)和引脚TXD(P3.1,串行数据发送端)与外界进行通信。串行发送与接收的速率与移位时钟同步。51单片机用定时器T1作为串行通信的波特率发生器,T1溢出率经二分频(或不分频)后又经十六分频作为串行发送或接收的移位脉冲。移位脉冲的速率即是波特率。

由图7-13可知,在接收寄存器之前还有移位寄存器,从而构成串行接收的双缓冲结构,以避免在数据接收过程中出现帧重叠错误,即在前一个字节被从接收缓冲器SBUF读出之前,第二个字节即开始被接收(串行移入至移位寄存器),但是,在第二个字节接收完毕而前一个字节CPU未读取时,会丢失前一个字节。

在满足串行口接收中断标志位RI(SCON.0)=0的条件下,置允许接收位REN(SCON.4)=1可接收一帧数据进入移位寄存器,并装载到接收SBUF中,同时使RI=1。发"读"SBUF命令(执行"MOV A,SBUF"指令)时,便由接收缓冲器(SBUF)取出信息通过51单片机内部总线送CPU。

串行口的发送和接收都以特殊功能寄存器SBUF的名义进行读或写。向SBUF发"写"命令(执行"MOV SBUF,A"指令)时,即向发送缓冲器(SBUF)装载并开始由TXD引脚向外发送一帧数据,发送完便使发送中断标志位TI=1。与接收数据情况不同的是,对于发送缓冲器,因为发送时CPU主动,不会发生帧重叠错误,因此发送电路不需双重缓冲结构。

### 7.2.2 串行通信控制寄存器

与串行通信有关的控制寄存器共有3个,下面详细说明。

1. 串行控制寄存器(SCON)

SCON是MCS-51的一个可位寻址的专用寄存器,用于串行数据通信的控制。单元地址98H,位地址9FH~98H。寄存器内容及位地址表示如下:

| 1位地址 | 9FH | 9EH | 9DH | 9CH | 9BH | 9AH | 99H | 98H |
|---|---|---|---|---|---|---|---|---|
| 1位符号 | SM0 | SM1 | SM2 | REN | TB8 | RB8 | T1 | RI |

各位功能说明如下。

1) SM1、SM0——串行口工作方式选择位

状态组合所对应的工作方式为:

| SM0 | SM1 | 工作方式 |
|---|---|---|
| 0 | 0 | 0 |
| 0 | 1 | 1 |
| 1 | 0 | 2 |
| 1 | 1 | 3 |

2) SM2——多机通信控制位

因多机通信在方式2和方式3下进行,因此SM2位主要用于方式2和方式3。当串行口以方式2或方式3接收时,如SM2=1,则只有当接收到的第9位数据(RB8)为"1",才将接收

到的前8位数据送入SBUF,并置位RI产生中断请求;否则,接收到的前8位数据丢弃。当SM2=0时,则不论第9位数据为“0”还是为“1”,都将前8位数据装入SBUF中,并产生中断请求。

在方式0时,SM2必须为“0”。

3) REN——允许接收位

REN位用于对串行数据的接收进行控制:

REN=0　　禁止接收

REN=1　　允许接收

REN位由软件置位或复位。

4) TB8——发送数据位8

在方式2和方式3时,TB8的内容是待发送的第9位数据,其值由用户通过软件设置。在双机通信时,TB8一般作为奇偶校验位使用;在多机通信中,常以TB8位的状态表示主机发送的是地址帧还是数据帧,且一般约定:TB8=0为数据帧,TB8=1为地址帧。

5) RB8——接收数据位8

在方式2或方式3时,RB8存放接收到的第9位数据,代表接收数据的某种特征(与TB8的功能类似),故应根据其状态对接收数据进行操作。

6) TI——发送中断标志

在方式0时,发送完第8位数据后,该位由硬件置位。在其他方式下,于发送停止位之前,由硬件置位。因此TI=1,表示帧发送结束,其状态既可供软件查询使用,也可请求中断。

TI位由软件清零。

7) RI——接收中断标志

在方式0时,接收完第8位数据后,该位由硬件置位。在其他方式下,接收到停止位时,该位由硬件置位。因此RI=1,表示帧接收结束。其状态既可供软件查询使用,也可以请求中断。

RI位由软件清零。

2. 电源控制寄存器(PCON)

PCON主要是为CHMOS型单片机的电源控制而设置的专用寄存器。单元地址为87H。其内容如下:

| 位　序 | $D_7$ | $D_6$ | $D_5$ | $D_4$ | $D_3$ | $D_2$ | $D_1$ | $D_0$ |
|---|---|---|---|---|---|---|---|---|
| 位符号 | SMOD | / | / | / | GF1 | GF0 | PD | ID |

SMOD:在串行口工作方式1、2、3中,是波特率加倍位。

SMOD=0时,波特率不加倍;

SMOD=1时,波特率加倍。

系统复位时,SMOD=0(在PCON中只有这一个位与串口有关)。

GF1,GF0:用户可自行定义使用的通用标志位。

PD:掉电方式控制位。

PD=0,工作方式;

PD=1,掉电方式。

IDL:待机方式(空闲方式)控制位。

IDL=0,常规工作方式;

IDL=1,进入待机方式。

PCON 不能进行位寻址,因此表中写“位序”而不是“位地址”。

3. 中断允许寄存器(IE)

这种寄存器已在第 5 章中介绍过,此处是为串行数据通信的需要又一次列出。IE 各位定义如下:

| 位地址 | 0AFH | OAEH | 0ADH | OACH | OABH | OAAH | OA9H | 0A8H |
|---|---|---|---|---|---|---|---|---|
| 位符号 | EA | / | / | ES | ET1 | EX1 | ET0 | EX0 |

其中,ES 为串行中断允许位:

ES=0,禁止串行中断;

ES=1,允许串行中断。

## 7.3 51 单片机串行口工作方式及应用

如前所述,51 单片机串行口的工作主要受串行口控制寄存器 SCON 的控制。另外,也和电源控制寄存器 PCON 有关系。SCON 寄存器用来控制串行口的工作方式,还有一些其他的控制作用。51 单片机的串行口共有 4 种工作方式,4 种方式的基本情况如表 7-1 所示。

**表 7-1 串行口 4 种工作方式**

| SM0 | SM1 | 工作方式 | 功能简述 | 波特率 |
|---|---|---|---|---|
| 0 | 0 | 方式 0 | 8 位同步移位寄存器输入/输出 | $f_{osc}/12$ |
| 0 | 1 | 方式 1 | 10 位异步接收/发送 | 可变 |
| 1 | 0 | 方式 2 | 11 位异步接收/发送 | $f_{osc}/32$ 或 $f_{osc}/64$ |
| 1 | 1 | 方式 3 | 11 位异步接收/发送 | 可变 |

由表 7-1 可知,方式 0 和方式 2 的波特率固定,而方式 1 和方式 3 的波特率可变,其值由定时器 T1 的溢出率控制。下面分别介绍各种工作方式。

### 7.3.1 工作方式 0 及应用

在方式 0 下,是把串行口作为同步移位寄存器使用,这时以 RXD(P3.0)端作为数据移位的入口和出口,而由 TXD(P3.1)端提供移位时钟脉冲。移位数据的发送和接收以 8 位为一组,低位在前高位在后,格式为:

| … | $D_0$ | $D_1$ | $D_2$ | $D_3$ | $D_4$ | $D_5$ | $D_6$ | $D_7$ | … |
|---|---|---|---|---|---|---|---|---|---|

1. 数据发送与接收

使用方式 0 实现数据的移位输入输出时,实际上是把串行口变成并行口使用。串行口作为并行输出口使用时，要有“串入并出”的移位寄存器(如 CD4094 或 74LS164，74HC164 等)配合，其电路连接如图 7-14 所示。

数据预先写入串行口数据缓冲寄存器，然后从串行口 RXD 端在移位时钟脉冲（TXD)的控制下逐位移入 CD4094。当 8 位数据全部移出后，SCON 寄存器的发送中断标志 T1 被自动置 1。其后，主程序可以中断或查询的方法，通过设置 STB 状态的控制，把 CD4094 的内容并行输出。

如果把能实现“并入串出”功能的移位寄存器(如 CD4014 或 74LS165、74HC165 等)与串行口配合使用，就可以把串行口变为并行输入口使用，如图 7-15 所示。

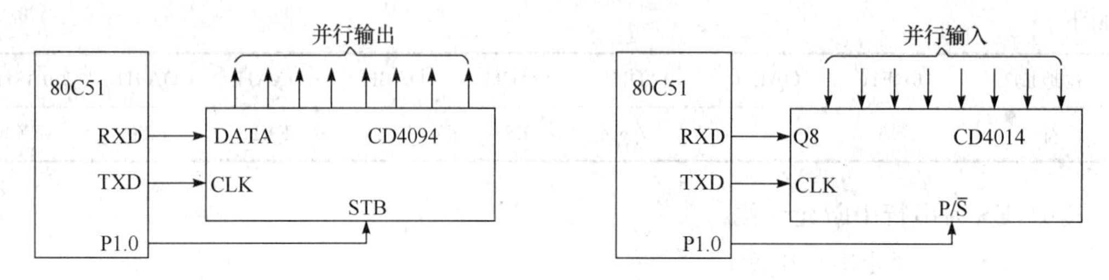


图 7-14　串行口与 CD4049 配合　　　　图 7-15　串行口与 CD4014 配合

CD4014 移出的串行数据同样经 RXD 端串行输入，还由 TXD 端提供移位时钟脉冲。8 位数据串行接收需要有允许接收的控制，具体由 SCON 寄存器的 REN 位实现：REN＝0，禁止接收；REN＝1，允许接收。当软件置位 REN 时，即开始从 RXD 端输入数据(低位在前)；接收到 8 位数据时，置位接收中断标志 RI。

方式 0 时，移位操作(串入或串出)的波特率固定，为单片机晶振频率的 1/12，如晶振频率以 $f_{osc}$表示，则波特率＝$f_{osc}/12$。此波特率也是一个机器周期进行一次移位，如 $f_{osc}$＝6MHz，则波特率为 500Kbit/s，即 2μs 移位一次；如 $f_{osc}$＝12MHz，则波特率为 1Mbit/s，即 1μs 移位一次。

2. *应用举例*

串行口方式 0 的数据传送可以采用中断方式，也可以采用查询方式。无论哪种方式，都要借助于 TI 或 RI 标志。在串行口发送时，或者靠 TI 置位后引起中断申请，在中断服务程序中发送下一组数据；或者通过查询 TI 的值，TI 为 0 继续查询，直到 TI 为 1 结束查询，进入下一个字符发送。在串行口接收时，由 RI 引起中断或对 RI 查询决定何时接收下一个字符。无论采用什么方式，在开始串行通信前，都先对 SCON 寄存器初始化，进行工作方式的设置。在方式 0 中，SCON 寄存器的初始化只是简单地把 00H 送入 SCON。

**【例 7-1】** 用 51 单片机串行口外加移位寄存器 CD4014(或 74LS165，74LS166)扩展 8 位输入口，输入数据由 8 个开关提供，另有一个开关 K 提供联络信号。当 K＝0 时，表示要求输入数据，输入的 8 位为开关量，提供逻辑模拟子程序的输入信号，如图 7-16 所示。

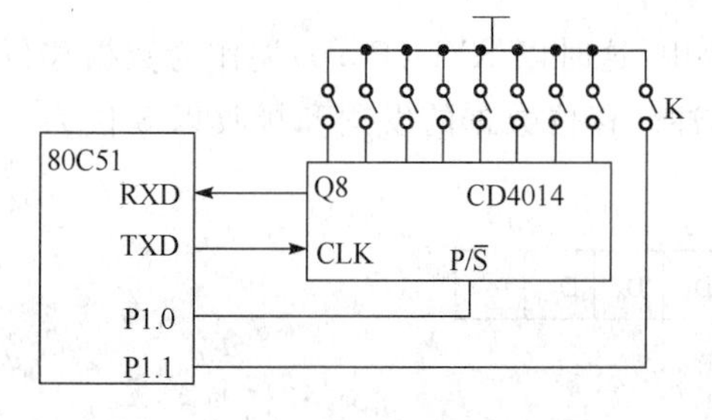


图 7-16　串行移位输入电路连接

**解**　串行口方式 0 的接收用 SCON 寄存器中的 REN 位作为开关控制。因此，初始化时，除设置工作方式之外，还使 REN 位为 1，其余各位仍然为 0。

对 RI 采用查询方式编写程序。当然，先查询开关 K 是否闭合。

对应 C 语言代码如下：

```
#include<reg52.h>
sbit P10=P1^0;
sbit P11=P1^1;
extern unsigned char LogSim(KeyCode);
void main()
{
  unsigned char KeyCode=0;
  SCON=0x10;
  while(P11==1);
  while(P11==0)
  {
    P10=1;
    _nop();
    P10=0;
  }
  while(RI==0);
    RI=0;
    KeyCode=SBUF;
    LogSim(KeyCode);
  while(1);
}
```

### 7.3.2 工作方式 1 及应用

方式 1 是 10 位为一帧的异步串行通信方式，包括 1 个起始位，8 个数据位和 1 个停止位，帧格式为

| 起始 | $D_0$ | $D_1$ | $D_2$ | $D_3$ | $D_4$ | $D_5$ | $D_6$ | $D_7$ | 停止 |
|---|---|---|---|---|---|---|---|---|---|

1. 数据发送与接收

方式 1 的数据发送由一条“写发送”寄存器(SBUF)的指令开始，随后在串行口由硬件自动加入起始位和停止位，构成一个完整的帧格式，然后在移位脉冲的作用下，由 TXD 端串行输出。一个字符帧发送完后，使 TXD 输出线维持在“1”(mark)状态，并将 SCON 寄存器的 TI 置“1”，通知 CPU 可以发送下一个字符。

接收数据时，SCON 的 REN 位应处于“允许接收”状态(REN＝1)。在此前提下，串行口采样 RXD 端，采样到从“1”向“0”的状态跳变时，认定是接收到起始位。随后，在移位脉冲的控制下，把接收到的数据位移入接收寄存器。直到停止位到来之后置位中断标志位 RI，通知 CPU 从 SBUF 取走接收到的一个字符。

2. 波特率设定

方式 0 的波特率固定，但方式 1 的波特率则可变，以定时器 T1 作波特率发生器使用，其值由定时器 1 的计数溢出率决定，公式为：

$$波特率=\frac{2^{smod}}{32}\times(定时器1溢出率)$$

其中，smod 为 PCON 最高位的值，其值为 1 或 0。

当定时器 1 作波特率发生器使用时，选用工作方式 2(即 8 位自动加载方式)。定时器之所以选择工作方式 2，是因为方式 2 具有自动加载功能，可避免通过程序反复装入初值所引起的定时误差，使波特率更加稳定。假定计数初值为 X，则计数溢出周期为：

$$\frac{12}{f_{osc}}\times(256-X)$$

溢出率为溢出周期的倒数，则波特率计算公式为：

$$波特率=\frac{2^{smod}}{32}\times\frac{f_{osc}}{12\times(256-X)}$$

实际使用时，总是先确定波特率，再计算定时器 1 的计数初值，然后进行定时器的初始化。根据上述波特率计算公式，得出计数初值的计算公式为：

$$X=256-\frac{f_{osc}\times(2^{smod})}{384\times波特率}$$

以 T1 作波特率发生器由系统决定，硬件电路已经接好，无需用户在硬件上再做什么工作。用户需要做的只是根据通信所要求的波特率计算出定时器 T1 的计数初值，以便在程序中设置。

**【例 7-2】** 假定甲、乙机以方式 1 进行串行数据通信，其波特率为 1200bit/s。甲机发送，发送数据在外部 RAM 4000H～401FH 单元中。乙机接收，并把接收到的数据块首末地址及数据依次存入外部 RAM 5000H 开始的区域中。如图 7-17 所示。

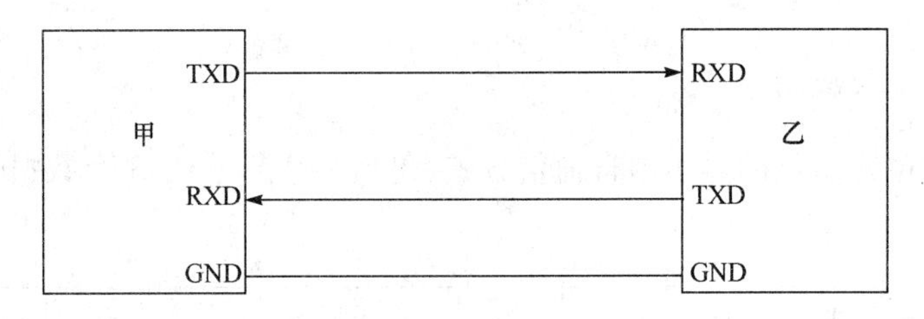


图 7-17　串行口的双机通信

**解** (1) 假设晶振频率为 6MHz，按 1200 波特率，计算定时器 1 的计数初值：

$$X=256-\frac{6\times10^6\times1}{384\times1200}=256-13=243=F3H$$

(2) smod=0，波特率不倍增，则应使 PCON=00H。

(3) 串行发送的内容包括数据块的首末地址和数据两部分内容。数据块首末地址以查询方式传送，而数据则以中断方式传送。因此，在程序中先禁止串行中断，后允许串行中断。

(4) 数据的传送在中断服务程序中完成。数据为 ASCII 码形式，最高位作奇偶校验位使用。51 单片机的 PSW 中有奇偶校验位 P，当累加器 A 中 1 的数目为奇数时，P=1。

对应发送和接收的C语言代码如下：

```
//串口接收(中断)和发送例程,可以用来测试 51 单片机的中断接收和查询发送。
#include<reg51.h>
#include<string.h>
#define length 0x20                    //数据长度
void send_char(unsigned char);
void init_serial(void);
unsigned char xdata send_buf[length] _at_ 0x4000;
unsigned char string_length=0x20;
unsigned char counter=0;
main()
{
  init_serial();                       //串行口初始化
  send_char( 0x40 );                   //发送首、尾地址
  send_char( 0x00 );
  send_char( 0x40 );
  send_char( 0x1F );
  ES=1;
  SBUF=send_buf[counter];
  string_length=0x1F;
  while (1)
  {
  ;
  }
}
//串行口初始化
void init_serial( void )
{
  SCON=0x50;                           //串行工作方式 1,8 位异步通信方式
  TMOD|=0x20;                          //定时器 1,方式 2,8 位自动重装
  PCON|=0x00;                          //SMOD= 1,表示波特率加倍
  TH1=0xF3;
  TL1=0xF3;                            //波特率:4800,fosc= 11.0592MHz
  IE|=0x80;                            //允许串行中断
  TR1=1;                               // 启动定时器 1
}
/* 向串口发送一个字符 */
void send_char(unsigned char x)
{
```

```
  SBUF=x;
  while(TI==0);
  TI=0;
}
/*字节奇偶校验 */
bit OdcldEvenCheck(unsigned char ucA)
{
  bit bCY=0;
  unsigned char i;
  for(i=0;i<8;i++)
{
  ucA<<=1;
  bCY^=CY;
}
return(bCY);
}
/* 串口发送中断函数 */
void serial () interrupt 4 using 3
{
  if (TI)
  {
    unsigned char x;
    TI=0;
    x= send_buf[counter];
    if(OdddEvenCheck(x))
      x=x|0x80;
    else
      x=x|0x00;
    SBUF=x;
    string_length--;
    if(! string_length)
    {
      ES=0;
      TR1=0;
      goto AA;
    }
    else
      counter++;
  AA;
```

```
  }
}
```

乙机接收对应 C 语言代码如下：

```
//串口接收(中断)和发送例程,可以用来测试 51 单片机的中断接收和查询发送。
#include<reg51.h>
#include<string.h>
#define string_length 0x24                //数据长度
void init_serial(void);
unsigned char counter=0x24;
unsigned char receive_char(void);
unsigned char xdata in_buf[string_length] _at_ 0x5000;
main()
{
unsigned char i=0;
init_serial();                            //串行口初始化
for(i=0;i<4;i++)
{
  in_buf[i]=receive_char();               //发送首、尾地址
  counter--;
}
ES=1;
while (1)
{
  ;
}
}
/*串行口初始化 */
void init_serial(void)
{
  SCON=0x50;                              //串行工作方式 1,8 位异步通信方式
  TMOD|=0x20;                             //定时器 1,方式 2,8 位自动重装
  PCON|=0x00;                             //SMOD=1,表示波特率加倍
  TH1=0xF3;
  TL1=0xF3;                               //波特率:4800,fosc= 11.0592MHz
  IE|=0x80;                               //允许串行中断
  TR1=1;                                  //启动定时器 1
}
/*向串口发送一个字符 */
unsigned char receive_char( )
```

```
{
  while(RI==0);
  RI=0;
  return(SBUF);
}
/*字节奇偶校验 */
bit OddEvenCheck(unsigned char ucA)  //奇数返回 1,偶数返回 0
{
  bit bCY=0;
  unsigned char i;
  for(i=0;i<8;i++)
  {
    ucA<<=1;
    bCY^=CY;
  }
  return(bCY);
}
/*串口发送中断函数 */
void serial () interrupt 4 using 3
{
  if (RI)
  {
    unsigned char x;
    RI=0;
    x=SBUF;
    if(OddEvenCheck(x))
      x=x&0x7F;
    else
      x=x|0x00;
    SBUF=x;
    counter--;
    if(! counter)
    {
      ES=0;
      TR1=0;
      goto BB;
    }
    else
      counter++;
```

```
  BB:;
  }
}
```

### 7.3.3 串行口工作方式2及应用

方式2是11位为一帧的串行通信方式,即1个起始位、9个数据位和1个停止位。

在方式2下,字符还是8个数据位。第9数据位既可作奇偶校验位使用,也可作控制位使用,其功能由用户确定,发送之前应先在SCON的TB8位中准备好。这可使用如下指令完成:

```
SETB TB8              ;TB8位置1
CLR  TB8              ;TB8位清零
```

准备好第9数据位之后,再向SBUF写入字符的8个数据位,并以此启动串行发送。一个字符帧发送完毕后,将TI位置1,其过程与方式1相同。方式2的接收过程也与方式1基本类似,所不同的只在第9数据位上,串行口把接收到的8个数据送入SBUF,而把第9数据位送入RB8。

方式2的波特率固定,且有两种:一种是晶振频率的1/32;另一种是晶振频率的1/64。即$f_{osc}/32$和$f_{osc}/64$,如用公式表示则为

$$波特率=\frac{2^{smod}}{64}\times f_{osc}$$

即与PCON中SMOD位的值有关。当SMOD=0时,波特率为$f_{osc}$的1/64;当SMOD=1时,波特率等于$f_{osc}$的1/32。

### 7.3.4 串行口工作方式3及应用

方式3同样是11位为一帧的串行通信方式,其通信过程与方式2完全相同,所不同的仅在于波特率。方式2的波特率只有固定的两种,而方式3的波特率则可由用户根据需要设定。设定方法与方式1一样,即通过设置定时器1的初值设定波特率。串行口工作方式3主要用于多机通信。

以下讲述串行口工作方式2和3应用举例。

**【例7-3】** 设计一个发送程序,将片内RAM 50H~5FH中的数据串行发送,串行口设定为方式2状态。TB8作奇偶校验位。在数据写入发送缓冲器之前,先将数据的奇偶位P写入TB8,这时第9位数据作奇偶校验用。

参考C语言代码如下:

```
//串口接收(中断)和发送例程,可以用来测试51单片机的中断接收和查询发送。
#include<reg51.h>
#include<string.h>
#define string_length 0x10                //数据长度
unsigned char data send_buf[string_length] _at_ 0x50;
//数据在0x50~0x5F单元
/*串行口初始化 */
void init_serial(void)
```

```
{
  SCON=0x80;                          //串行工作方式 2,8 位异步通信方式
  TMOD|=0x20;                         //定时器 1,方式 2,8 位自动重装
  PCON|=0x80;                         //SMOD= 1,表示波特率加倍
  TH1=0xF3;
  TL1=0xF3;                           //波特率:4800,fosc=11.0592MHz
  IE|=0x80;                           //禁止串行中断
  TR1=1;                              //启动定时器 1
}
void transmit(unsigned char dat)
{
  ACC=dat;
  TB8=P;                              //以上两句将 dat 的奇偶信息放入 TB8,
                                        随数据发送
  SBUF=dat;                           //发送
  while(TI==0);
  TI=0;
}
main()
{
  unsigned char *point;
  unsigned i=0;
  point= send_buf;
  init_serial();                      //串行口初始化
  while(i<string_length)
  {
    transmit(*point);
    i++;
    point++;
  }
  while(1);
}
```

**【例 7-4】** 设计一个接收程序,将接收的 16 个字节数据送入片内 RAM 50H～5FH 单元中。设串行口方式 3 状态工作,波特率为 2400bit/s。定时钟数器 T1 为工作波特率发生器时,SMOD=0,计数常数为 F4H。

对应 C 语言代码如下:

```
#include<reg51.h>
#include<string.h>
#define string_length 0x10           //数据长度
```

```
unsigned char data in_buf[string_length] _at_ 0x50;
/*串行口初始化 */
void init_serial(void)
{
  SCON=0xD0;                         //串行工作方式 3,9 位异步通信方式
  TMOD|=0x20;                        //定时器 1,方式 2, 8 位自动重装
  PCON|=0x00;                        //SMOD=0,表示波特率不加倍
  TH1=0xF4;
  TL1=0xF4;                          //波特率:2400,fosc=11.0592MHz
  IE|=0x80;                          //禁止串行中断
  TR1=1;                             // 启动定时器 1
}
unsigned char receive()              //接收函数
{
  while(RI= =0);
  RI=0;
  ACC=SBUF;                          //执行此指令,P 是接收 8 位数据的奇偶
                                       信息
  if(RB8= = P)                       //RB8 是发送端数据的奇偶消息,P 是实
                                       际收到 8 位数据的奇偶消息
  return(SBUF);
}
main()
{
  unsigned char *point;
  unsigned i=0;
  point= in_buf;
  init_serial();                     //串行口初始化
  while(i<string_length)
  {
    in_buf[i]= receive();
    i++;
  }
  while(1);
}
```

# 7.4 单片机多机通信

## 7.4.1 多机通信原理

多机通信是指两台以上计算机之间数据传输的协调工作。主从式多机通信是多机通信中应用最广，也是最简单的一种。主机可以是系统机，也可以是单片机。本节主要介绍51单片机作为主机的主从式多机通信，连接如图7-18所示。

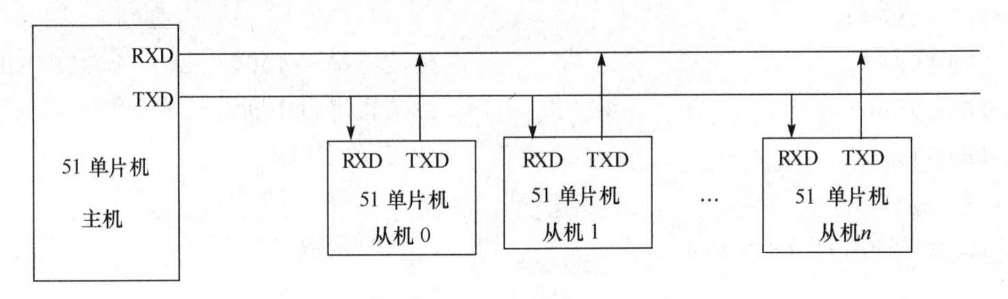


图7-18 主从式多机通信

主机发送的信息可传送到各个从机或指定的从机，而各从机发送的信息只能被主机接收。由于通信直接以TTL电平进行，因此主从机之间的连线长度以不超过1m为宜。此外，各从机应当编址，以便主机能按地址寻找通信伙伴。

多机通信时，主机向从机发送的信息分地址和数据两类。以第9数据位作区分标志，为0时表示数据，为1时表示地址。

通信是以主机发送信息，从机接收信息开始。主机发送时，通过设置TB8位的状态说明发送的是地址还是数据。在从机方面，为接收信息，初始化时应把SCON的SM2位置1，因为多机通信时，串行口都工作在方式2或方式3下，接收数据时受SM2位的控制。当SM2＝1，则只有接收到的第9数据位状态为1，才将数据送SBUF，并置位RI，发出中断请求，否则接收的数据被舍弃。当SM2＝0时，无论第9数据位是0还是1，都把接收到的数据送SBUF，并发出中断请求。

通信开始，主机首先发送地址。各从机接收到地址时，由于SM2＝1和RB8＝1，所以各从机都分别发出中断请求，通过中断服务程序判断主机发送的地址与本从机地址是否相符。若相符，则把该从机的SM2位清零，以准备接收其后传送来的数据。其余从机由于地址不符，则仍然保持SM2＝1状态。

此后主机发送数据，由于TB8＝0，虽然各从机都能接收到，但只有SM2＝0的那个被寻址的从机才把数据送SBUF。其余各从机皆因SM2＝1和RB8＝0，而将数据舍弃。这是多机通信中主从机一对一的通信情况。通信只能在主从机之间进行，如若进行两个从机之间的通信，需通过主机作中介才能实现。

综上所述，多机通信的过程总结如下：

- 全部从机初始化为工作方式2或方式3，置位SM2，允许中断。
- 主机置位TB8，发送待寻址的从机地址。
- 所有从机均接收主机发送的地址，并各自进入中断服务程序，进行地址比较。
- 被寻址的从机确认后，把自身的SM2清零，并向主机返回地址，供主机核对。

- 核对无误后,主机向被寻址的从机发送命令,通知从机是进行数据接收,还是进行数据发送。
- 主从机之间进行数据通信。

### 7.4.2 多机通信应用举例

**【例 7-5】** 假定:

(1) 从机地址为 00H~FEH,即允许有 255 台从机。

(2) 以地址形式发送的命令有 FFH,其功能是使所有从机的 SM2 位置 1。

(3) 以数据形式发送的命令有 00H(从机接收数据)和 01H(从机发送数据)。

从机返回的状态字格式为:

| ERR | / | / | / | / | / | TRDY | RRDY |
|---|---|---|---|---|---|---|---|

其中,ERR:非法命令位。

　　ERR=1 表示从机接收到的是非法命令。

TRDY:发送准备位。

　　TRDY=0,从机发送未准备就绪;

　　TRDY=1,从机发送准备就绪。

RRDY:接收准备位。

　　RRDY=0,从机接收未准备就绪;

　　RRDY=1,从机接收准备就绪。

1. 主机通信子程序

主机通信子程序流程如图 7-19 所示。

有关寄存器的内容如下:

R0:主机接收的数据块首地址;

R1:主机发送的数据块首地址;

R2:寻址的从机地址;

R3:主机发出的命令;

R4:主机发送的数据块长度。

主机通信以子程序调用形式进行,因此主机通信程序为子程序。主机串行口设定为工作方式 3,允许接收,置 TB8 为 1,则控制字为 11011000H,即 D8H。

对应 C 语言代码如下:

```
#include<reg51.h>
#include<string.h>
#include<absacc.h>
#define RESETSUB 0xFF                           //从机复位命令
#define hdatalength DBYTE[0x04]                 //R4 主机发送的数据长度
#define hostcommand DBYTE[0x03]                 //R3 主机发出的命令
#define subaddr DBYTE[0x02]                     //R2 从机地址
unsigned char data * hostsenddata= 0x01; //R0 主机接收的数据首地址
unsigned char data * hostindata= 0x00;   //R1 主机发送的数据首地址
```

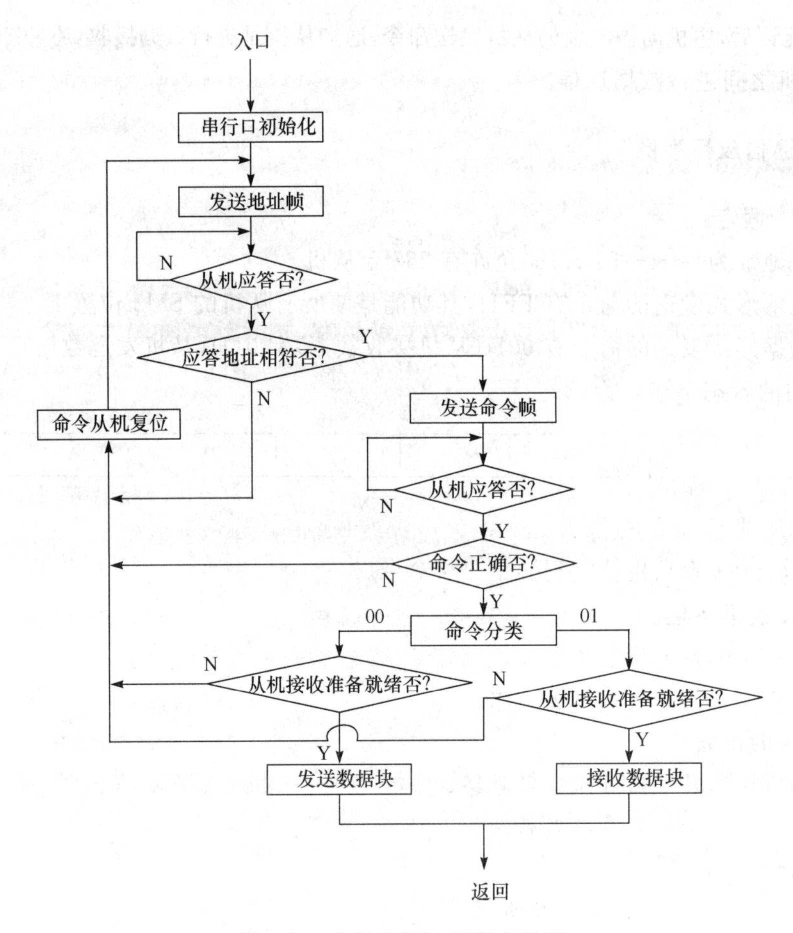


图 7-19　主机通信子程序流程图

```
/*串行口初始化 */
void init_serial(void)
{
  SCON=0xD8;                    //串行工作方式 1,8 位异步通信方式
  TMOD|=0x20;                   //定时器 1,方式 2,8 位自动重装
  PCON|=0x80;                   //SMOD= 1,表示波特率加倍
  TH1=0xF3;
  TL1=0xF3;                     //波特率:4800,fosc=11.0592MHz
  IE|=0x80;                     //禁止串行中断
  TR1=1;                        // 启动定时器 1
}
void transmit(unsigned char dat)
{
  ACC=dat;
  TB8=P;                        //以上两句将 dat 的奇偶信息放入 TB8,
                                  随数据发送
  SBUF=dat;                     //发送
```

```
    while(TI==0);
    TI=0;
  }
  unsigned char receive()                    //接收函数
  {
    while(RI==0);
    RI= 0;
    ACC=SBUF;                                //执行此指令,P是接收8位数据的奇偶
                                               信息
    if(RB8==P)                               //RB8是发送端数据的奇偶消息,P是实
                                               际收到8位数据的奇偶消息
    return(SBUF);
  }
  void HostSerial()
  {
    unsigned char received_info;
    init_serial();                           //串行口初始化
    do{
      do{
        transmit(subaddr);                   //发送从机地址
        received_info=receive();
    MSI02:subaddr= RESETSUB;                 //从机地址不相符,使所有从机SM2=0
        TB8=1;                               //置地址标志
    }while(received_info!=subaddr);          //核对应答地址
    TB8=0;                                   //置命令标志
    transmit(hostcommand);                   //发送命令
    received_info=receive();                 //等待从机应答
  }while(received_info&0x80);                //核对命令是否出错,命令接收错,重发
  if(hostcommand==0)                         //00发送数据
  {
      if(!received_info&0x01)                //从机接收没准备好,重新联络
        goto MSI02;
      else                                   //从机接收没准备好
      {
        unsigned char i;
        for(i=0;i<hdatalength;i++)           //主机发送数据
        {
          transmit(*hostsenddata);
          hostsenddata++;
        }
```

```
      return;                                //发送完,返回
    }
  }
  else                                       //01 接收数据
  {
    if(! received_info&0x02)                 //从机发送没准备好,重新联络
      goto MSI02;
    else
    {
     unsigned char i;
      for(i=0;i<hdatalength;i++)
      {
        *hostindata=receive();
        hostindata++;
      }
      return;
    }
  }
}
main()
{
  HostSerial();                              //主机串口多机通信程序
}
```

2. 从机子程序

从机通信以中断方式进入,其主程序在收到主机发送来的地址后,即发出串行中断请求。中断请求被响应后,进入中断服务程序,进行多机通信。为此,有关从机串行口的初始化、波特率的设置和串行中断初始化等内容,都应在主程序中预先进行。

假定以 slave 作为被寻址的从机地址,以 F0 和 PSW.1 作为本从机发送和接收准备就绪的状态位。

从机通信中断服务程序流程如图 7-20 所示。

通信中断服务程序:

在调用本中断服务程序之前,有关寄存器的内容如下所述。

R0:从机发送的数据块首地址。

R1:从机接收的数据块首地址。

R2:发送数据块长度。

R3:接收数据块长度。

对应 C 语言代码如下:

```
#include<reg51.h>
#include<string.h>
#include<absacc.h>
```

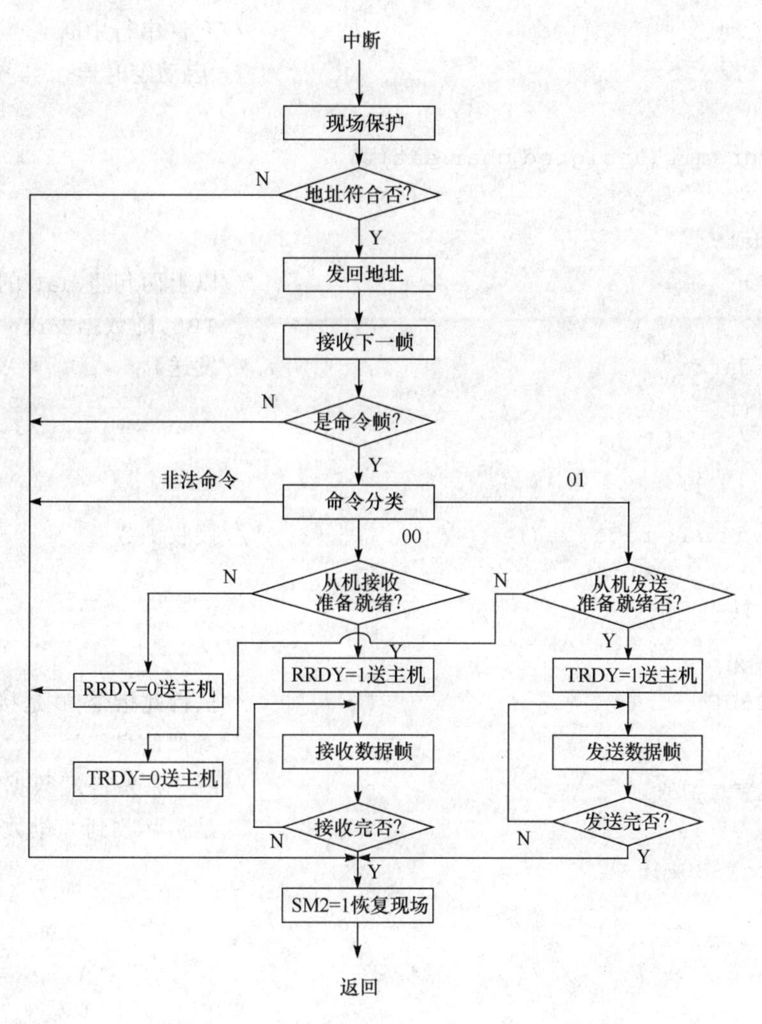


图 7-20　从机通信中断服务程序流程图

```
#define SLAVE 0xFF                          //从机地址
#define INLENTH DBYTE[0x03]                 //R3 接收数据块长度
#define SENDLENTH DBYTE[0x02]               //R2 发送数据块长度
sbit PSW1=0xD1;                             //PSW.1 为的定义
unsigned char *slavesenddata=0x00;          //R0 从机发送的数据块首地址
unsigned char *slaveindata=0x01;            //R1 从机接收的数据块首地址
/*串行口初始化 */
void init_serial(void)
{
  SCON =0xD8;                               //串行工作方式 1,8 位异步通信方式
  TMOD |=0x20;                              //定时器 1,方式 2,8 位自动重装
  PCON |=0x80;                              //SMOD=1,表示波特率加倍
  TH1 =0xF3;
  TL1 =0xF3;                                //波特率:4800,fosc=11.0592MHz
```

```
    IE |=0xA0;                              //允许串行中断
    TR1 =1;                                 // 启动定时器 1
}
void transmit(unsigned char dat)
{
    ACC=dat;
    TB8=P;                                  //以上两句将 dat 的奇偶信息放入
                                              TB8,随数据发送
    SBUF=dat;                               //发送
    while(TI==0);
    TI=0;
}
unsigned char receive()                     //接收函数
{
    while(RI==0);
    RI=0;
    ACC=SBUF;                               //执行此指令,P 是接收 8 位数据的
                                              奇偶信息
    if(RB8==P)                              //RB8 是发送端数据的奇偶消息,P
                                              是实际收到 8 位数据的奇偶消息
    return(SBUF);
}
main()
{
    init_serial();                          //串行口初始化
    while(1);
}
void serial() interrupt 4 using 1           //选择第 1 组工作寄存器
{
    unsigned char received_info,i;
    received_info= receive();
    if(received_info! =SLAVE)
      return;
    SM2=0;
    transmit(SLAVE);
    received_info=receive();
    if(RB8==0x01)
    {
      SM2=1;
      return;
```

```
}
received_info=receive();                    //取出命令
if(received_info>0x02)                      //检查命令是否合法,不合法,返回
{
  TI=0;
  transmit(0x80);
  return;
}
else                                        //合法命令
{
  if(received_info==0x01)                   //发送命令
  {
    if(received_info!=0x00)                 //未准备好,发出 TRDY=0 状态字
    {
      if(F0==0x0)                           //未准备好,发出 TRDY=0 状态字
      {
        transmit(0x00);
        return;
      }
    }
    else                                    //准备好了
    {
      transmit(0x02);                       //发出 TRDY=1 状态字
      TI=0;
      for(i=0;i<SENDLENTH;i++)              //连续发送字符
      {
        transmit(*slavesenddata);
        slavesenddata++;
      }
      SM2=1;                                //发送完,置 SM2=1
      return;                               //返回
    }
  }
else                                        //接收命令
{
    if(!PSW1)                               //接收未准备就绪
    {
      transmit(0x00);                       //发送 RRDY=0 状态字
      return;
    }
```

```
      transmit(0x01);                          //准备好,发送 RRDY=1
      for(i=0;i<INLENTH;i++ )                  //连续接收字符
      {
        *slaveindata=receive();
        slaveindata++;
      }
      return;                                  //结束返回
    }
  }
}
```

## 习　　题

7-1　串行传输的特点是什么?

7-2　什么是波特率?

7-3　CPU 和外设之间传输的信息有哪几类?它们各有何特点?

7-4　若异步通信,每个字符由 11 位组成,串行口每秒传输 250 个字符,则波特率是多少?

7-5　什么是串行传输的单工、半双工和全双工?

7-6　串行通信按信号格式分为哪两种?这两种有何不同?

7-7　设异步通信方式下,1 个起始位、7 个数据位、1 个偶校验位和 1 个停止位,试画出传输字符 C 的波形。

7-8　串行通信和并行通信的主要区别是什么?它们各有什么优缺点?

7-9　怎样选择串行口的工作方式?REN 位的作用是什么?T1 和 RI 位何时置 1,何时清零?

7-10　试用 89C51 串行口扩展 I/O 口,控制 16 个发光二极管发光,画出电路并编写显示程序。

7-11　51 单片机 P1 端口上经驱动接有 8 支发光二极管,若外部晶振是 6MHz。试编写程序,使这 8 支发光管每隔 2s 循环发光(要求用 T1 定时)。

7-12　试设计用两片 74LS165 在 8031 串行口扩展两个并行输入口的扩展连接电路图,并编写从扩展的两个口输入数据,存放在片内 RAM 的 30H、31H 单元的程序。

7-13　试述 MCS-51 单片机的多机通信原理。

7-14　试设计一个 89C51 单片机的双机通信系统,编程将 A 机片内 RAM 中 60H～6FH 的数据块通过串行口传送至 B 机片内 RAM 的 60H～6FH 单元中。

7-15　以 89C51 串行口按工作方式 1 进行串行数据通信。假定波特率为 1200bit/s,以中断方式传送数据。试编写全双工通信程序。

# 第8章 单片机外部存储器扩展

## 8.1 存储器扩展概述

单片机的芯片内集成计算机的基本功能部件，已具备很强的功能。例如，51系列单片机中的89C51，一块芯片就是一个完整的最小微机系统。在智能仪器仪表、家用电器、小型检测及控制系统中直接使用本身功能可满足需要，使用极为方便。但对于一些较大的应用系统来说，单片机毕竟是一块集成电路芯片，它的内部资源有限，其内部功能略显不足，这时就需要在片外扩展一些外围功能芯片，特别是80C31等芯片，必须扩展EPROM才能使用。为此应经常根据需要对单片机进行资源扩展，在51单片机外围扩展存储器芯片、I/O口芯片及其他功能芯片，从而构成一个功能更强的单片机系统。

系统扩展一般有两项主要任务：其一，把系统所需的外设和单片机连接起来，使单片机系统能与外界进行信息交换。如通过键盘、A/D转换器等外部设备向单片机送入数据、命令等有关信息，控制单片机；通过显示器、发光二极管、打印机等设备把单片机处理的结果送出来，向人们提供各种信息或对外界设备提供控制信息，这项任务实际上是单片机接口设计。其二，扩大单片机的存储容量。由于单片机的结构、集成工艺等关系，单片机内的ROM、RAM等容量不可能很大，在使用中有时不够，需要在芯片外进行扩展。因此，系统扩展和接口技术一般有以下5方面内容：

(1) 外部总线的扩展；

(2) 外部存储器的扩展；

(3) 输入/输出接口的扩展；

(4) 管理功能器件的扩展(如定时器/计数器、键盘/显示器、中断优先级编码器等)；

(5) A/D和D/A接口技术。

那么，单片机是如何扩展的？扩展功能是如何实现的？扩展部件是如何连接的？下面针对这些问题进行讨论。

### 8.1.1 最小应用系统

单片机系统扩展一般是以基本的最小系统为基础的，故首先应熟悉最小应用系统的结构。所谓最小系统，是指一个真正可用的单片机最小配置系统。对于片内带有程序存储器的单片机(如89C51)，只要在芯片上外接时钟电路和复位电路就能达到真正可用，这就是一个最小系统，如图8-1(a)所示。对于片内不带有程序存储器的单片机(如80C31)来说，除在芯片上外接时钟电路和复位电路外，还需外接程序存储器，才能构成一个最小系统，如图8-1(b)所示。

89C51最小应用系统由于集成度的限制，这种最小应用系统只能用作一些小型的控制单元。其应用特点是：

(1) 全部I/O口线均可供用户使用。

(2) 内部程序存储器容量不大(只有4KB地址空间)。

(3) 应用系统开发具有特殊性。

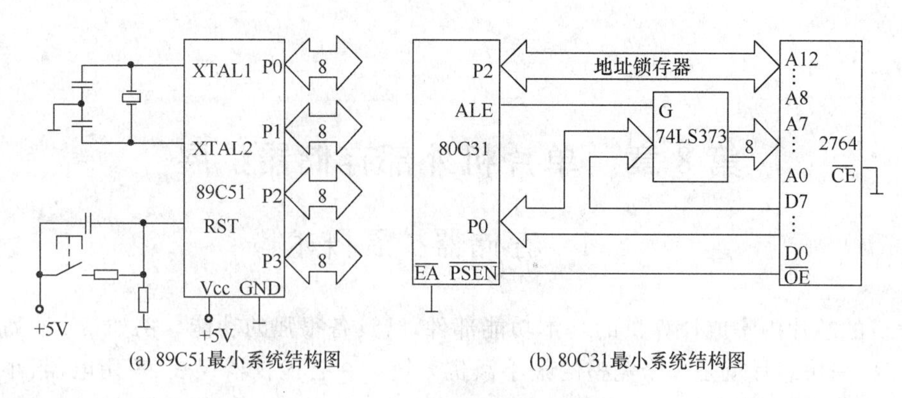


图 8-1　51 单片机最小化系统

### 8.1.2　单片机系统扩展方法

1. 系统总线的基本概念

总线是指连接系统中各扩展部件的一组公共信号线，是传送信息的公共通道。单片机系统同样采用三组总线结构连接扩展的功能部件。

一般来讲，所有与计算机扩展连接芯片的外部引脚线都可以归为三总线结构。扩展连接的一般方法实际上是三总线对接，不论何种扩展芯片，其引脚都呈三总线结构。为保证单片机和扩展芯片协调一致地工作，即要共同满足其工作时序，也要正确实现与单片机的连接。单片机扩展总线结构如图 8-2 所示。

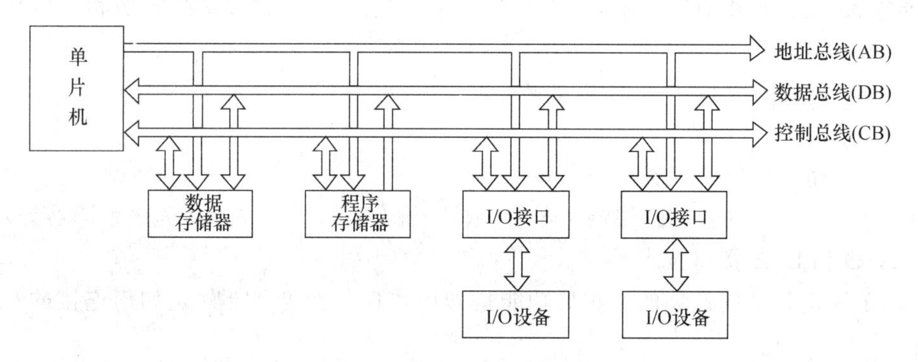


图 8-2　51 单片机系统扩展结构图

(1) 地址总线(AB)：传送地址信息，单向传输。

• 输出将要访问的存储单元或 I/O 端口的地址；

• 地址总线的数目决定可直接访问的存储单元的数目，即决定存储器的寻址范围；

• 51 单片机可扩展 64KB 的存储器，所以最多需要 16 根地址线。

(2) 数据总线(DB)：传送数据信息，双向传输。

• 用于单片机与存储器之间或单片机与 I/O 端口之间传送数据；

• CPU 读操作时，外部数据(存储单元中的数据或 I/O 端口中的数据)通过数据总线送往 CPU；

• CPU 写操作时，CPU 的数据通过数据总线送往外部(存储单元或 I/O 端口)；

• 数据总线的数目决定一次能够传送数据的位数，即单片机的字长。

(3) 控制总线(CB)：传送控制信息，双向传输。

• 协调单片机系统中各扩展部件的操作；

• 有输入控制信号（如$\overline{RD}$、$\overline{PSEN}$等）、输出控制信号（如$\overline{WR}$等）等。

整个扩展系统以单片机为核心，通过总线把 ROM、RAM 和 I/O 接口电路等各扩展部件连接起来，其情形犹如各扩展部件“挂”在总线之上。因此，单片机系统扩展主要包括：如何构造单片机的三总线和扩展芯片如何“挂”在总线上。

2. 单片机的三总线构造

既然单片机的扩展系统是并行总线结构，因此单片机扩展的首要问题是构造系统总线，然后再往系统总线上“挂”存储芯片或 I/O 接口芯片，“挂”存储芯片是存储器扩展，“挂”I/O 接口芯片是 I/O 扩展。总之，“挂”什么芯片是扩展什么。

之所以称“构造”总线，是因为单片机与其他微型计算机不同。为减少芯片的封装引脚，单片机芯片并没有提供专用的地址线和数据线，而采用 I/O 口线的复用技术，把 I/O 口线改造为总线。所以，单片机本身没有三总线，为使单片机能方便地与各种扩展芯片连接，常将单片机芯片的外部引线变为一般微型计算机的三总线形式。51 单片机的三总线构造情况如图 8-3 所示。

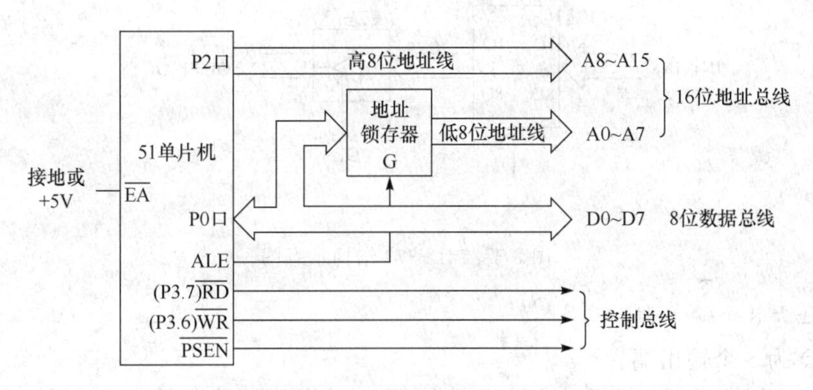


图 8-3　51 单片机的三总线结构形式

由图 8-3 可知，三总线的引线组成有如下 3 种。

(1) 地址总线：由 P2 口提供高 8 位地址线，具有地址输出锁存的能力；由 P0 口提供低 8 位地址线。由于 P0 口分时复用为地址/数据线，为将 P0 口的地址和数据分离，为保持地址信息在访问存储器期间一直有效，需外加地址锁存器锁存低 8 位地址，用 ALE 的下跳沿将 P0 口输出的地址信号低 8 位锁存在地址锁存器中。地址锁存器一般选用 74LS373、74LS573、8282 等芯片。

对于存储器芯片的地址线，地址线的数目由芯片的容量决定。容量($Q$)与地址线数目($N$)满足关系式：$Q=2^N$。存储器芯片的地址线与单片机的地址总线(A0～A15)按由低位到高位的顺序顺次相接。一般来说，存储器芯片的地址线数目总是少于单片机地址总线的数目，如此相接后，单片机的高位地址线总有剩余。

(2) 数据总线：由 P0 口提供，此口是准双向、输入三态控制的 8 位数据输入/输出口。

对于存储器芯片的数据线，数据线的数目由芯片的字长决定。例如，1 位字长的芯片数据线有一根，4 位字长的芯片数据线有 4 根，8 位字长的芯片数据线有 8 根。存储器芯片的数据线与单片机的数据总线(P0.0～P0.7)按由低位到高位的顺序顺次相接。

(3) 控制总线：除地址线和数据线之外，扩展系统还需要一些控制信号线，以构成扩展系统的控制总线。这些信号有的是单片机引脚的第一功能信号，有的则是第二功能信号。其中包括：

① 使用 ALE 作地址锁存的选通信号，以实现低 8 位地址的锁存。

② 以$\overline{\text{PSEN}}$信号作扩展程序存储器的读选通信号。

③ 以$\overline{\text{EA}}$信号作为内外程序存储器的选择信号。

④ 以$\overline{\text{RD}}$和$\overline{\text{WR}}$为扩展数据存储器和 I/O 端口的读写选通信号。

以上这些信号均在图 8-3 中。

尽管 51 单片机号称有四个 I/O 口(共 32 条口线)，但是由于系统扩展的需要，真正能作为数据 I/O 口使用的只有 P1 口和 P3 口的部分口线。

总线结构形式大大减少单片机系统中传输线的数目，提高系统的可靠性，增加系统的灵活性。此外，总线结构也使扩展易于实现。各功能部件只要符合总线规范，就可以很方便地接入系统，实现单片机扩展。

3. D 锁存器 74LS373

74LS373 是一种带输出三态门的 8D 锁存器，结构如图 8-4 所示。

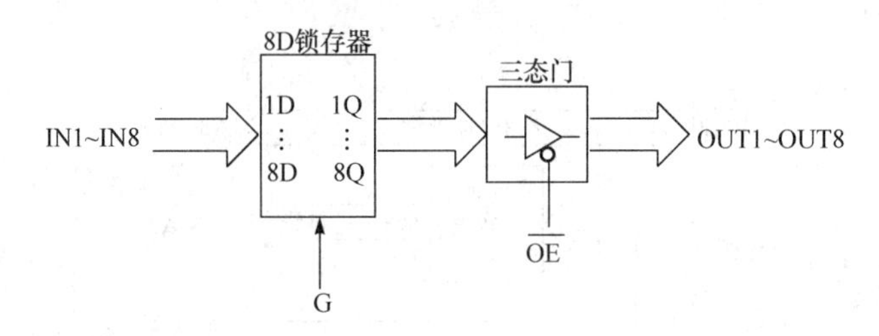


图 8-4　74LS373 结构示意图

1D～8D 为 8 个输入端。

1Q～8Q 为 8 个输出端。

G 为数据锁存控制端：当时钟上升沿到来，即 G 为“1”时，锁存器输出端同输入端；当 G 由“1”变“0”时，数据输入锁存器。$\overline{\text{OE}}$为输出允许端：当$\overline{\text{OE}}$为“0”时，三态门打开；当$\overline{\text{OE}}$为“1”时，三态门关闭，输出呈高阻状态。

51 单片机系统常采用 74LS373 作为地址锁存器使用，连接方法如图 8-5 所示。其中，输入端 1D～8D 接至单片机的 P0 口，输出端提供的是低 8 位地址，G 端接至单片机的地址锁存允许信号(ALE)。输出允许端($\overline{\text{OE}}$)接地，表示输出三态门一直打开。

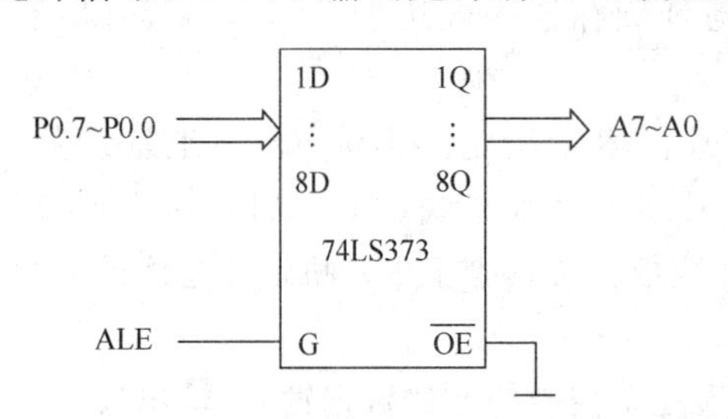


图 8-5　74LS373 用作地址锁存器示意图

4. 单片机的串行扩展技术

最后还应当说明，随着单片机技术的发展，并行总线扩展已不再是单片机唯一的扩展结构，近年来在并行总线扩展技术之外又出现串行总线扩展技术。

串行扩展通过串行接口实现，可以减少芯片的封装引脚，降低成本，简化系统结构，增加系统扩展的灵活性。

为实现串行扩展，一些公司(如 Philips 和 Atmel 公司等)已经推出正统单片机的变种产品——非总线型单片机芯片，并且具有 SPI(Serial Peripheral Interface)三线总线和 $I^2C$ 共用双总线两种串行总线形式。与此相配套，也出现了串行的外围接口芯片。

## 8.2 存储器的扩展

当单片机内部的存储器不够用时,必须进行存储器的扩展。目前使用的半导体存储器的分类如图 8-6 所示。

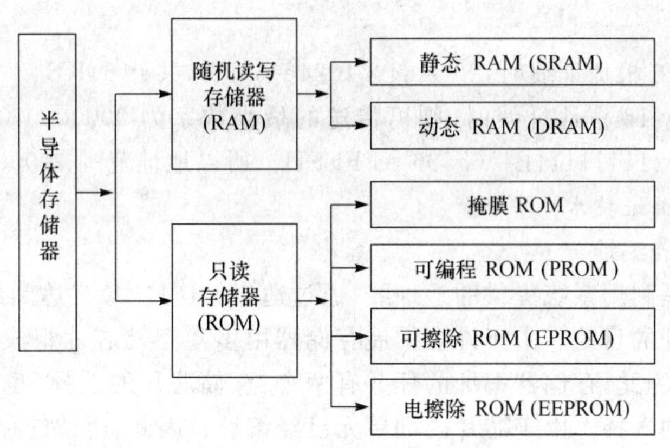


图 8-6 半导体存储器分类

1. 51 单片机的扩展能力

根据 51 单片机地址总线宽度(16 位)可知,在片外可扩展的存储器最大容量为 64KB,地址为 0000H～FFFFH。

存储器按读/写特性不同区分,将只读存储器(ROM)称为程序存储器,随机读写存储器(RAM)称为数据存储器。存储器芯片有多种类型,即使是同一种类的存储器芯片,因其容量不同,则引脚数目也不同。存储器芯片与单片机扩展连接具有共同的规律。

2. 存储器主要性能指标

存储器的主要性能指标反映计算机对它们的要求,计算机一般对存储系统提出如下的性能指标要求。

(1) 存储容量:是指存储器可以存储的二进制信息总量,也是存储单元的数目。目前使用的存储容量达 MB(兆字节)、GB(千兆字节)、TB(兆兆字节)或更大的存储空间。存储容量通常以字节(Byte)为单位表示,各层次之间的换算关系为:

$$1KB=2^{10}B=1024B;\quad 1MB=2^{20}B=1024KB$$
$$1GB=2^{30}B=1024MB;\quad 1TB=2^{40}B=1024GB$$

(2) 存取速度:存储器的存取速度可以用存取时间和存取周期来衡量。

· 存取时间:是指完成一次存储器读/写操作所需要的时间,故又称读写时间。具体是指从存储器接收到寻址地址开始,到取出或存入数据为止所需要的时间。

· 存取周期:是连续进行读/写操作所需的最小时间间隔。CPU 采用同步时序控制方式时,对存储器读/写操作的时间安排应不小于读取和写入周期中的最大值。这个值确定存储器总线传输时的最高速率。

(3) 价格:存储器的价格是人们比较关心的指标。一般来说,存储器总价格正比于存储容量,反比于存取速度。速度较快的存储器,其价格也较高,容量也不可能太大。因此,容量、速度、价格三个指标之间相互制约。

3. 存储器容量的确定

存储器容量的确定与待扩展的存储器芯片的地址总线有关，如地址总线包含 8 根地址线时，$2^8=256$，共计 256B。

每根地址线可传送一位二进制信息(0 或 1)，当地址总线包含 8 根地址线时，则可传送的最小数字为 00000000B＝00H，最大数字为 11111111B＝255＝FFH。所以，地址范围是 00H～FFH。

地址总线包含 16 根地址线时，$2^{16}=64\times1024=64$KB，共计 64KB。

当地址总线包含 16 根地址线时，则可传送的最小数字为 0000000000000000B＝0000H，最大数字为 1111111111111111B＝65536＝FFFFH。所以地址范围是 0000H～FFFFH。

4. 扩展存储器编址技术

1) 什么是存储器编址

存储器编址就是利用系统提供的地址线，通过适当的连接，最终达到给存储器中每一个存储单元对应唯一地址的目的。由于许多扩展存储器由多片存储芯片组成，而一个存储芯片又有众多的存储单元，为此，存储器编址的任务有两个：存储芯片的选择(也称为存储器映像)和芯片内部存储单元的选择。由于芯片内部单元已经编址。因此，所谓的存储器编址，实际上主要研究芯片的选择问题。为芯片选择的需要，存储芯片都有片选信号引脚，因此芯片选择的实质是如何产生芯片的片选信号。

2) 存储器编址的实现方法

通常把单片机系统地址笼统地分为低位地址和高位地址。实际上，在 16 位地址线中，高低位地址线的数目并不固定，只把用于存储单元译码使用的地址都称为低位地址线，剩下多少位就有多少位高位地址线。其中芯片内部存储单元地址译码使用低位地址，剩下的高位地址才作为芯片选择使用，因此芯片的选择都在高位地址线上做文章。

芯片内部存储单元的编址，由芯片内的译码电路完成。对设计者来说，芯片内部存储器单元的选择方法很简单，只要把存储芯片的地址引线按位号和相应的系统地址线直接连接即可实现，几乎没什么技术可言。

而芯片的选择不但要由设计者完成，而且比较复杂。一般来说，存储器芯片的地址线数目总是少于单片机地址总线的数目，如此相接后，单片机的高位地址线总有剩余(片内寻址未用的高位地址)。剩余地址线一般作为扩展储存器芯片片选信号，存储器芯片有一根或几根片选信号线，访问存储器芯片时，片选信号必须有效，即选中存储器芯片。片选信号线与单片机系统的译码输出相接后，就决定存储器芯片的地址范围。因此，单片机的剩余高位地址线与存储器芯片的片选信号线的连接是存储器扩展连接的关键问题。图 8-7 为 89C51 单片机系统存储器结构及存储空间分配图。

3) 存储器芯片片选端的处理

进行存储器扩展时，可供使用的编址方法有两种，即线选法和译码法。

(1) 线选法。

所谓线选法，就是直接以系统的高地址位作为存储芯片的片选信号。为此只把片内寻址未用的任何高位地址直接作为各个芯片的片选信号，在寻址时只有一位有效使片选信号有效的方法称为线选法。线选法编址的特点是简单明了，且不需要另外增加电路。但这种编址方法对存储空间的使用是断续的，各存储芯片的存储地址范围不是唯一的，不能充分有效地利用存储空间。扩充存储容量受限，只适用于小规模单片机系统的存储器扩展。

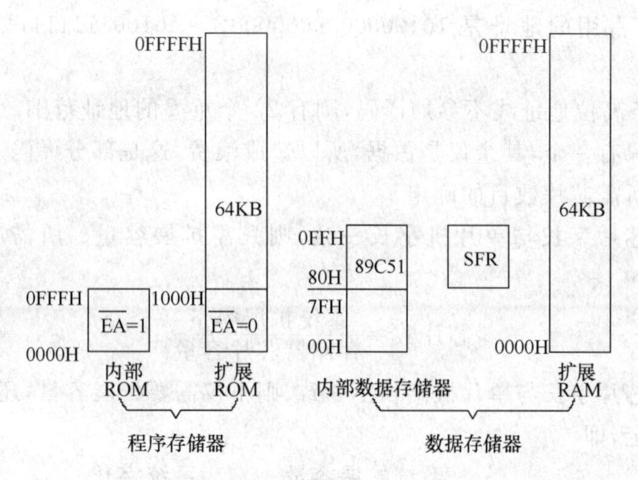


图 8-7　89C51 单片机系统的存储器结构和存储空间分配

(2) 译码法。

所谓译码法就是使用译码器对系统的高位地址进行译码，以其译码输出作为存储芯片的片选信号。这是一种最常用的存储器编址方法，译码电路可以使用现有的译码器芯片。常用的译码芯片有：74LS139(双二-四译码器)和 74LS138(三-八译码器)等，它们的 CMOS 型芯片分别为 74HC138 和 74HC139。有两种接线方式：

① 部分译码法，就是存储器芯片的地址线与单片机系统的地址线顺次相接后，剩余的高位地址线仅用一部分参加译码。参加译码的地址线对于选中某一存储器芯片有一个确定的状态，而与不参加译码的地址线无关。由于部分译码仍有剩余高位地址线，各存储芯片的存储地址范围不是唯一的，不能完全有效利用存储空间。

② 完全译码法，用片内寻址未用的全部高位地址译码产生片选信号。在这种译码方法中，存储器芯片的地址空间是唯一确定的，能有效利用存储空间，但译码电路相对复杂。完全译码法适用于大容量多芯片的存储器扩展。

这两种译码方法在单片机扩展系统中都有应用。在扩展存储器(包括 I/O 口)容量不大的情况下，可选择部分译码，译码电路简单，可降低成本。

在设计存储器扩展连接或分析扩展连接电路确定存储器芯片的地址范围时，常采用如图 8-8所示的方法。假定一个 2KB 存储器芯片译码扩展系统具有图中译码地址线的状态，现分析其地址范围。

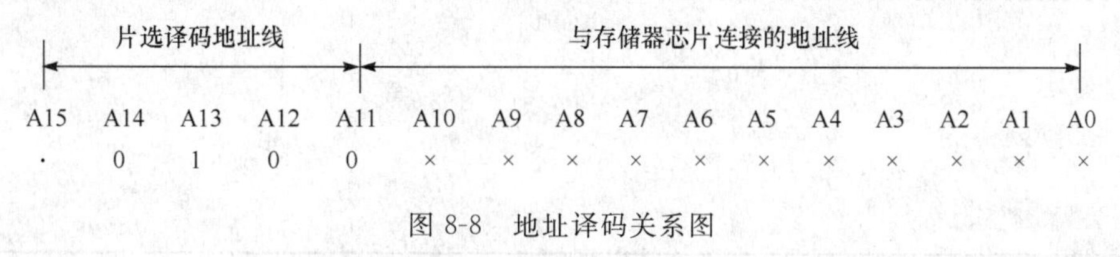


图 8-8　地址译码关系图

因为 2KB 的存储器芯片有 11 条地址线，图 8-8 中 CPU 与存储器芯片连接的低 11 位地址线的地址 A0～A10 变化范围为全“0”到全“1”。这是芯片内部存储单元的选择。剩余 A11～A14参加片选，假设这 4 根地址线的状态 0100 是唯一确定的。不参加片选的 A15 位地址线有两种状态，这两种状态都可以选中该存储器芯片：

当 A15＝0 时，占用的地址是 0010000000000000B～0010011111111111B，即 2000H～27FFH。

当 A15＝1 时，占用的地址是 1010000000000000B～1010011111111111B，即 A000H～A7FFH。

同理，若有 $N$ 条高位地址线不参加译码，则有 $2^N$ 个重叠的地址范围。重叠的地址范围中真正能存储信息的只有一个，其余仅是占据，所以造成浪费，这是部分译码及线选法的缺点。

4)扩展存储器所需芯片数目的确定

若所选存储器芯片字长与单片机字长一致，则只需扩展容量。所需芯片数目按下式确定，即

$$\text{芯片数}=\frac{\text{系统扩展容量}}{\text{存储器芯片容量}}$$

若所选存储器芯片字长与单片机字长不一致，则不仅需要扩展容量，还需扩展字长。所需芯片数目按下式确定，即

$$\text{芯片数目}=\frac{\text{系统扩展容量}}{\text{存储器芯片容量}}\times\frac{\text{系统字长}}{\text{存储器芯片字长}}$$

5）常用的译码器介绍

(1) 74LS139 译码器

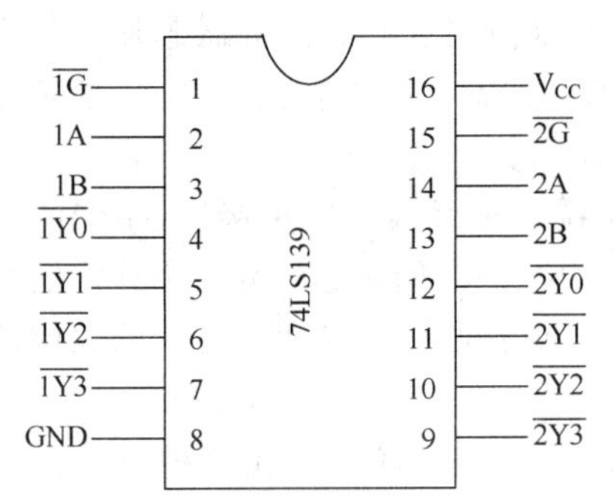


图 8-9　74LS139 译码器引脚图

74LS139 片中共有两个二-四译码器（双二-四译码器），其引脚如图 8-9 所示。G 为使能端，低电平有效。其中，$\overline{1G}$、$\overline{2G}$分别为两个二-四译码器的控制端，只有当 G 为“0”，译码器才能进行译码输出；否则，译码器的 4 个输出端全为高阻状态。

A、B 为选择端，即译码输入，控制译码输出的有效性。

$\overline{Y0}$，$\overline{Y1}$，$\overline{Y2}$，$\overline{Y3}$为译码输出信号，低电平有效。

74LS139 对两个输入信号译码后得 4 个输出状态，真值表如表 8-1 所示。

**表 8-1　74LS139 的真值表**

| 输入端 | | | 输出端 | | | |
|---|---|---|---|---|---|---|
| 使能 | 选择 | | $\overline{Y0}$ | $\overline{Y1}$ | $\overline{Y2}$ | $\overline{Y3}$ |
| $\overline{G}$ | A | B | | | | |
| 1 | × | × | 1 | 1 | 1 | 1 |
| 0 | 0 | 0 | 0 | 1 | 1 | 1 |
| 0 | 0 | 1 | 1 | 0 | 1 | 1 |
| 0 | 1 | 0 | 1 | 1 | 0 | 1 |
| 0 | 1 | 1 | 1 | 1 | 1 | 0 |

(2) 74LS138 译码器

74LS138 为一种常用的三-八地址译码器芯片，引脚如图 8-10 所示。其中，$\overline{E1}$、$\overline{E2}$、E3 为 3 个控制端，只有当 E3 为“1”且$\overline{E1}$、$\overline{E2}$均为“0”时，译码器才能进行译码输出，否则译码器的 8 个输出端全为高阻状态。译码输入端与输出端的译码逻辑关系如表 8-2 所示。

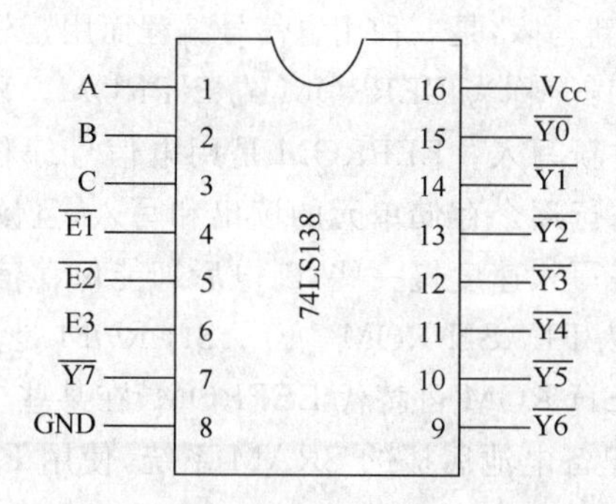


图 8-10　74LS138 译码器引脚图

**表 8-2　74LS138 的真值表**

| 输入端 | | | | | | 输出端 | | | | | | | |
|---|---|---|---|---|---|---|---|---|---|---|---|---|---|
| 使能 | | | 选择 | | | | | | | | | | |
| E3 | $\overline{E2}$ | $\overline{E1}$ | C | B | A | $\overline{Y0}$ | $\overline{Y1}$ | $\overline{Y2}$ | $\overline{Y3}$ | $\overline{Y4}$ | $\overline{Y5}$ | $\overline{Y6}$ | $\overline{Y7}$ |
| 1 | 0 | 0 | 0 | 0 | 0 | 0 | 1 | 1 | 1 | 1 | 1 | 1 | 1 |
| 1 | 0 | 0 | 0 | 0 | 1 | 1 | 0 | 1 | 1 | 1 | 1 | 1 | 1 |
| 1 | 0 | 0 | 0 | 1 | 0 | 1 | 1 | 0 | 1 | 1 | 1 | 1 | 1 |
| 1 | 0 | 0 | 0 | 1 | 1 | 1 | 1 | 1 | 0 | 1 | 1 | 1 | 1 |
| 1 | 0 | 0 | 1 | 0 | 0 | 1 | 1 | 1 | 1 | 0 | 1 | 1 | 1 |
| 1 | 0 | 0 | 1 | 0 | 1 | 1 | 1 | 1 | 1 | 1 | 0 | 1 | 1 |
| 1 | 0 | 0 | 1 | 1 | 0 | 1 | 1 | 1 | 1 | 1 | 1 | 0 | 1 |
| 1 | 0 | 0 | 1 | 1 | 1 | 1 | 1 | 1 | 1 | 1 | 1 | 1 | 0 |
| 0 | 1 | 1 | × | × | × | 1 | 1 | 1 | 1 | 1 | 1 | 1 | 1 |
| 0 | 1 | 1 | × | × | × | 1 | 1 | 1 | 1 | 1 | 1 | 1 | 1 |
| 0 | 1 | 1 | × | × | × | 1 | 1 | 1 | 1 | 1 | 1 | 1 | 1 |

## 8.3　程序存储器扩展

### 8.3.1　只读存储器概述

单片机的程序存储器扩展使用只读存储器芯片。只读存储器简称为 ROM(Read Only Memory)。ROM 中的信息一旦写入就不能随意更改。特别是不能在程序运行过程中写入新的内容,而只能读存储单元内容,故称为只读存储器。ROM 存储器是由 MOS 管阵列构成,以 MOS 管的接通或断开存储二进制信息。按照程序要求确定 ROM 存储阵列中各 MOS 管状态的过程称为 ROM 编程。根据编程方式的不同,ROM 共分为以下 5 种。

(1) 掩膜式 ROM:一般由生产厂家根据用户的要求定制。其编程由半导体制造厂家完成,因编程以掩膜工艺实现,所以称掩膜 ROM。掩膜 ROM 制造完成后,用户不能更改其内容。这种芯片适用于大批量生产。

(2) PROM:PROM 中的程序由用户在研制现场写入。这种芯片使用户自行写入自己所研制的程序成为可能,但这种芯片只能写入一次,其内容一旦写入就不能再修改。

(3) 可擦除 ROM:紫外线擦除可改写 ROM 简称为 EPROM。EPROM 芯片的内容也可由用户写入，但允许反复擦除重新写入，是一种用电信号编程而用紫外线擦除的只读存储器芯片。

(4) 电擦除可改写 ROM：简称为 EEPROM 或 $E^2$PROM。EEPROM 芯片的内容也可由用户写入，但允许反复擦除重新写入。EEPROM 是用电信号编程，也用电信号擦除的存储器芯片，它可以通过读写操作进行逐个存储单元的读出和写入，且读写操作与 RAM 存储器几乎没有什么差别，所不同的只是写入速度慢一些，断电后却能保存信息。

(5) 快擦写 ROM：简称为 FLASH ROM。FLASH ROM 是不用电池供电的，高速耐用的非易失半导体存储器。FLASH ROM 可替代 EEPROM，在某些应用场合还可取代 SRAM(静态 RAM)，尤其是对于需要配备电池后援的 SRAM 系统，使用 FLASH ROM 后可省去电池。目前应用较多。

### 8.3.2 EPROM 典型芯片介绍

1. EPROM 芯片 2716

2716 是常用 EPROM 芯片中容量最小的(更小的已很少采用)，有 24 条引脚，如图 8-11 所示，包括 3 根电源线($V_{CC}$、$V_{PP}$、GND)、11 根地址线(A0～A10)、8 根数据输出线(O0～O7)，其他两根为片选端$\overline{CE}$和输出允许端$\overline{OE}$。$V_{PP}$为编程电源端，在正常工作(读)时，接到＋5V。大容量的 EPROM 芯片有 2732(4KB)、2764(8KB)、27128(16KB)、27256(32KB)、27512(64KB)等。它们的引脚功能基本与 2716 类似，图 8-11 中一并列出它们两侧的引脚分布。

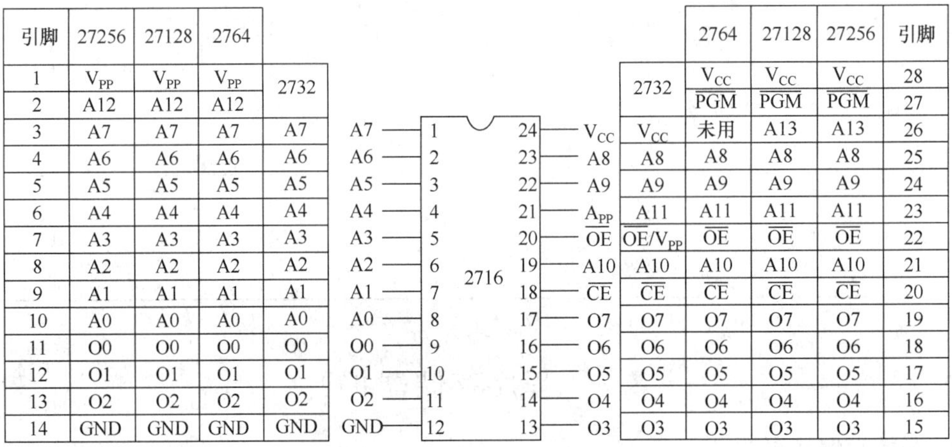

| 引脚 | 27256 | 27128 | 2764 | 2732 | 2716 | 2716引脚 |
|---|---|---|---|---|---|---|
| 1 | $V_{PP}$ | $V_{PP}$ | $V_{PP}$ | | | |
| 2 | A12 | A12 | A12 | | | |
| 3 | A7 | A7 | A7 | A7 | A7 | 1 |
| 4 | A6 | A6 | A6 | A6 | A6 | 2 |
| 5 | A5 | A5 | A5 | A5 | A5 | 3 |
| 6 | A4 | A4 | A4 | A4 | A4 | 4 |
| 7 | A3 | A3 | A3 | A3 | A3 | 5 |
| 8 | A2 | A2 | A2 | A2 | A2 | 6 |
| 9 | A1 | A1 | A1 | A1 | A1 | 7 |
| 10 | A0 | A0 | A0 | A0 | A0 | 8 |
| 11 | O0 | O0 | O0 | O0 | O0 | 9 |
| 12 | O1 | O1 | O1 | O1 | O1 | 10 |
| 13 | O2 | O2 | O2 | O2 | O2 | 11 |
| 14 | GND | GND | GND | GND | GND | 12 |

| 2716引脚 | 2716 | 2732 | 2764 | 27128 | 27256 | 引脚 |
|---|---|---|---|---|---|---|
| | | | $V_{CC}$ | $V_{CC}$ | $V_{CC}$ | 28 |
| | | | $\overline{PGM}$ | $\overline{PGM}$ | $\overline{PGM}$ | 27 |
| 24 | $V_{CC}$ | $V_{CC}$ | 未用 | A13 | A13 | 26 |
| 23 | A8 | A8 | A8 | A8 | A8 | 25 |
| 22 | A9 | A9 | A9 | A9 | A9 | 24 |
| 21 | $A_{PP}$ | A11 | A11 | A11 | A11 | 23 |
| 20 | $\overline{OE}$ | $\overline{OE}/V_{PP}$ | $\overline{OE}$ | $\overline{OE}$ | $\overline{OE}$ | 22 |
| 19 | A10 | A10 | A10 | A10 | A10 | 21 |
| 18 | $\overline{CE}$ | $\overline{CE}$ | $\overline{CE}$ | $\overline{CE}$ | $\overline{CE}$ | 20 |
| 17 | O7 | O7 | O7 | O7 | O7 | 19 |
| 16 | O6 | O6 | O6 | O6 | O6 | 18 |
| 15 | O5 | O5 | O5 | O5 | O5 | 17 |
| 14 | O4 | O4 | O4 | O4 | O4 | 16 |
| 13 | O3 | O3 | O3 | O3 | O3 | 15 |

图 8-11 常用 EPROM 芯片的引脚图

2. 2716 的工作方式

2716 共有 5 种工作方式，由$\overline{OE}$、$\overline{CE}/\overline{PGM}$及 $V_{PP}$各信号的状态组合确定。各种工作方式的基本情况如表 8-3 所示。

**表 8-3 2716 工作方式**

| 引脚方式 | $\overline{CE}/\overline{PGM}$ | $\overline{OE}$ | $V_{PP}$ | O0～O7 |
|---|---|---|---|---|
| 读出 | 低 | 低 | ＋5V | 程序读出 |
| 未选中 | 高 | × | ＋5V | 高阻 |
| 编程 | 正脉冲 | 高 | ＋25V | 程序写入 |
| 程序检验 | 低 | 低 | ＋25V | 程序读出 |
| 编程禁止 | 低 | 高 | ＋25V | 高阻 |

1）读方式

当$\overline{CE}$及$\overline{OE}$均为低电平，$V_{PP}$＝＋5V时，2716芯片选中并处于读出工作方式。这时被寻址单元的内容经数据线O0～O7读出。

2）未选中方式

当$\overline{CE}$为高电平时，芯片不选中，其数据线输出为高阻抗状态。这时2716处于低功耗维持状态，其功耗从读出方式的525mW下降到132mW，下降率达75%。

3）编程方式

当$V_{PP}$端加＋25V高电压，$\overline{CE}$端加TTL高电平时，2716处于编程工作方式，信息重新写入。这时编程地址和写入数据分别由A0～A10及O0～O7引入。

地址和数据稳定后，每当一个脉宽50ms的正脉冲在$\overline{CE}/\overline{PGM}$端出现，进行一个存储单元的信息写入。2716允许按个别、连续或随机的方式对其存储单元进行编程。2716不但能单片编程，而且还能多片同时编程，即把同样信息并行写入多片2716中。为此可将多片2716的同名信号端连接在一起，按与单片2716相同的方法进行编程。

4）程序检验方式

程序检验是检查写入的信息是否正确，因此程序检验通常总紧跟编程之后。这时$V_{PP}$＝＋5V，$\overline{CE}$及$\overline{OE}$均为低电平。

5）编程禁止

编程禁止方式为向多片2716写入不同程序而设置。这时可把$\overline{CE}/\overline{PGM}$以外的所有信号引线都并联起来。当$V_{PP}$加25V高压时，对$\overline{CE}/\overline{PGM}$信号端加编程脉冲的那些2716芯片进行编程，而$\overline{CE}/\overline{PGM}$信号端加低电平的那些2716芯片处于编程禁止状态，不写入程序。其他芯片工作方式基本相同，在此不多叙述。

### 8.3.3 程序存储器扩展举例

如前所述，不论何种存储器芯片，其引脚都呈三总线结构，与单片机的连接都是三总线对接。另外，电源线应接在对应的电源线上。单片机扩展常用的存储器类型是EPROM芯片，主要介绍它的扩展连接方法。程序存储器芯片的三总线结构如下所述。

(1) 存储器芯片的数据线：数据线的数目由芯片的字长决定。例如，1位字长的芯片数据线有一根，4位字长的芯片数据线有4根，8位字长的芯片数据线有8根。存储器芯片的数据线与单片机的数据总线(P0.0～P0.7)按由低位到高位的顺序顺次相接。

(2) 存储器芯片的地址线：存储器芯片的地址线与单片机的地址总线（A0～A15）按由低位到高位的顺序顺次相接。其中，低8位经地址锁存器接存储器低8位地址线（A0～A7）。

(3) 存储器芯片的控制线：一般来说，程序存储器具有读操作控制线（$\overline{OE}$），它与单片机的$\overline{PSEN}$信号线相连。除此之外，EPROM芯片还有编程脉冲输入线（PRG）、编程状态线（READY/BUSY）。PRG应与单片机在编程方式下的编程脉冲输出线相接。

芯片的三组总线连接完后，将地址总线剩下的高位地址线利用线选法、部分译码法或全译码法之一产生片选信号。

下面分三种情况说明程序存储器的扩展方法。

1）线选法的单片程序存储器扩展

**【例8-1】** 试用EPROM 2764构成80C31的最小系统。

2764是8KB×8位程序存储器，芯片的地址引脚线有13条，顺次和单片机的地址线A0～A12

相接。由于采用线选法，因此高 3 位地址线 A13、A14、A15 不接，故有 $2^3=8$ 个重叠的 8KB 地址空间。因只用一片 2764，故其片选信号$\overline{CE}$可直接接地(常有效)。连接电路如图 8-12 所示。

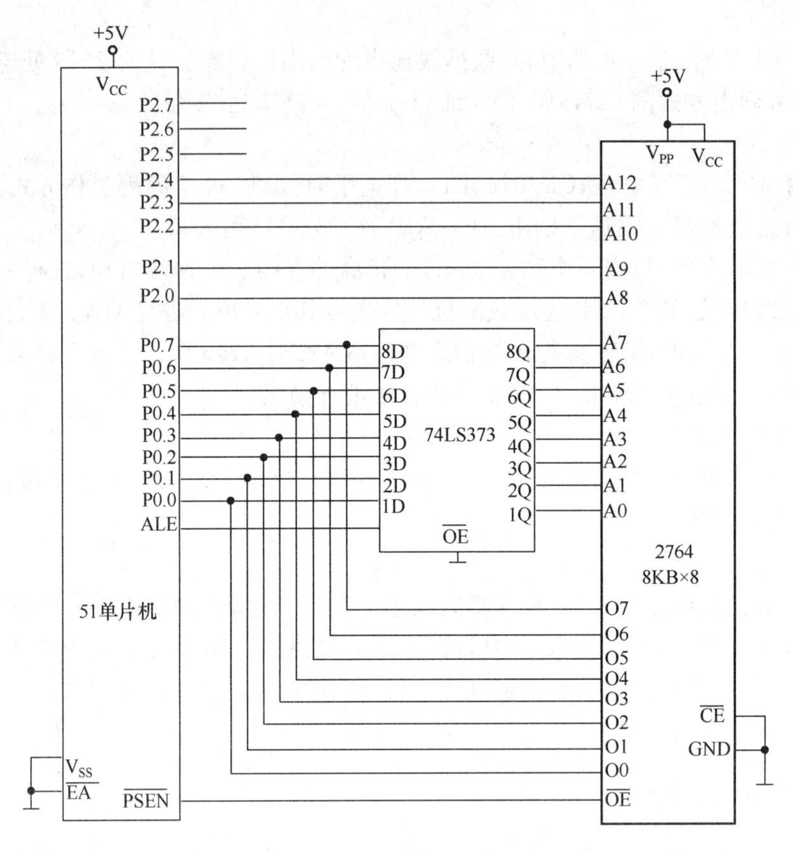


图 8-12 2764 与 51 单片机的扩展连接图

(1) 地址线、数据线和控制信号线的连接。

地址线的连接与存储芯片的容量有直接关系。2764 的存储容量为 8KB，需 13 位地址(A0～A12)进行存储单元的选择，为此先把芯片的 A0～A7 引脚与地址锁存器的 8 位地址输出对应连接，剩下的高位地址(A8～A12)引脚与 P2 口的 P2.0～P2.4 相连。这样，2764 芯片内存储单元的选择问题即可解决。此外，因为这是一个小规模存储器扩展系统，系统只有一片 2764，采用线选法编址比较方便，由于没有使用片选信号，而把芯片选择信号$\overline{CS}$端直接接地。

数据线的连接则比较简单，把存储芯片的 8 位数据输出引脚与单片机 P0 口线对应连接即可解决。

程序存储器的扩展只涉及$\overline{PSEN}$(外部程序存储器读选通)信号，该信号接 2764 的$\overline{OE}$端，以便进行存储单元的读出选通。

(2) 存储映像分析。

分析存储器在存储空间中占据的地址范围，实际上是根据地址线连接情况确定其最低地址和最高地址。如图 8-12 所示连接电路 8 个重叠的地址范围为：

0000000000000000B～0001111111111111B，即 0000H～1FFFH；

0010000000000000B～0011111111111111B，即 2000H～3FFFH；

0100000000000000B～0101111111111111B,即 4000H～5FFFH;
0110000000000000B～0111111111111111B,即 6000H～7FFFH;
1000000000000000B～1001111111111111B,即 8000H～9FFFH;
1010000000000000B～1011111111111111B,即 A000H～BFFFH;
1100000000000000B～1101111111111111B,即 C000H～DFFFH;
1110000000000000B～1111111111111111B,即 E000H～FFFFH。

以上这些地址范围都能访问这片 2764 芯片。这种多映像区的重叠现象由线选法本身造成,因此映像区的非唯一性是线选法编址的一大缺点。

2) 采用线选法的多片程序存储器扩展

**【例 8-2】** 使用两片 2764 扩展 16KB 的程序存储器,采用线选法选中芯片。扩展连接图如图 8-13 所示。

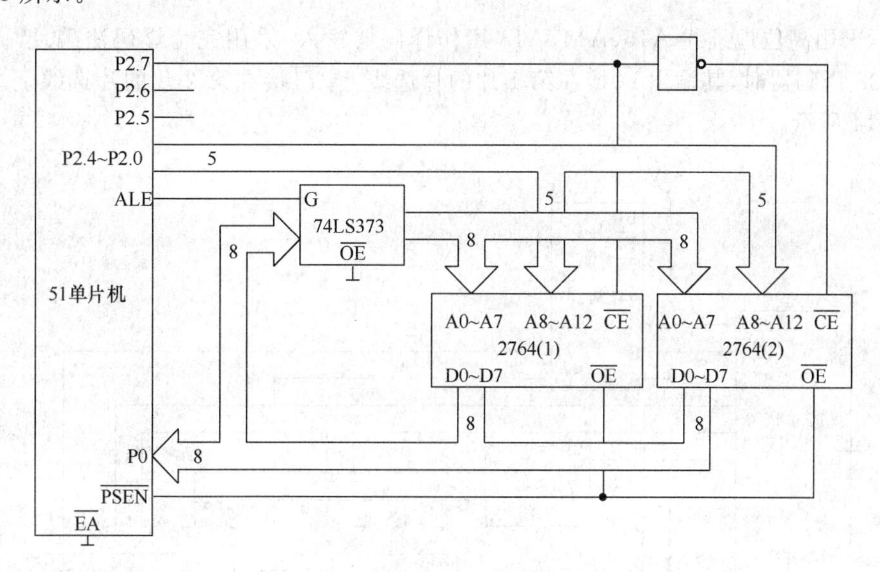


图 8-13 例 8-2 扩展连接图

在图 8-13 中,以 P2.7 作为片选,当 P2.7=0 时,选中 2764(1);当 P2.7=1 时,选中 2764(2)。因两根线(A13、A14)未用,故两个芯片各有 $2^2=4$ 个重叠的地址空间。它们分别为:

2764(1):0000000000000000B～0001111111111111B, 即 0000H～1FFFH;
0010000000000000B～0011111111111111B, 即 2000H～3FFFH;
0100000000000000B～0101111111111111B, 即 4000H～5FFFH;
0110000000000000B～0111111111111111B, 即 6000H～7FFFH。

2764(2):1000000000000000B～1001111111111111B, 即 8000H～9FFFH;
1010000000000000B～1011111111111111B, 即 A000H～BFFFH;
1100000000000000B～1101111111111111B, 即 C000H～DFFFH;
1110000000000000B～1111111111111111B, 即 E000H～FFFFH。

3)采用地址译码器的多片程序存储器扩展

**【例 8-3】** 要求用 2764 芯片扩展片外程序存储器,分配的地址范围为 0000H～3FFFH,共 16KB。要求的地址空间唯一确定,所以采用全译码方法。2764 为 8KB×8 位,故需要两片。第 1 片的地址范围应为 0000H～1FFFH;第 2 片的地址范围应为 2000H～3FFFH。

由地址范围确定译码器的连接方式，为此画出译码关系表，如表 8-4 所示。

**表 8-4 地址映像表**

| P2.7 | P2.6 | P2.5 | P2.4 | P2.3 | P2.2 | P2.1 | P2.0 |
|---|---|---|---|---|---|---|---|
| A15 | A14 | A13 | A12 | A11 | A10 | A9 | A8 |
| 0 | 0 | 0 | × | × | × | × | × |
| 0 | 0 | 1 | × | × | × | × | × |
| **P0.7** | **P0.6** | **P0.5** | **P0.4** | **P0.3** | **P0.2** | **P0.1** | **P0.0** |
| A7 | A6 | A5 | A4 | A3 | A2 | A1 | A0 |
| × | × | × | × | × | × | × | × |
| × | × | × | × | × | × | × | × |

其中，未用高位地址线 A15、A14、A13 用作译码器输入，采用完全译码法编址。由此，选用 74LS138 译码器时，其输出 $\overline{Y0}$ 接在第 1 片的片选线上，$\overline{Y1}$ 接在第 2 片的片选线上。扩展连接如图 8-14 所示。

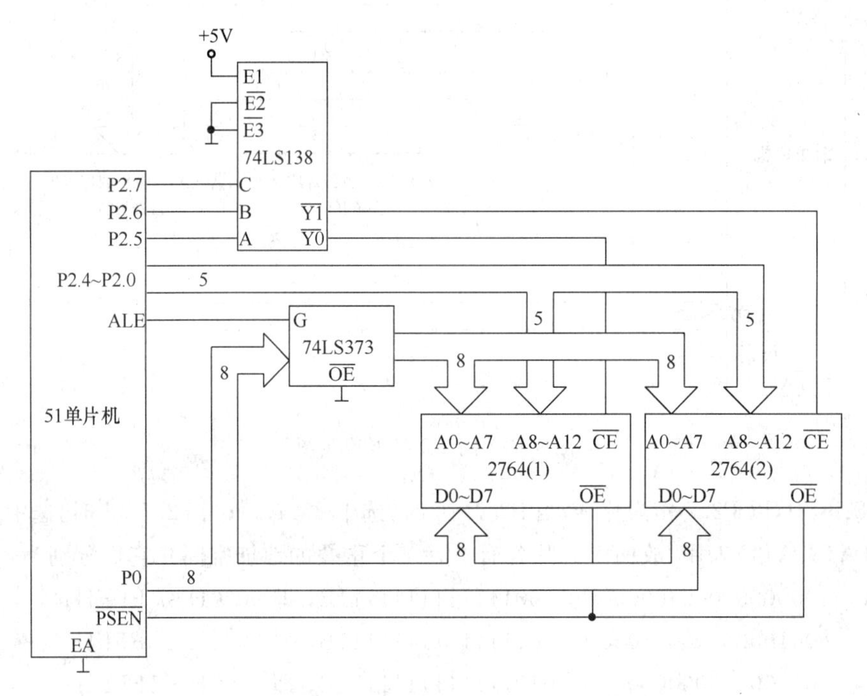


图 8-14 用两片 2764EPROM 的扩展连接图

由表 8-4 或图 8-14 可得出，译码器输入端 C、B、A(P2.7、P2.6 、P2.5)为"000"时，$\overline{Y0}$ 有效，选中 2764(1)芯片，其地址范围为 0000H～1FFFH；当译码器 C、B、A 为"001"时，$\overline{Y1}$ 有效，选中 2764(2)芯片，2764(2)芯片其地址范围为 2000H～3FFFH。

## 8.4 数据存储器扩展

### 8.4.1 数据存储器扩展的必要性

数据存储器就是随机存储器(Random Access Memory，RAM)在单片机系统中用于存放可随时修改的数据。与 ROM 不同的是,RAM 可以进行读写两种操作。RAM 是易失性存储器,断电后所存信息立即消失。按半导体工艺,RAM 分为 MOS 型和双极型两种。MOS 型集成度高,功耗低,价格低,但速度较慢。双极型的特点则正好相反。在单片机系统中使用的大多数是 MOS 型的随机存储器,它们的输入输出信号能与 TTL 相兼容,所以在扩展中信号连接很方便。

按其工作方式,RAM 又分为静态(SRAM)和动态(DRAM)两种。SRAM 只要电源加上,所存信息能可靠保存。DRAM 使用的是动态存储单元,不断进行刷新以便周期地再生,才能保存信息。DRAM 的集成密度大,集成同样的位容量,DRAM 所占芯片面积只是 SRAM 的 1/4。此外,DRAM 的功耗低,价格低。动态存储器须增加刷新电路,因此只适应于较大系统,而在单片机系统中很少使用。

由于 51 单片机片内 RAM 仅 256B,当系统需要较大容量的 RAM 时,就需要片外扩展数据存储器,最大可扩展 64KB。由于单片机面向控制,实际需要扩展容量不大。因此一般采用 SRAM 较为方便。

1. *数据存储器典型芯片*

常用于单片机扩展的静态数据存储器芯片有 6116(2KB×8 位)、6264(8KB×8 位),62128(16KB×8 位),62256(32KB×8 位)等,引脚图如图 8-15 所示。

| 引脚 | 62256 | 62128 | 6264 |
|---|---|---|---|
| 1 | A14 | NC | NC |
| 2 | A12 | A12 | A12 |
| 3 | A7 | A7 | A7 |
| 4 | A6 | A6 | A6 |
| 5 | A5 | A5 | A5 |
| 6 | A4 | A4 | A4 |
| 7 | A3 | A3 | A3 |
| 8 | A2 | A2 | A2 |
| 9 | A1 | A1 | A1 |
| 10 | A0 | A0 | A0 |
| 11 | D0 | D0 | D0 |
| 12 | D1 | D1 | D1 |
| 13 | D2 | D2 | D2 |
| 14 | GND | GND | GND |

6116 SRAM

| 信号 | 引脚 | 引脚 | 信号 |
|---|---|---|---|
| A7 | 1 | 24 | $V_{CC}$ |
| A6 | 2 | 23 | A8 |
| A5 | 3 | 22 | A9 |
| A4 | 4 | 21 | $\overline{WE}$ |
| A3 | 5 | 20 | $\overline{OE}$ |
| A2 | 6 | 19 | A10 |
| A1 | 7 | 18 | $\overline{CE}$ |
| A0 | 8 | 17 | D7 |
| D0 | 9 | 16 | D6 |
| D1 | 10 | 15 | D5 |
| D2 | 11 | 14 | D4 |
| GND | 12 | 13 | D3 |

| 6264 | 62128 | 62256 | 引脚 |
|---|---|---|---|
| $V_{CC}$ | $V_{CC}$ | $V_{CC}$ | 28 |
| $\overline{WE}$ | $\overline{WE}$ | $\overline{WE}$ | 27 |
| CS1 | A13 | A13 | 26 |
| A8 | A8 | A8 | 25 |
| A9 | A9 | A9 | 24 |
| A11 | A11 | A11 | 23 |
| $\overline{OE}$ | $\overline{OE}$ | $\overline{OE}$/RFSH | 22 |
| A10 | A10 | A10 | 21 |
| $\overline{CE}$ | $\overline{CE}$ | $\overline{CE}$ | 20 |
| D7 | D7 | D7 | 19 |
| D6 | D6 | D6 | 18 |
| D5 | D5 | D5 | 17 |
| D4 | D4 | D4 | 16 |
| D3 | D3 | D3 | 15 |

图 8-15　常用 SRAM 芯片的引脚图

图 8-15 引脚符号的功能如下所述。

A0～A$i$——地址输入线,$i$=10(6116),12(6264),14(62256)。

D0～D7——双向三态数据线。

$\overline{CE}$——片选信号输入线,低电平有效。6264 的 26 脚($\overline{CS}$)为高电平,且$\overline{CE}$为低电平时才选中该片。

$\overline{OE}$——读选通信号输入线,低电平有效。

$\overline{WR}$——写允许信号输入线,低电平有效。

$V_{CC}$——工作电源,电压为+5V。

GND——线路地。

SRAM 存储器有读出、写入、维持三种工作方式,三种 RAM 电路的主要技术特性如表 8-5 所示。

表 8-5　常用静态电路的主要技术特性

| 型　号 | 6116 | 6264 | 62256 |
| --- | --- | --- | --- |
| 容量/KB | 2 | 8 | 32 |
| 引脚数/只 | 24 | 28 | 28 |
| 工作电压/V | 5 | 5 | 5 |
| 典型工作电流/mA | 35 | 40 | 8 |
| 典型维持电流/μA | 5 | 2 | 0.5 |
| 存取时间/ns | | 由产品型号而定 | |

对于 CMOS 的 SRAM 电路，$\overline{CE}$为高电平时，电路处于降耗状态。此时，$V_{CC}$可降至 3V 左右。内部所存储的数据不会丢失。

2. 数据存储器的扩展举例

外扩数据存储器与程序存储器相比较，数据存储器的扩展连接在数据线、地址线的连接方法上完全相同，所不同的只在控制信号线上。扩展时同样由 P2 口提供高 8 位地址，P0 口分时提供低 8 位地址和用作 8 位双向数据总线。区别在于，片外数据存储器 RAM 的读和写由 $\overline{RD}$(P3.7)和$\overline{WR}$(P3.6)信号控制，而片外程序存储器 EPROM 的输出允许端$\overline{OE}$由读选通$\overline{PSEN}$信号控制。尽管与 EPROM 共处同一地址空间，但由于控制信号及使用的数据传送指令不同，故不发生总线冲突。

**【例 8-4】** 利用线选法进行一片 6264 SRAM 扩展电路，如图 8-16 所示。

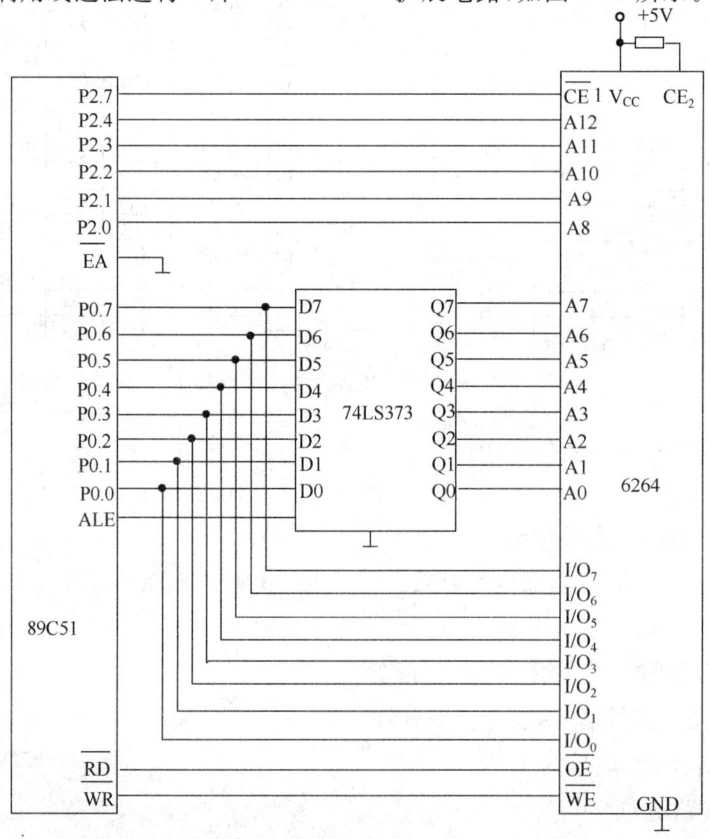


图 8-16　6264 SRAM 扩展电路

在扩展连接中，$\overline{RD}$以信号接 6264 的$\overline{OE}$端，$\overline{WR}$信号接$\overline{WE}$端，以进行 RAM 芯片的读写控制。6264 是 8KB×8 位程序存储器，芯片的地址引脚线有 13 条，顺次和单片机的地址线 A0～A12相接。由于采用线选法，只用一片 6264，其片选信号$\overline{CE}$可直接使 P2.7(A15)=0 有效，而高 2 位地址线 A13、A14 不接，故有 $2^2=4$ 个重叠的 8KB 地址空间。其连接电路如图 8-16 所示，连接电路的 4 个重叠的地址范围为：

0000000000000000B～0001111111111111B，即 0000H～1FFFH；

0010000000000000B～0011111111111111B，即 2000H～3FFFH；

0100000000000000B～0101111111111111B，即 4000H～5FFFH；

0110000000000000B～0111111111111111B，即 6000H～7FFFH。

**【例 8-5】** 线选法多片数据存储器扩展。用 4 片 6116 实现 8KB 数据存储器扩展，连接图如图 8-17 所示。

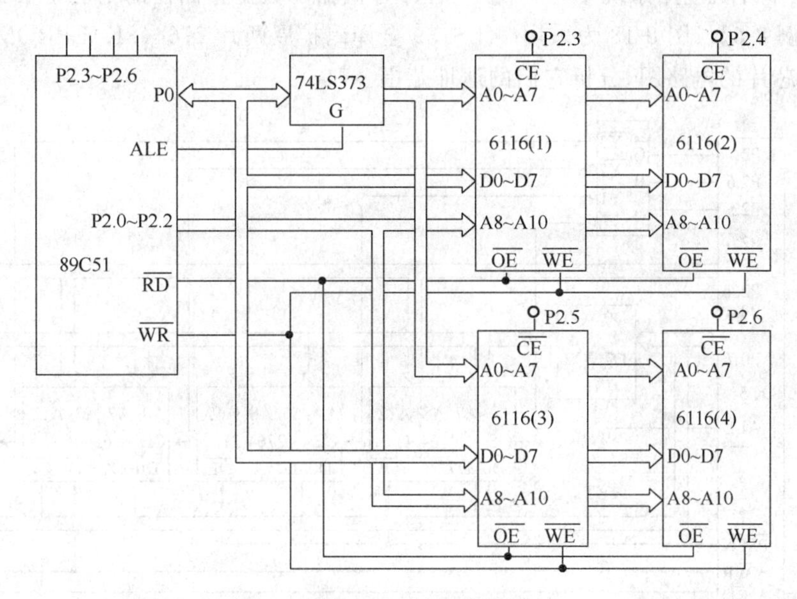


图 8-17　例 8-5 多片 RAM 扩展连接图

多片 RAM 扩展时，读写选通信号及 A0～A10 地址引线的连接与单片 6116 扩展相同。特殊的只在于高位地址线的连接。这时 P2 口的高 8 位地址线中 P2.0～P2.2 已用作 RAM 芯片的高 3 位地址(A8～A10)。尚余下 5 条地址线，为此把其中的 P2.3、P2.4、P2.5、P2.6 分别作为 4 片 RAM 的片选信号，从而构成一个完整线选法编址的 8KB RAM 扩展存储器。

本数据存储器扩展系统中各存储芯片的存储映像如表 8-6 所示。

**表 8-6　图 8-17 对应的存储映像表**

| P2 口<br>7 6 5 4 3 2 1 0 | P0 口<br>7 6 5 4 3 2 1 0 | 地址 | |
|---|---|---|---|
| Ⅰ#0 1 1 1 0 0 0 0 | 0 0 0 0 0 0 0 0 | 最低地址 | 7000H |
| 0 1 1 1 0 1 1 1 | 1 1 1 1 1 1 1 1 | 最高地址 | 77FFH |
| Ⅱ#0 1 1 0 1 0 0 0 | 0 0 0 0 0 0 0 0 | 最低地址 | 6800H |
| 0 1 1 0 1 1 1 1 | 1 1 1 1 1 1 1 1 | 最高地址 | 6FFFH |

续表

| P2 口 76543210 | P0 口 76543210 | 地址 | |
|---|---|---|---|
| Ⅲ# 01011000 | 00000000 | 最低地址 | 5800H |
| 01011111 | 11111111 | 最高地址 | 5FFFH |
| Ⅳ# 00111000 | 00000000 | 最低地址 | 3800H |
| 00111111 | 11111111 | 最高地址 | 3FFFH |

注：在本例中，假设未用的 P2.7=0。

### 8.4.2 兼有片外程序存储器和片外数据存储器的扩展举例

在单片机应用系统中，同时扩展程序存储器和数据存储器的情况也很常见。

**【例 8-6】** 图 8-18 为采用 74LS139 全译码扩展两片 2764(8K)EPROM 和两片 6264(8K) RAM 芯片的电路图，分析它们的地址范围。

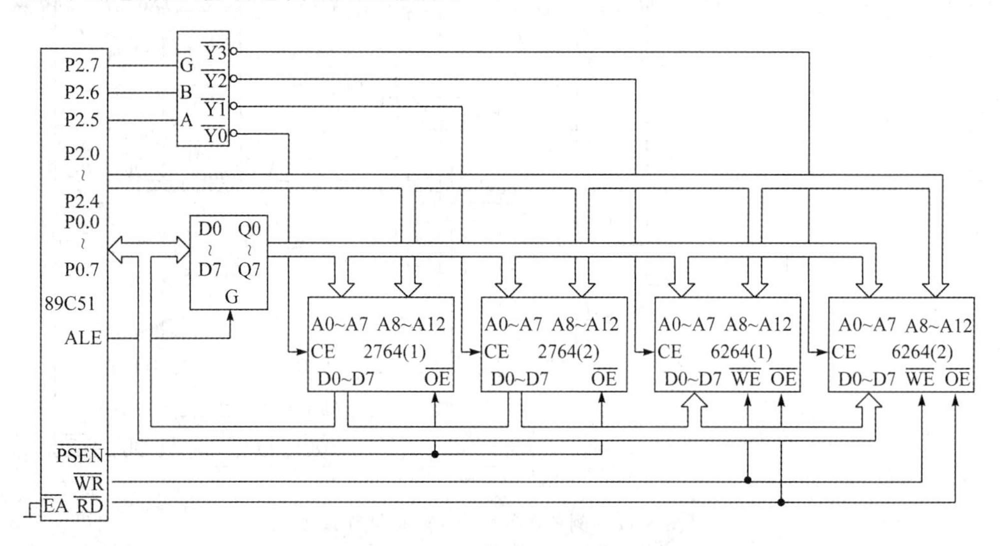


图 8-18 例 8-6 连接图

在图 8-18 中，A15(P2.7)接译码器的使能端$\overline{G}$必须为“0”，A14、A13(P2.6、P2.5)接译码器的输入端，由于采用完全译码法，每个芯片的地址唯一。对应关系如表 8-7 所示。

**表 8-7 图 8-18 对应的地址映像表**

| P2.7 | P2.6 | P2.5 | P2.4 | P2.3 | P2.2 | P2.1 | P2.0 |
|---|---|---|---|---|---|---|---|
| A15 | A14 | A13 | A12 | A11 | A10 | A9 | A8 |
| 0 | 0 | 0 | × | × | × | × | × |
| 0 | 0 | 1 | × | × | × | × | × |
| 0 | 1 | 0 | × | × | × | × | × |
| 0 | 1 | 1 | × | × | × | × | × |

| P0.7 | P0.6 | P0.5 | P0.4 | P0.3 | P0.2 | P0.1 | P0.0 |
|---|---|---|---|---|---|---|---|
| A7 | A6 | A5 | A4 | A3 | A2 | A1 | A0 |
| × | × | × | × | × | × | × | × |

续表

| P0.7 | P0.6 | P0.5 | P0.4 | P0.3 | P0.2 | P0.1 | P0.0 |
|---|---|---|---|---|---|---|---|
| × | × | × | × | × | × | × | × |
| × | × | × | × | × | × | × | × |
| × | × | × | × | × | × | × | × |

注：表中“×”状态从“0”到“1”。

得出：

2764(1)：0000H～1FFFH；  2764(2)：2000H～3FFFH

6264(1)：4000H～5FFFH；  6264(2)：6000H～7FFFH

**【例 8-7】** 图 8-19 为采用 74LS138 译码扩展两片 2716(4K)EPROM 和两片 6116(4K)RAM 芯片的电路图，分析每个芯片的地址范围。

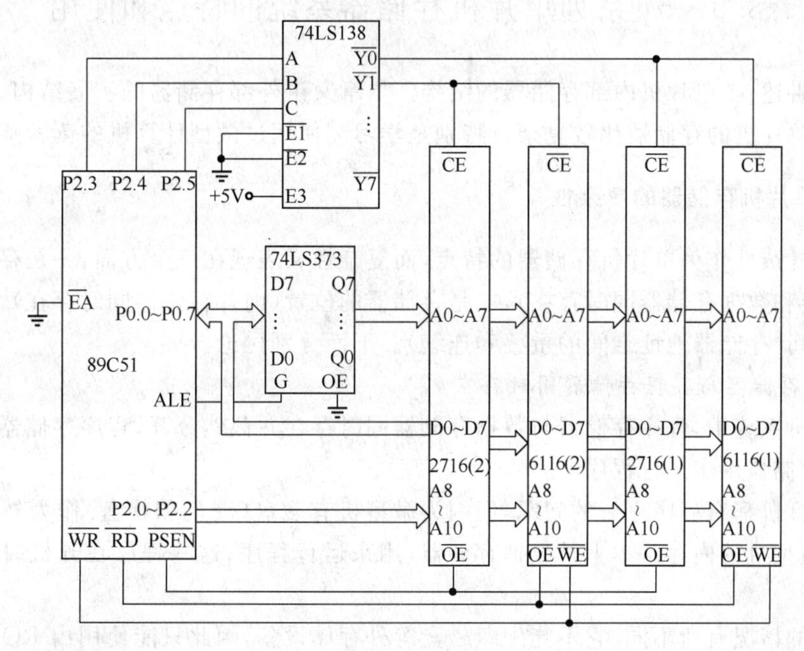


图 8-19 例 8-7 连接图

由图 8-19 可知，例题采用部分译码法，P2.3、P2.4、P2.5 作为译码器的三个输入端进行译码，P2.6、P2.7 未用，故有 $2^2=4$ 个重叠的 8KB 地址空间。

由于译码器的一个输出端接有 2 个不同性质的芯片，因此，这 2 个芯片的地址范围应相同。假设未用的 P2.6、P2.7 状态都为“0”，则地址范围之一为：

2716(1)：0000H～07FFH；  2716(2)：0800H～0FFFH

6116(1)：0000H～07FFH；  6116(2)：0800H～0FFFH

在该电路中，由于两种存储器都由 P2 口提供高 8 位地址，P0 口提供低 8 位地址，且译码器的一个输出端同时接有 2716 和 6116 两个芯片，所以它们的地址范围相同。程序存储器的读操作由 $\overline{PSEN}$ 信号控制，而数据存储器的读和写分别由 $\overline{RD}$ 和 $\overline{WR}$ 信号控制，因此不会造成操作上的混乱。

对于多片存储器的扩展，可以得出以下 4 个要点：

- 各芯片的低位地址线并行连接。

• 各芯片的数据线并行连接。
• 各性质相同芯片的控制信号并行连接。
• 各性质相同芯片的片选信号不同,需分别产生。

注意到这几点,多片存储器芯片的连接则变得容易。

系统“写”时用如下指令：

```
MOVX @DPTR,A
MOVX @Ri,A
```

系统“读”时用如下指令：

```
MOVX A,@DPTR
MOVX A,@Ri
```

## 8.5 51系列单片机存储器系统的特点和使用

第2章讲述51单片机内部存储器的结构。本章又讲外部存储器的扩展结构。学过之后,读者会认为单片机的存储器比较复杂。特别是学习和使用过微型计算机的读者感觉更深。

### 8.5.1 51单片机存储器的复杂性

可以把复杂性作为单片机存储器的特点,而复杂性又表现在三个方面,一是存储器的种类(程序存储器和数据存储器同时存在),二是存储器的位置(内外存储器同时存在),最后是存储器的地址空间(存储器地址空间的重叠和连续)。下面分别讨论。

1. 程序存储器与数据存储器同时存在

在单片机系统中,程序存储器与数据存储器同时存在并截然分开,程序存储器用于存放程序,而数据存储器用于运行程序。

任何计算机都有程序存放的问题,但因为微型机有磁盘(硬盘和软盘)作为外存储器存放程序,所以微型机的内存基本上是数据存储器,用来运行程序,这些程序在开机时由磁盘调入内存。

单片机的情况有所不同,它不能配备磁盘等外存储设备,因此只能使用由ROM构成的程序存储器解决程序的存放问题。程序存储器是只读存储器,不能进行写操作,只能运行程序,为此由RAM构成的数据存储器又不可缺少。由此造成单片机系统中程序存储器和数据存储器这两类存储器并行存在。

2. 内外存储器同时存在

单片机芯片的内部虽然已经有一定数量的ROM与RAM,但在实际使用中,只要系统稍具规模,就需要外扩展存储器,从而形成单片机系统既有内部存储器又有外部存储器,内部存储器有ROM和RAM之分,外部存储器也有ROM和RAM之分,ROM存储器有内外之分,RAM存储器也有内外之分,这样一种特殊的存储器交叠配置现象,是任何其他计算机都不曾出现过的现象。

3. 存储器地址空间的重叠和连续

两种类型的内外存储器构成单片机系统的4个物理存储空间,即片内程序存储空间、片外程序存储空间、片内数据存储空间及片外数据存储空间。

对于程序存储器,为了运行程序的需要,要求内外程序存储器连续编址,形成一个完整的地址空间；数据存储器，为方便使用，要求内外数据存储器分开各自编址，都是从 0 单元开始，从而形成用户使用角度上的 3 个逻辑存储空间，即片内外统一编址的 64KB 的程序存储空间、256B 的片内数据存储空间，以及 64KB 的片外数据存储空间。51 单片机的 4 个物理存储空间和 3 个逻辑存储空间如图 8-20 所示。

4 个物理存储空间和 3 个逻辑存储空间是 51 存储器系统的最大特点，同时也给使用带来很大的不便。

| | 内部 | 外部 |
| --- | --- | --- |
| 数据存储器 | MOV指令 | MOVX 指令<br>$\overline{RD}$、$\overline{WR}$选通 |
| 程序存储器 | MOVC指令<br>$\overline{EA}$=1 | MOVC指令<br>$\overline{PSEN}$ 选通<br>$\overline{EA}$=0 |

图 8-20　4 个物理存储空间和 3 个逻辑存储空间图

### 8.5.2　51 单片机存储的使用

为正确使用 51 单片机存储器，首先学会如何区分 4 个不同的存储空间，使之不混淆，其次学会内外程序存储器的衔接。以下分别介绍。

1. *存储空间的区分*

在 51 系列单片机中，为区分不同的存储空间，采用硬件和软件两种措施。硬件措施是指对不同的存储空间使用不同的控制信号；软件措施则指为访问不同的存储空间使用不同的指令。

1）内部程序存储器与数据存储器的区分

芯片内部的 ROM 与 RAM 通过指令相互区分。读 ROM 时使用 MOVC 指令，而读 RAM 时则使用 MOV 指令，如图 8-20 所示。

2）外部程序存储器与数据存储器的区分

对外部扩展 ROM 与 RAM，同样使用指令加以区分，读外部 ROM 使用指令“MOVC”，而读外部 RAM 则使用指令“MOVX”。此外，在电路连接上还提供两个不同的选通信号，以$\overline{PSEN}$作为外部 ROM 的读选通信号，以$\overline{RD}$和$\overline{WR}$作为外部 RAM 的读写选通信号。

3）内外数据存储器的区分

内部 RAM 和外部 RAM 分开编址，因此造成 256 个单元的地址重叠。由于有不同的指令加以区分，访问内部 RAM 使用“MOV”指令，访问外部 RAM 使用“MOVX”指令，因此不会发生操作混乱。

2. *内外程序存储器的衔接*

出于连续执行程序的需要，内外程序存储器应统一编址（内部占低位，外部占高位），并使用相同的读指令“MOVC”。因此，内外 ROM 不是区分问题而是衔接的问题。但是，在 51 单片机系列芯片中，有的有内部 ROM，有的没有内部 ROM。为此 51 单片机专门配置一个$\overline{EA}$（访问内外程序存储器控制）信号。

对于像 89C51 这样有内部 ROM 的单片机，应使$\overline{EA}$＝1（接高电平）。这时，当地址为 0000H～0FFFH 时，在内部 ROM 寻址；等于或超过 1000H 时，在外部 ROM 中寻址。从而形成如图 8-21 所示的内外 ROM 衔接形式，使内外程序存储器成为一个连续的统一体。

由于 0000H～0FFFH 地址空间已被内部 ROM 占据，外部 ROM 不能再利用。因此，相当于外部 ROM 损失 4KB 的地址空间。

对于像 80C31 这样没有内部 ROM 的单片机，应使$\overline{EA}$＝0（接地），这样只对外部 ROM 进

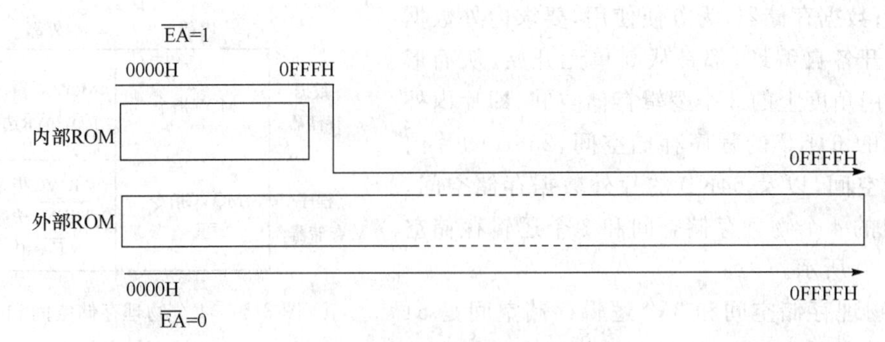


图 8-21　内外程序存储器衔接示意图

行寻址，寻址范围为 0000H～FFFFH，是一个完整的 64KB 外部 ROM 地址空间。

总结上述内容，51 系列单片机系统在物理结构上共有 4 个存储空间，但是在逻辑上，也即从用户使用的角度上，则只有 3 个存储空间，这 3 个不同的存储空间使用不同的访问指令。

虽然存储器的交叠提高单片机的寻址能力，但同时也给学习和使用单片机带来一些困难。例如，增加指令的类型和控制信号的数目，给程序设计和电路连接增加困难，使程序设计容易出错，且出错后又不易查找，从而提高程序调试的难度。

## 习　题

8-1　简述单片机系统扩展的基本原则和实现方法。

8-2　什么是 RAM？有什么特点？

8-3　什么是完全译码？什么是部分译码？各有什么特点？

8-4　以 89C51 为主机的系统拟采用 6264 的 RAM 芯片扩展 16KB 数据存储器。试设计出硬件结构图，并说明芯片的地址范围。

8-5　采用 2764(8KB×8 位)芯片，扩展程序存储器容量，分配的地址范围为 8000H～BFFFH。采用完全译码，试选择芯片数、分配地址，画出与单片机的连接电路。

8-6　设单片机采用 89C51，未扩展片外 ROM，片外 RAM 采用一片 6116。试编程，将其片内 ROM 从 0100H 单元开始 10 字节的内容依次外移到片外 RAM 从 0100H 单元开始的 10 字节。

8-7　图 8-22 是四片 8KB×8 位存储器芯片的连接图。试确定每片存储器芯片的地址范围。

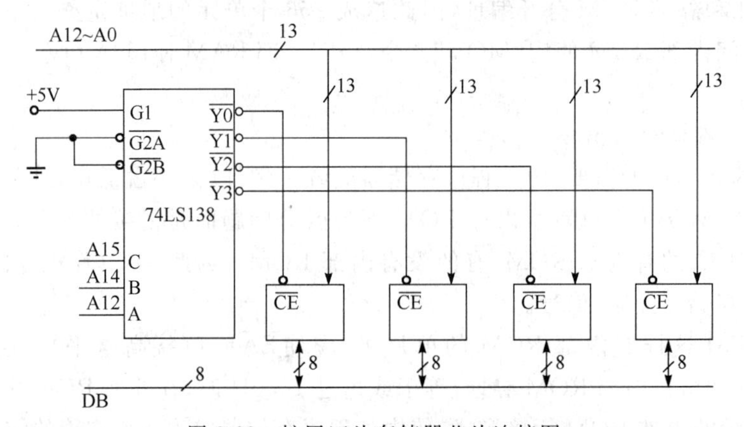


图 8-22　扩展四片存储器芯片连接图

# 第 9 章　单片机的总线扩展技术

随着微处理技术的飞速发展，单片机的应用领域不断扩大，与之相应的总线技术也不断创新。本章主要讨论总线的分类及其结构，并介绍几种常用的内部总线和外部总线，以及目前应用比较广泛的现场总线技术。

## 9.1　SPI 串行扩展接口

### 9.1.1　SPI 接口

SPI 接口的全称是 Serial Peripheral Interface，意为“串行外围接口”，由 Motorola 首先在其 MC68HCXX 系列处理器上定义。SPI 接口主要应用在 EEPROM、FLASH、实时时钟、AD 转换器，还有数字信号处理器和数字信号解码器之间，在主器件的移位脉冲下，数据按位传输，高位在前，低位在后，为全双工通信，数据传输速度总体比 $I^2C$ 总线快，速度可达到几 Mbps 。

SPI 总线定义：

- 串行时钟线(SCK，同步脉冲)；
- 主机输入/从机输出数据线(MISO，高位在前)；
- 主机输出/从机输入数据线(MOSI，高位在前)；
- 从机选择线 CS(SS)。

SPI 系统可直接与多种标准外围器件直接接口。

外围设备包括：简单的移位寄存器(用作并行输入或输出口)至复杂的 LCD 显示驱动器或 A/D 转换器等。

与并行总线相比，SPI 总线可以简化电路设计，省掉很多常规电路中的接口器件，提高了设计的可靠性。

SPI 总线系统典型的结构如图 9-1 所示。

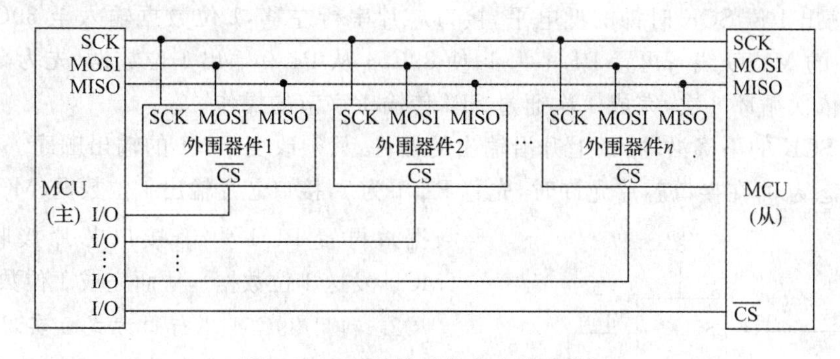


图 9-1　SPI 总线系统典型的结构图

注：有多个 SPI 接口的单片机时，应为一主多从，在某一时刻只能由一个单片机为主器件；
在扩展多个 SPI 外围器件时，单片机应分别通过 I/O 口线分时选通外围器件。

SPI 主机方式最高数据传输率可达 1.05 Mbit/s。数据的传输格式是高位(MSB)在前，低位(LSB)在后。输入输出可同时进行。

从器件只能在主机发命令时，才能接收数据或向主机传送数据。

主 SPI 的时钟信号(SCK)使传输同步。

SPI 总线有以下主要特性：全双工、三线同步传输；主机或从机工作；提供频率可编程时钟；发送结束中断标志；写冲突保护；总线竞争保护等。典型的时序图如图 9-2 所示(在一个 CLK 中，下降沿输出，上升沿输入，或反之)。

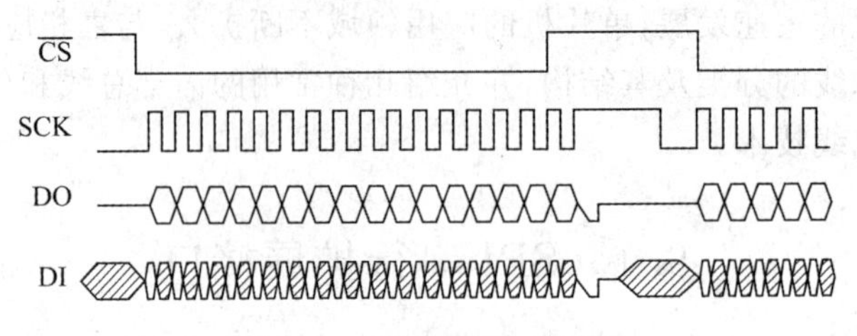


图 9-2　SPI 典型的时序图

### 9.1.2　SPI 外围接口扩展

1. 用一般的 I/O 口线模拟 SPI 操作

图 9-3 为 89C51 与 MCM2814($E^2$PROM)的硬件连接图。

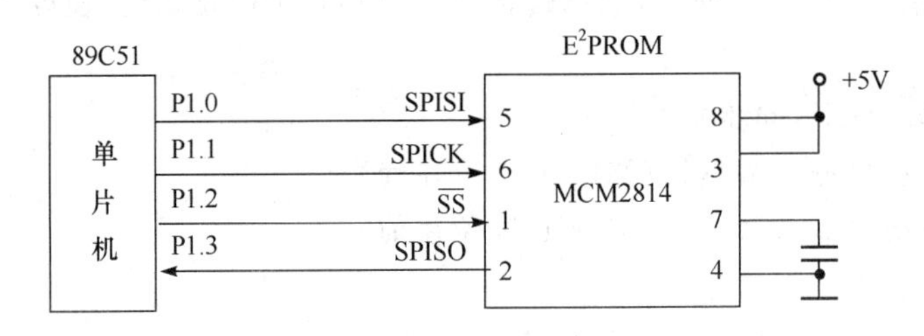


图 9-3　89C51 与 MCM2814($E^2$PROM)的硬件连接图

P1.0 模拟 MCU 的数据输出端(MOSI)，P1.1 模拟 SPI 的 SCK 输出端，P1.2 模拟 SPI 的从机选择端，P1.3 模拟 SPI 的数据输入端(MISO)。

对于在时钟上升沿输入数据和在下降沿输出数据的器件，一般取时钟输出 P1.1 的初态为 1；在允许接口芯片后，置 P1.1 为 0。

MCU 输出 1 位 SCK 时钟的低电平，接口芯片串行左移，1 位数据输入至 89C51 的 P1.3(模拟 MCU 的 MISO 线)；再置 P1.1 为 1，使 89C51 从 P1.0 输出 1 位数据(先为高位)至串行接口芯片。依次循环 8 次，完成 1 次通过 SPI 传输 1 字节的操作。

对于在 SCK 的下降沿输入、上升沿输出的器件，只须改变 P1.1 的输出顺序。可取串行时钟输出的初态为 0，在接口芯片允许时，先置 P1.1 为 1，接口芯片输出 1 位数据(MCU 接收 1 位数据)；再置 P1.1 为 0，接口芯片接收 1 位数据(MCU 发送 1 位数据)，从而完成 1 位数据的传送。

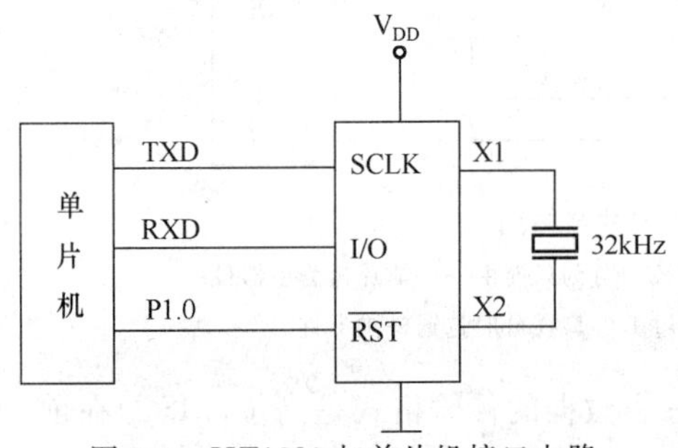


图 9-4　HT1380 与单片机接口电路

2. 利用 89C51 串行口方式 0 实现 SPI 操作

该操作常用于开关量 I/O、A/D、D/A、时钟、显示及打印功能等。

在对绝对时钟要求较高的场合使用外部时钟芯片，串行日历时钟芯片 HT1380 是一种典型的器件，如图 9-4 所示。

• I/O 端:串行输入输出端口;

• RST:复位 PIN;

• RST 为高时可以对其进行读/写操作(类似于芯片选择信号)。为低时,I/O 引脚对外是高阻状态,因此它允许多个串行芯片同时挂接在串行端口上。

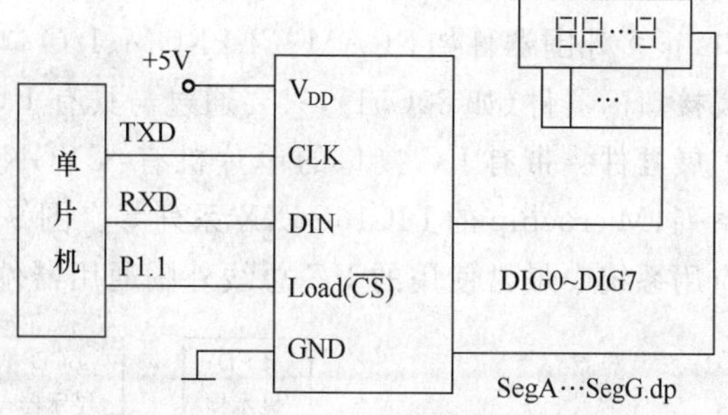


图 9-5 MAX7219 与单片机接口电路

**【例 9-1】** 串行 LED 显示接口 MAX7219。

MAX7219 可驱动 8 个 LED 显示器,89C51 与它的接口如图 9-5 所示。

单片机通过串行口以方式 0 与 MAX7219 交换信息:TXD 作为移位时钟;RXD 作为串行数据 I/O 端。Load 为芯片选择端,当 Load 低电平时,对 7219 进行读/写操作;当 Load 为高电平时,DIN 处于高阻状态。

**【例 9-2】** 扩展多个串行接口芯片时典型控制器的结构。

同时扩展多个串行接口芯片的控制电路如图 9-6 所示。

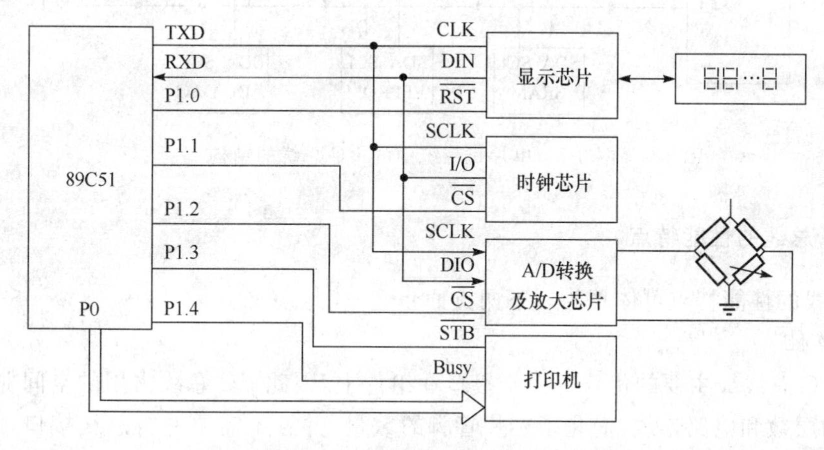


图 9-6 基于串行接口控制器的电路结构图

由于单片机无并行总线扩展,节余的资源可以作为打印机输出控制、功能键、中断逻辑等电路。

串行接口扩展系统的功能,并极大地利用系统资源,且接口简单,控制器体积减小,可靠度提高。

系统的软件设计与常规的单片机扩展系统类似,只是在芯片选择方面不通过地址线完成,而通过 I/O 口线实现。

# 9.2 I²C 总线技术

## 9.2.1 I²C 概念和术语

I²C 总线(Inter IC BUS——集成电路芯片间的串行总线)是一种由 Philips 公司推出的两线式串行总线,用于连接微控制器及其外围设备,是近年来在微电子通信控制领域广泛采用的一种新型总线标准,能用于替代标准的并行总线。

I²C 总线产生于 20 世纪 80 年代,它是同步通信的一种特殊形式,具有接口线少,控制方式简化，器件封装形式小，通信速率较高等优点。目前，很多半导体集成电路上都集成 $I^2C$ 接口，很多外围器件如 SRAM、EEPROM、I/O 口、ADC/DAC 等也提供 $I^2C$ 接口。即使无 $I^2C$ 总线接口的器件（如 80C51），只要通过与具有 $I^2C$ 结构的 I/O 接口电路连接，也能成为 $I^2C$ 总线扩展器件。带有 $I^2C$ 接口的单片机有：CYGNAL 的 C8051F0XX 系列，Philip SP 87LPC7XX 系列，Microchip 的 PIC16C6XX 系列等。图 9-7 是 $I^2C$ 总线的外围扩展示意图，它给出单片机应用系统中最常使用的 $I^2C$ 总线外围通用器件。

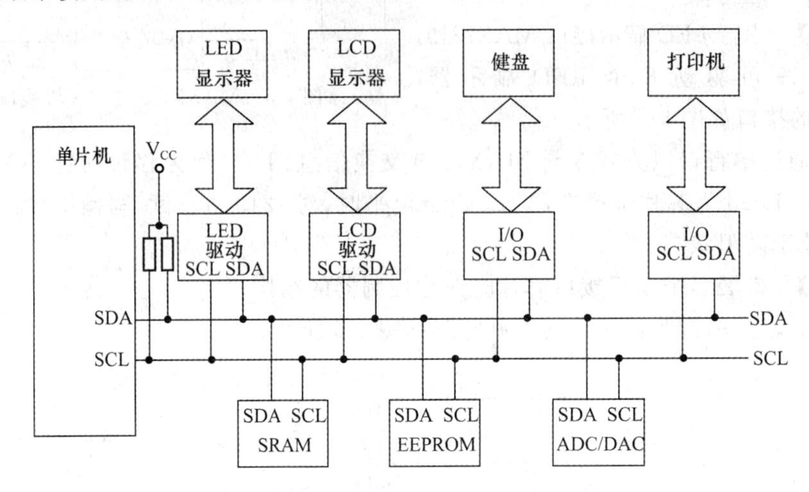


图 9-7 单片机系统中的 $I^2C$ 总线的结构

### 9.2.2 $I^2C$ 总线的性能特点

$I^2C$ 总线的性能特点可体现为以下两方面：

1. 简单性

这是 $I^2C$ 总线最主要的优点。由于接口在组件上，因此 $I^2C$ 总线占用的空间非常小，减少了电路板的层数和电路连线，简化了芯片管脚的数量，并且不需要并行总线接口，因而降低了互联成本。

2. 有效性

$I^2C$ 总线的长度可达 25 英尺（7、8 米），标准 $I^2C$ 总线传输速率可以到 100Kbit/s，通过使用 7 位地址码，就能支持 128 个设备。加强型 $I^2C$ 总线用 10 位地址码（能够支持 1024 个设备），快速模式传输速度达到 400Kbit/s；高速模式传输速度最高有 3.4Mbit/s。

### 9.2.3 $I^2C$ 总线原理

1. $I^2C$ 总线的构成

$I^2C$ 总线是由数据线（SDA）和时钟信号（SCL）构成的串行总线，可发送和接收数据。在信息的传输过程中，$I^2C$ 总线上并接的每一模块电路既可充当主控器（或被控器），又能作为发送器（或接收器）使用，这取决于它所待完成的功能。

CPU 发出的控制信号分为地址码和控制量两部分：地址码用来选地址，即接通需要控制的电路，确定控制的种类，类似于电话的拨号；控制量决定该调整的类别（如对比度、亮度等）及需要调整的量。这样，各控制电路虽然挂在同一条总线上，却彼此独立，互不相关。

2. $I^2C$ 总线的信号类型

$I^2C$ 总线在传送数据过程中共有三种信号类型，分别是：开始信号、结束信号和应答信号。

开始信号：SCL 为高电平时，SDA 由高电平向低电平跳变，开始传送数据。

结束信号：SCL 为高电平时，SDA 由低电平向高电平跳变，结束传送数据。

应答信号：主控器与被控器之间的联系信号，它是 $I^2C$ 总线上第 9 个时钟脉冲对应的 SDA 状态。当该状态为“0”电平时，表示有应答信号；当该状态为“1”电平时，表示无应答。

主控器与被控器之间应答信号的联系过程如下所述。

接收数据的 IC 在接收到 8bit 数据后，向发送数据的 IC 发出特定的低电平脉冲，表示已收到数据。CPU 向受控单元发出一个信号后，等待受控单元发出一个应答信号，CPU 接收到应答信号后，根据实际情况作出是否继续传递信号的判断。若未收到应答信号，可以判断为受控单元出现故障。

3. $I^2C$ 总线上一次典型的工作流程

(1) 开始：发送“开始”信号，表明传输开始。

(2) 发送地址：主设备发送地址信息，包含 7 位的从设备地址和 1 位的指示位(表明读或者写，即数据流的方向)。

(3) 发送数据：根据指示位，数据在主设备和从设备之间传输。数据一般以 8 位传输，最重要的位放在前面；具体传输多少量的数据并没有限制。接收器上用一位的 ACK(应答信号)表明每一个字节都收到。传输可以终止和重新开始。

(4) 停止：发送“停止”信号，结束传输。

4. $I^2C$ 总线的基本操作

$I^2C$ 规程运用主/从双向通信。器件发送数据到总线上，则定义为发送器；器件接收数据则，定义为接收器。主器件和从器件都可以工作于接收和发送状态。总线必须由主器件(通常为微控制器)控制，主器件产生串行时钟(SCL)控制总线的传输方向，并产生“起始”条件和“停止”条件。SDA 线上的数据状态仅在 SCL 为低电平的期间才能改变；SCL 为高电平的期间，SDA 状态的改变用来表示“起始”条件和“停止”条件，如图 9-8 所示。

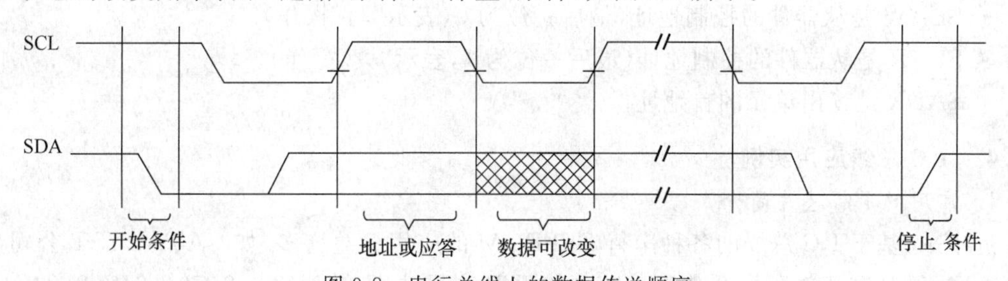


图 9-8　串行总线上的数据传送顺序

1) 从器件的控制地址

在“起始”条件之后，必须是从器件的控制地址，其中高四位为器件类型识别符(不同的芯片类型有不同的定义，EEPROM 一般应为 1010)，之后三位是片选位，最后一位是读写位：该位为 1 时表示“读”操作，为 0 时表示“写”操作，如图 9-9 所示。

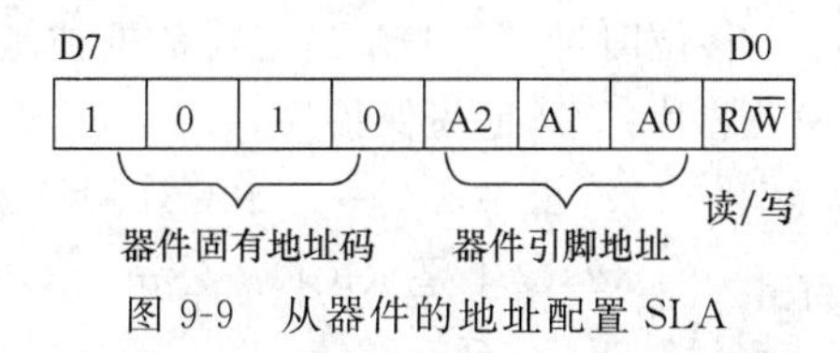


图 9-9　从器件的地址配置 SLA

2）“写”操作

“写”操作分为字节“写”和页面“写”两种，在页面“写”方式下根据芯片一次装载的字节不同而有所不同。关于页面“写”的地址、应答和数据传送的时序如图 9-10 所示。

| | | | | | | | | | | | | |
|---|---|---|---|---|---|---|---|---|---|---|---|---|
| S | SLAW | A | SADR | A | data 1 | A | data 2 | A | … | data *N* | A | P |

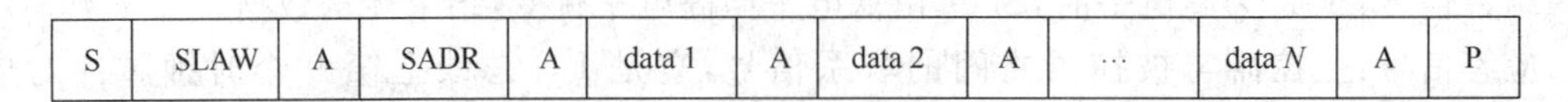

图 9-10　应答和数据传送的时序

说明：

- S 表示“开始”信号，A 是“应答”信号，P 是“停止”信号。
- SLAW 是从器件的控制地址(最后一位为 0，表示“写”操作)。
- SADR 是待写入页面的首地址。

3）“读”操作

“读”操作有三种基本情况：当前地址读、随机读和顺序读。图 9-11 给出的是顺序读的时序图。

应当注意的是：最后一个读操作的第 9 个时钟周期没有应答信号。原因是为了结束读操作，主机必须在第 9 个周期间隙发出停止条件或者在第 9 个时钟周期内保持 SDA 为高电平、然后发出停止条件。

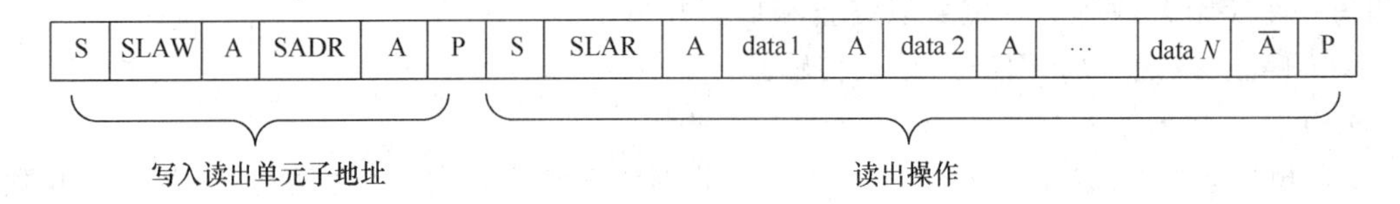

图 9-11　顺序读的时序图

说明：

- S 表示“开始”信号，A 是“应答”信号，P 是“停止”信号。
- SLAW 是从器件的控制地址(最后一位为 0，表示“写”操作)。
- SLAR 是从器件的控制地址(最后一位为 1，表示“读”操作)。
- SADR 是读出单元的首地址。

### 9.2.4　$I^2C$ 总线应用实例

1. 常用的 $I^2C$ 芯片简介

近年来，基于 $I^2C$ 总线的各种串行 EEPROM 的应用日益增多，如 CATALYST 公司生产的 24CXX 系列芯片就是一个典型代表。该系列产品主要有 24C02、24C04、24C08、24C16 和 24C32，容量分别对应于 2～32KB。它们一般具有并口 EEPROM 的特点，以串行方式传送数据，一般仅占用 2～4 条 I/O 线，价格低。

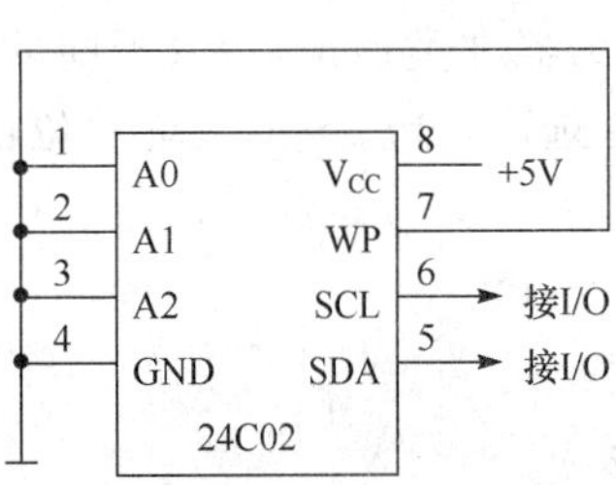

图 9-12　24C04 与 51 单片机接口图

图 9-12 是 DIP 封装的 24C02 与 80C51 的接口方案。其中，A0、A1、A2 是芯片地址线，单片使用时接地；SCL 是串行移位时钟端；SDA 是串行数据或地址端，CPU 通过 SDA 访问芯片；WP 是写保护端，接高电平时芯片只能读。

2. 应用实例——80C51 对 X24C04 的单字节写操作

X24C04 是 XICOR 公司的 CMOS 结构 4096 位(512B×8

位)串行 EEPROM,与 80C51 单片机接口如图 9-12 所示。SDA 是漏极开路输出,且可以与任何数目的漏极开路或集电极开路输出"线或"(wire-OR)连接,上拉电阻的选择可参考 X24C04 的数据手册。下面是通过 I²C 接口对 X24C04 进行单字节写操作的例程(设输入参数为 A)。流程图如图 9-13 所示。

C 语言程序如下所述。

```
#include<reg51.h>
#include<intrins.h>
#define uchar unsigned char
sbit sda=P3^3;
sbit scl=P3^2;
void main()
  {
    uchar i,temp,data;
    {
      scl=0;
      for(i=0;i<8<i++)
        {
          if((temp&0x80)==0x80)
                                          //如果最高位是 1
            sda=1;
          else
            sda=0;
            zcl=1;
            temp=data<<1;   //RL
            data=temp;
        }
    }
  }
```

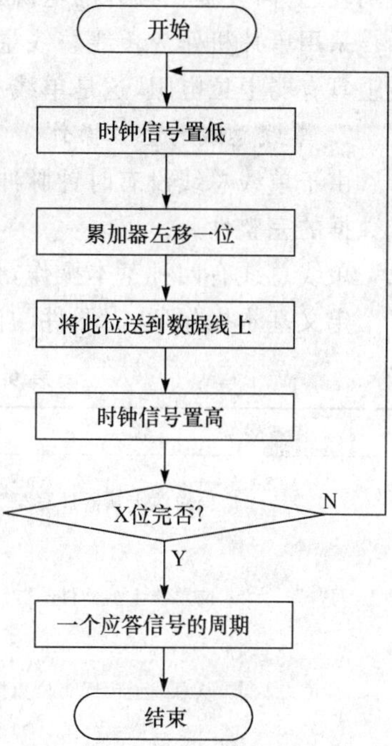

图 9-13 通信流程图

## 9.3 1-wire 总线

1-Wire 单线总线是有 maxim 公司推出的微控制器外围设备串行扩展总线,适用于单主机系统,可控制一个或多个从器件。

单线总线只采用一根数据线完成从器件供电和主从设备之间的数据交换,加上地线共需两根线,即可保证器件全速运行。单线总线可最大限度减少系统的连线,降低电路板设计的复杂度。

### 9.3.1 1-wire 总线

1. 单线总线的电气连接

单线总线器件内部有唯一的 64 位器件序列号,允许多个器件挂接在同一条 1-Wire 总线上。

通过网络操作命令协议，主机可以对其进行寻址和操控。

多数 1-Wire 器件没有电源引脚，而采用寄生供电的方式从 1-Wire 通信线路获取电源。因此需要对单线总线上拉，如图 9-16 中电阻 $R_P$。上拉电压越高，1-Wire 器件所得到的功率越大。电压越高，网络中可以挂接的 1-Wire 从器件也越多，时隙之间的恢复时间也越短。如果距离较远，需要提供额外的电源。

采用单片机作为单线总线主机时要注意所连的 I/O 口必须双向，其输出为漏极开路，且线上具有弱上拉电阻，这是单线总线接口的基本要求。

2. 单线总线的基本操作

由于单线总线没有时钟脉冲进行同步，故需要严格的时序和协议保证总线的操作有效性和数据的完整性。

单线总线有四种基本操作，分别是复位、写 1、写 0 和读位操作。

定义基本操作后，对器件的读写操作可通过多次调用位操作实现，如表 9-1 所示。

**表 9-1　单线总线基本操作定义和实现方法**

| 操　作 | 含　义 | 实现方法 |
| --- | --- | --- |
| 写“1” | 向总线上从器件写“1” | 主机拉低总线并延时时间 $A$；释放总线，由上拉电阻拉高总线，延时时间 $B$ |
| 写“0” | 向总线上从器件写“0” | 主机拉低总线并延时时间 $C$；释放总线，由上拉电阻拉高总线，延时时间 $D$ |
| 读位 | 从总线上读回 1 位数据 | 主机拉低总线并延时时间 $A$；释放总线，由上拉电阻拉高总线，延时时间 $E$ 后对总线采样，读回从器件输出值；然后延时时间 $F$ |
| 复位 | 初始化总线上的从器件 | 主机拉低总线并延时时间 $G$；释放总线，由上拉电阻拉高总线，延时时间 $H$ 后对总线进行采样；读从器件的响应信号；如果为低电平表示有器件存在；如果为高电平表示总线上没有器件；延时时间 $I$ |

采用单线总线通信，要求 CPU 能够产生较为精确的 1μs 延时，还保证通信过程不能中断，如图 9-14 所示。

3. 单线总线的器件 ROM 码

为正确访问不同的单线总线器件，每个单线总线器件都内置一个唯一的 64 位二进制 ROM 代码，以标志其 ID 号。其中前 8 位是 1-Wire 家族码，中间 48 位是唯一的序列号，最后 8 位是前 56 位的 CRC(循环冗余校验)码，如图 9-15 所示。

主机根据 ROM 码的前 56 位计算 CRC 值，并与读取回来的值比较，判断接收的 ROM 码是否正确，CRC 码的多项式函数为 CRC＝X8＋X5＋X4＋1。

4. 单线总线的命令

单线总线协议针对不同类型的器件规定详细的命令，命令有两种类型。一类是 ROM 命令，每种命令均为 8 位，用来搜索、甄别从器件，实现从器件寻址或简化总线操作。另一类是器件操作的功能命令，如存储器操作、转换启动等，具体的命令与器件相关。

常用的 ROM 命令有以下 5 种。

- 搜索 ROM 命令[F0h]：获取从器件的类型和数量。
- 读 ROM 命令[33h]：读取从器件的 64 位 ROM 码。
- 匹配 ROM 命令[55h]：用于选定总线上的从器件。

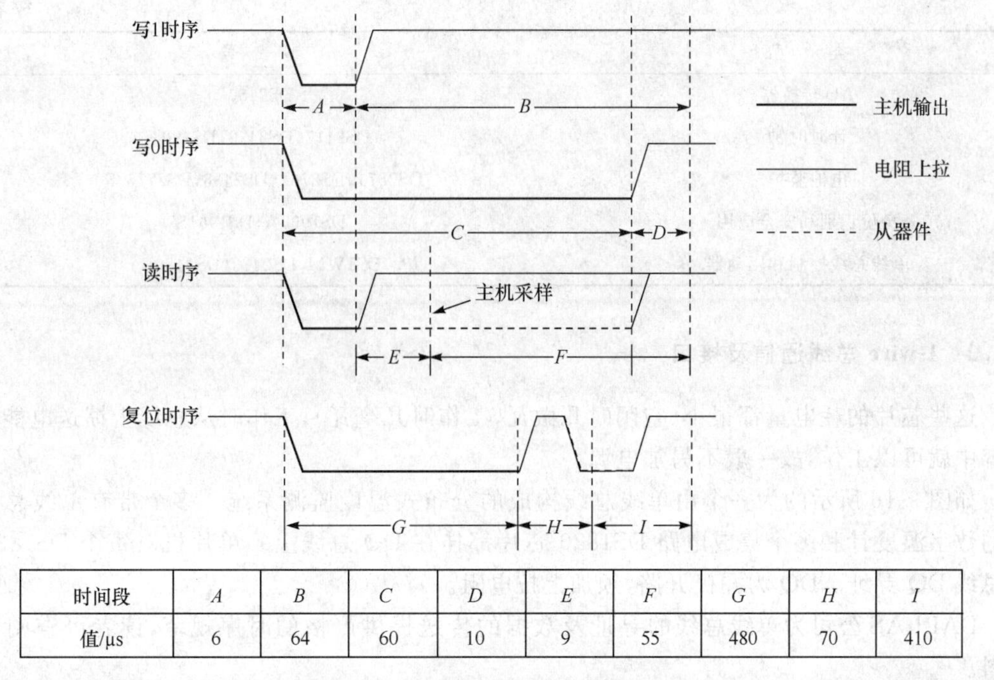


| 时间段 | A | B | C | D | E | F | G | H | I |
|---|---|---|---|---|---|---|---|---|---|
| 值/μs | 6 | 64 | 60 | 10 | 9 | 55 | 480 | 70 | 410 |

图 9-14　单总线操作时序和推荐时间

| 8位 CRC校验码 | 48位串行数据 | 8位器件 家族码(43h) |
|---|---|---|
| MSB　LSB | MSB　LSB | MSB　LSB |

MSB（左端）　LSB（右端）

图 9-15　单线总线的器件 ROM 码

• 跳过 ROM 命令[CCh]:不发 ROM 代码,直接操作总线器件。

• 重复命令[A5h]:重复访问器件。

5. 单线总线的数据传输过程

所有单线总线操作的流程为:

• 先对总线上的器件进行初始化。

• 然后利用 ROM 操作指令寻找和匹配,指定待操作器件。

• 接着发出功能指令,进行具体操作或传输数据。

系统对从器件的各种操作必须按协议进行,只有主机呼叫时,从器件才能应答,如果命令顺序混乱,则总线不能正常工作。

6. 常用的单线总线器件

单线总线器件的用途:存储器,混合信号电路,货币交易,识别,安全认证等。常用的单线总线器件如表 9-2 所示。

**表 9-2　常用的单线总线器件表**

| 类　型 | 型　号 |
|---|---|
| 存储器 | DS2431,DS28EC20,DS2502,DS1993 等 |
| 温度传感元件和开关 | DS28EA00,DS1825,DS1822,DS18B20,DS18S20,DS1922,DS1923 等 |

续表

| 类型 | 型号 |
|---|---|
| AD 转换器 | DS2450 |
| 计时时钟 | DS2417,DS2422,DS1904 |
| 电池监护 | DS2871,DS2762,DS2438,DS2775 等 |
| 身份识别和安全应用 | DS1990A,DS1961S |
| 单线总线控制和驱动器 | DS1WM,DS2482,DS2480B |

### 9.3.2 1-wire 总线通信及接口

这些芯片的耗电量都很小(空闲时几微瓦,工作时几毫瓦),工作时从总线上馈送电能到大电容中就可以工作,故一般不另加电源。

如图 9-16 所示的为一个由单线总线构成的分布式温度监测系统。多个带有单线总线接口的数字温度计和多个集成电路 DS1820 芯片都挂在 DQ 总线上。单片机对每个 DS1820 通过总线 DQ 寻址。DQ 为漏极开路,须加上拉电阻。

DALLAS 公司为单线总线的寻址及数据的传送提供严格的时序规范,读者可查阅相关资料。

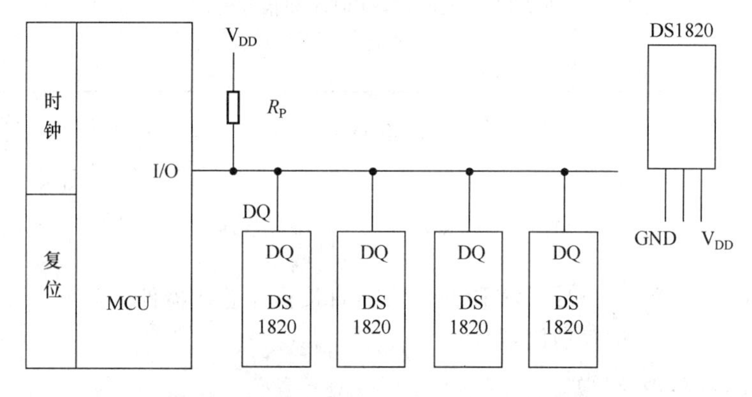


图 9-16 单线总线系统扩展温度传感器框图

## 习题

9-1 什么是 SPI 接口? SPI 总线有哪些主要特性?

9-2 什么是 $I^2C$ 总线? 其主要性能特点有哪些?

9-3 什么是 1-Wire 总线? 其基本操作是怎样进行的?

# 第10章　单片机I/O口扩展及应用

## 10.1　I/O口扩展概述

51单片机有4个8位并行口，具有很强的I/O功能，然而当我们真的需要建立一个应用系统的时候就会发现，实际情况会有所不同。

虽然单片机本身的I/O口能实现简单的数据I/O操作，但其功能毕竟十分有限。因为单片机的口电路只有数据锁存和缓冲功能，而没有控制功能。因此难以满足复杂的I/O操作要求。

单片机本身的I/O功能有限，除了结构及功能上的原因之外，还有数量上的原因。单片机虽号称有4个8位双向I/O口，但在实际应用中，这些口并不能全部用于I/O目的。例如，P0口作为低8位地址线和数据线使用。P2口作为高8位地址线使用，而P3口线的第二功能是重要的控制信号，更是系统扩展必不可少的。这样，真正能作为数据I/O使用的只有P1口。

单片机系统主要有两类数据传送操作，一类是单片机和存储器之间的数据读写操作；另一类则是单片机和其他设备之间的数据输入/输出(I/O)操作。由于存储器与单片机具有相同的电路形式和信号形式，能相互兼容直接使用，因此存储器与单片机之间采用同步定时工作方式，它们之间只要在时序关系上能相互满足就可以正常工作。但是，单片机的I/O操作却十分复杂，其复杂性主要表现在速度差异大、设备种类繁多、数据信号形式多种多样等几个方面。

正是由于这些原因，单片机的I/O操作单靠单片机本身的I/O口电路无法实现。为此，必须扩展接口电路，对单片机与设备之间的数据传送进行协调和控制。因此，接口电路扩展成单片机应用系统设计中十分重要的环节。通过扩展可以增加I/O端口，满足系统对端口数量的要求，还可选择配置具有特殊功能的专用接口，进一步强化系统功能，方便系统的软硬件设计。

### 10.1.1　单片机芯片I/O口的直接使用

其实，不进行I/O扩展，只使用单片机芯片本身的I/O口，也能实现一些简单的数据输入输出传送。对于51系列单片机，不需要扩展外部存储器时，P0口、P1口、P2口和P3口均可作为通用I/O口使用。由于51单片机的P0～P3口输入数据时可以缓冲，输出时能够锁存，并且有一定的带负载能力，所以，在有些场合I/O口可以直接接外部设备，如开关、LED发光二极管、BCD码拨盘和打印机等。

如图10-1所示为AT89S51单片机与开关、LED发光二极管的接口电路。

用51单片机P1口的P1.3～P1.0作为数据输入口，连接到实验装置逻辑开关$K_0$～$K_3$的插孔内。P1.4～P1.7作为输出口，连接到实验装置发光二极管(逻辑电平指示灯)$LED_0$～$LED_4$的插孔内。编写一个程序，使开关$K_0$～$K_3$表示0或1开关量，由P1.3～P1.0输入，再由P1.4～P1.7输出开关量到发光二极管(逻辑电平指示灯)上显示出来。在执行程序时，不断改变开关$K_0$～$K_3$的状态，可观察到发光二极管(逻辑电平指示灯)的变化。

开关状态输入显示实验参考程序如下：

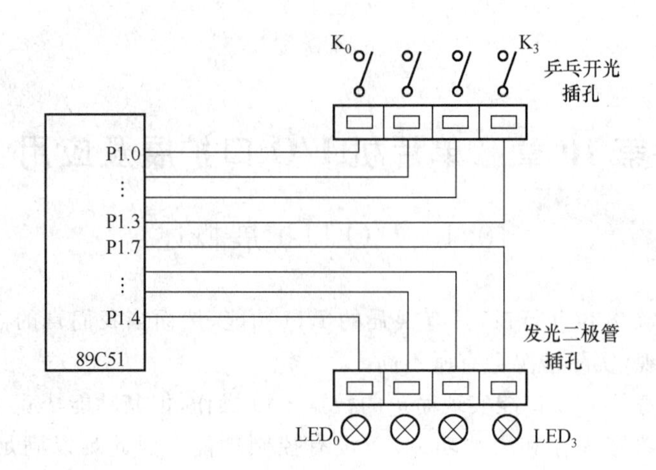


图 10-1　AT89S51 单片机与开关(键)和 LED 接口

```
#include<reg51.h>
#include<intrins.h>
#define uchar unsigned char
void main()
{
    uchar key_s;
    While(1)
    {
        P1=0x0F;
        key_s=P1;
        key_s=_cror_(key_s,4);        //key_s<<4
    }
}
```

### 10.1.2　扩展 I/O 口的功能

在单片机应用系统中,I/O 口的扩展不是目的,而是为外部通道及设备提供一个输入、输出通道。因此,I/O 口的扩展为实现某一测控及管理功能而进行,例如,连接键盘、显示器、驱动开关控制、开关量监测等。扩展 I/O 接口电路主要有如下 4 项功能。

1) 速度协调

外部设备的工作速度快慢差异很大。慢速设备如开关、继电器、机械传感器等每秒钟提供不了一个数据;高速设备如磁盘、显示器等,每秒钟可传送几十位数据。速度上的差异使数据的 I/O 传送方式只能以异步方式进行,即只能在确认外设已为数据传送做好准备的前提下才能进行 I/O 操作。如要知道外设是否准备好,就需要通过接口电路产生或传送外设的状态信息,以此进行 CPU 与外设之间的速度协调。

2) 数据锁存

数据输出都通过系统的公用数据通道(即数据总线)进行,但是由于 CPU 的工作速度快,数据在数据总线上保留的时间十分短暂，无法满足慢速输出设备的需要。为此，在接口电路中设置数据锁存器，以保存输出数据直至为输出设备所接收。

3）三态缓冲

数据输入时，输入设备向 CPU 传送的数据也要通过数据总线。为维护数据总线上的数据传送的“秩序”，因此只允许当前时刻正在进行数据传送的数据源使用数据总线，其余数据源都必须与数据总线处于隔离状态。为此，要求接口电路能为数据输入提供三态缓冲功能。

4）数据转换

CPU 只能输入和输出并行的数字信号，但是有些外部设备所提供或所需要的并不是这种信号形式，为此需要使用接口电路进行数据信号的转换，包括模-数转换、数-模转换、串-并转换和并-串转换等。

由此可见，接口电路对数据的 I/O 传送非常重要，因此接口电路成为 I/O 数据传送的核心内容，是计算机中不可缺少的组成部分。

### 10.1.3 I/O 口扩展相关技术

1. 接口与端口

“接口”一词从英文 interface 翻译而来，具有“界面”、“相互联系”等含义。“接口”这个术语在计算机领域中应用得十分广泛。是特指计算机与外设之间在数据传送方面的联系，功能主要通过电路实现。因此称为接口电路。

为实现接口电路在数据 I/O 传送中的界面功能，接口电路应包含数据寄存器以保存输入输出数据、状态寄存器以保存外设的状态信息、命令寄存器以保存来自 CPU 有关数据传送的控制命令。由于在数据的 I/O 传送中，CPU 须对这些寄存器进行读写操作，因此这些寄存器都是可读写的编址寄存器，对它们像存储单元一样进行编址。通常把接口电路中这些已编址并能进行读或写操作的寄存器称为端口或简称口。

一个接口电路中可包括多个口，如保存数据的数据口、保存状态的状态口和保存命令的命令口等，因此，一个接口电路对应多个口地址。

I/O 接口是供用户使用的，用户在编写有关数据输入输出程序时，用到接口电路中的各个口，因此要知道它们的设置和编址情况。

2. 数据总线隔离问题

在计算机的 I/O 操作中，输入输出的数据都通过系统的数据总线进行传送，为正确进行数据的 I/O 传送，必须解决数据总线的隔离问题。

站在总线的角度上看，数据总线上连接多个数据源设备（输入数据）和多个数据负载设备（输出数据）。但是在任一时刻，只能进行一个源和一个负载之间的数据传送，当一对源和负载的数据传送正在进行时，要求所有其他不参与的设备在电性能上必须同数据总线隔开。即对于输出设备的接口电路，提供锁存器，允许接收输出数据时闩锁打开，不允许接收输出数据时闩锁关闭。对于输入设备的接口电路，使用三态缓冲电路或集电极开路电路。

下面只对三态缓冲器（其逻辑符号如图 10-2 所示）电路的原理和使用作简单介绍。

三态缓冲电路是具有三种状态输出的门电路，因此也称为三态门（TSL）。所谓“三态”，是指低电平状态、高电平状态和高阻抗三种状态。当三态缓冲器的输出为高电平或低电平时，就是对数据总线的驱动状态；当三态缓冲器的输出为高阻抗时，就是对总线的隔离状态（也称浮动状态）。在隔离状态下，缓冲器对数据总线不产生影响，犹如缓冲器与总线隔开一般。为此，三态缓冲器的工作状态应是可控制的。在电路中，由“三态控制”信号控制缓冲器的输出是驱动状态还是高阻抗状态。当“三态控制”信号为低电平时，缓冲器输出状态反映输入的数据状态。当“三态控制”信号为高电平时，缓冲器的输出为高阻抗状态。三态缓冲器的控制逻辑如表 10-1 所示。

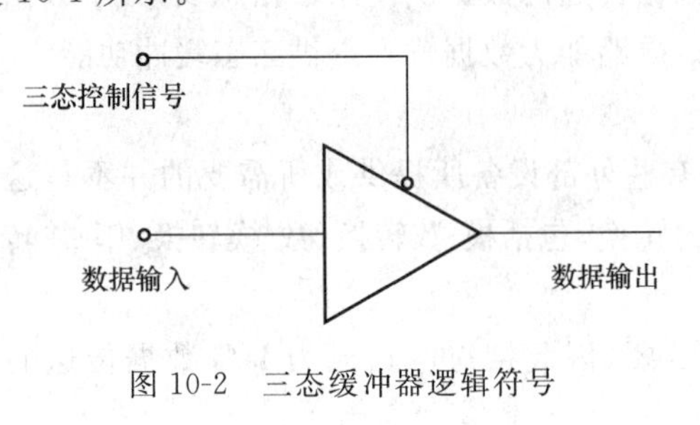

图 10-2　三态缓冲器逻辑符号

表 10-1　三态缓冲控制逻辑

| 三态控制信号 | 工作状态 | 数据输入 | 输出端状态 |
|---|---|---|---|
| 1 | 高阻抗 | 0 | 高阻抗 |
| | | 1 | 高阻抗 |
| 0 | 驱动 | 0 | 0 |
| | | 1 | 1 |

对三态缓冲电路的主要技术要求有以下 3 个：

- 速度快，信号延迟时间短。例如，典型三态缓冲器的延迟时间只有 8～13ns。
- 较高的驱动能力。
- 高阻抗时对数据总线不呈现负载，最多只能拉走不大于 0.04mA 的电流。

3. I/O 编址技术

在计算机中，凡是需要进行读写操作的设备都存在编址的问题。具体地说，单片机存在两个需要编址的子系统，一个是存储器，另一个是接口电路。

存储器对存储单元进行编址，而接口电路则对其中的寄存器（口）编址。对口编址为 I/O 操作而进行，因此也称为 I/O 编址。常用的 I/O 编址共有两种方式：独立编址方式和统一编址方式。

1）独立编址方式

所谓“独立编址”，是把 I/O 口和存储器分开进行编址。这样，一个计算机系统形成两个独立的地址空间，存储器地址空间和 I/O 地址空间，从而使存储器读写操作和 I/O 操作是针对两个不同存储空间的数据操作。因此在使用独立编址方式的计算机指令系统中，除存储器读写指令之外，还有专门的 I/O 指令以进行数据输入输出操作。此外，在硬件方面还需要在计算机中定义一些专用信号，以便对存储器访问和 I/O 操作进行硬件控制。

独立编址方式的优点是 I/O 地址空间和存储器地址空间相互独立，界限分明，但为此专门设置一套 I/O 指令和控制信号，从而增加系统的开销。

2）统一编址方式

统一编址是把系统中的 I/O 口和存储器统一进行编址。在这种编址方式中，把 I/O 接口中的寄存器（端口）与存储器中的存储单元同等对待。为此，把这种编址称为存储器映像(Memory Mapped)编址方式。采用这种编址方式的计算机只有一个统一的地址空间，该地址空间既供存储器编址使用，也供 I/O 口编址使用。

统一编址方式的优点是不需要专门的 I/O 指令，直接使用存储器指令进行 I/O 操作，不但简单方便功能强，而且 I/O 地址范围不受限制。这种编址方式使存储器地址空间变小，16 位端口地址也较长，使地址译码变得复杂。此外，存储器指令比起专用的 I/O 指令，指令长且执行速度慢。

51 单片机使用统一编址方式，在应用系统中，扩展的 I/O 口采取与数据存储器相同的寻址方法。因此在 51 单片机接口电路中的 I/O 编址也采用 16 位地址，和存储单元的地址长度一样。所有扩展的 I/O 口或通过扩展 I/O 口连接的外围设备均与片外数据存储器统一编址。任何一个扩展 I/O 口，根据地址线的选择方式不同，占用一个片外 RAM 地址，而与外部程序存储器无关，并使用同一套指令传送系统。在使用时 51 单片机将片内并行 I/O 口(P0、P1、P2、P3)视同片内 RAM，传送数据时可使用片内寄存器传送指令“MOV”。若在片外扩展并行 I/O 口，也可以视同片外扩展的数据存储器 RAM，传送数据时可使用片外 RAM 传送指令“MOVX”。连接方法及地址空间安排也与片外存储器一样，而且要与片外存储器统一考虑，以免重叠。

### 10.1.4 单片机 I/O 口的控制方式

由于外部设备工作速度和工作方式不同，计算机与输入/输出设备之间的数据传送方式也不同。选用不同的 I/O 口扩展芯片或外部设备时，扩展 I/O 口的操作方式不同，因而应用程序也不同，如入口地址、初始化状态设置、工作方式选择等。微型计算机与输入/输出设备之间的数据传送方式有无条件传送方式、查询方式、中断方式和直接存储器存取(DMA)方式四种，单片机主要使用前三种方式。下面分别介绍。

1. 无条件传送方式

无条件传送也称为同步程序传送。只有那些能一直为数据 I/O 传送做好准备的设备才能使用无条件传送方式。因为在进行 I/O 操作时，不需要测试设备的状态，可以根据需要随时进行数据传送操作。无条件传送的接口电路如图 10-3 所示。

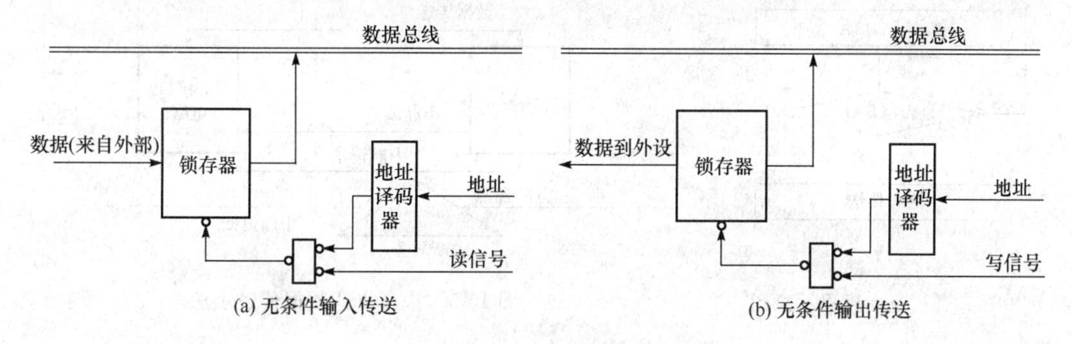


图 10-3 无条件传送的接口逻辑

无条件传送适用于以下两类设备的数据输入/输出。

(1) 具有常驻或变化缓慢数据信号的设备，如机械开关、指示灯、发光二极管、数码管等。可以认为它们随时为数据输入/输出处于“准备好”状态。

(2) 工作速度非常快，足以和单片机同步工作的设备，如数/模转换器(DAC)，由于它并行工作，速度很快，因此单片机可以随时向其传送数据，并进行数/模转换。

这种传送方式的优点是程序简单，节省硬件，但要求程序员对外设工作情况有清楚地了解，否则容易出错。

2. 查询方式

查询方式又称为有条件传送方式，即数据的传送有条件。在 I/O 操作之前，先检测设备的状态，以了解设备是否已为数据输入/输出做好准备，只有在确认设备已“准备好”的情况下，单片机才能执行数据输入/输出操作。通常把以程序方法对外设状态的检测称为“查询”,所以把这种有条件的传送方式称为查询方式。查询的流程如图 10-4 所示。

为实现查询方式的数据输入/输出传送,须由接口电路提供设备状态,并以软件方法进行状态测试。因此这是一种软硬件方法结合的数据传送方式。

程序查询方式能协调 CPU 与外设之间的不同步问题,而且硬件电路简单,控制软件也容易编写,因此适用于各种设备的数据输入/输出传送。其主要缺点是 CPU 不断地询问外设,即用程序不断查询外设的状态,直至外设准备就绪为止。这种查询过程对单片机是一个无用的开销,使 CPU 的工作效率不能充分发挥。因此,查询方式只能适用于单道作业、规模比较小的单片机系统。

3. 中断方式

中断方式又称为程序中断方式,它与查询方式的主要区别在于如何知道设备是否为数据传送做好准备,查询方式是单片机的主动形式,而中断方式则是单片机等待通知(中断请求)的被动形式。

在中断方式中,CPU 启动外设后,和外设可并行工作。当外设为数据传送做好准备之后,向单片机发出中断请求(相当于通知单片机)。单片机接收到中断请求之后,即作出响应,暂停正在执行的原程序,而转为外设的数据输入/输出服务。待服务完成之后,程序返回,单片机再继续执行被中断的原程序,CPU 又与外设并行工作。

使用程序中断方式进行 I/O 数据传送的过程可用图 10-5 说明。

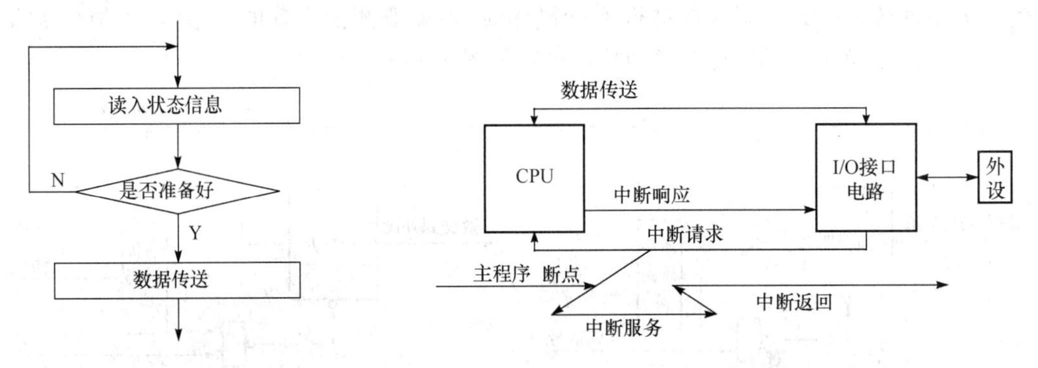


图 10-4 查询流程示意图　　图 10-5 中断方式数据传送示意图

每当设备的准备工作就绪,可以和单片机进行数据传送时,即发出中断请求。使单片机暂停原程序的执行,并作出中断响应。然后执行 I/O 操作,通过接口电路进行单片机与设备之间的数据传送。I/O 操作结束之后,程序返回,单片机继续执行被中断的原程序。

中断方式实际上是将状态信息位作为中断请求信号,在执行中断服务程序之前,CPU 一直在进行其他工作,大大提高 CPU 的工作效率,所以在单片机中被广泛采用。

4. 直接存储器存取(DMA)

直接存储器存取(Direct Memory Access,DMA)是指从一个外围设备中传输数据,如一个硬盘,到内存中而不通过中央处理器。DMA 高速传输数据到内存中而不经过处理器。因此,在某些场合,直接存储器存取的控制方法体现在数据传输速率比中断方法上具有更大的优势。在 DMA 方式下,由 DMA 控制器替代处理器控制系统总线,不通过累加器,控制存储器数据的直接存取并和外设进行交互,同时由硬件完成计数器减量和地址增量的过程。在 DMA 方式下,数据在存储器与 I/O 设备之间或存储器与存储器之间的传输速率仅受到存储器件或DMA控制器的速度限制。采用高速RAM存储器件，DMA传输速度可以达到每秒40MB。

DMA常用于DRMA刷新、视频显示屏幕刷新及磁盘存储系统的读和写。DMA还用于控制高速存储器之间的数据传送，主要应用于PC以上的机型。

## 10.2 单片机简单并行I/O口的扩展

在51单片机应用系统中，I/O口扩展用芯片主要有通用I/O口芯片和TTL、CMOS锁存器、缓冲器电路芯片两大类。

进行实际应用系统设计时，对单片机I/O口的扩展方法根据具体应用场合而确定。对于简单外设的输入输出，如一组开关量的状态输入或并行数据的输入输出等，都可以用简单的I/O接口电路实现。

简单输入接口扩展实际上是扩展数据缓冲器。因为数据总线要求挂在它上面所有的数据源必须具有三态缓冲功能；简单输出接口扩展在单片机输出口上增加锁存器。因为输出接口的主要功能是进行数据保持，或者说是数据锁存。数据的输入、输出用读/写信号控制。

在51单片机应用系统中，采用TTL电路或CMOS电路锁存、三态门等，通过P0口常可以构成各种类型的基本的输入/输出口。这种I/O接口具有电路简单、成本低、配置灵活等特点，在单片机应用系统中广泛采用。

### 10.2.1 常用的TTL芯片简介

在很多应用系统中，采用74系列TTL电路或4000系列CMOS电路芯片进行简单的并行I/O口扩展。下面介绍几种常用的TTL芯片。

1. 74LS244和74LS245芯片

总线驱动器74LS244和74LS245经常用作三态数据缓冲器，74LS244为单向三态数据缓冲器，而74LS245为双向三态数据缓冲器。单向的内部有8个三态驱动器，分成两组，分别由控制端$\overline{1G}$和$\overline{2G}$控制；双向的有16个三态驱动器，每个方向8个。在控制端$\overline{G}$有效（低电平）时，由DIR端控制驱动方向：DIR为“1”时方向从左到右（输出允许），DIR为“0”时方向从右到左（输入允许）。74LS244输出电流可以达到24mA，而一般TTL芯片输出电流仅有8mA。74LS244和74LS245的引脚排列如图10-6所示。

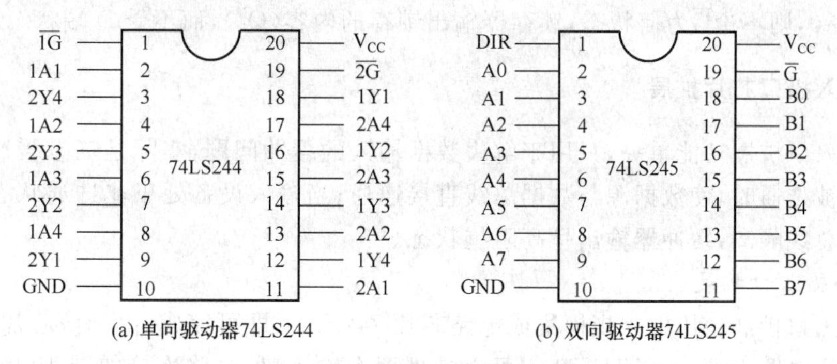

(a) 单向驱动器74LS244　　(b) 双向驱动器74LS245

图10-6 总线驱动芯片管脚图

2. 74LS377 芯片

简单输出口扩展通常使用 74LS377 芯片。该芯片是一个具有“使能”控制端的 8D 锁存器，信号引脚排列如图 10-7 所示。

其中：

8D～1D——8 位数据输入线；

8Q～1Q——8 位数据输出线；

CK——时钟信号，上升沿数据锁存；

$\overline{G}$——使能控制信号；

$V_{CC}$——+5V 电源。

74LS377 的逻辑电路如图 10-8 所示。

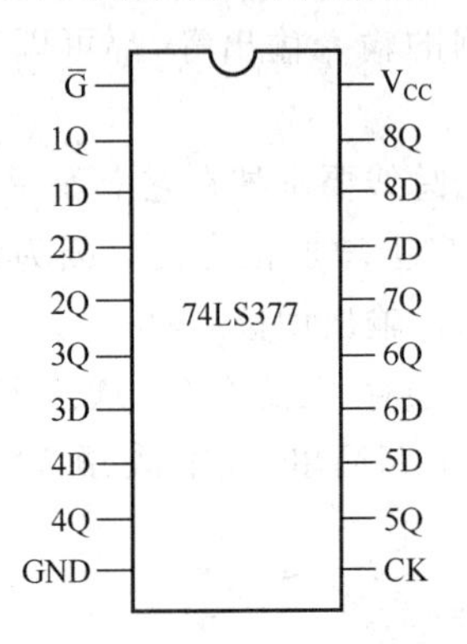


图 10-7　74LS377 引脚图

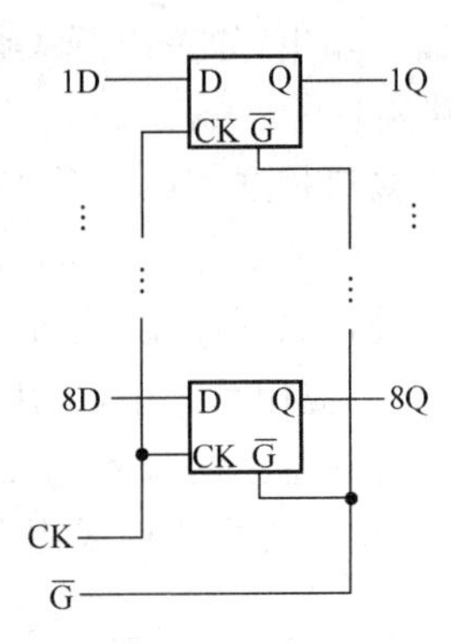


图 10-8　74LS377 逻辑电路

74LS377 由 D 触发器组成，D 触发器在上升沿输入数据，即在时钟信号(CK)由低变高正跳变时，数据进入锁存器。74LS377 的功能逻辑如表 10-2 所示。

**表 10-2　74LS377 真值表**

| $\overline{G}$ | CK | D | Q |
|---|---|---|---|
| 1 | × | × | Q |
| 0 | + | 1 | 1 |
| 0 | + | 0 | 0 |
| × | 0 | × | Q |

由真值表可知：

若$\overline{G}$=1，则不管数据和时钟信号(CK)是什么状态，锁存器都输出锁存的内容($Q_0$)。

只有在$\overline{G}$=0 时，时钟信号才能起作用，即时钟信号正跳变时，数据进入锁存器，也即输出端反映输入端状态。

若 CK=0，则不论$\overline{G}$为何状态，锁存器输出锁存的内容($Q_0$)，而不受 D 端状态影响。

### 10.2.2　输入接口芯片扩展

简单输入口扩展功能单一，只用于解决数据输入的缓冲问题，实际是三态缓冲器，以实现当输入设备被选通时，使数据源与数据总线直接连通；当输入设备处于非选通状态时，则把数据源与数据总线隔离，缓冲器输出呈高阻抗状态。

1. 两个输入口扩展

简单输入口扩展使用中小规模集成电路芯片 74LS244 即可完成，由于该芯片内部有两个 4 位的三态缓冲器，因此一片 74LS244 可以扩展两个输入口，电路连接如图 10-9 所示。三态门有 P2.7 和$\overline{RD}$相或控制，数据输入使用以下两条指令即可。

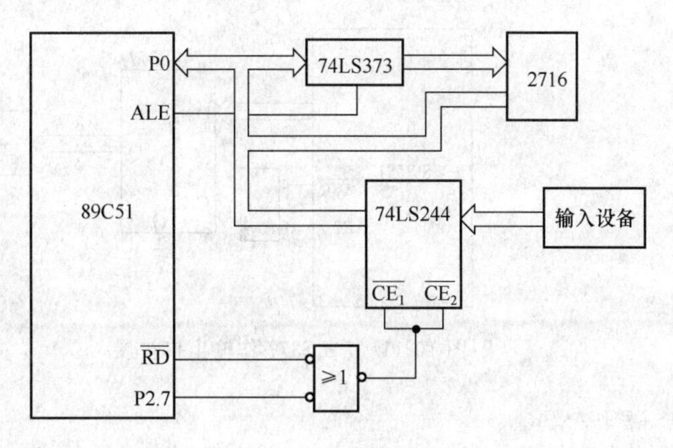


图 10-9　使用一片 74LS244 实现两个输入口扩展

```
MOV  DPTR,#7FFFH                    ;选口地址
MOVX A,@DPTR                        ;读入数据
```

2. 多输入口扩展

图 10-10 是用三-八译码器和 74LS244 扩展 8 个 8 位并行输入接口。74LS138 将 74LS373 传来的地址线 A0、A1、A2 译码得到 8 个选通信号，分别和 74LS244 的控制端相连。$\overline{RD}$与 74LS138 的$\overline{E1}$和$\overline{E2}$的相连，作为该片的选通信号。

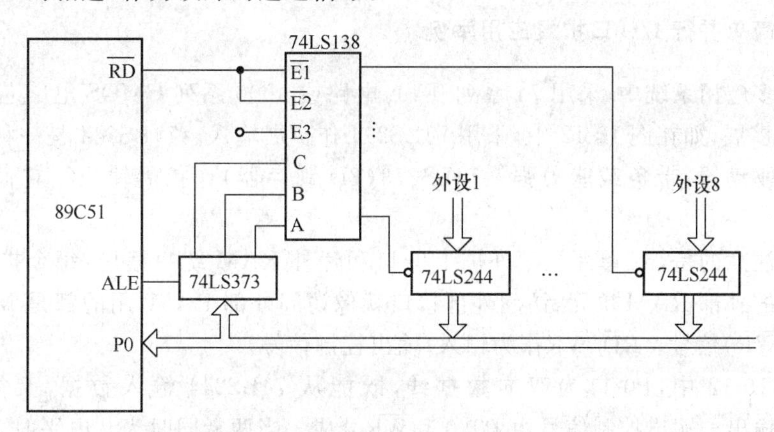


图 10-10　8 个 8 位并行输入接口

### 10.2.3　输出接口芯片扩展

输出口的主要功能是进行数据保持，或者数据锁存。所以，简单输出口扩展应使用锁存器芯片实现。

扩展单输出口只需一片 74LS377，连接电路如图 10-11 所示。89C51 的 P0 口与 74LS377 的 D 端相连。

输出扩展使用$\overline{WR}$作为输出选通，因此以 51 单片机的$\overline{WR}$信号在地址信号的配合下接 CK。因为在$\overline{WR}$号由低变高时，数据总线上出现的正是输出的数据，因此$\overline{WR}$接 CK 正好控制输出数据进入锁存器。

此外，74LS377 的$\overline{G}$信号端固定接地(有效)，其目的是使锁存器的工作只受 CK($\overline{WR}$)信号的控制、故 74LS377 的口地址为 7FFFH，数据输出由以下程序段完成。

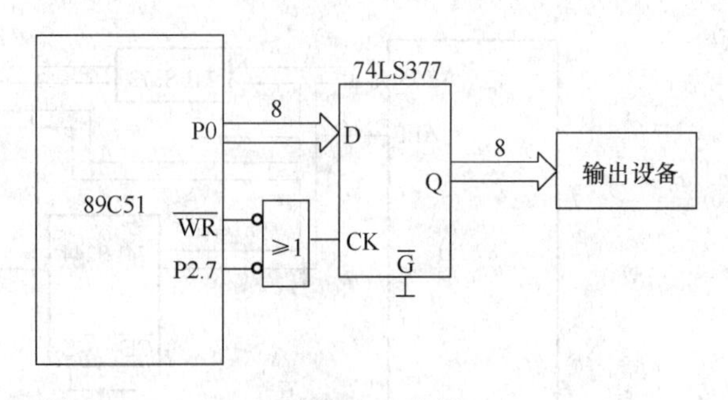


图 10-11　74LS377 作输出口扩展

```
#include<reg51.h>
#include<absacc.h>
#define ADDRIO XBYTE[0X7FFF]
void main()
main
{
    ADDRIO=0xdata;
}
```

### 10.2.4　简单并行 I/O 口扩展应用举例

在很多应用系统中,采用 74 系列 TTL 电路或 4000 系列 CMOS 电路芯片进行简单的并行 I/O 口扩展,如在图 10-12 中,采用 74LS244 作扩展输入。74LS244 是一种三态输出八缓冲器及总线驱动器,带负载能力强。74LS273(8D 锁存器)作扩展输出。它们直接挂在 P0 口线上。

值得注意的是,51 单片机把外扩 I/O 口和片外 RAM 统一编址,每个扩展的接口相当于一个扩展的外部 RAM 单元,访问外部接口就像访问外部 RAM,用的都是 MOVX 指令,并产生$\overline{RD}$(或$\overline{WR}$)信号。$\overline{RD}$/$\overline{WR}$作为输入/输出控制信号。

在图 10-12 中,P0 口为双向数据线,既能从 74LS244 输入数据,又能将数据传送给 74LS273 输出。输出控制信号由 P2.0 和$\overline{WR}$合成。当两者同时为 0 电平时,"或"门输出 0,将 P0 口数据锁存到 74LS273,其输出控制发光二极管 LED。当某线输出 0 电平时,该线上的 LED 发光。

输入控制信号由 P2.0 和$\overline{RD}$合成。当两者同时为 0 电平时,"或"门输出 0,选通 74LS244,将外部信号输入到总线。无键按下时,输入为全 1;若某键按下,则所在线输入为 0。

由此可见,输入和输出都在 P2.0 为 0 时有效,74LS244 和 74LS273 的地址都为 FEFFH(实际只保证 P2.0=0,其他地址位无关),但由于分别由$\overline{RD}$和$\overline{WR}$信号控制,因此不会发生冲突。

系统中若有其他扩展 RAM 或其他输入输出接口,则必须将地址空间区分开。这时,可用线选法;扩展较多的 I/O 接口时,应采用译码器法。

图 10-12 电路可实现的功能是:按下某一键,对应的 LED 发光。其参考程序如下:

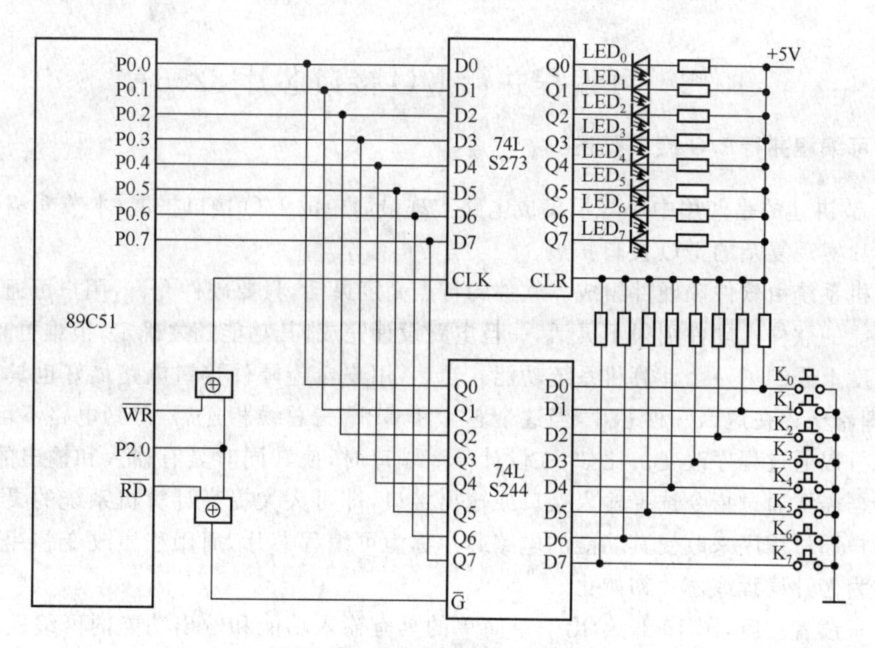


图 10-12 单片机简单 I/O 口扩展

```
#include<reg51.h>
#include<absacc.h>
#define uchar unsigned char
#define ADDRIO XBYTE[0xFEFF]
void main()
{
    uchar key_s;
    While(1)
    {
        key_s=ADDRIO;
        ADDRIO=key_s;
    }
}
```

由这个程序可知,接口的输入/输出就像从外部 RAM 读/写数据一样方便。图 10-12 仅扩展两片,如果仍不够用,还可扩展多片 74LS244、74LS273 之类的芯片。如果不需要 8 位,也可选择 2 位、4 位或 6 位的芯片扩展。作为输入口时,一定要求有三态缓冲功能,否则影响总线的正常工作。

应注意的是:单片机扩展 I/O 接口时单片机 I/O 口的驱动能力。以 89C51 芯片为例,P0 口的驱动能力大些,可带 8 个 LS TTL 负载;另外,ALE、$\overline{PSEN}$两个信号线也允许带 8 个 LS TTL 负载。对一般应用系统而言,可以不必再考虑另加驱动电路。P1 口、P2 口、P3 口驱动能力较低,只可带 4 个 LS TTL 负载,故根据负载的多少增设驱动电路。特别是读/写信号线$\overline{RD}$(P3.7)、$\overline{WR}$(P3.6),更应注意加一级驱动电路,以提高负载能力。

# 10.3 可编程并行I/O接口芯片8255A

## 10.3.1 可编程并行I/O接口概述

10.2节讲述的是使用中小规模集成电路实现最简单的I/O接口扩展，本节介绍使用可编程接口芯片实现复杂的I/O接口扩展。

计算机系统由软件和硬件组成。软件的特点高度灵活，只要硬件允许，用户可通过编程构成任意功能的软件。硬件则很不灵活，一旦电路设计完成，其功能随之确定，很难更改。这样，在一定程度上限制了一个计算机系统功能。当然，用户希望硬件接口电路最好也具有一定的可变性，即希望存在这么一种芯片，当这个芯片和CPU三总线相连后，尽管电路不可能改变，但其功能可以通过程序改变。比如，在设计某一端口时，使其同时具有输入和输出的能力，用户可以根据需要通过指令选择输入接口或输出接口，即可大大提高计算机系统的灵活性。这种可被用户通过程序来改变其功能的电路芯片称为可编程芯片，而用程序改变芯片工作方式的过程称为芯片编程或芯片初始化。

为便于读者理解，图10-13给出一个简单的具有输入功能和输出功能的可编程接口电路方案。

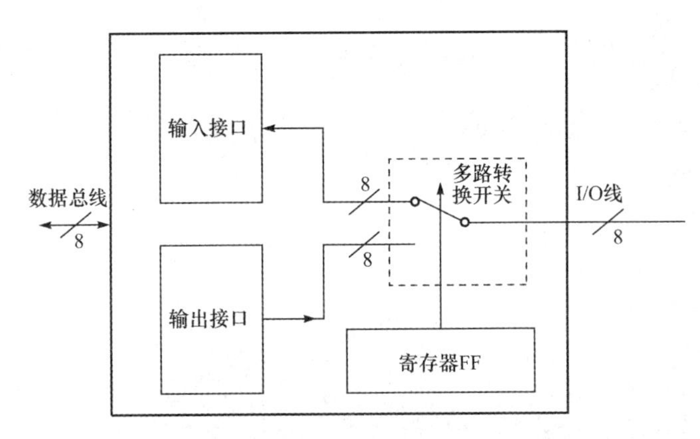


图10-13　一个可编程接口电路方案

这个电路包括：一个输入接口，其组成主要是8位三态门；一个输出接口，其组成主要是8位锁存器；另外，还有8位多路转换开关及控制这个开关的寄存器FF。

当寄存器FF为0时，多路转换开关接位置0，I/O线接锁存器，这个电路作为输出接口；当寄存器FF为1时，多路转换开关接位置1，I/O线接三态门，这时电路作为输入接口。这样，用户通过指令把寄存器FF写入“0”或“1”，就可选取所需要的接口工作状态。

上述方案是可编程芯片设计的主要思想。用户对寄存器FF(此地址是假设的，具体应根据硬件电路连接)写入的内容称为命令字或方式控制字，而寄存器FF称为命令寄存器，相应的端口称为命令端口或控制端口。对可编程芯片初始化的过程实际上是对芯片的控制端口写入各种命令字的操作过程。

尽管上述电路比较简单，但具有可编程器件的共性。比如，器件内部已集成用户可选的各种功能的电路模块及其可以控制选择这些功能的命令寄存器。

目前，常用的通用可编程接口芯片有以下5种。

- 8255A可编程通用并行接口；

• 带 RAM 和定时器/计数器的可编程并行接口；
• 可编程中断控制器；
• 可编程键盘/显示器接口；
• 可编程通用定时器。

这些芯片都是 Intel 公司 8080/8085 微型计算机系列的外围接口芯片，它们的最大特点是工作方式的确定和改变由程序以软件方法实现，因此称为可编程接口芯片。由于 51 单片机与 8085 系列微型机有相同的总线结构，因此这些芯片都能与 51 单片机直接连接使用，用来为单片机完成复杂的 I/O 接口扩展。

### 10.3.2 8255A 的内部结构及引脚功能

8255A 是一种通用的可编程并行 I/O 接口芯片，广泛用于几乎所有系列的微型机系统，如 8086、MCS-51、Z80 CPU 系统等。8255A 具有 3 个带锁存或缓冲的数据端口，可与外设并行进行数据交换。用户可用程序选择多种操作方式，通用性强，使用灵活，可为 CPU 与外设之间提供并行输入/输出通道。

8255A 是一种 40 引脚的双列直插式集成电路芯片，各端口内具有中断控制逻辑，在外设与 CPU 之间可用中断方式进行信息交换，使用条件传输方式时可用"联络"线进行控制。8255A 的并行数据宽度为 8 位，引脚排列如图 10-14 所示。

1. 8255A 的内部结构

8255A 内部结构框图如图 10-15 所示。8255A 内部结构把输入/输出接口电路集成在一块芯片中，还包括控制这些接口电路的控制部分，以及与 CPU 接口的总线接口部分。

8255A 的内部结构按功能可分为 3 个逻辑电路部分，即口电路、总线接口电路和控制逻辑电路，如图 10-15 所示。

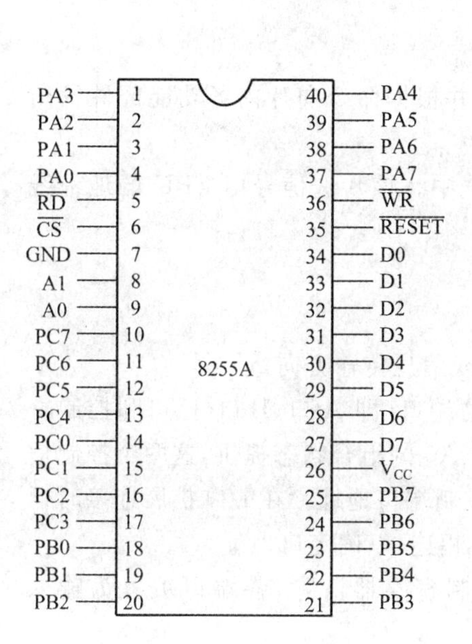


图 10-14　8255A 引脚图

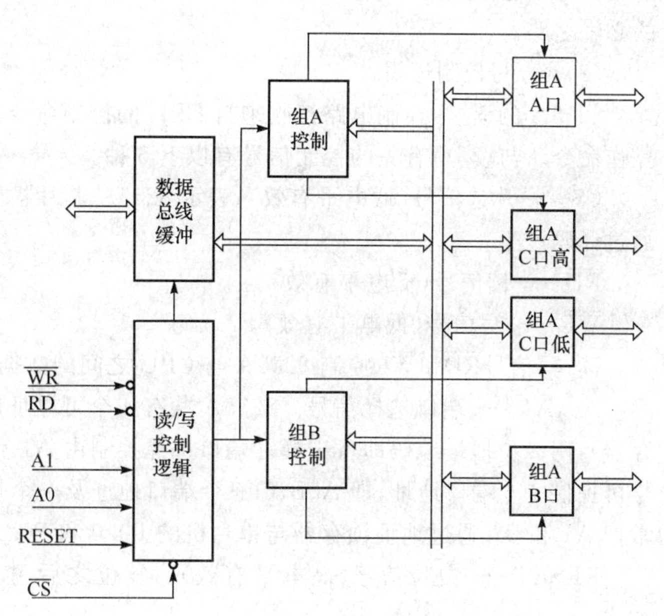


图 10-15　8255A 的逻辑结构

1）口电路

8255A 芯片包含 3 个 8 位端口，称为 A 口，B 口和 C 口。其中，A 口和 B 口是单纯的数据口，供数据 I/O 使用。C 口既可以作数据口，又可以作控制口使用，用于实现 A 口和 B 口的控制功能。使用时，这 3 个端口均可作为 CPU 与外设通信时的缓冲器或锁存器：它们作为缓冲器使用时，是输入接口；作为锁存器使用时，是输出接口。

由于条件传输方式需要“状态”或“联络”信号，中断传输方式需要“中断”信号，而 8255A 没有预先从芯片引脚给出这些信号，因此当用户选择这两种工作方式时，8255A 从 C 口的 8 位 I/O 线中提取若干根线作为“状态”、“联络”或“中断”线。在这种情况下，C 口剩余的线可以作为 I/O 线。3 个端口通过各自的输入/输出线与外设联系。

8255A 有 3 个端口，但不是每个端口都有各自独立的控制部件。实际上，它只有两个控制部件，这样 8255A 内部的 3 个端口分为两组。A 组由 A 口和 C 口的高 4 位（PC4～PC7）组成，数据传送中 A 口所需的控制信号由 C 口高 4 位部分提供。B 组由 B 口和 C 口的低 4 位（PC0～PC3）组成，数据传送中 B 口所需的控制信号由 C 口低 4 位部分提供。A 组和 B 组分别有各自的控制部件，可同时接收来自读/写控制电路的命令和 CPU 送来的控制字，并且根据它们定义各个端口的操作方式。

2）总线接口电路

总线接口电路用于实现 8255A 和单片机芯片的信号连接。

（1）数据总线缓冲器。

数据缓冲器为 8 位双向三态缓冲器，可直接和 51 单片机的数据线相连，与 I/O 操作有关的数据、控制字和状态信息都通过该缓冲器传送。CPU 执行输出指令时，可将控制字或数据通过该缓冲器传送到 8255A 的控制口或数据端口；CPU 执行输入指令时，8255A 可将数据端口的状态信息或数据通过它传输给 CPU。因此，数据总线缓冲器是 CPU 与 8255A 交换信息的必经之路。

（2）读/写控制逻辑。

8255A 的读/写控制电路接收来自 CPU 的控制命令，并根据命令向片内各功能部件发出操作命令。与读/写有关的控制信号有以下 5 种。

$\overline{CS}$——片选信号（低电平有效），表示 8255A 芯片被选中。该片选信号由 CPU 的地址线通过译码产生。

$\overline{RD}$——读信号（低电平有效）。

$\overline{WR}$——写信号（低电平有效）。

读/写信号$\overline{RD}$和$\overline{WR}$控制 8255A 与 CPU 之间的数据或信息传输方向。

A0、A1——端口选择信号。8255A 共有 4 个可寻址的端口（即 A 口、B 口、C 口和控制寄存器），用 2 位地址编码即可选择。端口选择控制由 A1 和 A0 的组合状态提供，这两个控制信号可提供 4 个端口地址，即 A、B、C 三个端口地址及一个控制端口地址。在 I/O 扩展连接时通常把 A1 和 A0 通过地址锁存器与单片机的 P0.0 和 P0.1 相连，以确定口地址。

RESET——复位信号（高电平有效）。复位之后，控制寄存器清除，各端口被置为输入方式。

读写控制逻辑用于实现 8255A 的硬件管理，内容包括：芯片的选择，口的寻址，以及规定各端口和单片机之间的数据传送方向，详见表 10-3。

**表 10-3　8255A 读/写控制表**

| $\overline{CS}$ | A1 | A0 | $\overline{RD}$ | $\overline{WR}$ | 所选端口 | 操作 |
|---|---|---|---|---|---|---|
| 0 | 0 | 0 | — | 1 | A 口 | 读端口 A |
| 0 | 0 | 1 | — | 1 | B 口 | 读端口 B |
| 0 | 1 | 0 | — | 1 | C 口 | 读端口 C |
| 0 | 0 | 0 | 1 | — | A 口 | 写端口 A |
| 0 | 0 | 1 | 1 | 0 | B 口 | 写端口 B |
| 0 | 1 | — | 1 | — | C 口 | 写端口 C |
| 0 | 1 | 1 | 1 | — | 控制寄存器 | 写控制字 |
| 1 | × | × | × | × | / | 数据总线缓冲器输出高阻抗 |

3）控制逻辑电路

控制逻辑电路包括 A 组控制和 B 组控制，合在一起构成 8 位控制寄存器，用于存放各口的工作方式控制字。具体的逻辑电路不再介绍。

2. 8255A 的引脚连接方式

8255A 是一种标准的 40 引脚芯片（如图 10-14 所示），可分为 3 个部分：与外设连接的 I/O 线、与 CPU 连接的系统总线，以及电源线。

（1）与外设连接的引脚。

已知 8255A 有三个数据端口，每个端口 8 位，由此可推算与外设相连接的引脚共有 24 位。其中，A 口有 PA0～PA7 八个 I/O 引脚，B 口有 PB0～PB7 八个 I/O 引脚，C 口有 PC0～PC7 八个 I/O 引脚。特别是 PC0～PC7，其中有若干根复用线可用于"联络"信号或状态信号，具体定义与端口的工作方式有关。与 I/O 口有关的引脚（用于连接外设）：

A 口：8 位，PA0～PA7，作输入/输出口

B 口：8 位，PB0～PB7，作输入或输出口

C 口：8 位，PC0～PC7，作输入或输出口，或 A 口、B 口与 CPU 或外设连接的状态联络线。

（2）与 CPU 连接的引脚。

包括数据线 D0～D7，读写控制线和复位线 RESET，以及和 CPU 地址线相连接的片选信号$\overline{CS}$、端口地址控制线 A0 和 A1。

数据线：D7～D0。

控制线：$\overline{RD}$、$\overline{WR}$、RESET。

8255A 端口地址控制引脚：

| $\overline{CS}$（片选） | A1 | A0 | I/O 口地址分配 |
|---|---|---|---|
| 0 | 0 | 0 | A 口地址低 2 位 |
| 0 | 0 | 1 | B 口地址低 2 位 |
| 0 | 1 | 0 | C 口地址低 2 位 |
| 0 | 1 | 1 | 控制口地址低 2 位 |

（3）电源线和地线。

8255A 的电源引脚为 $V_{CC}$ 和 GND。$V_{CC}$ 为电源线，一般取＋5V；GND 为电源地线。

### 10.3.3　8255A的工作方式及数据I/O操作

1. 8255A的工作方式

8255A有3种工作方式。

(1) 方式0,基本输入/输出方式。

方式0主要工作在无条件的输入/输出方式下,不需要“联络”信号。A口、B口和C口均可工作在此方式下。在方式0下,C口的输出位可由用户直接独立设置为“0”或“1”。

(2) 方式1,选通输入/输出方式。

方式1主要工作在异步或条件传输方式(必须先检查状态,然后才能传输数据)下。此时,仅有A口和B口可工作于方式1。由于条件传输需要联络线,所以在方式1下C口的某些位分别为A口和B口提供3根联络线。当外设速度慢于CPU时,C口可用查询或中断方式进行有条件的异步传送(需查询外设是否准备好)。具体的定义见表10-4。

表10-4　C口“联络”信号定义

| C口位线 | 方式1 | | 方式2 | |
|---|---|---|---|---|
| | 输入 | 输出 | 输入 | 输出 |
| PC7 | | $\overline{OBFA}$ | | $\overline{OBFA}$ |
| PC6 | | $\overline{ACKA}$ | | $\overline{ACKA}$ |
| PC5 | IBFA | | IBFA | |
| PC4 | $\overline{STBA}$ | | $\overline{STBA}$ | |
| PC3 | INTRA | 1NTRA | INTRA | INTRA |
| PC2 | $\overline{STBB}$ | $\overline{ACKB}$ | | |
| PC1 | IBFB | $\overline{ORFB}$ | | |
| PC0 | INTRB | INTRB | | |

由表可见,A口和B口的联络信号都是3个,因此在具体应用中,如果A或B只有一个口按方式1使用,则剩下的C口的另外5位口线仍然可按方式0使用。如果两个口都按方式1使用,C口则还剩下两位口线,这两位口线仍然可以进行位状态的输入输出。

所以,方式l适用于查询或中断方式的数据输入/输出。

(3) 方式2,双向数据传送方式。

方式2的双向传输方式是指在同一端口内分时进行输入/输出的操作。8255A中只有A口可工作在这种方式下,当A口工作在方式2时,它需要5个控制信号进行“联络”,这5个信号由C口的PC3～PC7提供,故此时B口只能工作在方式0或方式1。当B口工作在方式1时,又需要3根联络线。所以,当A口工作在方式2,同时B口又工作在方式1时,8255A的C口8根线将全部作为联络线使用,C口因没有I/O功能而“消失”。方式2适用于查询或中断方式的双向数据传送。关于C口“联络”信号的定义下面详细讨论。

2. 数据输入操作

用于输入操作的联络信号有以下3种。

(1) $\overline{STB}$(Strobe)——选通脉冲(输入),低电平有效。

当外设送来$\overline{STB}$信号时,输入数据装入8255A的锁存器。

(2) IBF(Input Buffer Full)——输入缓冲器满信号(输出),高电平有效。

此信号有效,表明数据已装入锁存器,因此它是一个状态信号。

(3) INTR(Interrupt Request)——中断请求信号(输出),高电平有效。

当 IBF 为高电平,$\overline{STB}$信号由低变高(后沿)时,中断请求信号有效,向单片机发出中断请求。

数据输入过程说明:

当外设准备好数据输入后,发出$\overline{STB}$信号,输入的数据送入缓冲器,然后 IBF 信号有效。如使用查询方式,则 IBF 即作为状态信号供查询使用;如使用中断方式,当$\overline{STB}$信号由低变高时,产生 INTR 信号,向单片机发出中断请求。单片机在响应中断后执行中断服务程序时读入数据,并使 INTR 信号变低,同时也使 IBF 信号变低,以此通知接口设备准备下一次数据输入。

3. 数据输出操作

用于数据输出操作的联络信号有以下 3 种。

(1) $\overline{ACK}$(Acknowledge)——外设响应信号(输入),低电平有效。

当接口设备取走输出数据并处理完毕后向单片机发回响应信号。

(2) $\overline{OBF}$(Output Buffer Full)——输出缓冲器满信号(输出),低电平有效。

当单片机把输出数据写入 8255A 锁存器后,该信号有效,并送去启动接口设备以接收数据。

(3) INTR——中断请求信号(输出),高电平有效。

数据输出过程说明:

外设接收并处理完一组数据后,发回$\overline{ACK}$信号。该信号使$\overline{OBF}$变高电平,表明输出缓冲器已空(实际上是表明输出缓冲器中的数据已无保留之必要)。如使用查询方式,则$\overline{OBF}$可作为状态信号供查询使用;如使用中断方式,则当$\overline{ACK}$信号结束时,INTR 有效,向单片机发出中断请求。在中断服务过程中,把下一个输出数据写入 8255A 的输出缓冲器。写入后$\overline{OBF}$有效,表明输出数据已到,并以此信号启动接口设备工作,取走并处理 8255A 中的输出数据。

### 10.3.4 8255A 的编程

8255A 是可编程接口芯片,所谓"8255A 编程",是用户在使用 8255A 前,可用软件定义端口的工作方式,选择所需要的功能。掌握 8255A 编程是正确使用该芯片的前提条件,为此须先了解 8255A 的控制命令。8255A 共有两种控制字,即工作方式控制字和 C 口位置位/复位控制字。还有一个用于查询 8255A 工作的状态字。

1. 工作方式控制字

工作方式控制字用于确定各口的工作方式及数据传送方向。其格式如图 10-16 所示。

对工作方式控制字作如下说明。

A 口有三种工作方式,而 B 口只有两种工作方式。

在方式 1 或方式 2 下,对 C 口的定义(输入或输出)不影响作为联络线使用的 C 口各位功能。

最高位(D7)是标志位,其状态固定为"1",为该控制字的标志,用于表明本字节是方式控制字。

方式控制字未规定 C 口的工作方式,只规定 C 口数据的传输方向,这就说明 C 口要么作为联络线用,要么只工作在方式 0。

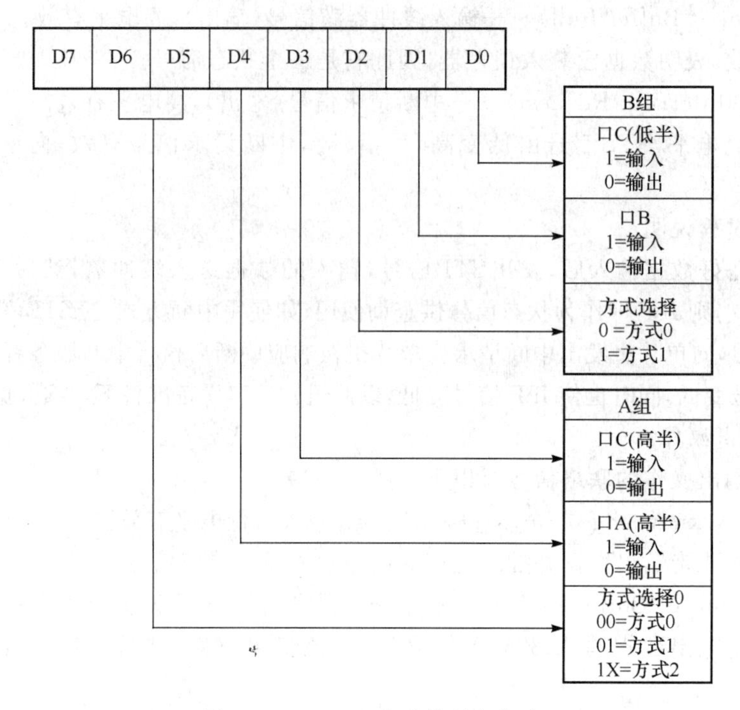


图 10-16　8255A 方式控制字格式

例如，某个外设工作在无条件传输方式，通过 8255A 与 CPU 交换数据。设某片 8255A 的端口地址是 60H～63H，工作于方式 0；端口 A 和端口 C 高 4 位输出；端口 B 和端口 C 低 4 位输入。设置该 8255A 的方式选择控制字，则方式选择控制字＝10000011。

2. C 口位置位/复位控制字

在一些应用情况下，C 口用来定义控制信号和状态信号，因此 C 口的每一位都可以进行置位或复位。对 C 口各位的置位或复位由位置位/复位控制字进行。8255A 的位置位/复位控制字格式如图 10-17 所示。

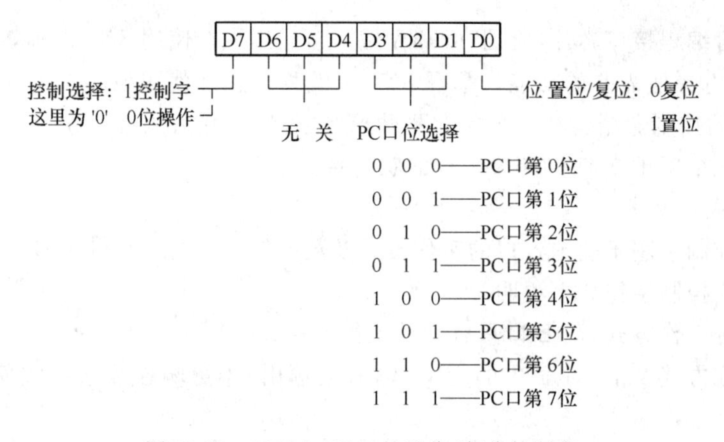


图 10-17　8255A PC 口的置位/复位控制字

其中，D7 是该控制字的标志，其状态固定为“0”。在使用中，控制字每次只能对 C 口中的一位进行置位或复位。

置“1”又称为置位操作，而清零称为复位操作。以下举例说明，让读者先有一个置位/复位的概念。

例如，在某个外设接口电路中，8255A 的 C 口为输出，控制 8 个继电器。设定 C 口的 I/O 线为“1”，表示继电器闭合；为“0”，表示继电器断开。现在要求某个继电器闭合，如与 PC2 对应的继电器闭合，而其他继电器状态不变。如何实现？一个可选的方案如下：

```
MOV   DPTR,#C口地址
MOVX  A,@DPTR                  ;取C口开关信息
ORL   A,#00000100B             ;设置A的第2位为1
MOVX  @DPTR,A                  ;重设C口开关状态
```

虽然上面程序段的第 3 条语句对 C 口的 8 根线重新设置，但由于前两条语句操作的实际效果是只有 PC2 发生变化，即 PC2=1，所以 C 口的其他位并未发生变化。

如果要求 PC2 对应的继电器由闭合转为断开，只要把语句“ORL A，#00000100B”改为“ANL A，#11111011B”即可。

这是典型的置位/复位操作，其特点是只有指定位发生变化，其他位保持不变。对于上述例子，有一个更直接的方案实现，即采用 8255A 的 C 口置位/复位控制字，它仅对 C 口有效，可以直接对 C 口的指定位置“1”或清零。

用 8255A 的置位/复位控制字完成上例要求，即 PC2=1 的程序段如下：

```
MOV   A,#00000101
MOV   DPTR,#控制口地址
MOVX  @DPTR,A
```

显然这种操作更为简捷。注意，该控制字通过写入 8255A 的控制寄存器达到对 C 口的指定位进行置位/复位操作的目的。

3. 读入状态字

前面已经指出，当 8255A 由程序设定在方式 1 或方式 2 工作时，C 口就根据不同的情况产生或接收“联络”信号。如果这时对 C 口进行读操作，则读出的内容包含两部分内容，一部分是那些作为 I/O 线上的内容，另一部分是与“联络”状态有关的内容。通过读取 C 口的内容，程序员可测试或检查外部设备的状态，相应地改变程序流程。状态字格式如下：

| D7 | D6 | D5 | D4 | D3 | D2 | D1 | D0 |
|---|---|---|---|---|---|---|---|
| I/O | I/O | IBFA | INTEA | INTRA | INTEB | IBFB | INTRB |
|  |  | A组 |  |  | B组 |  |  |

有关状态字中各符号的意义，在下面有关章节中结合实例进行详细说明。

4. 初始化编程

8255A 初始化的内容是向控制字寄存器写入工作方式控制字和 C 口位置位/复位控制字，这两个控制字标志位的状态不同，8255A 自身能加以区别。为此，两个控制字可按同一地址写入且不受先后顺序限制。

**【例 10-1】** 对 8255A 各口作如下设置：A 口方式 0 输入，B 口方式 1 输出；C 口高位部分为输出，低位部分为输入。设控制寄存器地址为 003AH。

按各口的设置要求，工作方式控制字为 10010101，即 95H。初始化程序段应为：

```
#include<reg51.h>
#include<absacc.h>
#define COM XBYTE[0x003A]
void main()
{
    COM=0x95;
}
```

### 10.3.5 8255A 与单片机的硬件连接

8255A 是一种与 51 系列单片微型计算机高度兼容的接口芯片，在最简单的情况下可以将 8255A 与 51 单片机直接连接，甚至不附加任何电路。考虑到在一般情况下，8255A 往往同时与存储器和其他接口芯片一起为系统所扩展，这时 8255A 与 51 单片机(具体可选 89C51)的连接可采用常规方法：通道选择 A1，A0 接系统地址线的最低位，片选 $\overline{CS}$ 由地址信息的高位译码电路提供，如图 10-18 所示。8255A 的三个端口和控制口地址分别为 2500H(PA 口)、2501H (PB 口)、2502H(PC 口)和 2503H(控制字)。

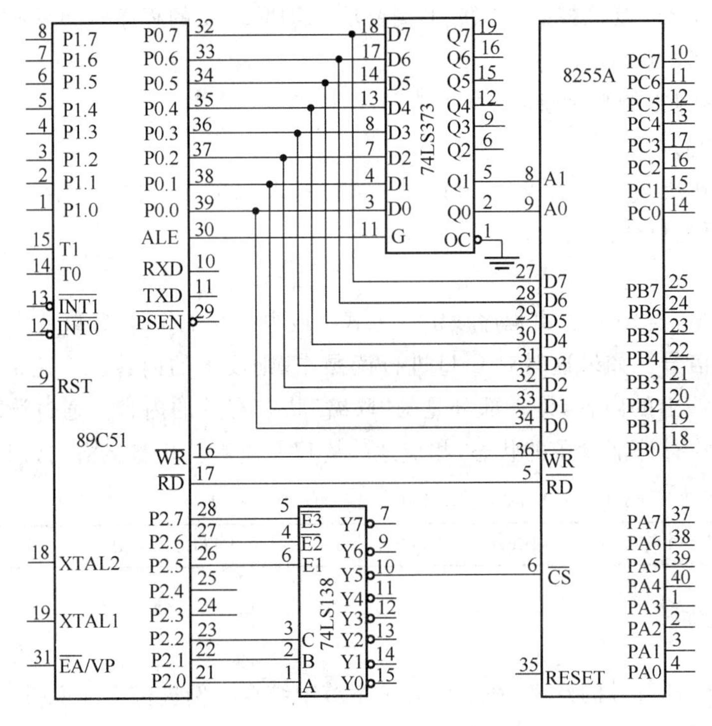


图 10-18 8255A 与 89C51 的接口方法

### 10.3.6 8255A 的编程

在实际应用系统中，必须根据外围设备的类型选择 8255A 的操作方式，并在初始化程序中把相应的控制字写入操作口。下面根据图 10-18 举例说明 8255A 的编程方法。

【例 10-2】 若要求 8255A 工作在方式 0,且 A 口作为输入口,B 口、C 口作为输出口,则 8255A 的初始化程序如下。

```
#include<reg51.h>
#include<absacc.h>
#define uint unsigned int
#define uchar unsigned char
#define PA XBYTE[0x2500]
#define PB XBYTE[0x2501]
#define PC XBYTE[0x2502]
#define COM XBYTE[0x2503]
void main()
{
   uchar io_s;
      while(1)
      {
         COM=0x90;
         io_s=PA;
         PB=0xDATA1;
         PC=0xDATA2;
      }
}
```

### 10.3.7 8255A 的应用举例

【例 10-3】 8255A 的 A 口和 B 口工作在方式 0,A 口为输入端口,接有四个开关。B 口为输出端口,接有一个八段发光二极管,连接电路如图 10-19 所示。试编一程序要求八段发光二极管显示开关所拨通的数字(显示字符与对应的代码如下表)。

| 显示字符 | 1 | 2 | 3 | 4 | 5 | 6 | 7 | 8 | 9 | A | B | C | D | E | F | 0 |
|---|---|---|---|---|---|---|---|---|---|---|---|---|---|---|---|---|
| 七段代码(H) | 06 | 5B | 4F | 66 | 6D | 7D | 07 | 7F | 6F | 77 | 7C | 39 | 5E | 79 | 31 | 3F |

**解** 分析题意:

(1) A 口方式 0 输入,B 口方式 0 输出。

(2) A 口输入信息从 B 口输出。

(3) 8255A 工作初始化,即写入相应的方式控制字(包括工作方式控制字和 C 口置位/复位控制字,写入同一控制口中,无顺序)。

(4) 8255A 有 4 个 I/O 口,应有 4 个对应的口地址。

(5) 由图 10-19 可知,8255A 有 A1、A0 两个地址端,可接 CPU 的 A1、A0,得出 A 口、B 口、C 口及控制口的低 8 位地址,高 8 位由片选信号得出。由硬件可得

| A15 | A14～A7 | A6 | A5 | A4 | A3 | A2 | A1 | A0 | I/O 口 | 口地址 |
|---|---|---|---|---|---|---|---|---|---|---|
| 1 | 0～0 | 0 | 0 | 1 | 0 | 0 | 0 | 0 | A 口 | 8010H |
| 1 | 0～0 | 0 | 0 | 1 | 0 | 0 | 0 | 1 | B 口 | 8011H |
| 1 | 0～0 | 0 | 0 | 1 | 0 | 0 | 1 | 0 | C 口 | 8012H |
| 1 | 0～0 | 0 | 0 | 1 | 0 | 0 | 1 | 1 | 控制口 | 8013H |

注:未用到地址 A14～A7 假设都为"0"。

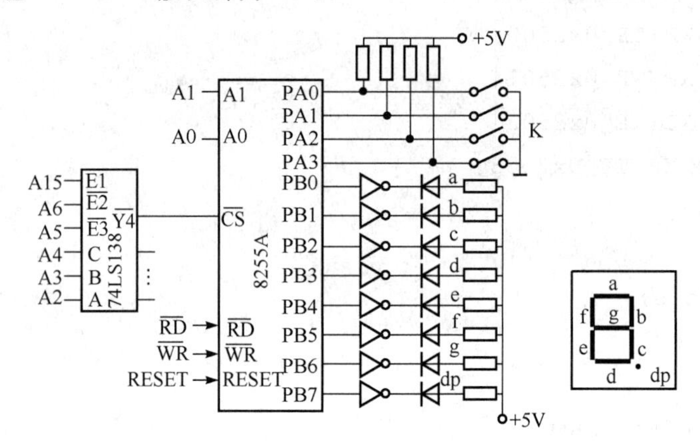


图 10-19　例 10-3 题电路连接图

(6) 8255A 控制字为 90H(C 口没有用假设为 0)。

8255A 初始化程序为：

```
#include<reg51.h>
#include<absacc.h>
#define uint unsigned int
#define uchar unsigned char
#define PA XBYTE[0x8010]
#define PB XBYTE[0x8011]
#define PC XBYTE[0x8012]
#define COM XBYTE[0x8013]
void main()
{
    COM=0x90;
}
```

(7) PA3～PA0 输入不同的二进制 0000～1111;PB7～PB0 接八段数码管,显示相应的十六进制数 0～F,可用 MOVC 查表指令。

C 语言程序如下：

```
void main()
{
    uchar key_s;
    COM=0x90;
    key_s=PA;
    key_s=key_s&0x0F;
```

```
    PB=~DSY_CODE[key_s];                //Dsy_CODE[]为段码数组(字形代码数组)
}
```

## 10.4　时钟日历芯片及接口

DS12C887 芯片除了可以产生秒、分、时、星期、日、月及年等 7 个时标，并有 2000 年至 2099 年的 100 年日历和秒、分、时报警定时功能外，还有 113 字节的非易失性 RAM 存储单元。片内自配锂电池，无外加电源时，可保存数据达 10 年之久。片内时钟振荡器通过编程可以输出各种频率的时标方波。

1．外部引线

DS12C887 为双列直插式 24 引线封装，外引脚排列如图 10-20 所示，其中：

• AD0～AD7 为双向地址/数据线。

• AS、DS 是芯片内存储单元的地址和数据选通输入控制端，高电平有效。

• SQW 是方波输出端。

• $\overline{\text{RESET}}$和$\overline{\text{CS}}$是复位输入控制端与芯片选择，均为低电平有效。

• IRQ 是中断请求输出端，低电平有效。

• MOT 是 CPU 系统选择控制端，用于 MOTOROLA CPU 系统时，此端接高电平 $V_{CC}$；用于 INTEL CPU 系统时，接低电平。

2．片内储存单元

DS12C887 芯片内总存储容量为 128×8bit，即 128 字节，分为专用寄存器和通用存储单元。其中，地址为 OAH，OBH，OCH，ODH 的 4 个单元是控制与状态寄存器，00H～09H 是计时、定时与日期专用寄存器，32H 为世纪年寄存器，其余地址 OEH～3IH、33H～7FH 的 113 个单元为用户通用存储器。

3．DS12C887 芯片与 51 系列微处理器的接口及编程

1）硬件连接

实际应用时，应根据系统的要求和总线地址译码方式选择接口电路。对于多功能的复杂系统可以采取译码芯片的全译码或部分译码方式连接；对于功能较少的小系统，为简化电路，降低成本，可采用线译码方式。以简单的线译码方式为例，如图 10-21 所示。

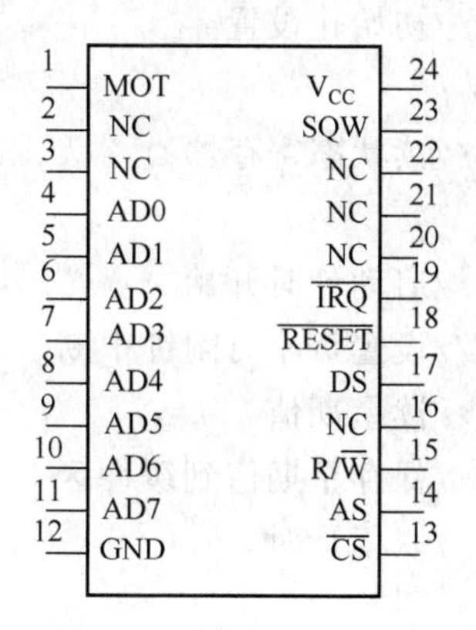


图 10-20　DS12C887 信号引脚图

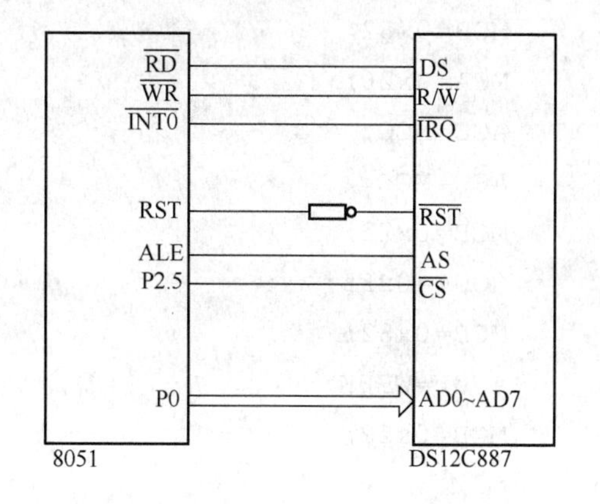


图 10-21　DS12C887 与 8051 的硬件连接图

图 10-21 只画出 DS12C887 与 CPU 的连接线，其他连线视系统的功能而选定。此处，选择 CPU P2 口的 P2.5 作为线译码的片选输出端接$\overline{CS}$。于是，芯片内的秒、分、小时、星期、日、月、年等计时单元的地址分别是 DF00H，DF02H，DF04H，DF06H，DF07H，DF08H，DF09H；定时报警的秒、分、时的计数单元的地址分别是 DF01H，DF03H，DF05H；世纪的只读寄存器单元地址为 DF0AH～DF0DH。

根据 DS12C887 的读写时序要求，INTEL CPU 的读控制线$\overline{RD}$(17)和写控制线$\overline{WR}$(16)分别接 DS 和 R/$\overline{W}$输入端；CPU 的数据口 P0.0～P0.7 接时钟芯片的 AD0～AD7。CPU 的地址锁存允许控制端(ALE)接 AS 端。DS12C887 的中断请求端(IRQ)与 CPU 的外中断输入端 INT 连接。MOT 端径 10kΩ 电阻接低电平，表示选择 INTEL 系统的处理器。

2）软件编程

对 DS12C887 的编程分为初始化编程与应用编程两部分。在计时之前，进行初始化设置，其目的是对控制寄存器 B 进行写入操作，使其停止计数，以便设置工作方式；对 A 寄存器写入操作，设置中断周期和振荡频率；读状态寄存器 C 和 D，则可清除原有的中断标志，并使芯片数据有效。然后再对 B 寄存器写入，以启动计时开始。在 DS12C887 的正常计时过程中，若要读取并显示当前的时间或日期值时，应先对控制寄存器进行设置，停止计数，待读出数据后，再恢复计时操作。

C 语言的源程序段：

```
#define  uchar   Unsigned char
#define  MCA     XBYTE[0xDF0A]             //寄存器 A
#define  MCB     XBYTE[0xDF0B]             //寄存器 B
#define  MCC     XBYTE[0xDF0C]             //寄存器 C
#define  MCD     XBYTE[0xDF0D]             //寄存器 D
#define  HOUR    XBYTE[0xDF05]             //小时报警单元
#define  WEEK    XBYTE[0xDF06]             //星期值单元
uchar    xdata   addr=0x36                 //缓冲区地址
void main(void)
{
      MCB=0x82;                            //初始化设置
      MCA=0x26;
      ACC=MCC;                             //读状态寄存器 C
      ACC=MCD;
      MCB=0x22;                            //启动计时开始
      HOUR=0xFF;                           //设置每小时闹钟中断
      MCB=0x82;                            //读星期值
      addr=WEEK;                           //保存星期值到缓冲区
      MCB=0x22;                            //恢复计时
}
```

## 习　　题

10-1　什么是接口？什么是端口？一个接口电路是否可以有多个端口？

10-2　在单片机中控制 I/O 操作有几种方法？试说明各种方法的特点。

10-3　三态缓冲器为什么能实现数据隔离？

10-4　51 单片机采用那一种 I/O 编址方式？有哪里些特点可以证明？

10-5　“在 51 单片机中，由于 I/O 与 RAM 统一编址，因此把外部 RAM 的 64KB 地址空间拨出一部分给扩展 I/O 口使用”。这种说法对吗？

10-6　试设计用两片 74LS377 和两片 74LS244 扩展两个并行输出口和两个并行输入口的扩展连接电路图。

10-7　简述 8255A 的控制字。

10-8　8255A 有哪几种工作方式？怎样进行选择？

10-9　要求 8255A 的 A 口工作在方式 0 输出，B 口工作在方式 1 输入；C 口的 PC7 为输入，PC1 为输出。试编写 8255A 的初始化程序。

10-10　若将 8255A 的$\overline{CS}$端与 P2.0 相连。试画出 8255A 与 89C51 的连接图，并写出最小与最大的两组地址。

10-11　如何在一个 4×4 的键盘中使用扫描法识别被按键？

10-12　写出 8255A 方式 0 可能出现的 16 种控制字及相对应的各口输入/输出组态。

# 第 11 章　人-机接口技术

单片机应用系统通常都需要进行人-机对话。这包括人对应用系统的状态干预与数据输入，还有应用系统向人显示运行状态与运行结果等。键盘、显示器是用来完成人-机对话活动的人-机通道。

## 11.1　键盘及接口设计

键盘是计算机不可缺少的输入设备，是实现人-机对话的纽带。按其结构形式键盘可分为非编码键盘和编码键盘，前者用软件方法产生键码，而后者则用硬件方法产生键码。

单片机使用的都是非编码键盘，因为非编码键盘结构简单，成本低廉。键盘上的键按行、列构成矩阵，在行列的交点上都对应有一个键。所谓“键”实际上是一个机械开关，被按下则其交点的行线和列线接通。非编码键盘接口技术的主要内容是如何确定被按键的行列位置，并据此产生键码。这就是所谓键的识别问题。

非编码键盘可以分为独立连接式和矩阵式两种形式。

### 11.1.1　键盘输入及去抖动

为实现键盘的数据输入功能和命令处理功能，每个键都有一个处理子程序。为此每个键对应一个码——键码，以便根据键码转到相应的键处理子程序。为得到被按键的键码，有专门的键识别方法。常用的键识别方法有两种：行扫描法和线翻转法。其中以行扫描法使用较为

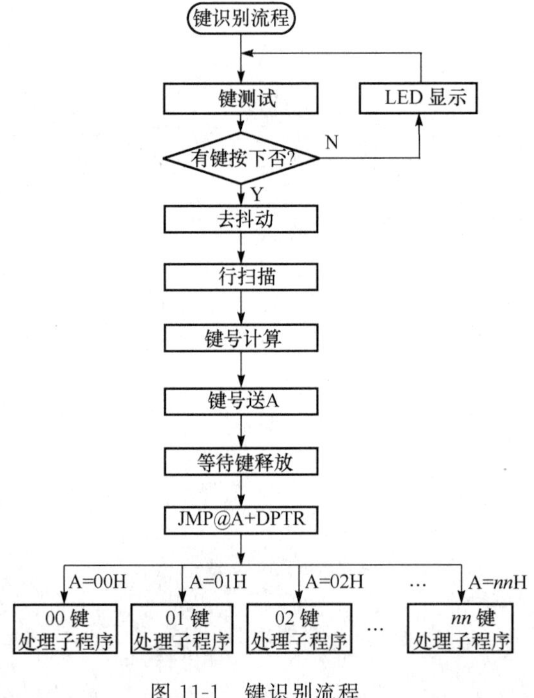


图 11-1　键识别流程

普遍。现以行扫描法为例，说明行扫描法键识别的全过程。键识别流程如图 11-1 所示。

现以如图 11-2 所示的 4 行×8 列键盘为例，说明键识别流程。

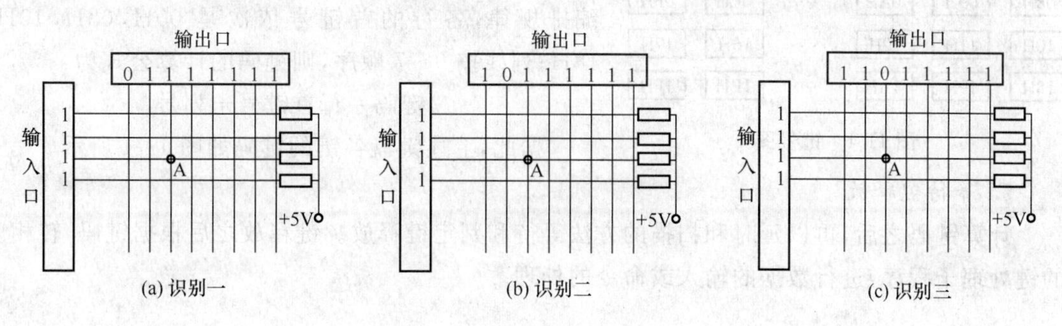


图 11-2　键盘识别示意图

1. 测试有没有键被按下

如图 11-2 所示，键盘的行线一端经电阻接+5V 电源，另一端接单片机的输入口。各列线的一端接单片机的输出口，另一端悬空。为判断有没有键被按下，可先经输出口向所有列线输出低电平，然后再输入各行线状态。若行线状态皆为高电平，则表明无键按下；若行线状态中有低电平，则表明有键被按下。

2. 去抖动

测试表明有键被按下，之后进行去抖动处理。因为键是机械开关结构，由于机械触点的弹性及电压突跳等原因，在触点闭合或断开的瞬间会出现电压抖动，如图 11-3 所示。

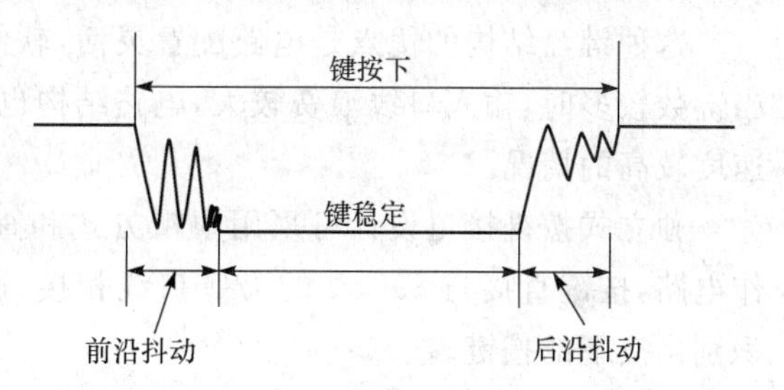


图 11-3　键闭合和断开时的电压抖动

为保证键识别准确，在电压信号抖动的情况下不能进行行状态输入。为此进行去抖动处理。去抖动有硬件和软件两种方法。硬件方法就是加去抖动电路，从根本上避免抖动的产生；软件方法则采用时间延迟以避免抖动，待信号稳定之后，再进行键扫描。一般为简单起见多采用软件方法，延时为 10～20ms 即可。

3. 键扫描以确定被按键的物理位置

如图 11-2 所示，假定 A 键被按下，称为被按键或闭合键。这时键盘矩阵中 A 点处的行线和列线相通。

行扫描法的基本原理如下：使一条列线变为低电平，如果这条列线上没有闭合键，则各行线的状态都为高电平；如果列线上有闭合键，则相应的那条行线即变为低电平。这样可以根据按行线号和列线号求得闭合键的键码。

行扫描的过程是：先使输出口输出 FEH，然后输入行线状态，判断行线状态中是否有低电平(图 11-2(a))。如果没有低电平，再使输出口输出 FDH，再判断行线状态(图 11-2(b))。到输出口输出 FCH 时，行线中有状态为低电平者，则闭合键找到(图 11-2(c))。至此行扫描似乎可以结束，但实际上扫描往往继续进行，以排除可能出现多键同时被按下的现象。

4. 计算键码

键号按从左到右、从上向下的顺序编排，按这种编排规律，各行的首键号依次是 00H，08H，10H，18H；列线按 0～7 顺序，则键码的计算公式为：

键码＝行首键号＋列号

据此，上述键盘各键的键码如图 11-4 所示。

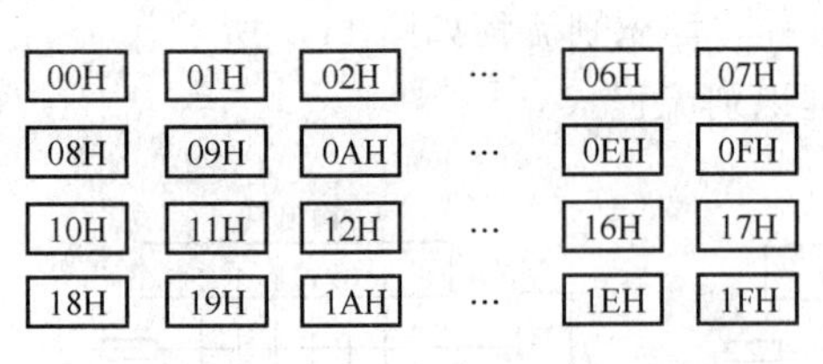


图 11-4　键号图

5. 等待键释放

计算键码之后，再以延时和扫描的方法等待和判定键释放。键释放之后根据键码，转相应的键处理子程序，进行数据的输入或命令的处理。

### 11.1.2　独立连接式键盘及接口

1. 独立式键盘接口

当按键的数量比较少时，可采用独立式按键的硬件结构。这是最简单的键盘结构，每一键互相独立地各自接通一条输入数据线(如图 11-5 所示)，任何一个键按下时，与之相连的输入数据线即被清零(低电平)，而平时该线状态为 1(高电平)。判别是否有键按下，只需检测输入线的电平状态，十分简单和方便。

这种键盘结构的优点是电路配置灵活，软件结构简单。但每个按键需占用一根输入口线，当键数较多时，输入口线浪费较大，电路结构也显得非常繁杂，所以只适用于按键较少或操作速度较高的情况。

独立式按键接口设计可采用中断方式和查询方式等。图 11-5 所示为查询方式的按键工作电路，按键直接与 89C51 的 I/O 口线相接，通过读 I/O 口线，判定各口线的电平状态，即可识别出按下的按键。

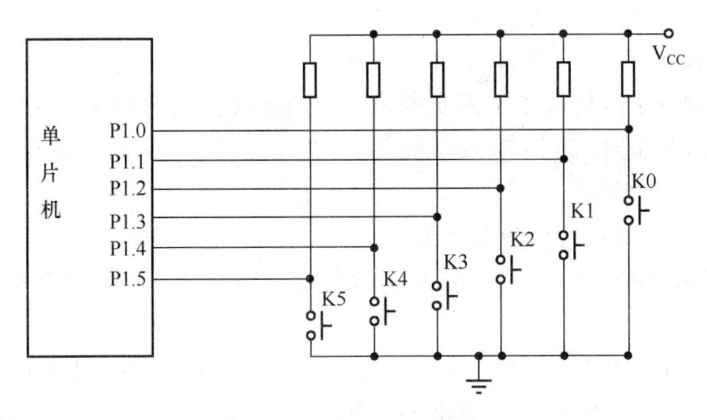


图 11-5　独立连接式非编

2. 独立式键盘的处理程序

下面是以查询方式编写键盘处理程序。程序没有使用散转指令，并且略去软件抖动措施，只包括键查询、键功能程序转移。K0～K5 为功能程序入口地址标号，PROG0～PROG5 分别为每个按键的功能程序。设 I/O 口为 P1 口，则查询方式扫描键盘的应用程序如下：

```
#include<reg51.h>
```

```
#define uchar unsigned char
#define uint unsigned int
sbit K0=P1^0;
sbit K1=P1^1;
sbit K2=P1^2;
sbit K3=P1^3;
sbit K4=P1^4;
sbit K5=P1^5;
void main()
{
    P1=0xFF;
    while(1)
    {
        if(K0==1)PROG0();
        if(K1==1)PROG1();
        if(K2==1) PROG2();
        if(K3==1) PROG3();
        if(K4==1) PROG4();
        if(K5==1) PROG5();
    }
}
```

### 11.1.3 矩阵式键盘及接口

为减少键盘与单片机接口时所占用 I/O 口线的数目，在按键数较多时，通常采用矩阵式键盘。

矩阵式键盘由行线和列线组成，按键位于行、列的交叉点上，如图 11-6(a)所示。图 11-6(b)给出了每一连线交叉处(即图 11-6(a)中圆圈部分)的细节。在每一水平连线与垂直连线的交叉处，两连线并不相通，而通过一个按键联通。利用这种矩阵结构只需 $N+M$ 条 I/O 口线($N$ 和 $M$ 分别是水平和垂直连线的数目)即可连接 $N\times M$ 个键。

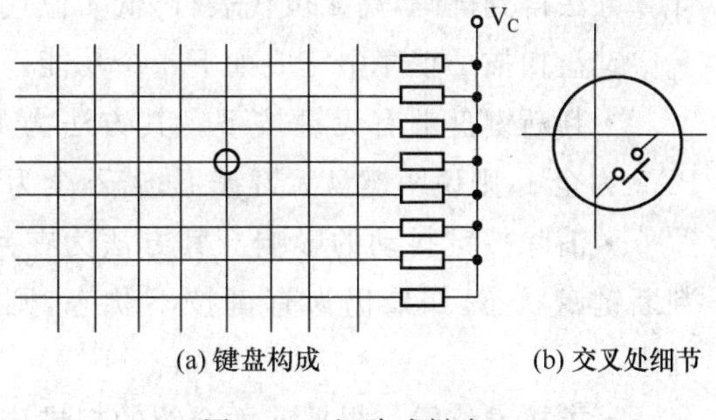


图 11-6 矩阵式键盘

### 11.1.4 键盘的工作方式

在单片机应用系统中，键盘扫描只是 CPU 的工作内容之一。CPU 在忙于各项工作任务时，如何兼顾键盘的输入，取决于键盘的工作方式。键盘的工作方式的选取应根据实际应用系统中 CPU 工作的忙闲情况而定。其原则是既保证能及时响应按键操作，又不过多占用 CPU 的工作时间。通常，键盘工作方式有三种，即编程扫描、定时扫描和中断扫描。

1. 编程扫描方式

CPU 对键盘的扫描采取程序控制方式，一旦进入键扫描状态，则反复扫描键盘，等待用户从键盘上输入命令或数据。在执行键入命令和处理键入数据过程中，CPU 不再响应键入要求，直到 CPU 返回重新扫描键盘为止。

图 11-7 为一个 4×8 矩阵键盘通过 8255 扩展 I/O 口与 89C51 的接口电路原理图，键盘采用编程扫描方式工作，8255 的 PC 口低 4 位输出逐行扫描信号，PA 口输入 8 位列信号，均为低电平有效。8255 的 A0、A1 端分别接于地址线 A0、A1 上，$\overline{CS}$与 P2.7 相接，$\overline{WR}$、$\overline{RD}$分别与 89C51 的$\overline{WR}$、$\overline{RD}$相连。

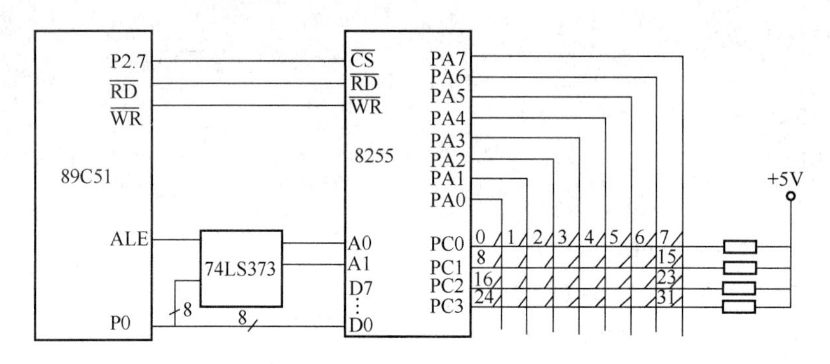


图 11-7　8255 扩展 I/O 口组成的 4×8 矩阵式键盘

根据图 11-7 可确定 8255 的口地址为：

PA 口：0700H

PC 口：0702H

控制寄存器：0703H

当 PA 口工作于方式 0 输入，PC 口低 4 位工作于方式 0 输出时，方式命令控制字可设为 90H。下面介绍编程扫描工作方式的工作过程及键盘扫描子程序。

本方案用延时 10ms 子程序进行软件消抖；通过设置处理标志区分闭合键是否已处理；用计算方法得到键码，高 4 位代表行，低 4 位代表列。

键盘扫描子程序中完成如下 4 个功能。

• 判断键盘上有无键按下。其方法为 PC 口低 4 位输出全 0，读 PA 口状态，若 PA0～PA7 为全 1，则说明键盘无键按下；若不全为 1，则说明键盘有键按下。

• 消除按键抖动的影响。其方法为在判断有键按下后用软件延时的方法延时 10ms，再判断键盘状态，如果仍为有键按下状态，则认为有一个确定的键按下，否则当做按键抖动处理。

• 求按键位置。根据前面介绍的扫描法，进行逐行置 0 扫描，最后确定按键位置。

• 键闭合一次仅进行一次按键的处理。方法是等待按键释放之后，再进行按键功能的处理操作。

编程扫描程序框图如图 11-8 所示。

C 语言程序如下：

```
#include<reg51.h>
#include<absacc.h>
```

```
#define uint unsigned int
#define uchar unsigned char
#define PA XBYTE[0x0700]
#define PB XBYTE[0x0701]
#define PC XBYTE[0x0702]
#define COM XBYTE[0x0703]
void Delay(uint x)
{
    uchar i;
    while(x--)
    {
        for(i=0;i<120;i++);
    }
}
void KEY_ON()              //判断有无键按下子程序
                             KEY_ON
{
    PC=0x00;
    key_s=PA;
}
void main()
{
    uchar key_s,temp,HLH,TEMP1,ret;
    COM=0x80;              //命令控制字
    While(temp)
    {
        KEY_ON()           //判断有无按键
        Delay(2)
        if(key_s=0xFF)
        {
            temp=1;
        }
        temp=0;
    }
    Delay(2)               //延时子程序
    KEY_ON()               //判断有无按键
    While(temp)
    {
        KEY_ON();
        Delay(2);
```

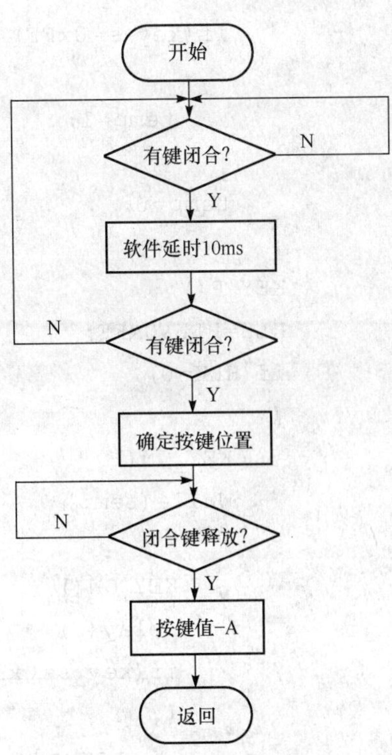


图 11-8 编程扫描程序框图

```
        if(key_s=0xFF)
        {
            temp=1;
        }
        temp=0;
    }
    KEY_P();              //判断按键位置子程序
    HLH=HLH&0xFF;
    if(HLH=0)
    {
        KEY_ON()
        While(temp)
        {
            KEY_ON()
            Delay(2)
            if(key_s=0xFF)
            {
                temp=1;
            }
            temp=0;
        }
        KEY_CODE();    //对按键编码,键编码子程序 KBY_CODE()
            While(temp)
            {
                KEY_ON()
                Delay(2)
                if(key_s=0xFF)
                {
                    temp=0;
                }
                temp=1;
            }
        }
    }
```

KEY_P 是判定按键位置子程序,其 C 语言程序如下:

```
void KEY_P()              //按键位置判定子程序 KEY_P()
{
    TEMP1=0xFE;
    While(temp)
    {
```

```
        PC=TEMP1;
        KEY_S=PA;
        if(KEY_S=0xFF)
        {
            TEMP2=TEMP1&0x08;
            if(TEMP2=0)
                {
                    ret=0;
                    temp=0;
                }
            TEMP1=TEMP1<<1;
        }
    KEY_C();
    }
}
void KEY_C()                                //键值计算子程序
{
    uchar j,k,m,n,TEMP3,TEMP4;              //j(R2),k(R3)保存行列信息
    j=k=m=n=0;
    for(m=0;m<8;m++)
    {
        TEMP3=KEY_S&0x01;
        if(TEMP3!=0)
        {
            j=j++;
            KEY_S=KEYS>>1;
        }
    break;
    }
    j=j++ ;
    for(n=0;n<4;n++ )
    {
        TEMP4=TEMP1&0x01;
        if(TEMP4=!0)
        {
            k=k++;
            TEMP1=TEMP1>>1;
        }
        break;
```

```
        }
        k=k++;
        k=k<<4;
        HLH=k&j;
    }
```

键编号是人为编码，是根据键的位置顺序指定一个号码，以利于执行散转指令，此键到底是什么功能，或代表什么意义由各功能程序决定，由于是矩阵键盘，键编号很有规律可循，如图 11-7所示，各行行首键号依次为 0,8,16,24，均相差 8。如果将行号 1～4 调整为 0～3，将列号 1～8 调整为 0～7，则键编号即是行号乘以 8 再加上列号所得结果。

```
    void KEY_CODE()                        //键编码子程序 KEY_CODE
    {
        uchar HLH1,C,R,KEY_V;              //HLH(行列合),R 列,C 行
        HLH1=HLH;
        R=HLH&0x0F;
        R-- ;
        HLH1=HLH1>>4;
        C=HLH1&0x0F;
        C-- ;
        KEY_V=C * 8+R;
    }
```

2. 定时扫描工作方式

定时扫描工作方式是利用单片机内的定时器产生定时中断(如 10ms)，CPU 响应中断后对键盘进行扫描，在有键按下时识别该键，并执行相应的键功能程序。定时扫描工作方式的键盘硬件电路与编程扫描工作方式相同，软件框图如图 11-9 所示。

单片机内 RAM 设置两个标志位，第一个为去除抖动标志位 K1ST，第二个为已识别完按键的标志位 K2CD，初始化时将其均置零，中断服务时，首先判断有无键闭合，如无键闭合，则 K1ST、K2CD 值为 0 返回；如有键闭合，则检查 K1ST 标志。K1ST＝0 时表示还没有进行去除抖动的处理，此时置 K1ST＝1，并中断返回，因为中断返回后经 10ms 才可能再次中断，相当于实现 10ms 的延时效果，因此程序中不再需要延时处理。当 K1ST＝1 时，说明已经完成去除抖动的处理，这时查 K2CD 是否为 1，如不为 1 则置 1 并进行按键识别处理，只是还没释放按键而已，中断返回。当按键释放后，K1ST 和 K2CD 将置为初始的 0 状态，为下次按键识别做好准备。

3. 中断工作方式

键盘工作于编程扫描状态时，CPU 不间断地对键盘进行扫描，以监视键盘的输入情况，直到有键按下为止。其间 CPU 不能处理任何其他工作，如果 CPU 工作量较大，这种方式将不能适应。定时扫描进了一大步，除定时监视一下键盘输入情况外，其余时间可进行其他任务的处理，因此 CPU 效率得以提高。为了进一步提高 CPU 效率，可采用中断扫描工作方式，即只有键盘有键按下时，才执行键盘扫描并执行该按键功能程序，如果无键按下，CPU 则不响应键

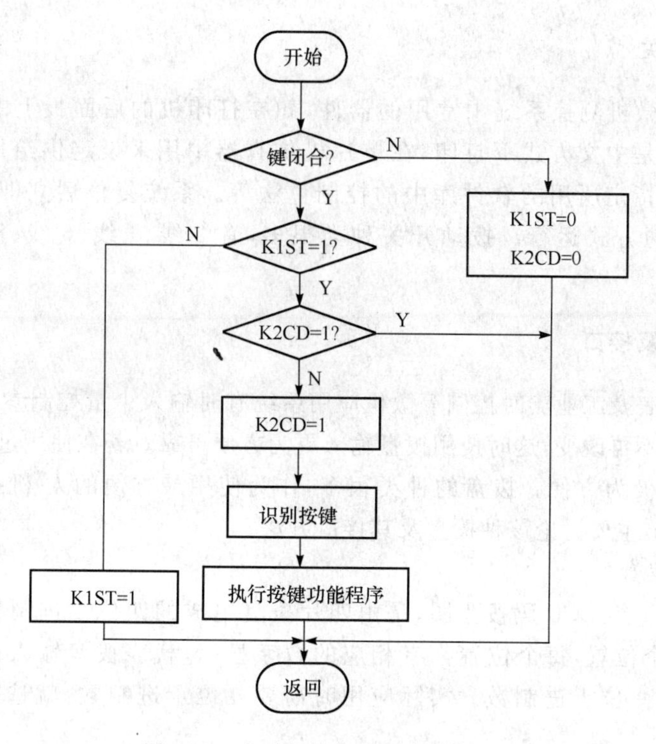


图 11-9　定时扫描方式程序框图

盘。可以说，前两种扫描方式，CPU 对键盘的监视是主动进行的，而后一种扫描方式，CPU 对键盘的监视是被动进行的。图 11-10 为中断方式键盘接口图，该键盘直接由 89C51 的 P1 口的高低字节构成 4×4 矩阵式键盘。键盘的列线与 P1 口的低 4 位 P1.0～P1.3 相接，行线与 P1 口的高 4 位 P1.4～P1.7 相接。P1.0～P1.3 经与门同 $\overline{\text{INT0}}$/$\overline{\text{INT1}}$ 中断口相接；P1.4～P1.7 作为扫描输出线，平时置为全 0，当有键按下时，$\overline{\text{INT0}}$/$\overline{\text{INT1}}$ 为低电平，向 CPU 发出中断申请，若 CPU 开放外部中断，则响应中断请求。在中断服务程序中，首先应关闭中断，因为在扫描识别的过程中，还会引起 $\overline{\text{INT0}}$/$\overline{\text{INT1}}$ 信号的变化，因此若不关闭中断，则引起混乱。之后进行消抖处理、按键的识别及键功能程序的执行等工作。具体的编程不再详述。

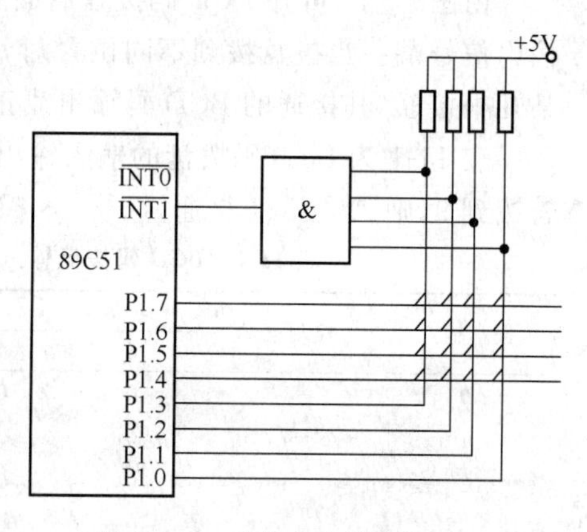


图 11-10　中断方式键盘接口

## 11.2　拨动开关、拨码盘接口电路设计

在单片机测控系统中，人们可以利用键盘随时向系统发送命令和修改数据，使用起来方便灵活。但是，键盘容易产生误动作。因此，对于那些很少改变的命令或数据，往往利用静态开关设定。这类开关即使掉电，其状态也不会改变。这类开关在系统复位前已经设定，CPU 一般只在复位时才读其数据。这种开关有两类，一类是拨动开关，一类是拨码盘。

### 11.2.1 拨动开关

拨动开关是微机测控系统中常用的器件，如在打印机的后面板上的拨动开关，用于设置是西文方式还是中文方式下打印；在单片机仿真器中用来设定供给用户的存储空间；在用户系统中用于指定所用的软件库中的控制算法等。系统复位后立即读取波动开关的状态，从而按规定的方式运行。拨动开关种类很多，有 2 线、4 线、6 线、8 线等，可根据需要选用。

### 11.2.2 拨码盘及接口

一些智能仪表及工业实时控制等微机应用系统有时输入少量控制参数，而且这些控制参数一经设定一般不再改变，这时使用拨盘输入更为方便可靠。若在使用过程中参数须更换，则更改拨盘数据也极为方便。拨盘的种类很多，作为使用最方便的人-机接口是十进制输入、BCD 码输出，本节主要讨论该种拨盘及其接口方法。

1. BCD 码拨盘

图 11-11 为一组 BCD 码拨盘图，是由四片拨盘组成的四位二进制输入拨盘组，每片拨盘只有 0～9 十个位置，每个位置都有相应的数字显示，代表拨盘输入的十进制数。因此，每片拨盘可代表一位十进制数。实际应用时需要几位十进制数，就选择几片 BCD 码拨盘拼接。

由图 11-11 可知 BCD 码拨盘后面有 5 个接点，其中 A 为输入控制端，另外四端是 BCD 码输出信号端。当拨盘拨到不同位置时，输入控制线 A 分别与 4 根 BCD 码输出线中的某根或某几根接通，其接通的 BCD 码输出线正好与拨盘指示的十进制数相一致。

表 11-1 为 BCD 码拨盘的输入输出状态表。输出状态为 1 时，表示该输出线与 A 端相同。若拨到 9，则 A 与 8、1 接通。

**表 11-1 BCD 码拨盘输入输出状态**

| 拨盘输入 | 控制端 A | 输出状态 | | | |
|---|---|---|---|---|---|
| | | 8 | 4 | 2 | 1 |
| 0 | 1 | 0 | 0 | 0 | 0 |
| 1 | 1 | 0 | 0 | 0 | 1 |
| 2 | 1 | 0 | 0 | 1 | 0 |
| 3 | 1 | 0 | 0 | 1 | 1 |
| 4 | 1 | 0 | 1 | 0 | 0 |
| 5 | 1 | 0 | 1 | 0 | 1 |
| 6 | 1 | 0 | 1 | 1 | 0 |
| 7 | 1 | 0 | 1 | 1 | 1 |
| 8 | 1 | 1 | 0 | 0 | 0 |
| 9 | 1 | 1 | 0 | 0 | 1 |

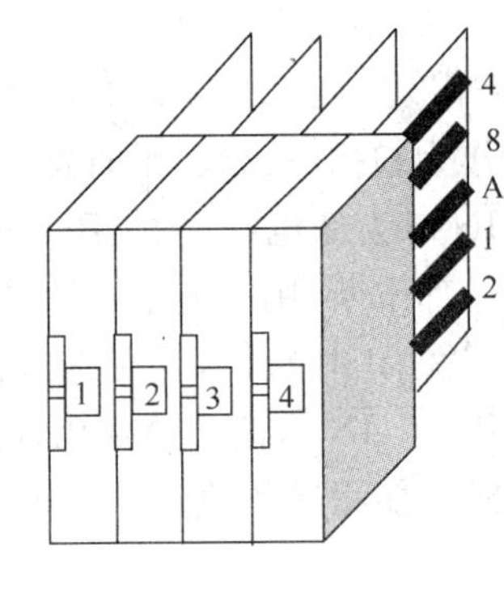

图 11-11 四位十进制拨盘组

2. BCD 码拨盘与 51 单片机的接口

1）BCD 码拨盘的连接方法

BCD 码拨盘根据其接法，输出的 BCD 码有正逻辑和负逻辑之分。

若控制端 A 接+5V，则当拨盘拨至某输入十进制数时，相应的 8、4、2、1 有效端输出高电平，而无效端为低电平，这时拨盘输出的 BCD 码为正逻辑，即原码。如拨至“5”时，4、1 端输出高电平，为有效端；8、2 端输出低电平，为无效端。表 11-1 即为正逻辑时的状态。

若控制端 A 接地，8、4、2、1 输出端通过电阻拉至高电平时拨盘拨至某输入十进制数，8、4、2、1 有效端相应输出低电平，无效端输出高电平，此时拨盘输出的 BCD 码为负逻辑，即反码。如拨至 5 时，4、1 端输出低电平，为有效端；8、2 端输出高电平，为无效端。

2）单片 BCD 码拨盘与 89C51 的接口

图 11-12 为单片 BCD 码拨盘与 89C51 的接口电路，其中图 11-12(a)为正逻辑接法，图 11-12(b)为负逻辑接法。

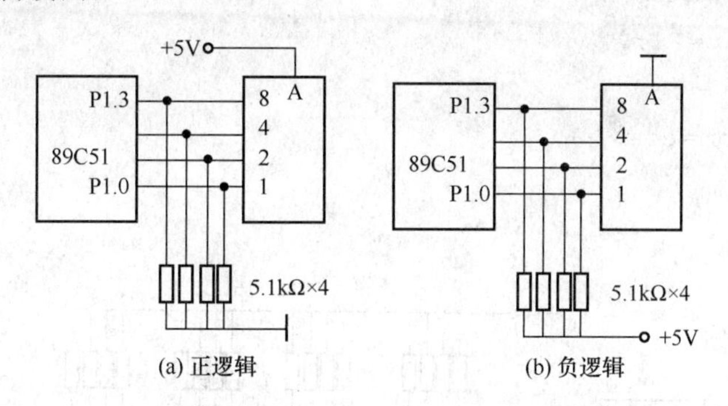


图 11-12　单片 BCD 码拨盘与 89C51 的接口电路

单片 BCD 码拨盘可以与任何 I/O 口的 4 位口线相连，以输入四位 BCD 码。使用时，往往由若干片 BCD 码拨盘拼接成一个 *N* 位的拨盘组，用以输入控制参数。

3）多片 BCD 码拨盘与 89C51 的接口

在智能仪器应用系统中，通常 4*N* 输入多位二进制参数，此时如果按照图 11-12 所示的接法，则 *N* 位十进制数拨盘需要占用 4*N* 根 I/O 口线。为减少 I/O 口线的使用数量，可将拨盘的输出线分别通过四个“与非门”与 89C51 的 I/O 口线相连，用来控制选择多片拨盘中的任意一片。因此，*N* 位十进制数拨盘用 *N* 片的码拨盘拼成时，只需占用 4 根 I/O 口线。

图 11-13 是 4 片 BCD 码拨盘与 89C51 的接口电路图。4 片拨盘的 BCD 码输出的相同端接入同一个 4 输入与非门，而 4 个与非门输出地 8、4、2、1 端分别接 89C51 的 P1.3、P1.2、P1.1、P1.0。P1 口的其余四位 P1.7、P1.6、P1.5、P1.4 分别与千、百、十、个位 BCD 码拨盘的控制端 A 相连。

在图 11-13 中，若选中千位，则 P1.7 置零，P1.6、P1.5、P1.4 置 1，此时，四个与非门所有与其他位相连的输入端均为 1 状态。因此，四个与非门输出的状态完全取决于千位数 BCD 码拨盘的输出状态。图中 BCD 码拨盘的输出为负逻辑，即反码，但通过与非门的为 BCD 原码，因此在程序中读入 BCD 码后不需要再取反处理。

3. BCD 码拨盘输入程序设计

在采用 BCD 码拨盘输入系统控制参数时，通常都在仪器开始工作之前，将要输入的控制参数在拨盘上拨号。例如，图 11-13 中拨入的数据位 1983，这时每位 BCD 码拨盘的输出端上都有相应的数字端与 A 接通。若将读取 BCD 码拨盘的数据存放到 89C51 内部 RAM 的 40H～43H中(40H 为千位，43H 为个位)，则读拨盘子程序清单如下。

```
#include<reg51.h>
#define uchar unsigned char
void main()
```

```
{
    uchar i,com, *p;
    com=0x70;
    p=0x40;
    for(i=1;i<=4;i++ )
    {
        P1=com;
        *p=P1;
        p++ ;
        com=com>>1;
    }
}
```

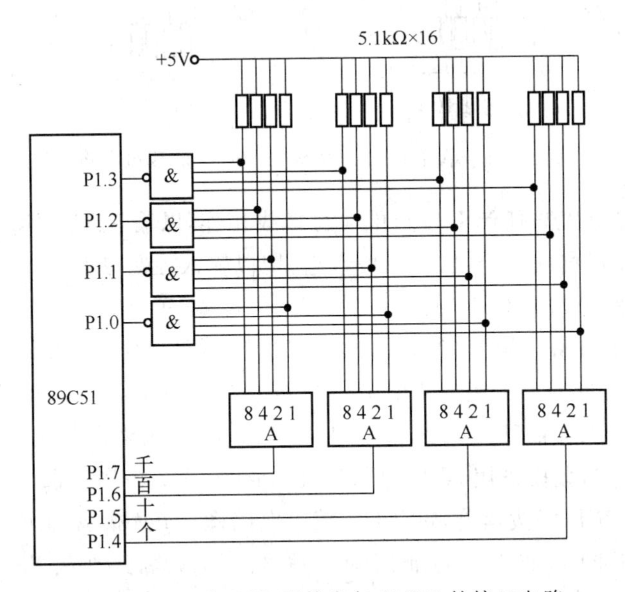


图 11-13　4 片 BCD 码拨盘与 89C51 的接口电路

## 11.3　LED 显示器及接口设计

### 11.3.1　LED 显示器结构与原理

单片机应用系统中使用的显示器主要有发光二极管显示器，简称 LED(Light Emitting Diode)；液晶显示器，简称 LCD(Liquid Crystal Display)。近年也有 CRT 显示器。前者价廉，配置灵活，与单片机接口方便；后者可进行图形显示，但接口较复杂，成本也较高。本节介绍 LED 显示器。

通常所说的 LED 显示器由七个发光二极管组成，因此也称为七段 LED 显示器，其排列形状如图 11-14 所示。此外，显示器中还有一个圆点型发光二极管(以 dp 表示)，用于显示小数点。通过七段发光二极管亮暗的不同组合，可以显示多种数字、字母以及其他符号。

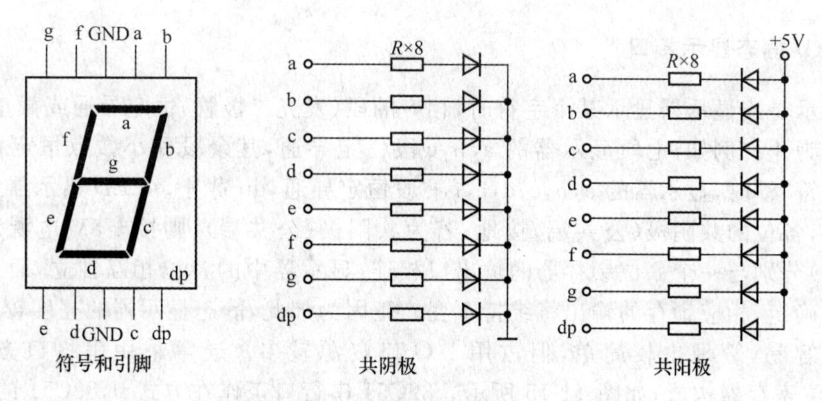


图 11-14　七段 LED 显示器

LED 显示器中的发光二极管共有两种连接方法：

(1) 共阳极接法。把发光二极管的阳极连在一起构成公共阳极，使用时公共阳极接+5V。这样阴极端输入低电平的段发光二极管导通点亮，而输入高电平则不点亮。

(2) 共阴极接法。把发光二极管的阴极连在一起构成公共阴极。使用时公共阴极接地，这样阳极端输入高电平的段发光二极管导通点亮，而输入低电平则不点亮。

使用 LED 显示器时注意区分这两种不同的接法。为显示数字或符号，为 LED 显示器提供显示代码，因为这些代码为显示字形，因此称为字形代码。

七段发光二极管，再加上为一小数点位，共计 8 段。因此提供给 LED 显示器的字形代码正好为一字节。各代码位的对应关系如表 11-2 所示。

**表 11-2　代码位与显示段之关系表**

| 代码位 | D7 | D6 | D5 | D4 | D3 | D2 | D1 | D0 |
|---|---|---|---|---|---|---|---|---|
| 显示段 | dp | g | f | e | d | c | b | a |

用 LED 显示器显示十六进制数的字形代码在表 11-3 中列出。

**表 11-3　十六进制数字形代码表**

| 字型 | 共阳极代码 | 共阴极代码 | 字型 | 共阳极代码 | 共阴极代码 |
|---|---|---|---|---|---|
| 0 | C0H | 3FH | 9 | 90H | 6FH |
| 1 | F9H | 06H | A | 88H | 77H |
| 2 | A4H | 5BH | B | 83H | 7CH |
| 3 | BOH | 4FH | C | C6H | 39H |
| 4 | 99H | 66H | D | A1H | 5EH |
| 5 | 92H | 6DH | E | 86H | 79H |
| 6 | 82H | 7DH | F | 84H | 71H |
| 7 | F8H | 07H | 灭 | FFH | 00H |
| 8 | 80H | 7FH | | | |

LED 显示器有静态显示和动态显示两种方式，下面分别介绍。

### 11.3.2 LED 静态显示接口

静态显示是当显示器显示某个字符时，相应的段(发光二极管)恒定导通或截止，直到显示另一个字符为止。例如，七段显示器的 a,b,c 段恒定导通，其余段和小数点恒定截止时显示“7”;显示字符“8”时，显示器的 a,b,c,d,e,f,g 段恒定导通，dp 截止。LED 显示器工作于静态显示方式时，各位的共阴极(公共端)接地；若为共阳极(公共端)，则接＋5V 电源。每位的段选线(a～dp)分别与一个 8 位锁存器的输出口相连，显示器中的各位相互独立，而且各位的显示字符一经确定，相应锁存的输出将维持不变。正因为如此，静态显示器的亮度较高。这种显示方式编程容易，管理也较简单，但占用 I/O 口资源较多。通常采用串行口方式 0，外接 74LSl64 移位寄存器构成，如图 11-15 所示。89C51 串行口工作在方式 0,89C51 的 RXD 作为输出端接到移位寄存器 74LS164 的两个输入引脚，89C51 的 TXD 接 74LS164 各位的时钟输入引脚，8 位 LED 从高到低一次串接。高一位并行输出的最低位接相邻低位的串行输入引脚。各位 74LS164 并行输出引脚接相应的 LED 显示器的段驱动输入端。相应的串行静态显示子程序清单如下。

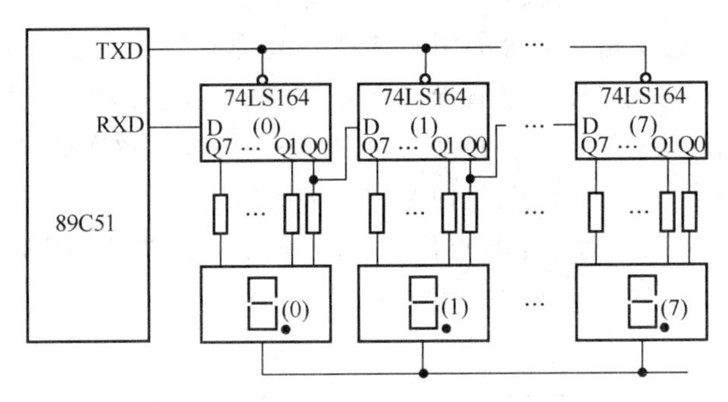


图 11-15 静态显示电路

```
#include<reg51.h>
#define uint unsigned int
#define uchar unsigned char
uchar code tab[]={0xC0,0xF9,0xA4,0xB0,0x99,0x92,0x82,0xF8,0x80,0x90,
                  0xBF,0xFF};                //字形代码表
void main()
{
   uchar *p,disp_code,i;
   p=0x7F;
   for(i=1;i<=8;i++ )
   {
      disp_code= *p;
      sbuf=tab(disp_code);
      while(! TI);
      TI=0;
      p=p--
   }
}
```

### 11.3.3 LED 动态显示接口

实际使用的 LED 显示器都用多位显示。对于多位 LED 显示器，通常都采用动态扫描的方法显示，即逐个循环点亮各位显示器。这样虽然在任一时刻只有一位显示器点亮，但是由于人眼具有视觉残留效应，看起来与全部显示器持续点亮效果完全一样。

为实现 LED 显示器的动态扫描，除给显示器提供段(字形代码)的输入之外，还对显示器增加显示位的控制，这是通常所说的段控和位控。因此多位 LED 显示器接口电路需要两个输出口，其中一个用于输出 8 条段控线(有小数点显示)；另一个用于输出位控线，位控线的数目等于显示器的位数。

图 11-16 是使用 8255A 作 6 位 LED 显示器的接口电路图。

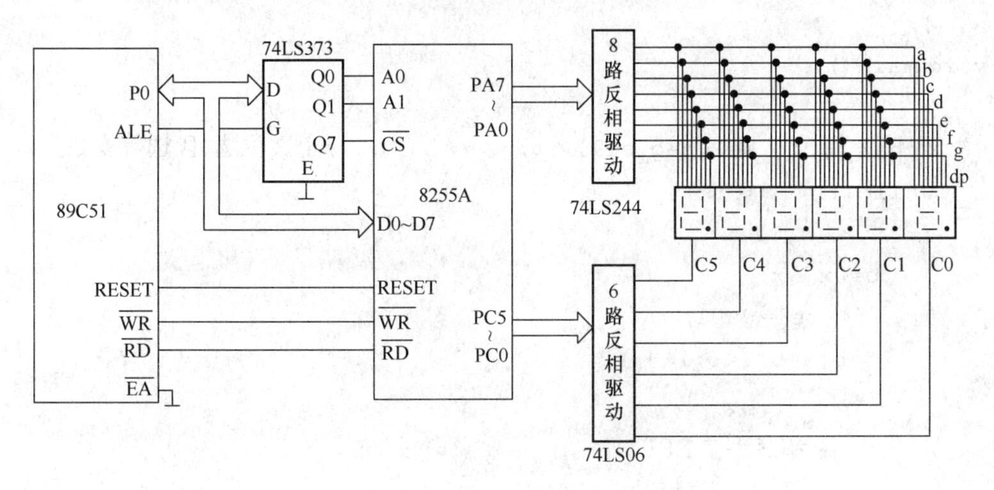


图 11-16 6 位动态显示器电路原理图

其中，C 口为输出口(位控口)，以 PC5～PC0 输出位控线。由于位控线的驱动电流较大，8 段全亮时为 40～60mA，因此 PC 口输出加 74LS06 进行反相和提高驱动能力，也可以采用达林顿驱动管 ULN2003 或 MC1413，然后再接各 LED 显示器的位控端。

A 口也为输出口(段控口)，以输出 8 位字形代码(段控线)。段控线的负载电流约为 8mA，为提高显示亮度，通常加 74LS244 进行段控输出驱动。

为存放显示的数字或字符，通常在内部 RAM 中设置显示缓冲区，其单元个数与 LED 显示器位数相同。假定本例中 6 个显示器的缓冲单元是 79H～7EH，与 LED 显示器的对应关系如表 11-4 所示。

表 11-4 显示器与缓冲单元的对应关系

| 显示器 | LED5 | LED4 | LED3 | LED2 | LED1 | LED0 |
|---|---|---|---|---|---|---|
| 缓冲单元 | 7EH | 7DH | 7CH | 7BH | 7AH | 79H |

动态扫描过程选择从右向左进行，则缓冲区的首地址应为 79H。假定位控口地址 FF7EH，段控口地址 FF7CH；以 R0 存放当前位控值，DL 为延时子程序；8255A 的初始化已在主程序中完成，则完成上述任务的子程序清单如下。

```
#include<reg51.h>
#include<absacc.h>
```

```
#define uint unsigned int
#define uchar unsigned char
#define PA XBYTE[0xFF7C]
#define PB XBYTE[0xFF7D]
#define PC XBYTE[0xFF7E]
#define COM XBYTE[0xFF7F]
uchar code DSEG[]=
{
    0x3F, 0x06, 0x5b, 0x4F, 0x66, 0x6D, 0x7D, 0x07, 0x7F, 0x6F, 0x77, 0x7C,
0x39,0x5E,0x79,0x71
  };
void main()
{
    uchar i,bit_sel,seg_sel, * p;                 //定义位选、段选等变量
    while(1)
    {
        p=0x79;
        bit_sel=0x01;
        for(i=0;i<6;i++ )
        {
            seg_sel= * p;
            PC=bit_sel;
            PA=DSEG[seg_sel];
            Delay(2);                             //延时子程序
            p=p++ ;
            bit_sel=bit_sel<<1;
        }
    }
}
void Delay(uint x)                                //延时子程序
{
    uchar t;
    while(x--)
    {
        for(t=120;t>0;t--)
    }
}
```

程序说明：

• 在动态扫描过程中，调用延时子程序 Delay，其延迟时间大约为 1ms。这是为了使扫描到的显示器稳定地点亮一段时间，犹如扫描过程中在每一位显示器上都有一段驻留时间，以保

证其显示亮度。

• 本例接口电路是以软件为主的接口电路，对显示数据以查表方法得到其字形代码，为此在程序中有字形代码表 DSEG。从 0 开始依次写入十六进制数的字形代码。

• 在实际的单片机系统中，LED 显示程序都是作为一个子程序供监控程序调用。因此各位显示器都扫过一遍之后，返回监控程序。返回监控程序后，经过一段时间间隔后，再调用显示扫描程序。通过这种反复调用实现 LED 显示器的动态扫描。

在静态显示方式下，LED 显示器各显示段的工作电流恒定；在动态显示方式下，LED 显示器各显示段的工作电流是脉动电流。因此脉动工作电流的幅值应远大于恒定工作电流值。

在动态显示中，移位数字的显示持久时间不允许超过其额定电流，更不允许系统长久地停止刷新，否则某一数字显示器和位驱动电路将因长时间流过较大的恒定电流而损坏。同时，动态显示方式所能容许的显示数字的个数有限，这时由于显示系统所能允许最大脉动工作电流有限，而静态显示方式则无上述限制。

### 11.3.4 单片机经 8255A 与键盘/显示器接口技术

单片机应用系统通常把键盘和显示电路结合在一起，以构成键盘、显示电路。如图 11-17 所示的为 8×2 键盘，6 位 LED 显示器通过 8255A 和 89C51 的接口电路。由图 11-17 可知，8255A 的 PA、PB、PC 及控制口的地址分别为 0BCFFH、0BDFFH、0BEFFH。8255A 的 PB 口为显示器的段控口；PA 为显示器的位控口，同时又是键盘的行输出口；PC 为键盘的列输入口。

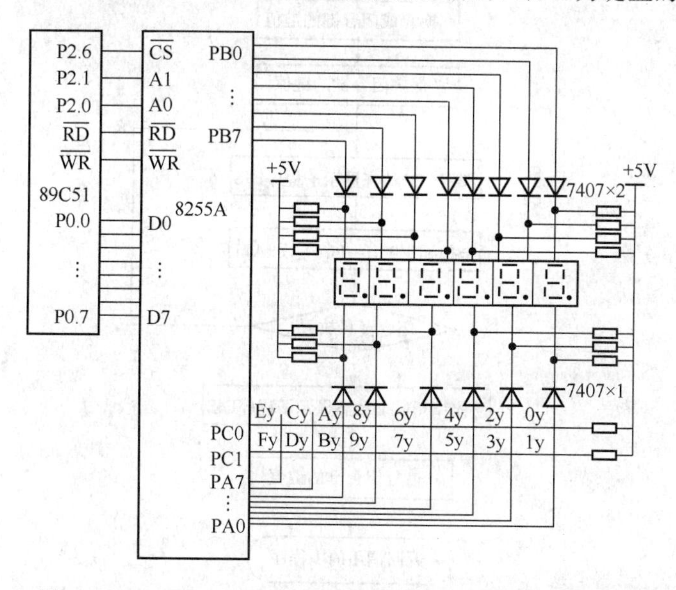


图 11-17 89C51 单片机通过 8255A 的键盘/显示接口电路

下面给出键输入程序的流程图如图 11-18 所示．在这里采用显示子程序作为延迟子程序，其优点是在进行键输入子程序后，显示器始终是亮的。在键输入源程序中，DIR 为显示子程序，调用一次用 6ms。初始化时将 8255A 初始化为方式 0，A 口输出，B 口输出，C 口输入。键输入参考程序如下。

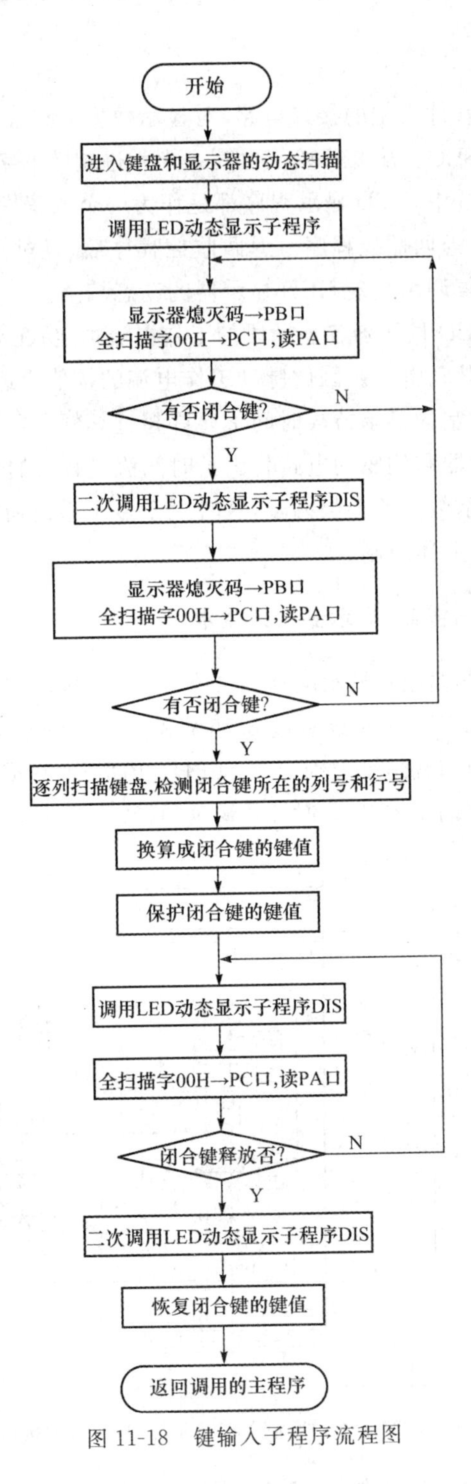

图 11-18 键输入子程序流程图

```
#include<reg51.h>
#include<absacc.h>
#define uint unsigned int
#define uchar unsigned char
#define PA XBYTE[0xBCFF]
#define PB XBYTE[0xBDFF]
```

```
#define PC XBYTE[0xBEFF]
#define COM XBYTE[0xBFFF]
uchar code TAB1[]=
{
0xFE,0xFD,0xF7,0xEF,0xDF,0xBF,0x7F
};
uchar code TAB2[]=
{
    0x02,0x01,0x12,0x11,0x22,0x21,0x32,0x31,0x42,0x41,0x52,0x51,0x62,
0x61,0x72,0x71
};
void main()
{
    uchar i,temp,temp1,scan_int,col_v,row_v,row_v1,key_v;
    scan_int=0xFE;
    PA=0x00;                                    //PA输出全零
    temp=PC;                                    //读取PC口
    temp=temp&0x03;
    if(temp!=0x03)
        {
            return 0;
        }
    delay(2);
    for(i=0;1<8;i++)
        {
            PA=scan_int;
            temp=PB;
            temp=temp&0x03;
            if(temp!=0x03)
                {
                    col_v=temp;  //KEY3
                    row_v=0x00;
                    for(i=0;i<8;i++)
                        {
                            row_v1=TAB1[row_v];
                            if(row_v1!=scan_int)
                                {
                                    row_v=row_v<<4;//KEY5
                                    key_v=row_v|col_v;
                                    scan_int=key_v;
```

```
                                    row_v=0x00;
                                    for(i=0;i<16;i++)  //KEY8
                                        {
                                            row_v1=TAB2[row_v];
                                            if(row_v1!=scan_int);
                                            {
                                                temp1=row_v<<1;  //KEY7
                                                temp1=row_v+temp1;
                                                switch(temp1)
                                                    case 0x02:K0();
                                                        break;
                                                    case 0x01:K1();
                                                        break;
                                                        ⋮
                                                    case 0x71:K15();
                                                        break;
                                            }
                                        row_v++;
                                    }
                                return 0;
                            }
                        row_v++;
                        return 0;
                    }
                }
            scan_int=scan_int<<1;
        }
    return 0;
}
```

## 11.4 LCD 显示器及接口设计

LCD(Liquid Crystal Display)是液晶显示器的缩写。液晶显示器是一种被动式的显示器,即液晶本身并不发光,而是利用液晶经过处理后能改变光线通过方向的特性,而达到白底黑字或黑底白字显示的目的。液晶显示器具有功耗低、抗干扰能力强等优点,因此广泛应用。LCD 显示器有段码显示器、字符式显示器及图形式显示器等类型。

段码 LCD 显示器显示的字符数量很有限,对于比较复杂的字符无法表达。点阵式液晶显示模块可以显示各种各样的字符。它可以由用户任意定义,显示模块具有编程功能,与单片机接口方便,可以直接挂在数据总线上。笔记本计算机、手机、寻呼机和计算器上都采用液晶显示屏幕。

本节介绍七段 LCD 显示器的显示原理、驱动方式和点阵式液晶显示器如何显示字符、图形等内容。

### 11.4.1 段码 LCD 的结构和驱动方式

LCD 的数字和字符显示也与 LED 一样分为七(a、b、c、d、e、f、g)段，另外还有一个公共极(COM)，如图 11-19 所示。其驱动方式有静态驱动和迭加驱动两种。从驱动原理上讲，驱动电压为交直流均可，通常采用交流驱动。不同的驱动方式对应不同的电极引线连接方式，因此一旦选择 LCD 显示器件，其驱动方式也就确定。

1. 静态驱动

静态驱动方式中驱动某一段的驱动原理图和波形图如图 11-20 所示。A 端接交变的方波信号，B 端接控制该段显示状态的信号。当该段两个电极上的电压相同时，电极间的相对电压为 0，该段不显示；当两极上的电压电位相反时，两电极间的相对电压为幅值方波电压的两倍，该段显示。

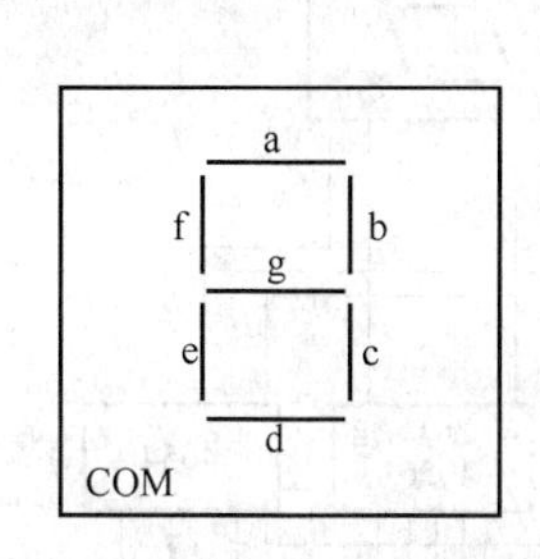


图 11-19 LCD 的字形段和公共极

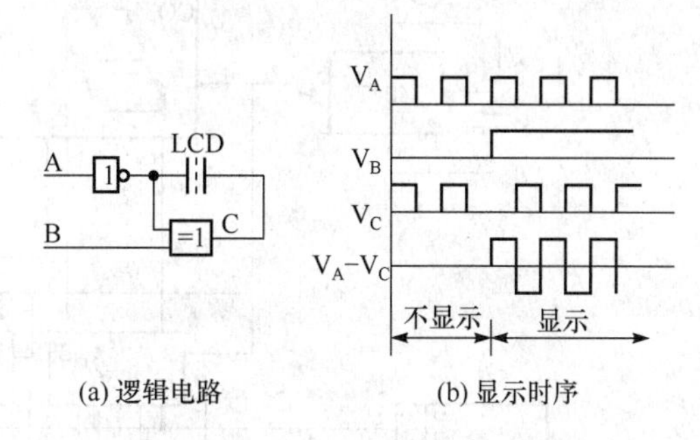


图 11-20 控制 LCD 段显示的方波示意图

例如，为显示数字 3，应使 a、b、c、d、g 段的方波与 COM 极上方波的相位相反，而 e、f 段的方波与 COM 极上方波的相位相同。假定 COM 极上加负方波，则段码方波极性及数字显示如表 11-5 所示。对于一位 LCD 显示，可使用七段译码器实现，如图 11-21 所示。它由 7 个驱动回路组合而成，Common 为公共端，当 Common 端为 1 时，反相后输出为 0。当任意一端如 a 为 1 时，第一个异或门输出位 1，两个电极电压电位相反，a 字段显示；当 a 为 0 时，异或门输出位 0，两个电极电压电位相同，a 字段不显示。其他各位原理相同，在此不一一列举。

**表 11-5 LCD 段码与显示数字**

| abcdefg | 显示数字 |
|---|---|
| 1111110 | 0 |
| 0110000 | 1 |
| 1101101 | 2 |
| 1111001 | 3 |
| 0110011 | 4 |
| 1011011 | 5 |
| 1011111 | 6 |
| 1110000 | 7 |
| 1111111 | 8 |
| 1111011 | 9 |

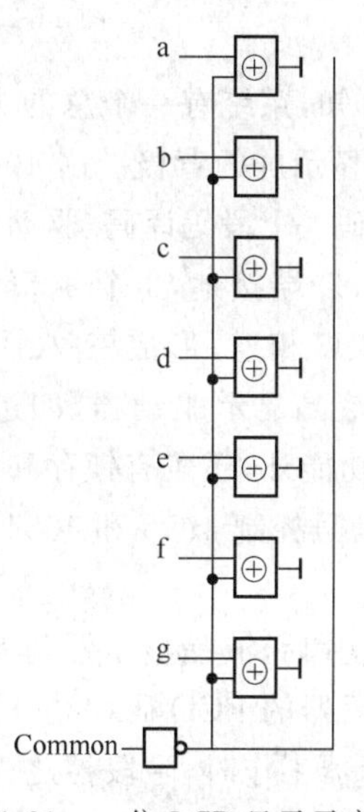


图 11-21 一位 LCD 显示示意图

2. 迭加驱动

LCD采用静态驱动方式时，每个显示器的每个字段都引出电极，当显示位数增多时，为减少引出线和驱动电路，常采用迭加方式驱动。

迭加驱动方式通常采用电压平均法，占空比有1/2、1/8、1/12、1/16、1/32、1/64等，偏比有1/2、1/3、1/5、1/7、1/9等。迭加驱动方式的原理和波形较复杂，在此不再详述。

### 11.4.2 段码LCD与单片机的接口

1. 接口电路

为说明LCD显示器的应用情况，以一个3位LCD显示器为例进行说明，其接口电路如图11-22所示。

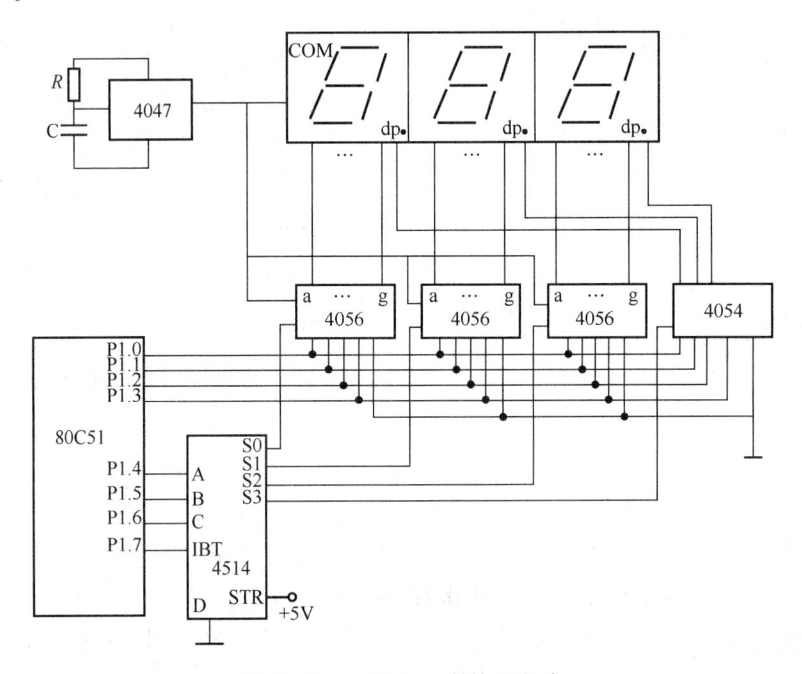


图11-22 LCD显示器接口电路

由图11-22可知，系统有一个总的方波发生器，用于产生提供给公共极(COM)的对称方波，其输出连接于显示屏的背极。由4047构成的振荡电路为背极提供方波信号。

4056为BCD码一七段码译码/驱动器，为各位LCD显示器产生7位段码。4514为4-16译码器，高电平有效，D端接地，3个4056由4514构成的三-八译码器轮流选通。P1.4、P1.5、P1.6分别与A、B、C相连，形成三-八译码器。P1.7与IBT输出允许端相连，以控制有效输出。4054为4位液晶显示驱动器，四进四出(此处为三出)，作为小数点驱动。由于4056和4054除具有译码功能外，还兼有锁存和缓冲功能，因此，该显示电路可实现静态显示。4514输出的高电平选通信号控制4056和4054进行数据锁存，它们所需要的方波信号由4047振荡电路提供。

有这些专用芯片后，液晶显示器与89C51的接口十分简单，使用P1口即可。其中，P1.0～P1.3直接用作译码器的BCD码(4位)输入，译码输出产生显示器的段控信号。与LED显示器一样，LCD显示器工作时，除段控之外还需要位控，电路使用4514的输出依次作各位译码器的选通，以控制其逐个显示。如果需要和八位显示屏接口，就需要增加5片4056和1片4054，

4514 改为 4-16 译码法即可。为与液晶显示的低功耗相适应,电路全部采用 CMOS 器件。

2. 程序设计

以内部 RAM 的 20H～22H 作为显示缓冲器,从左向右分别对应 3 位显示器。在缓冲器中数据存放格式高 4 位为 0,低 4 位为 BCD 码。对应图 11-22 LCD 显示器显示程序为如下所述。

```
#include<reg51.h>
#include<intrins.h>
#define uchar unsigned char
#define uint unsigned int
void main()
{
    uchar*p,g_data,s_data,b_data;                //定义个位、十位、百位等变量
    p1=0x00;
    p=0x20;
    g_data=*p;
    g_data=g_data&0x0F;
    g_data=g_data|0x20;
    p1=g_data;
    Delay(2);
    p=p++;
    s_data=*p;
    s_data=s_data&0x0F;
    s_data=s_data|0x10;
    p1=s_data;
    Delay(2);
    p=p++;
    b_data=*p;
    b_data=b_data&0x0F;
    b_data=b_data|0x20;
    p1=b_data;
    Delay(2);
}
void Delay(uint x)
{
    uchar t;
    while(x--)
    {
        for(t=120;t>0;t--)
    }
}
```

以上主要介绍七段LCD显示器的工作原理及驱动，下面通过例题介绍工业控制系统中常用的点阵式液晶显示器如何显示汉字和图形。

### 11.4.3 点阵式液晶显示器

对于点阵式液晶显示器器件，因显示元素众多，为简化硬件驱动电路，设计上采用矩阵型结构，即把水平一行所有的像素都连在一起引出，称为行电极；把纵向一列所有像素的电极连在一起引出，称为列电极。这样，显示器件上的每一个像素都由其所在的行和列的位置唯一决定。驱动方式采用类似于CRT的光栅扫描方法逐行顺序进行。因循环周期很短，使得显示屏上呈现稳定的图形。

1. 汉字字模的提取

汉字是二维的图形结构。在计算机储存和处理前，采用点阵方法对汉字字形进行数字化处理，使汉字变成由 $n \times m$ 个黑点或白点组成的矩形图形。如果用数字1表示黑点，数字0表示白点，汉字可以用一组二进制数字表达，这组数字的组合称为汉字的字模。为方便计算机处理，字模的行、列数均采用8的整数倍。如果采用16×16点阵的汉字，即每个汉字由256个点组成，一个汉字的字模有32字节。图11-23是一个16×16点阵的显示器显示的汉字“中”。

| 0 | 0 | 0 | 0 | 0 | 0 | 0 | 0 | 0 | 0 | 0 | 0 | 0 | 0 | 0 | 0 |
|---|---|---|---|---|---|---|---|---|---|---|---|---|---|---|---|
| 0 | 0 | 0 | 0 | 0 | 0 | 0 | 1 | 0 | 0 | 0 | 0 | 0 | 0 | 0 | 0 |
| 0 | 0 | 0 | 0 | 0 | 0 | 0 | 1 | 0 | 0 | 0 | 0 | 0 | 0 | 0 | 0 |
| 0 | 0 | 1 | 1 | 1 | 1 | 1 | 1 | 1 | 1 | 1 | 1 | 1 | 0 | 0 | 0 |
| 0 | 0 | 1 | 0 | 0 | 0 | 0 | 1 | 0 | 0 | 0 | 0 | 1 | 0 | 0 | 0 |
| 0 | 0 | 1 | 0 | 0 | 0 | 0 | 1 | 0 | 0 | 0 | 0 | 1 | 0 | 0 | 0 |
| 0 | 0 | 1 | 0 | 0 | 0 | 0 | 1 | 0 | 0 | 0 | 0 | 1 | 0 | 0 | 0 |
| 0 | 0 | 1 | 0 | 0 | 0 | 0 | 1 | 0 | 0 | 0 | 0 | 1 | 0 | 0 | 0 |
| 0 | 0 | 1 | 0 | 0 | 0 | 0 | 1 | 0 | 0 | 0 | 0 | 1 | 0 | 0 | 0 |
| 0 | 0 | 1 | 1 | 1 | 1 | 1 | 1 | 1 | 1 | 1 | 1 | 1 | 0 | 0 | 0 |
| 0 | 0 | 0 | 0 | 0 | 0 | 0 | 1 | 0 | 0 | 0 | 0 | 0 | 0 | 0 | 0 |
| 0 | 0 | 0 | 0 | 0 | 0 | 0 | 1 | 0 | 0 | 0 | 0 | 0 | 0 | 0 | 0 |
| 0 | 0 | 0 | 0 | 0 | 0 | 0 | 1 | 0 | 0 | 0 | 0 | 0 | 0 | 0 | 0 |
| 0 | 0 | 0 | 0 | 0 | 0 | 0 | 1 | 0 | 0 | 0 | 0 | 0 | 0 | 0 | 0 |
| 0 | 0 | 0 | 0 | 0 | 0 | 0 | 0 | 0 | 0 | 0 | 0 | 0 | 0 | 0 | 0 |
| 0 | 0 | 0 | 0 | 0 | 0 | 0 | 0 | 0 | 0 | 0 | 0 | 0 | 0 | 0 | 0 |

图11-23 汉字“中”的点阵图

在图11-23中，数字1表示该点点亮，0表示熄灭。“中”的32字节字模的C语言程序如下。

```
#include<reg51.h>
#include<intrins.h>
#define uchar unsigned char
#define uint unsigned int
uchar code TAB[]=
{
    0x00,0x00,0x01,0x00,0x01,0x00,0x3F,0xF8,0x21,0x08,0x21,0x08,0x21,
  0x08,0x21,0x08,0x21,0x08,0x3F,0xF8,0x01,0x00,0x01,0x00,0x01,0x00,
```

```
    0x01,0x00,0x00,0x00,0x00,0x00
    };
    void main()
    {
        for(i=0;i<32;i++)
        {
            uchar * p,i,temp;
            p=0x30;
            temp=0x00;
            * p=TAB[temp];
            temp=temp++;
            p++;
        }
    }
```

2. 曲线/图形的生成

在液晶显示器器件上，绘制简单的直线或曲线可通过逐行描点的方法完成。如图 11-24 所示为正弦曲线的点阵图。该图形信息的读取和汉字字模的读取相同。但是，在微机测控系统中，往往须实时绘制一些复杂的曲线或图形，这时绘制工作可分为两步：第一是应用某种算法求出直线或曲线的各点坐标，完成实际物理量和计算数字量的比例换算及程序算法的编制。第二是在所应用的液晶显示器件上，根据程序算法所提供的点坐标，换算成点阵液晶显示屏上的点的位置，即显示内存相应的单元地址，确定该单元内显示的数据，从而在显示屏上组成所需的显示图形。

| 0 | 0 | 0 | 0 | 0 | 0 | 0 | 1 | 0 | 0 | 0 | 0 | 0 | 0 | 0 | 0 |
|---|---|---|---|---|---|---|---|---|---|---|---|---|---|---|---|
| 0 | 0 | 0 | 0 | 0 | 0 | 0 | 1 | 0 | 0 | 0 | 0 | 0 | 0 | 0 | 0 |
| 0 | 0 | 0 | 0 | 0 | 0 | 0 | 1 | 0 | 0 | 0 | 0 | 0 | 0 | 0 | 0 |
| 0 | 0 | 1 | 1 | 1 | 0 | 0 | 1 | 0 | 0 | 0 | 0 | 0 | 0 | 0 | 0 |
| 0 | 1 | 0 | 0 | 0 | 1 | 0 | 1 | 0 | 0 | 0 | 0 | 0 | 0 | 0 | 0 |
| 0 | 0 | 0 | 0 | 0 | 0 | 0 | 1 | 0 | 0 | 0 | 0 | 0 | 0 | 0 | 0 |
| 1 | 0 | 0 | 0 | 0 | 0 | 1 | 1 | 0 | 0 | 0 | 0 | 0 | 0 | 0 | 0 |
| 1 | 1 | 1 | 1 | 1 | 1 | 1 | 1 | 1 | 1 | 1 | 1 | 1 | 1 | 1 | 1 |
| 0 | 0 | 0 | 0 | 0 | 0 | 0 | 1 | 1 | 0 | 0 | 0 | 0 | 0 | 1 | 0 |
| 0 | 0 | 0 | 0 | 0 | 0 | 0 | 1 | 0 | 0 | 0 | 0 | 0 | 0 | 0 | 0 |
| 0 | 0 | 0 | 0 | 0 | 0 | 0 | 1 | 0 | 1 | 0 | 0 | 0 | 1 | 0 | 0 |
| 0 | 0 | 0 | 0 | 0 | 0 | 0 | 1 | 0 | 0 | 0 | 0 | 0 | 0 | 0 | 0 |
| 0 | 0 | 0 | 0 | 0 | 0 | 0 | 1 | 0 | 0 | 0 | 0 | 0 | 0 | 0 | 0 |
| 0 | 0 | 0 | 0 | 0 | 0 | 0 | 1 | 0 | 0 | 0 | 0 | 0 | 0 | 0 | 0 |
| 0 | 0 | 0 | 0 | 0 | 0 | 0 | 1 | 0 | 0 | 0 | 0 | 0 | 0 | 0 | 0 |
| 0 | 0 | 0 | 0 | 0 | 0 | 0 | 1 | 0 | 0 | 0 | 0 | 0 | 0 | 0 | 0 |

图 11-24　正弦曲线的点阵图

由于点阵式液晶显示器器件的引线众多，用户使用极不方便，所以制造商将点阵式液晶显示器件和驱动器集成在一块板上成套出售，这种产品称为液晶显示模块(LCM)。比如，

HY12232A、HY12232C、MGLS-19264 等都是比较成熟的产品，用户只需将模块和单片机简单连接即可，而把主要的精力投入到显示屏画面上的软件设计上。

## 11.5　键盘显示器接口芯片 HD7279A

传统的键盘显示驱动器件（如 Intel 8279）通常采用并行接口，占用单片机端口较多，因此该键盘显示驱动器不适用于单片机资源紧张的应用。改进的采用 SPI（Serial Peripheral Interface）串行总线的 ZLG7289 器件与采用 $I^2C$（Inter-Integrated Circuit）串行总线的 ZLG7290 器件均须接入独立的晶体振荡器才能工作，不能直接支持 RC 振荡器电路，复位端必须接 RC 复位电路才使器件可靠复位，且片选端 $\overline{CS}$ 一般不可直接接地，否则显示可能出现闪烁，软件延时调试比较困难。键盘显示驱动专用器件 HD7279A 则不存在这样的问题，能够稳定可靠工作，外围电路简单，可广泛应用于仪器仪表、工业控制器、条形显示器、控制面板等。下面介绍 HD7279A 的结构、功能及接口的典型应用设计。

### 11.5.1　HD7279A 的内部结构及工作原理

1. HD7279A 的内部结构

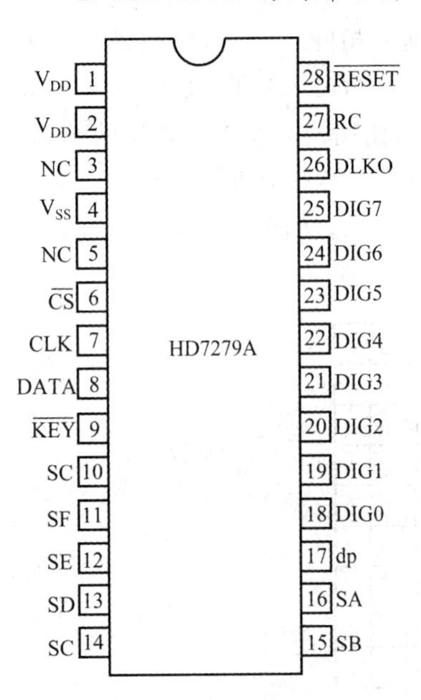


图 11-25　HD7279A 引脚配置

HD7279A 是一款具有简单 SPI 串行接口的器件，能同时管理 8 位共阴极 LED 显示器（或 64 个单个 LED 发光管）和多达 64 键键盘的专用智能控制芯片。它具有自动扫描显示、自动识别按键代码、自动消除键抖动等功能，从而使键盘和显示器的管理得以简化，明显提高 CPU 的工作效率；HD7279A 芯片内具有驱动电路，可以直接驱动 1 英寸及以下的 LED 数码管，还具有译码方式的译码电路，因而其外围电路变得简单可靠；由于 HD7279A 和微处理器之间采用串行接口，仅占用 4 条口线，使得与微处理器之间的接口电路也简单方便。

HD7279A 为单一＋5V 电源供电，其引脚排列如图 11-25 所示。其中，DIG0～DIG7 应连接至 8 只数码管的共阴极端，SA、SB、SC、SD、SE、SF 和 SG 分别连接至数码管的 a、b、c、d、e、f 和 g 端，dp 接至数码管的小数点端；RC 引脚用于连接 HD7279A 的外接振荡元件，其典型值为 $R=1.5\text{k}\Omega$，$C=15\text{pF}$。$\overline{RESET}$ 为复位端，通常接＋5V 即可。表 11-6 为 HD7279A 引脚功能描述。表 11-7 所列为 HD7279A 的电气特性。

**表 11-6　HD7279A 引脚功能描述**

| 引脚 | 名称 | 功能描述 |
|---|---|---|
| 1,2 | $V_{DD}$ | 正电源 |
| 3,5 | NC | 无连接，必须悬空 |
| 4 | $V_{SS}$ | 接地 |

续表

| 引脚 | 名称 | 功能描述 |
| --- | --- | --- |
| 6 | $\overline{CS}$ | 片选输入端，此引脚为低电平时，可向器件发送指令及读取键盘数据 |
| 7 | CLK | 同步时钟输入端，向器件发送数据及读取键盘数据时，此引脚电平上升沿表示数据有效 |
| 8 | DATA | 串行数据输入/输出端，当器件接收指令时，此引脚为输入端；读取键盘数据时，此引脚在“读”指令最后一个时钟的下降沿变为输出端 |
| 9 | $\overline{KEY}$ | 按键有效输出端，平时为高电平；检测到有效按键时，此引脚变为低电平 |
| 10～16 | SG～SA | 段 g～段 a 驱动输出 |
| 17 | DP | 小数点驱动输出 |
| 18～25 | DIG0～DIG7 | 数字 0～数字 7 驱动输出 |
| 26 | CLKO | 振荡器输出端 |
| 27 | RC | RC 振荡器连接端 |
| 28 | $\overline{RESET}$ | 复位端 |

**表 11-7　HD7279A 的电气特性**

| 参数 | 符号 | 测试条件 | 最小值 | 典型值 | 最大值 |
| --- | --- | --- | --- | --- | --- |
| 电源电压 | $V_{CC}$/V | — | 4.5 | 5.0 | 5.5 |
| 工作电流 | $I_{CC}$/mA | 不接 LED | — | 3 | 5 |
| 工作电流 | $I_{CC}$/mA | LED 全亮，ISEG＝10mA | — | 60 | 100 |
| 逻辑输入高电平 | $V_{ih}$/V | — | 2.0 | — | 5.5 |
| 逻辑输入低电平 | $V_{il}$/V | — | 0 | — | 0.8 |
| 按键响应时间 | $T_{key}$/ms | 含去抖时间 | 10 | 18 | 40 |
| KEY 引脚输入电流 | $I_{ki}$/mA | — | — | — | 10 |
| KEY 引脚输出电流 | $I_{ko}$/mA | — | — | — | 7 |

2. HD7279A 的工作原理

HD7279A 最显著的优点是与单片机的接口简单，最多只需 5 条连接线，分别是复位端 $\overline{RESET}$、片选输入端 $\overline{CS}$、同步时钟输入端 CLK、数据输入输出端 DATA 和按键有效输出端 $\overline{KEY}$。在一般的应用系统中，$\overline{RESET}$ 可直接接电源；当应用系统只有一片 HD7279A 器件时，也可以直接接地，此时只占用 3 条单片机的 I/O 端口线；如果应用系统没有键盘，仅具有显示功能，或者即使有键盘，但单片机软件任务不复杂，均可不接 $\overline{KEY}$ 线，使用定时读取键盘键值代码的方法，则此时只占用两条单片机的 I/O 端口线。

### 11.5.2　HD7279A 的控制指令及工作时序

1. 控制指令

HD7279A 与单片机采用 SPI 串行接口方式连接，控制指令由纯指令、带数据指令和读键盘代码指令 3 种类型的指令组成。

1）纯指令

纯指令是 1 字节指令，共有 6 条。它们是：

（1）复位指令，代码为 A4H，其功能为清除所有显示，包括字符消隐属性和闪烁属性。

（2）测试指令，代码为 BFH，其功能为点亮所有的 LED 并闪烁，可用于自检。

（3）左移指令，代码为 A1H，其功能为将所有的显示自右向左（从第 1 位向第 8 位）移动一位（包括处于消隐状态的显示位），但对各位所设置的消隐及闪烁属性不变。移动后，最右边一位为空（无显示）。例如，原显示为：

| 4 | 2 | 5 | 2 | L | P | 3 | 9 |
|---|---|---|---|---|---|---|---|

其中，第 2 位"3"和第 4 位"L"为闪烁显示，执行左移指令后，显示变为：

| 2 | 5 | 2 | L | P | 3 | 9 |  |
|---|---|---|---|---|---|---|---|

第 2 位"9"和第 4 位"P"为闪烁显示。

（4）右移指令，代码为 A0H，其功能与左移指令类似。只是方向相反。移动后，最左边一位为空。

（5）循环左移指令，代码为 A3H，其功能与左移指令类似。移位后，最左位内容移至最右位。在上例中，执行完循环左移指令后的显示为：

| 2 | 5 | 2 | L | P | 3 | 9 | 4 |
|---|---|---|---|---|---|---|---|

第 2 位"9"和第 4 位"P"为闪烁显示。

（6）循环右移指令，代码为 A2H，其功能与循环左移指令类似。只是方向相反。

2）带数据指令

带数据指令由双字节组成，它们是：

（1）按方式 0 译码（BCD 码-七段显示码）下载指令。该指令第一个字节的格式为"1000a2a1a0"，其中 a2a1a0 为位地址，具体的分配如下所示：

| a2a1a0 | 000 | 001 | 010 | 011 | 100 | 101 | 110 | 111 |
|---|---|---|---|---|---|---|---|---|
| 显示位 | 1 | 2 | 3 | 4 | 5 | 6 | 7 | 8 |

第二个字节为按方式 0 译码显示的内容，格式为"dp×××d3d2d1d0"，其中 dp 为小数点控制位，dp 为 1 时，小数点显示；dp 为 0 时，小数点熄灭。d3d2d1d0 为按方式 0 译码时的 BCD 码数据，显示内容与 BCD 码数据相对应，BCD 码数据和显示内容的关系如下所示：

| d3d2d1d0 | 0H | 1H | 2H | 3H | 4H | 5H | 6H | 7H | 8H | 9H | AH | BH | CH | DH | EH | FH |
|---|---|---|---|---|---|---|---|---|---|---|---|---|---|---|---|---|
| 显示内容 | 0 | 1 | 2 | 3 | 4 | 5 | 6 | 7 | 8 | 9 | — | E | H | L | P | 空 |

（2）按方式 1 译码（十六进制码-七段显示码）下载数据指令，该指令的第一个字节为"11001a2a1a0"，其含义同上一指令，第二个字的格式也与上一指令相同，不同的是译码方式按方式 0 进行译码。译码后的显示内容与十六进制数相对应，具体的关系如下所示：

| d3d2d1d0 | 0H | 1H | 2H | 3H | 4H | 5H | 6H | 7H | 8H | 9H | AH | BH | CH | DH | EH | FH |
|---|---|---|---|---|---|---|---|---|---|---|---|---|---|---|---|---|
| 显示内容 | 0 | 1 | 2 | 3 | 4 | 5 | 6 | 7 | 8 | 9 | A | B | C | D | E | F |

例如，数据 d3d2d1d0 为“FH”时，LED 显示 F。

(3) 不译码的下载数据指令。指令的功能是在指定位上显示指定字符，该指令的第一个字节格式为“10010a2a1a0”，其中 a2a1a0 为位地址；第二个字节的格式为“dpABCDEFG”，A～G 和 dp 为显示的数据，分别对应 8 段 LED 数码管的各段。当相应的位为 1 时，该段点亮，否则不亮。例如数据为“3EH”，则在指定位上的显示内容为“U”。

(4) 段闪烁指令。此指令控制各个数码管的闪烁属性。该指令第一个字节为 88H，第二个字节的 d1～d8 分别与第 1～8 个数码管对应，“0”为闪烁，“1”为不闪烁。

(5) 消隐指令。第一字节为“98H”，低 8 位分别对应 8 个数码管，“1”为显示，“0”为消隐。

(6) 段点亮指令。该指令的作用是点亮某个 LED 数码管的某一段，或 64 个 LED 管中的某一个。高 8 位为“E0H”，低 8 位为相应数码管的相应段，其范围为 00～3FH，其中 00～07H 对应第一个数码管的显示段 G，F，E，D，C，B，A，dp，其余类推。

(7) 关闭指令。该指令的作用是关闭某个数码管中的某一段，其对应关系同段点亮指令。

3) 读键盘代码指令

该指令的作用是读取当前的按键代码。此命令的第一个字节为“15H”，是单片机传输到 HD7279A 的指令，第二个字节是从 HD7279A 返回的按键代码。有键按下时其返回代码的范围为 0～3FH；无键按下时返回的代码为 FFH。当 HD7279A 检测到有效的按键时，$\overline{\text{KEY}}$引脚从高电平变为低电平，并保持到按键结束。在此期间内，如果 HD7279A 收到读键盘数据指令，则输出当前的按键代码。

2. HD7279A 的工作时序

HD7279A 采用串行方式与微处理器通信，串行数据从 DATA 引脚送入芯片，并与 CLK 端同步。当片选信号变为低电平后，DATA 引脚上的数据（控制指令）在 CLK 引脚的上升沿写入芯片的缓冲寄存器。控制指令的工作时序图如图 11-26 所示。

(1) 纯指令时序：微处理器发出 8 个 CLK 脉冲，向 HD7279A 传送 8 位指令。DATA 引脚为高阻状态，如图 11-26(a) 所示。

(2) 带数据指令时序：微处理器发出 16 个 CLK 脉冲，前 8 个向 HD7279A 传送 8 位指令；后 8 个向 HD7279A 传送 8 位数据。DATA 引脚为高阻状态，如图 11-26(b)所示。

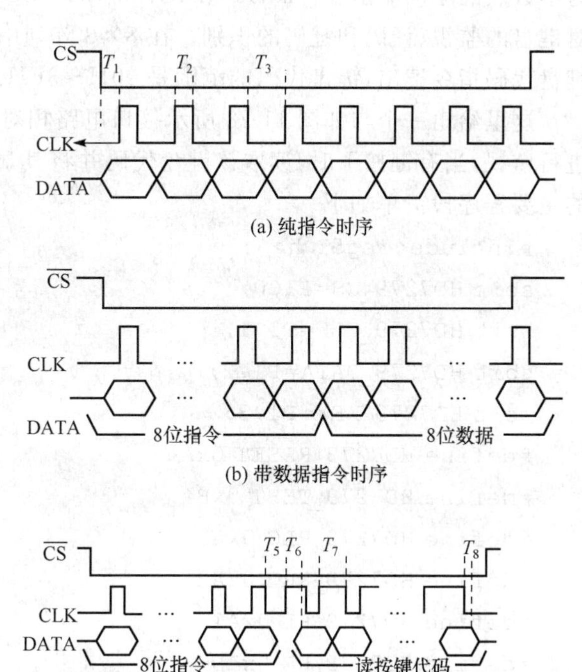


图 11-26 控制指令的工作时序

(3) 读键盘指令时序:微处理器发出 16 个 CLK 脉冲,前 8 个向 HD7279A 传送 8 位指令,DATA 引脚为高阻状态;后 8 个由 HD7279A 向微处理器返回 8 位按键代码,DATA 引脚为输出状态。在最后 1 个 CLK 脉冲的下降沿,DATA 引脚恢复高阻状态,如图 11-26(c)所示。

### 11.5.3 HD7279A 的接口及应用

如图 11-27 所示为 89C51 单片机与 HD7279A 的硬件连接图。由图可知,HD7279A 与微处理器连接仅需 4 条接口线,其中$\overline{CS}$为片选信号(低电平有效)。当微处理器访问 HD7279A(读键码或写指令)时,应将片选端置为低电平。DATA 为串行数据端,向 HD7279A 发送数据时,DATA 为输入端;当 HD7279A 输出键盘代码时,DATA 为输出端。CLK 为数据串行传输的同步时钟输入端,时钟的上升沿表示数据有效。$\overline{KEY}$为按键信号输出端,无键按下时为高电平,有键按下时此引脚变为低电平并且一直保持到键释放为止。

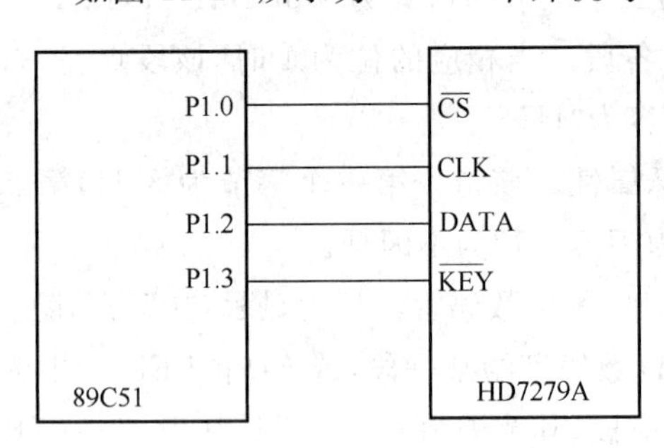


图 11-27 89C51 单片机与 HD7279A 的连接图

## 11.6 HD7279 键盘、显示接口电路设计

基于 HD7279A 的 8×8 键盘/LED 显示器接口电路如图 11-28 所示。

HD7279A 不需要任何有源器件就可以完成对键盘和显示器的连接。DIG0～DIG7 分别为 8 个 LED 管的位驱动输出线。SA～SG 分别为 LED 数码管的 A 段～G 段的输出线。DP 为小数点的驱动输出线。DIG0～DIG7 和 SA～SG 分别作为 64 键盘的列线和行线端口,完成对键盘的监视、译码和键码的识别。在 8×8 阵列中,每个键的键码用十六进制数表示,可用读键盘代码指令读出,键盘代码的范围是 00H～3FH。

这里给出一个与如图 11-28 所示接口电路相对应的控制程序段。该程序的功能是对键盘进行监视,当有键按下时,读取该键盘代码并将其显示在 LED 数码显示管上。实现上述功能的主要程序段清单如下。

```
#include<reg51.h>
sbit HD7279_CS=P1^0;                    //HD7279_CS--P1.0
sbit HD7279_CLK=P1^1;                   //HD7279_CLK--P1.1
sbit HD7279_DATA=P1^2;                  //HD7279_DATA--P1.2
sbit HD7279_KEY=P1^3;                   //HD7279_KEY--P1.3
#define HD7279_RESET 0xA4               //复位
#define HD7279_TEST 0xBf                //测试
#define HD7279_RLC 0xA3                 //循环左移
#define HD7279_RRC 0xA2                 //循环右移
#define HD7279_RL 0xA1                  //左移
#define HD7279_RR 0xA0                  //右移
#define HD7279_DECODE0 0x80             //译码方式 0
#define HD7279_DECODE1 0xC8             //译码方式 1
```

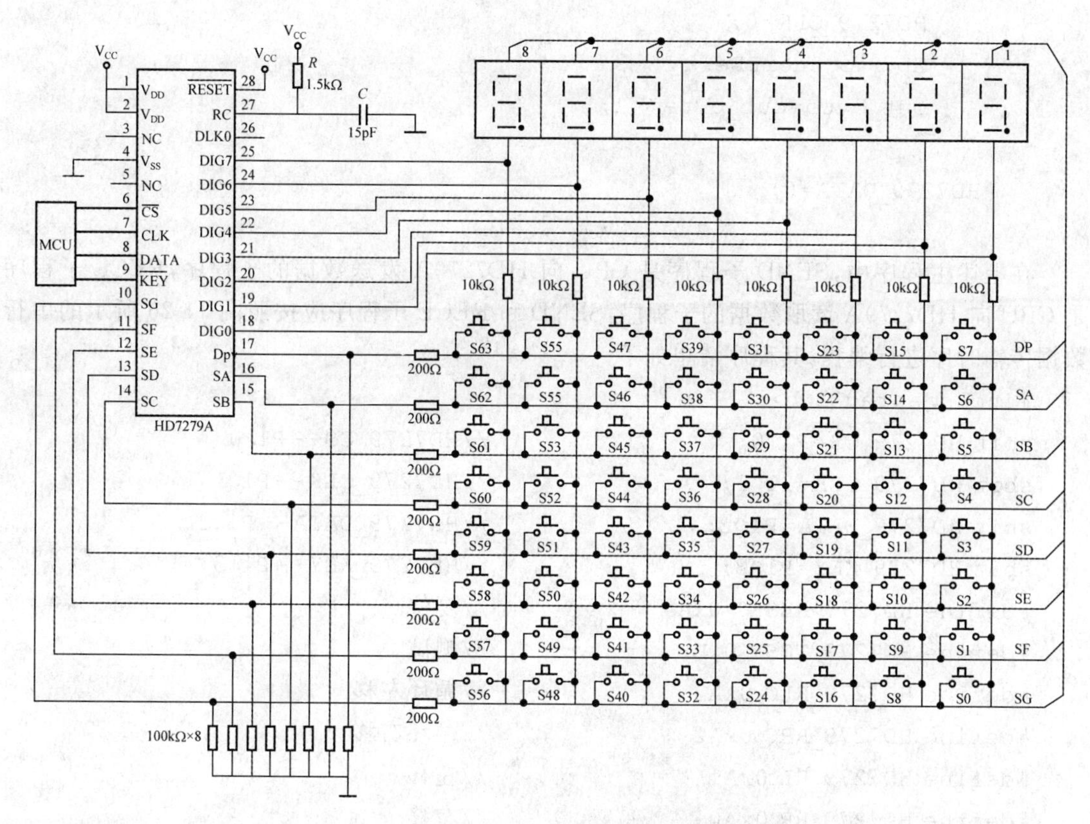


图 11-28　基于 HD7279A 的键盘/LED 显示接口电路

```
#define HD7279_UNDECODE 0x90                    //译码方式 2:不译码
#define HD7279_HIDE 0x98                        //消隐
#define HD7279_FLASH 0x88                       //闪烁
#define HD7279_SEGON 0xE0                       //段亮
#define HD7279_SEGOFF 0xC0                      //段灭
#define HD7279_READ 0x15                        //读
void HD7279_SendByte(unsigned char out_byte)
{
    unsigned char i;
    HD7279_CS=0;
    HD7279_LongDelay();
    for(i=0;i<8;i++)
    {
        if(out_byte&0x80)
            HD7279_DATA=1;
        else
            HD7279_DATA=0;
        HD7279_CLK=1;
        HD7279_ShortDelay();
```

```
        HD7279_CLK=0;
        HD7279_ShortDelay();
        out_byte=out_byte<<1;
    }
    HD7279_DATA=0;
}
```

在上述主程序中，SEND 子程序是 CPU 向 HD7279A 发送数据的子程序，RECE 子程序是 CPU 向 HD7279A 读取数据的子程序，SEND 和 RECE 子程序应按照图 11-26 所示的串行数据传输时序进行编程，其程序清单如下。

```
#include<reg51.h>
sbit HD7279_CS=P1^0;                    //HD7279_CS--P1.0
sbit HD7279_CLK=P1^1;                   //HD7279_CLK--P1.1
sbit HD7279_DATA=P1^2;                  //HD7279_DATA--P1.2
sbit HD7279_KEY=P1^3;                   //HD7279_KEY--P1.3
#define HD7279_RESET 0xA4               //复位
#define HD7279_TEST 0xBF                //测试
#define HD7279_RLC 0xA3                 //循环左移
#define HD7279_RRC 0xA2                 //循环右移
#define HD7279_RL 0xA1                  //左移
#define HD7279_RR 0xA0                  //右移
#define HD7279_DECODE0 0x80             //译码方式 0
#define HD7279_DECODE1 0xC8             //译码方式 1
#define HD7279_UNDECODE 0x90            //译码方式 2:不译码
#define HD7279_HIDE 0x98                //消隐
#define HD7279_FLASH 0x88               //闪烁
#define HD7279_SEGON 0xE0               //段亮
#define HD7279_SEGOFF 0xC0              //段灭
#define HD7279_READ 0x15                //读
unsigned char HD7279_ReceiveByte(void)
{
    unsigned char i, in_byte;
    HD7279_DATA=1;
    HD7279_LongDelay();
    for(i=0;i<8;i++ )
        {
            HD7279_CLK=1;
            HD7279_ShortDelay();
            in_byte=in_byte<<1;
            if(HD7279_DATA)
                in_byte=in_byte|0x01;
```

```
        HD7279_CLK=0;
        HD7279_ShortDelay();
    }
    HD7279_DATA=0;
    return(in_byte);
}
```

上述程序段稍加改动便可用于大多数应用场合。

该程序对键盘的管理仍采用查询方式，欲进一步提高 CPU 的工作效率，可改用中断方式，此时将单片机的 P1.0 改为$\overline{\text{INT0}}$端。这样主程序就不再主动地对 HD7279A 的 KEY 端进行查询，而只在中断申请信号出现时再与 HD7279A 进行通信。

## 11.7 单片机打印接口技术

在单片机应用系统中，为打印数据、表格、曲线等，常使用微型打印机。目前，常使用的微型打印机有 GP16，TPμP-16A，TPμP-40A 和 LASER-PP40 描绘器等。

GP16 和 TPμP-16A 是超小型的智能点阵式打印机。TPμP-40A 与 TPμP-16A 的接口与时序要求完全相同，操作方式相近，硬件电路及插脚完全兼容，只是指令代码不完全相同。GP16 与 TPμP-16A 每行可打印 16 个字符。TPμP-40A 也是智能打印机，每行可打印 40 个字符，字符点阵为 5×7，内部有一个 240 种字符的字库，并有绘图功能。下面以 TPμP-40A 为例，简单介绍打印机接口及应用。

### 11.7.1 TPμP-40A 微型打印机简介

TPμP-40A 准宽行打印机(每行 40 个字符)可打印出精美的图形和曲线，而且价格适中。它具有如下的性能和指标。

(1) 采用单片机控制，具有 2KB 控打程序及标准的圣特罗尼克(Centironic)并行接口，便于和计算机应用系统或智能仪器仪表联机使用。

(2) 有较丰富的打印命令，命令代码均为单字节，格式简单。

(3) 可产生所有标准的 ASCII 代码字符，以及 128 个非标准字符和图符。16 个代码字符(6×7 点阵)可由用户通过程序自行定义，并可通过命令用此 16 个代码字符更换任何驻留代码字型，以便用于多种文字的打印。

(4) 可打印出 8×240 点阵的图样(汉字或图案点阵)，代码字符和点阵图样可在一行中混合打印。

(5) 字符、图符和点阵图可以在宽和高的方向上放大两倍，3 倍或 4 位。

(6) 每行字符的点行数(包括字符的行间距)可用命令更换，即字符行间距空点行在 0～256 间任选。

(7) 带有水平和垂直制表命令，便于打印表格。

(8) 具有重复打印同一字符命令，以减少输送代码的数量。

(9) 带有命令格式的检错功能，当输入错误命令时，打印机立即打印出错误信息代码。

### 11.7.2 打印机接口与驱动程序

1. TPμP-40A 与单片机的连接

TPμP-40A 微型打印机与计算机应用系统通过机匣后部的接插件及 20 芯扁平电缆相连，打印机接插件引脚信号如图 11-29 所示。其引脚说明如下所述。

• DB0～DB7：数据线。由计算机送给打印机。

• $\overline{\text{STB}}$：数据选通信号。在该信号的上升沿，数据线上的 8 位并行数据送入打印机内部锁存器。

• BUSY：打印机“忙”状态信号，高电平有效。有效时表示打印机正在打印数据，此时，计算机不得使用$\overline{\text{STB}}$信号向打印机输出新的数据。它可作中断请求信号，也可供 CPU 查询。

• $\overline{\text{ACK}}$（ACKNOWLEDGE）：打印机的应答信号。此信号有效（低电平）时，表明打印机已取走数据线上的数据。

• $\overline{\text{ERR}}$（ERROR）：出错信号。送入打印机的命令格式有错时，打印机立即打印出一行出错信息，以提示操作者注意。在打印机打印出错信息之前，该信号线出现一个负脉冲，脉冲宽度为 30ms。

| GND | GND | GND | GND | GND | GND | GND | GND | $\overline{\text{ACK}}$ | $\overline{\text{ERR}}$ |
|---|---|---|---|---|---|---|---|---|---|
| $\overline{\text{STB}}$ | DB0 | DB1 | DB2 | DB3 | DB4 | DB5 | DB6 | DB7 | BUSY |

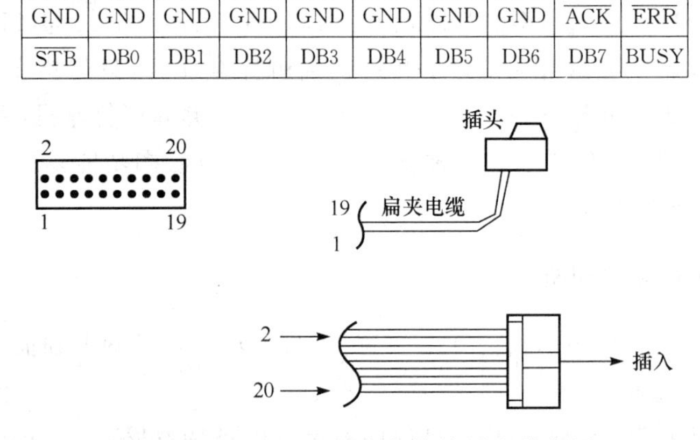


图 11-29 TPμP-40A 插脚安排（打印机背视图）

2. 接口电路及时序

TPμP-40A 的控制电路由单片机构成。输入电路有锁存器，输出电路有三态门控制。因此，可直接与单片机 P0 口线相连，但在实际应用中，通常通过扩展 I/O 口与打印机相连。如图 11-30 所示是 89C51 通过与打印机的连接示意图。打印机接口的时序如图 11-31 所示。

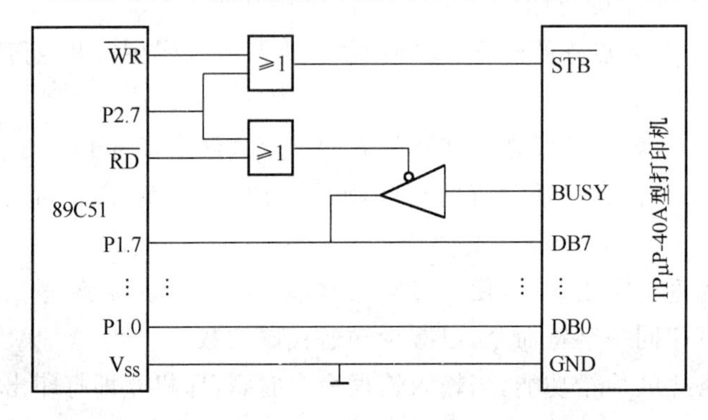


图 11-30 TPμP-40A 与 89C51 扩展 I/O 口接口电路

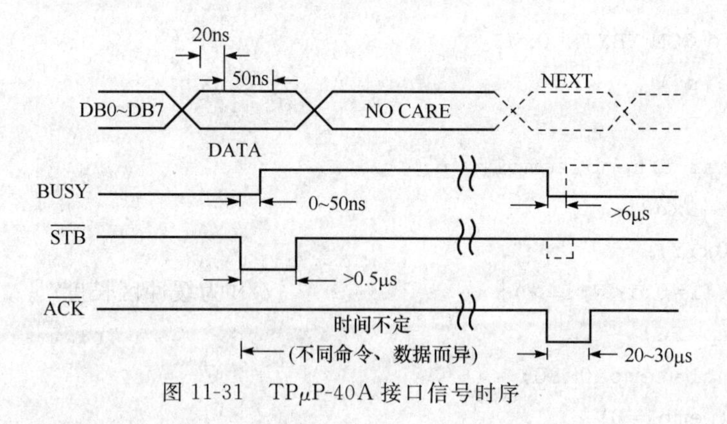


图 11-31 TPμP-40A 接口信号时序

TPμP-40A 的打印代码、打印命令可阅读该打印机使用说明书得到，以便编制打印数据、表格、汉字、图形和曲线的程序。

## 11.8 综合应用举例

以 8255A 作打印机接口，如图 11-32 所示。编写相应的打印机驱动程序。

在内部 RAM 中设置缓冲区，打印数据(包括数据、命令、回车换行符等)存放其中。为此应设置两个参数，一个是缓冲区首址，另一个是缓冲区长度。

根据图 11-32，采用线选法编址，假设未用地址为“1”，则 8255A 的 A 口地址为 7CH，B 口地址为 7DH，C 口地址为 7EH，控制寄存器地址为 7FH。

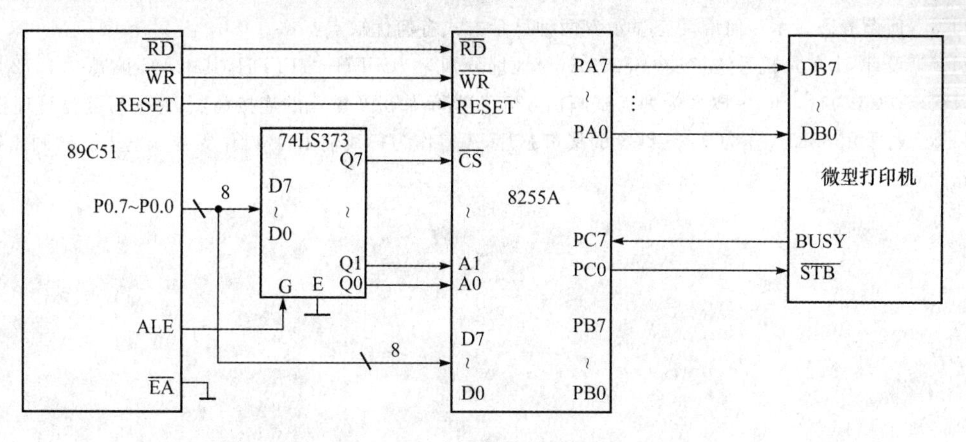


图 11-32 TPμP-40A 与 89C51 扩展 I/O 口接口电路

假定 R1(YY)为缓冲区首址，R2(N)为缓冲区长度，则打印驱动子程序如下所述。

```
#include<reg51.h>
#include<absacc.h>
#define uint unsigned int
#define uchar unsigned char
#define PA XBYTE[0x7C]
#define PB XBYTE[0x7D]
#define PC XBYTE[0x7E]
```

```
#define COM XBYTE[0x7F]
void main()
{
    uchar i,temp,temp1,*p;
    COM=0x88;
    p=0xYY;
    for(i=0;i<N;i++);                         //N为缓冲区长度
    temp=PC;
    temp1=temp&0x80;
    if(temp1=0)
    {
        While(1);
    }
    PA=*p;
    p++;
}
```

## 习　题

11-1　简述单片机如何进行键盘的键输入，以及怎样实现键功能处理。

11-2　何谓键抖动？键抖动对单片机系统有何影响？如何消除键抖动？

11-3　何谓静态显示？何谓动态显示？两种显示方式有何优缺点？

11-4　设计51单片机系统扩展一8255A，口地址分别为7CFFH～7FFFH，其中PC扩展一4×2的矩阵键盘，PC0～PC3为行，PC6～PC7为列。试画出8255A与单片机及键盘的连接简图，并编写键盘管理程序。

11-5　若采用8255A作为8×5键盘的接口芯片，A口作为行线输出，B口作为列线输入。试画出键盘接口电路。

# 第 12 章　数模及模数转换器接口技术

## 12.1　数模及模数转换器的作用

自动控制领域常用单片机进行实时控制和数据处理，而被测、被控的参量通常是一些连续变化的物理量，即模拟量，如温度、速度、电压、电流、压力等。但是，单片机只能加工和处理数字量，因此在单片机应用中凡遇到有模拟量的地方，就要进行模拟量与数字量或数字量与模拟量的转换，即单片机的数/模及模/数转换的接口问题。

因此，A/D 和 D/A 转换器是把微型计算机的应用领域扩展到检测和过程控制的必要装置，是把计算机和生产过程、科学实验过程联系起来的重要桥梁。图 12-1 给出 A/D、D/A 转换器在微机检测和控制系统中的应用实例框图。

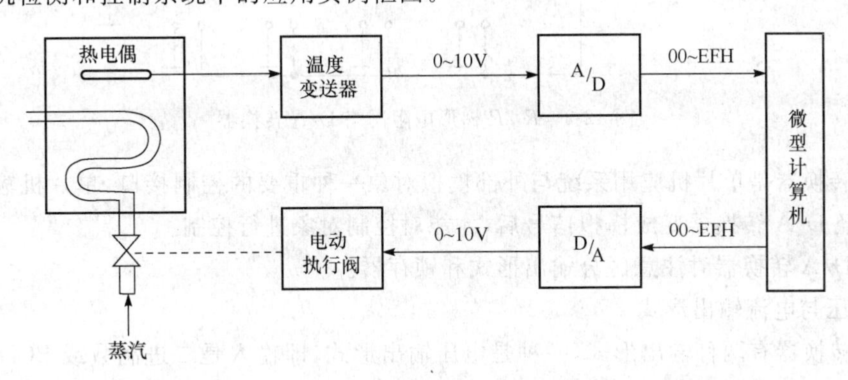


图 12-1　A/D、D/A 转换器在微机检测和控制系统中的应用

目前，这些数/模及模/数转换器都已集成化，并具有体积小、功能强、可靠高、误差小、功耗低等特点，能很方便地与单片机进行接口。

## 12.2　单片机与 D/A 转换器接口

### 12.2.1　D/A 转换器概述

1. 概述

D/A(数/模)转换器输入的是数字量，经转换后输出的是模拟量。为把数字量转换为模拟量，在 D/A 转换芯片中要有解码网络，常用的主要为二进制权电阻解码网络和梯形电阻解码网络。转换过程是先将各位数码按其权的大小转换为相应的模拟分量，然后再以叠加方法把各模拟分量相加，其和就是 D/A 转换的结果，即 D/A 转换器相当于一种译码电路，它将数字输入转换为模拟输出，表示为

$$V_0 = V_R D \tag{12-1}$$

其中，$D$ 是数字输入，$V_R$ 是模拟参考输入，$V_0$ 是模拟输出。模拟输出可以是电压，也可以是电流。式(12-1)中 $D$ 是一个小于 1 的值。

$$D = a_1 2^{-1} + a_2 2^{-2} + \cdots + a_n 2^{-n} = \sum_{n=1}^{N} \frac{a_n}{2^n} \tag{12-2}$$

式中，$a_n$ 为 1 或 0，由数字对应位的逻辑电平决定，$N$ 是数字输入 $D$ 的位数。由式(12-2)和式(12-1)得

$$V_0 = V_R \sum_{n=1}^{N} \frac{a_n}{2^n} \tag{12-3}$$

当参考电压输入 $V_R$ 固定时，转换器的模拟输出与 $D$ 成正比关系。对于单位数字量的变化，模拟输出按等幅度的阶跃量变化，电路原理如图 12-2 所示。

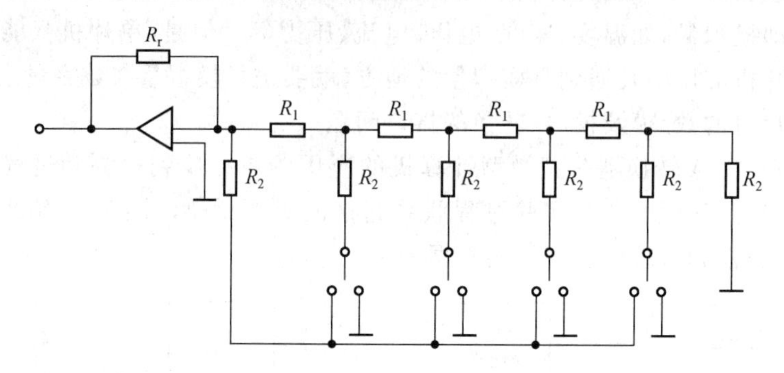


图 12-2　$R$-$2R$ 梯形电阻网络 D/A 转换器

D/A 转换器是单片机应用系统与外部模拟对象一种重要的控制接口，单片机输出的数字信号必须经 D/A 转换器变成模拟信号后，才能对控制对象进行控制。

使用 D/A 转换器时注意区分输出形式和锁存器。

1）电压与电流输出形式

D/A 转换器有两种输出形式，一种是电压输出形式，即输入是二进制数或 BCD 码的数字量，而输出为电压。另一种是电流输出形式，即输出为电流。在实际应用中如需要电压模拟量，对于电流输出的 D/A 转换器，可在其输出端加运算放大器，通过运算放大器构成电流-电压转换电路，将转换器的电流输出变为电压输出。

2）D/A 转换器内是否具有锁存器

由于实现模拟量转换需要一定的时间，在这段时间内 D/A 转换器输入端的数字量应保持稳定，为此应当在数/模转换器数字量输入端的前面设置锁存器，以提供数据锁存功能。

实现 D/A 转换器和微型计算机接口技术的关键是数据锁存问题。有些 D/A 转换器芯片本身带有锁存器，但也有些 D/A 从转换器芯片本身不带锁存器。根据转换器芯片内是否有锁存器，可以把 D/A 转换器分为内部无锁存器和内部有锁存器两类。

(1) 内部无锁存器的 D/A 转换器。这种 D/A 转换器本身不带锁存器，内部结构简单，不能直接和 51 单片机的数据线相连，在和 51 单片机连接时应在转换器芯片的前面增加锁存器。这类 D/A 转换器芯片有：DAC800(8 位)、AD7520(10 位)、AD7521(12 位)等。此时一些并口芯片如 8212、74LS273 及可编程的并行 I/O 接口芯片 8255A 均可作为 D/A 转换的锁存器。

(2) 内部有锁存器的 D/A 转换器。这种 D/A 转换器的芯片内部不但有锁存器，而且还包括地址译码电路，有的还具有双重或多重的数据缓冲电路。这类 D/A 转换器有：DAC0831、DAC1230、AD7542、AD7549 等，多是 8 位以上的 D/A 转换器，可与 51 单片机的数据总线直接连接。

2. 技术指标

D/A 转换器的技术性能指标很多,如绝对精度、相对精度、线性度、输出电压范围、温度系数、输入数字代码种类(二进制或 BCD 码)等。这些技术性能不作全面详细说明,此处只对在应用过程中最关心的分辨率和建立时间作一介绍。

1) 分辨率

分辨率是 D/A 转换器对输入量变化敏感程度的描述,与输入数字量的位数有关。如果数字量的位数为 $n$,则 D/A 转换器的分辨率为 $2^{-n}$,即 D/A 转换器能对满刻度的 $2^{-n}$ 输入量作出反应,如 8 位数的分辨率为 1/256,10 位数分辨率为 1/1024。数字量位数越多,分辨率也越高,亦即转换器对输入量变化的敏感程度也越高。使用时,应根据分辨率的需要选定转换器的位数。

2) 建立时间

建立时间是描述 D/A 转换速度快慢的一个参数,用于表明转换速度。其值是从输入数字量到输出达到终值误差±(1/2)LSB(最低有效位)时所需的时间。输出形式为电流的转换器建立时间较短,而输出形式为电压的转换器由于有运算放大器的延迟时间,因此建立时间长一些。总之,D/A 转换速度远高于 A/D 转换速度,例如,快速的 D/A 转换器的建立时间在 1μs 以下。

### 12.2.2 典型的 D/A 转换器芯片 DAC0832

美国国家半导体公司研制的 DAC0832 是具有两个输入数据寄存器的 8 位 DAC。DAC0832 单电源供电,从+5V 到+15V 均可正常工作。基准电压范围为±10V;电流建立时间为 1μs;CMOS 工艺,低功耗 20mW。它能直接与 AT89C51 单片机连接。类似的芯片还有 DAC0830 和 DAC0831,都是 8 位芯片,可以相互代换。

现分别介绍 DAC0832 的内部结构、引脚功能以及与单片机的接口。

1. DAC0832 内部结构

DAC0832 内部结构框图如图 12-3 所示。“8 位输入寄存器”用于存放 CPU 送来的数字量,使输入数字量得以缓冲和锁存,由 $\overline{LE_1}$ 控制。“8 位 DAC 寄存器”用于存放待转换的数字量,由 $\overline{LE_2}$ 控制。8 位 D/A 转换电路由 8 位 T 型电阻网络和电子开关组成,电子开关受“8 位 DAC 寄存器”输出控制,T 型电阻网络能输出和数字量成正比的模拟电流。因此,DAC0832 通常外接运算放大器才能得到模拟输出电压。

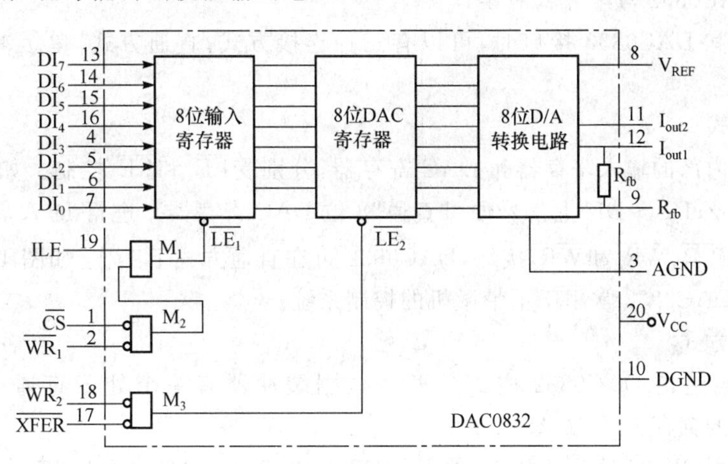


图 12-3 DAC0832 原理框图

2. 引脚功能

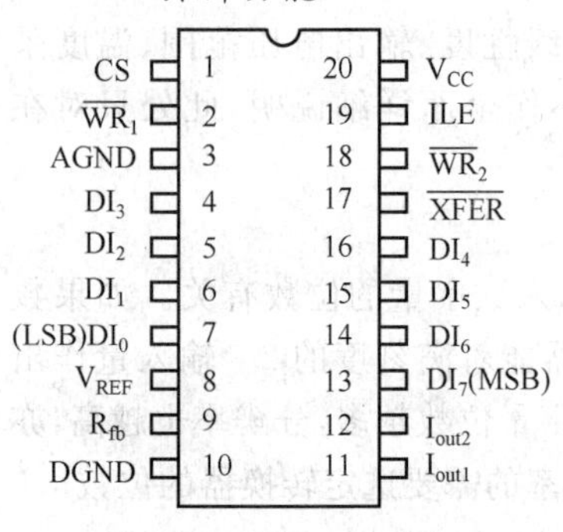

图 12-4　DAC0832 引脚图

DAC0832 共有 20 条引脚，双列直插式封装。引脚如图 12-4 所示。

(1) 数字量输入线 $DI_7 \sim DI_0$（8 条）：$DI_7 \sim DI_0$ 常和 CPU 数据总线相连，用于输入 CPU 送来的待转换数字量，$DI_7$ 为最高位。

(2) 控制线（5 条）：$\overline{CS}$为片选线，当$\overline{CS}$为低电平时，本片被选中工作；当$\overline{CS}$为高电平时，本片不被选中工作。

ILE 为允许数字量输入线。当 ILE 为高电平时，8 位输入寄存器允许数字量输入。

$\overline{XFER}$为传送控制输入线，低电平有效。

如图 12-3 所示，$\overline{WR_1}$和$\overline{WR_2}$为两条写命令输入线。$\overline{WR_1}$可用于控制数字量输入到输入寄存器：若 ILE 为 1、$\overline{CS}$为 0 和$\overline{WR_1}$为 0 同时满足，则“与”门 $M_1$ 输出高电平，“8 位输入寄存器”接收信号；若上述条件中有一个不满足，则 $M_1$ 输出由高变低，“8 位输入寄存器”锁存数据。$\overline{WR_2}$用于控制 D/A 转换的时间：若$\overline{XFER}$和$\overline{WR_2}$同时为低电平，则 $M_3$ 输出高电平，“8 位 DAC 寄存器”输出跟随输入，否则，$M_3$ 输出由高电平变为低电平时“8 位 DAC 寄存器”锁存数据。$\overline{WR_1}$和$\overline{WR_2}$的脉冲宽度要求不小于 500ns，即便 $V_{CC}$ 提高到 15V，其脉宽也不应小于 100ns。

(3) 输出线（3 条）：$R_{fb}$为运算放大器反馈线，常接到运算放大器输出端。$I_{out1}$ 和 $I_{out2}$ 为两条模拟电流输出线。$I_{out1}+I_{out2}$ 为一常数：若输入数字量为全“1”，则 $I_{out1}$ 为最大，$I_{out2}$ 为最小；若输入数字量为全“0”，则 $I_{out1}$ 最小，$I_{out2}$ 最大。为保证额定负载下输出电流的线性度，$I_{out1}$ 和 $I_{out2}$ 引脚线上电位必须尽量接近地电平。$I_{out1}$ 和 $I_{out2}$ 通常接运算放大器输入端。

(4)电源线（4 条）：$V_{CC}$ 为电源输入线，可在 $+5 \sim +15V$ 范围内；$V_{REF}$ 为参考电压，一般在 $-10 \sim +10V$ 范围内，由稳压电源提供；DGND 为数字量地线；AGND 为模拟量地线。通常，两条地线接在一起。

3. 8 位 DAC0832 与单片机的接口

AT89C51 和 DAC0832 接口时，可以有三种连接方式：直通方式、单缓冲方式和双缓冲方式。

1) 直通方式

DAC0832 内部的输入寄存器和 DAC 寄存器，分别受$\overline{LE_1}$和$\overline{LE_2}$控制。如果使$\overline{LE_1}$和$\overline{LE_2}$皆为高电平，那么 $DI_7 \sim DI_0$ 上信号便可直通“8 位 DAC 寄存器”，进行 D/A 转换。因此，ILE 接+5V，$\overline{CS}$、$\overline{XFER}$、$\overline{WR_1}$和$\overline{WR_2}$接地，DAC0832 可在直通方式下工作，如图 12-3 所示。直通方式下工作的 DAC0832 常用于不带微机的控制系统。

2) 单缓冲方式

单缓冲方式是指 DAC0832 内部的两个数据缓冲器有一个处于直通方式，另一个受 AT89C51 控制的锁存方式，如图 12-5 所示。

在图 12-5 中，$\overline{WR_2}$和$\overline{XFER}$接地，故 DAC0832 的“8 位 DAC 寄存器”工作于直通方式。8 位输入寄存器受$\overline{CS}$和$\overline{WR_1}$端信号控制，而且$\overline{CS}$由译码器输出端 FEH 送来。因此，AT89C51 执行相应指令，可在$\overline{WR_1}$和$\overline{CS}$上产生低电平信号，使 DAC0832 接收 AT89C51 送来的数字量。

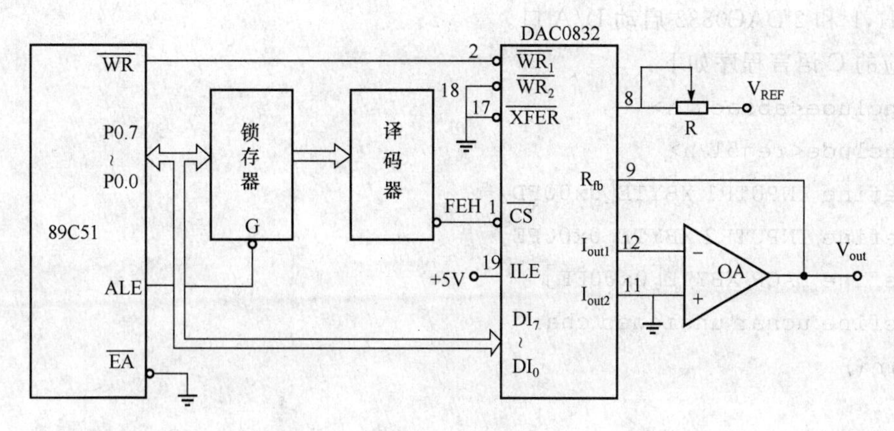


图 12-5　单缓冲方式下的 DAC0832

3）双缓冲方式

双缓冲方式是指 DAC0832 内部“8 位输入寄存器”和“8 位 DAC 寄存器”都处于受控的锁存方式。CPU 必须通过$\overline{LE_1}$锁存待转换数字量，通过$\overline{LE_2}$启动 D/A 转换。因此，双缓冲方式下，DAC0832 应为 CPU 提供两个 I/O 端口。89C51 和 DAC0832 在双缓冲方式下的连接关系如图 12-6 所示。由图可见，1# DAC0832 因$\overline{CS}$和译码器 FDH 相连而占有 FDH 和 FFH 两个 I/O 端口，而 2# DAC0832 的两个端口地址为 FEH 和 FFH。其中，FDH 和 FEH 分别为 1# 和 2# DAC0832 的数字量端口，FFH 为启动 D/A 转换的端口。

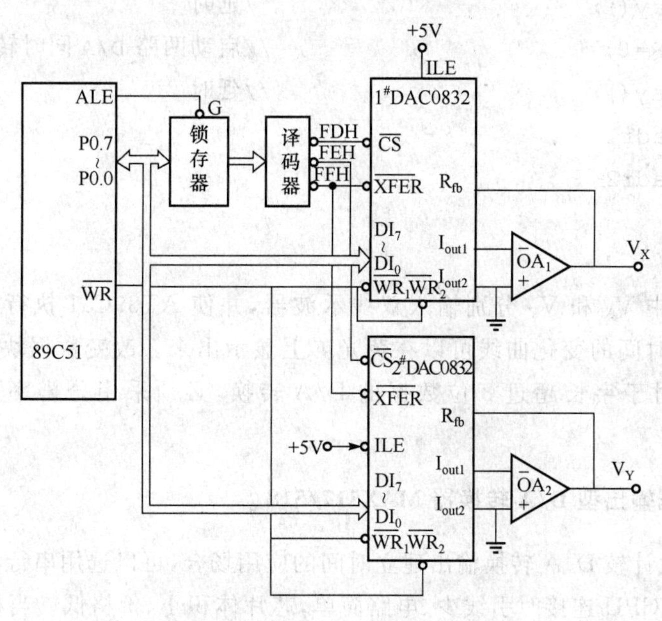


图 12-6　AT89C51 和两片 DAC0832 的接口（双缓冲方式）

**【例 12-1】**　设 AT89C51 内部 RAM 中有两个长度为 30 的数据块，其始址分别为 $DA_1$ 和 $DA_2$。试根据图 12-6 编出能把 $DA_1$ 和 $DA_2$ 中数据分别从 1# 和 2# DAC0832 输出的程序。

根据图 12-6，DAC0832 各端口地址为：

FDH，1#DAC0832 数字量输入控制口；

FEH，2#DAC0832 数字量输入控制口；

FFH,1#和 2#DAC0832 启动 D/A 口。

相应的 C 语言程序如下：

```
#include<absacc.h>
#include<reg51.h>
#define INPUTR1 XBYTE[0x00FD]
#define INPUTR2 XBYTE[0x00FE]
#define DACR XBYTE[0x00FF]
#define uchar unsigned char
main()
{
    unchar data *ad_adr1,*ad_adr2;
    ad_adr1=DA1;
    ad_adr2=DA2;
    for(i=0;i<30;i++)
    {
        INPUTR1=*ad_adr1;            //数据送到一片 DAC0832
        delay();                     //延时
        INPUTR2=*ad_adr2;            //数据送到另一片 DAC0832
        delay();                     //延时
        DACR=0;                      //启动两路 D/A 同时转换
        delay();                     //延时
        ad_adr1++;
        ad_adr2++;
    }
}
```

若把图 12-6 中 $V_X$ 和 $V_Y$ 分别输入双线示波器，并使 AT89C51 执行上述程序，则 $DA_1$ 和 $DA_2$ 中数据随时间的变化曲线可以在荧光屏上显示出来。改变数据块中所存的数据，曲线也随之变化。对于字长超过 8 位数据的 D/A 转换，必须采用分辨率更高的 DAC 才能实现。

### 12.2.3 串行电压输出型 D/A 转换器 MAX517/518

在某些并不太计较 D/A 转换输出建立时间的应用场合，可以选用串行 DAC 进行数/模转换。串行 DAC 与 CPU 连接时引线少、电路简单，芯片体积小、价格低。当精度要求不是太高时，对于单路的 DAC，可以选用美国 MAXIM 公司生产的 I2C 总线 8 位串行 D/A 芯片 MAX517/518。

1. MAX517/518 主要特点

MAX517/518 是 8 位电压输出型 D/A 转换器，采用 $I^2C$ 总线串行接口，允许在多个设备间进行通信，内部有精密的输出缓冲源，支持双极性工作方式，工作电压为+5V。

MAX517 内部为单一 D/A 转换器，参考电压由外部引脚接入；MAX518 内部则集成两路 D/A 转换器，MAX518 的两路 D/A 的参考电源均由单元电压直接提供，无须外部接入。

MAX517/518 具有如下的特点。

(1) 单一+5V 供电；

(2) 简单的两线串行接口，与 $I^2C$ 总线兼容；

(3) 具有输出缓冲，上电复位使 D/A 输出 0V；

(4) 4μA 的掉电模式；

(5) 总线上可挂接 4 个器件(通过 $AD_1$、$AD_0$ 选择)；

(6) 串行数据传输速率可达 400Kbit/s。

2. MAX517/518 的内部结构及引脚

MAX517/518 的内部结构如图 12-7 所示。

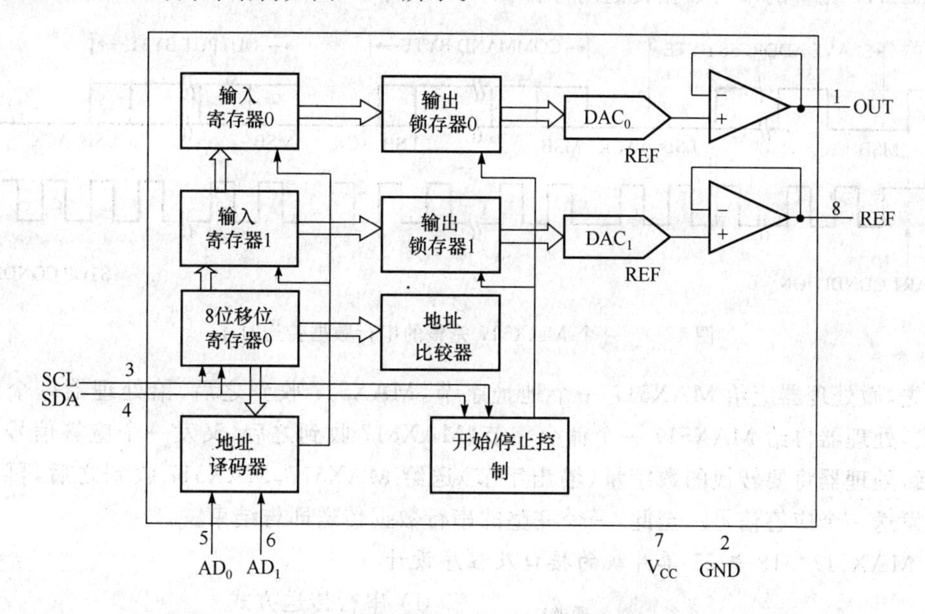


图 12-7　MAX517/518 的内部结构图

MAX517 的引脚排列如图 12-8 所示，下面详细说明。

(1) OUT：D/A 转换输出端。

(2) GND：接地。

(3) SCL：时钟总线。

(4) SDA：数据总线。

(5) $AD_1$，$AD_0$：用于选择哪个 D/A 通道的转换输出。

由于 MAX517 只有一个 D/A，所以使用时，这两个引脚通常接地。

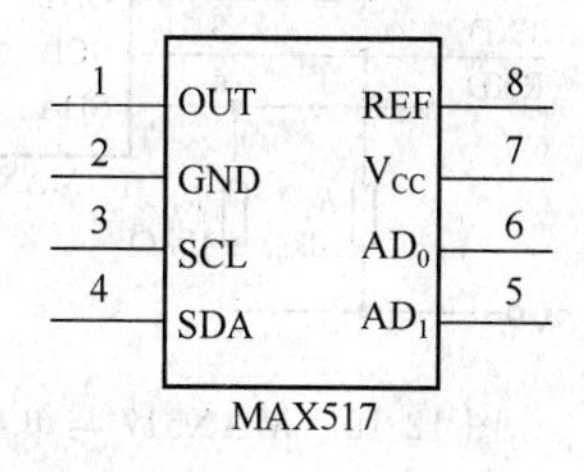


图 12-8　MAX517 的引脚

(6) $V_{CC}$：电源。

(7) REF：参考。

3. MAX517 的控制字

MAX517 的地址字节为：

| 0 | 1 | 0 | 1 | 1 | $AD_1$ | $AD_0$ | 0 |
|---|---|---|---|---|---|---|---|

MAX517 的命令字节为：

| R2 | R1 | R0 | RST | PD | x | x | A0/0 |
|---|---|---|---|---|---|---|---|

其中，R2、R1、R0 为保留位，设置为 0；

RST 为复位位，RST=1 时，使 D/A 转换器所有寄存器复位；

PD 为掉电模式位，PD=1 时，为掉电模式；PD=0 时，为正常工作模式；

A0/0 为地址位，对 MAX518 为 A0，用于确定下一个写入 D/A 转换器的数据字节写入哪一个 D/A 转换寄存器；对 MAX517 恒为 0。

4. MAX517 的工作时序

MAX517 完整的串行数据传送时序如图 12-9 所示。

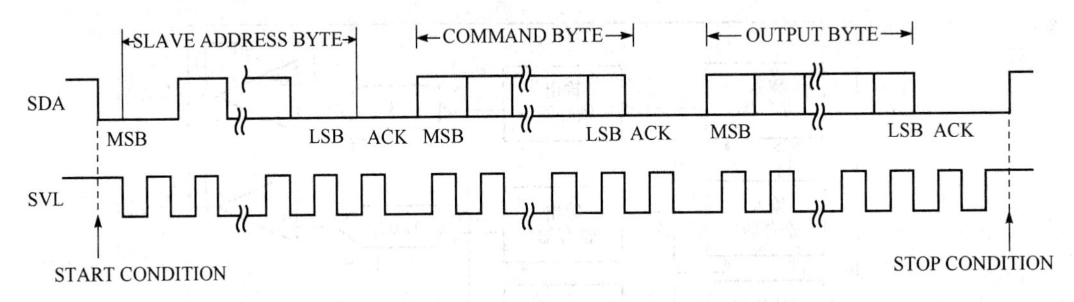


图 12-9　一个 MAX517 完整的串行数据传送时序

首先，微处理器应给 MAX517 一个地址字节，MAX517 收到之后，给处理器一个应答信号；其次，处理器再给 MAX517 一个命令字节，MAX517 收到之后，又发一个应答信号给处理器；最后，处理器将要转换的数字量（输出字节）送给 MAX517，MAX517 收到之后，再一次向处理器发送一个应答信号。至此，一个完整的串行数据传送即告结束。

5. MAX517/518 与 51 单片机的接口及程序设计

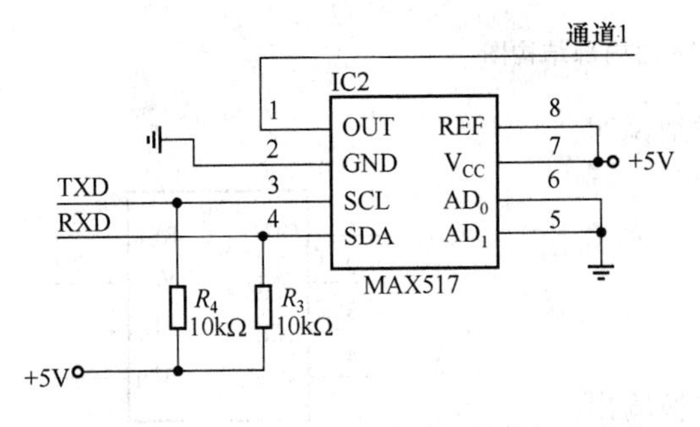


图 12-10　MAX517 与单片机的串行口连接

1）串行传送方式

如图 12-10 所示，将 89C51 的 RXD、TXD 引脚分别连接到 MAX517 的 SDA 和 SCL 引脚，把 89C51 的串行口设置成工作方式 0。CPU 的晶振频率不能超出 4.8MHz。

因此，采用 CPU 串口工作方式 0 进行数据传送的方案视具体场合，在高速场合，通常不可取，只能用在低速场合。另外，串行传送时，CPU 不能再与其他系统进行串行通信。

2）普通输出方式

MAX517 和单片机的普通接口如图 12-11 所示。通过 CPU 的两根输出线，或系统扩展输出芯片（如 8255A）的两根输出线与 MAX517 进行通信，这种方式不占用 CPU 的串行口，不影响本系统与其他系统的串行数据通信，并且普通输出方式的传送易于控制速度，不像串行传送方式对 CPU 的晶振频率有限制，因此推荐使用普通输出方式。

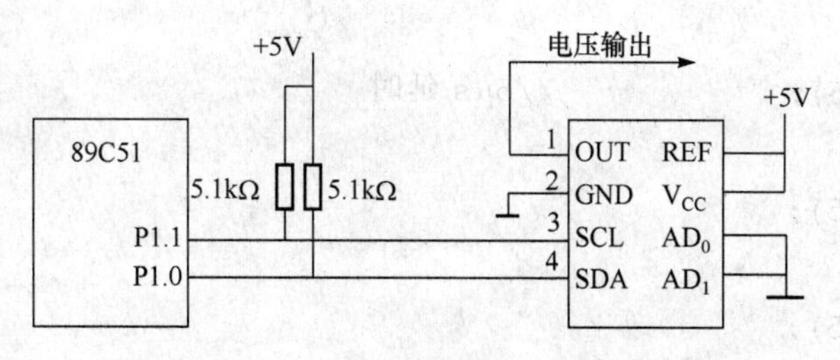


图 12-11　MAX517 与单片机的接口电路

当参考电压 $V_{REF}$ 采用＋5V 供电，对应串行 8 位输入数据 00H～FFH 变化时，输出电压在 0～＋5V 间变化。

图 12-11 采用单片机的 P1.0 模拟 $I^2C$ 总线的串行数据线 SDA，P1.1 模拟 $I^2C$ 总线的时钟线 SCL。P1.1 引脚在必要时主动输出单个时钟脉冲，作为时钟信号，然后从 P1.0 引脚逐个输出地址字节、命令字节和输出字节。在图 12-11 中，$AD_1 = AD_0 = 0$，所以器件地址为 01011000B。

在普通输出方式下，数据在传送的过程中必须遵守以下约定：

• 起始条件。传送没有开始时，CPU 先将 P1.1 置高，使得 MAX517 的 SCL＝1；然后 CPU 控制 P1.0 由高变低，使得 MAX517 的 SDA 产生负跳变，标志传送开始。

• 中间过程。中间过程传送地址字节、命令字节和输出字节。根据 MAX517 的工作时序，当且仅当 SCL＝0(即 P1.1＝0)时，SDA 才能产生跳变(P1.0 由 0 变 1，或由 1 变 0)；当 SCL＝1(即 P1.1＝1)时，SDA 状态保持(即 P1.0＝0 或 1，保持不变)。

• 终止条件。当传送快结束时，CPU 先将 P1.1 置高，使得 MAX517 的 SCL＝1；然后 CPU 控制 P1.0 由低变高，使得 MAX517 的 SDA 产生正跳变，标志传送结束。

**【例 12-2】** 设待进行 D/A 转换的数据在片内 RAM 的 50H 单元，以图 12-11 中的电路为例，用普通传送方式进行数据的 D/A 转换。则接口电路的 D/A 转换程序如下所示。

```
sbit scl=p1^1;
sbit sda=p1^0;
//函数功能：I²C 通信开始
void iic_start(void)
{
    sda=1;
    delay_us(5);            //5μs 延时
    scl=1;
    delay_us(5);            //5μs 延时
    sda=0;
    delay_us(5);            //5μs 延时
}
//函数功能：I²C 通信查应答位
void iic_ack(void)
{
    unsigned char j;
```

```
    scl=0;
    delay_us(5);            //5μs 延时
    sda=1;
    delay_us(5);
    scl=1;
    delay_us(5);
    while((sda==1)&&(j<250))
    j++ ;
    scl=0;
    delay_us(5);
}
//函数功能:I²C 通信停止
void iic_stop(void)
{
    sda=0;
    delay_us(5);            //5μs 延时
    scl=1;
    delay_us(5);            //5μs 延时
    sda=1;
    delay_us(5);            //5μs 延时
}
//函数功能:向 I²C 从机写入一个字节
void iic_write_byte(uchar wdata)
{
    uchar i,temp;
    temp=wdata;
    for(i=0;i<8;i++ )
        {
            scl=0;
            delay_us(5);
            if((temp&0x80)==0x80)
                sda=1;
            else
                sda=0;
            delay_us(5);
                scl=1;
                delay_us(5);
                temp=temp<<1;
 }
 //函数功能:向 MAX517 发送一个字节
```

```
Void MAX517_write(uchar date)        //date为向MAX517所写的数据
{
     iic_start();
     iic_write_byte(0x58);           //地址字节
     iic_ack();
     iic_write_byte(0x00);           //命令字节
     iic_ack();
     iic_write_byte(date);
     iic_ack();
     iic_stop();
  }
}
```

## 12.3 单片机与A/D转换器接口

A/D转换把模拟量信号转化成与其大小成正比的数字量信号。A/D转换是微机测控系统中输入通道的一个环节,并不是所有输入通道都配备A/D转换器。只有模拟量输入通道,并且输入计算机接口不是频率量而是数字量时,才用到A/D转换器。在微机测控应用系统的设计中,当确定使用A/D转换器之后,选择A/D转换芯片时,主要考虑以下6方面的问题。

(1) 选择分辨率。A/D转换器的分辨率习惯上以输出二进制位数或者BCD码位数表示。与一般测量仪表的分辨率表达方式不同的是,分辨率不采用可分辨的输入模拟电压相对值表示。

(2) 确定精度。A/D的转换精度是反映实际A/D转换器在量化值上与一个理想A/D转换器的差值。精度可表示成绝对误差或相对误差。

(3) 输入或输出特性和范围的要求。

(4) 选择转换时间。A/D转换器完成一次转换所需的时间为A/D的转换时间。而转换速率是转换时间的倒数。

(5) 三态总线输入问题。有的ADC芯片带有三态输出缓冲器,其控制端为$\overline{OE}$(输出允许)。若不带三态缓冲器的ADC芯片(如AD570芯片)与微机接口,必须使用三态器件,如8255A,74LS273等。

(6) 时间配合问题。A/D芯片一般有三个信号要求控制:启动转换信号(START)、转换结束信号(EOC)、允许输出信号($\overline{OE}$)。

### 12.3.1 A/D转换器分类及工作原理

A/D转换电路的种类很多,按分辨率分为4位、8位、10位、16位和BCD码的$4\frac{1}{2}$、$5\frac{1}{2}$位等。按转换速度分为低速、中速和高速等。按转换原理可分为四种:计数式A/D转换器、逐次逼近式A/D转换器、双积分式A/D转换器和并行式A/D转换器。目前,最常用的是逐次逼近式和双积分式。逐次逼近式A/D转换器是一种速度较快、精度较高的转换器。其转换时间在几微秒到几百微秒之间。另一种常用的转换器A/D是双积分式,其主要优点是转换精度高，抗干扰性能好，价格低，但转换速度较慢。下面先讨论 A/D 的基本原理，然后介绍目前常用的 A/D 转换器与单片机的接口方法。

1. 逐次逼近式转换原理

逐次逼近式转换的基本原理是用一个计量单位使连续量整量化(简称量化)，即用计量单位与连续量比较，把连续量变为计量单位的整数倍，略去小于计量单位的连续量部分。这样所得到的整数量即数字量。显然，计量单位越小，量化的误差也越小。

所以，逐次逼近式的转换原理即"逐位比较"。图 12-12 为逐次逼近式 A/D 转换器原理图。它由 $N$ 位逐次逼近寄存器、D/A 转换器、比较器和控制逻辑等部分组成。$N$ 位逐次逼近寄存器用来存放 $N$ 位二进制数码。转换中的逐次逼近按对分原理，由控制逻辑电路实现。其过程大致为：当模拟量 $V_X$ 送入比较器后，启动信号通过控制逻辑电路启动 A/D 转换。首先，置 $N$ 位寄存器最高位($D_{N-1}$)为"1"，其余位清零，$N$ 位寄存器的内容经 D/A 转换后得到整个量程一半的模拟电压 $V_N$ 与输入电压 $V_X$ 比较，若 $V_X \geqslant V_N$，则保留 $D_{N-1}=1$；若 $V_X < V_N$，则 $D_{N-1}=0$。然后，控制逻辑使寄存器下一位($D_{N-2}$)置 1，与上次的结果一起经 D/A 转换后与 $V_X$ 比较，重复上述过程，直到判断出 $D_0$ 位取 1 还是 0 为止，此时控制逻辑电路发出转换结束信号 EOC。这样，经过 $N$ 次比较后，$N$ 位逐次逼近寄存器的内容是转换后的数字量数据，在输出允许信号 OE 有效的条件下，数据经输出缓冲器读出。整个转换过程是一个逐次比较逼近的过程。

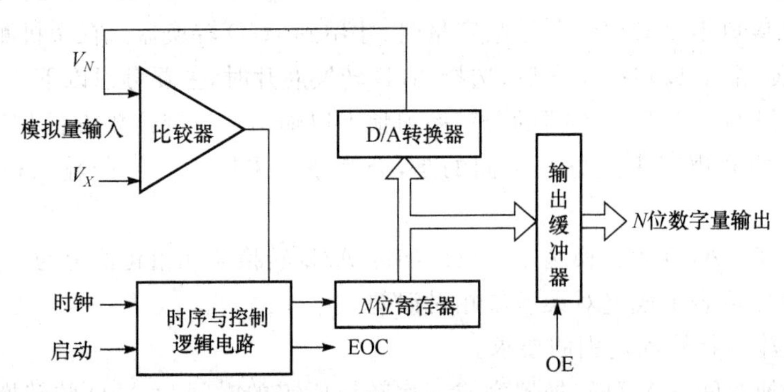


图 12-12 逐次逼近 A/D 转换原理框图

常用的逐次逼近式 A/D 器件有 ADC0809，AD574A 等。

2. 双积分转换原理

双积分 A/D 转换采用间接测量原理，即将被测电压值 $V_X$ 转换成时间常数，通过测量时间常数得到未知电压值。其原理如图 12-13 所示，由电子开关、积分器、比较器、计数器、逻辑控制门等部件组成。

所谓"双积分"是进行一次 A/D 转换需要二次积分。转换时，控制门通过电子开关把被测电压 $V_X$ 加到积分器的输入端，积分器从零开始，在固定的时间 $T_0$ 内对 $V_X$ 积分(称定时积分)，积分输出终值与 $V_X$ 成正比。之后，控制门将电子开关切换到极性与 $V_X$ 相反的基准电压 $V_R$ 上，进行反向积分，由于基准电压 $V_R$ 恒定，所以积分输出按 $T_0$ 期间积分的值以恒定的斜率下降，当比较器检测积分输出过零时，积分器停止工作。反相积分时间 $T_1$ 与定值积分的初值(即定时积分的终值)成比例关系，故可以通过测量反相积分时间 $T_1$ 计算出 $V_X$，即

$$V_X = \frac{T_1}{T_0} V_R$$

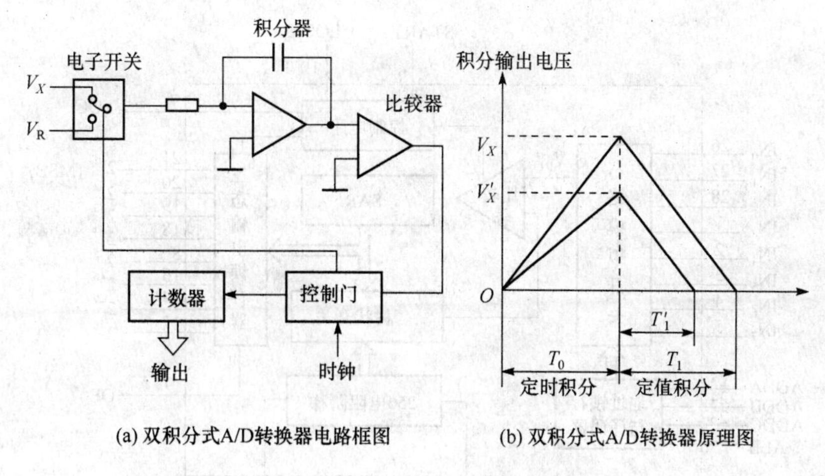


图 12-13　双积分 A/D 转换器原理

反相积分时间 $T_1$ 由计数器对时钟脉冲计数得到。图 12-13(b)示出两种不同输入电压($V_X > V'_X$)的积分情况，显然 $V'_X$ 值小，在 $T_0$ 定时积分期间积分器输出终值也小，而下降斜率相同，故反相积分时间 $T'_1$ 也小。

由于双积分方法的二次积分时间比较长，因此 A/D 转换速度慢，但精度高；对周期变化的干扰信号积分为零，抗干扰性能也比较好。双积分 A/D 转换芯片主要应用在智能仪器仪表中。

目前，国内外双积分 A/D 转换芯片很多，常用的为 BCD 码输出，有 MC14433($3\frac{1}{2}$位)、ICL7135($4\frac{1}{2}$位)、ICL7109(12 位二进制)等。

### 12.3.2　典型的 A/D 转换器芯片 ADC0809

ADC0809 是一种逐次逼近式 8 路模拟输入、8 位数字量输出的 A/D 转换器。

1. 内部结构

ADC0809 由八路模拟开关、地址锁存与译码器、比较器、256 电阻阶梯、树状开关、逐次逼近式寄存器(SAR)、控制电路和三态输出锁存器等组成，如图 12-14 所示。

1) 八路模拟开关及地址锁存与译码器

八路模拟开关用于输入 $IN_0 \sim IN_7$ 上八路模拟电压。地址锁存和译码器在 ALE 信号控制下可以锁存 ADDA、ADDB 和 ADDC 上地址信息，经译码后控制 $IN_0 \sim IN_7$ 上某一路模拟电压送入比较器。例如：当 ADDA、ADDB 和 ADDC 上均为低电平，以及 ALE 为高电平时，地址锁存和译码器输出使 $IN_0$ 上模拟电压送到比较器输入端 $V_{IN}$。

2) 256 电阻阶梯和树状开关

为简单起见，现以二位电阻阶梯和树状开关为例进行说明。如图 12-15 所示，四个分压电阻使 A、B、C 和 D 四点分压成 2.5V、1.5V、0.5V 和 0V。SAR 中高位 $D_1$ 左边两只树状电子开关，低位 $D_0$ 控制右边四只树状开关。各开关旁的 0 和 1 表示树状开关闭合条件，由 $D_1D_0$ 状态决定。例如：$D_1=1$，则上面开关闭合而下面开关断开，$D_1=0$ 时的情况正好与此相反。树状开关输出电压 $V_{ST}$ 和 $D_1D_0$ 关系如表 12-1 所示。

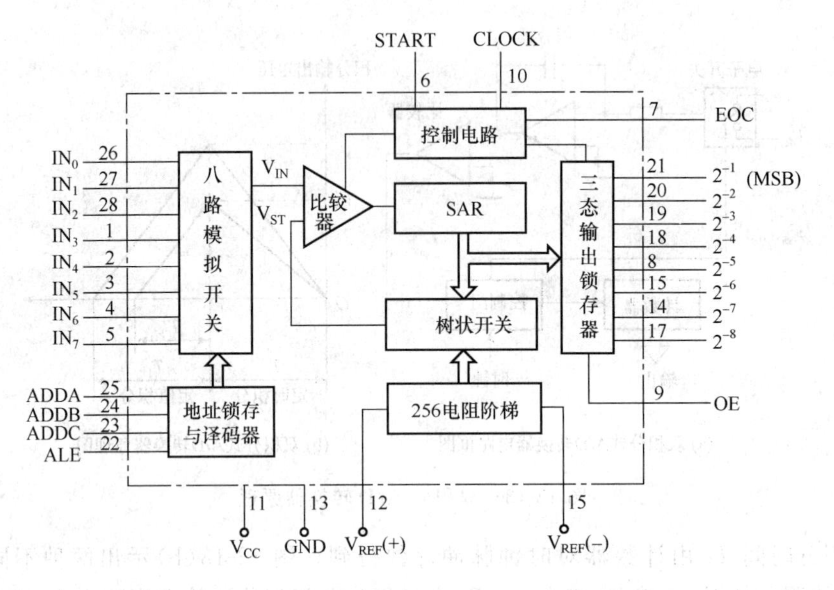


图 12-14　ADC0809 逻辑框图

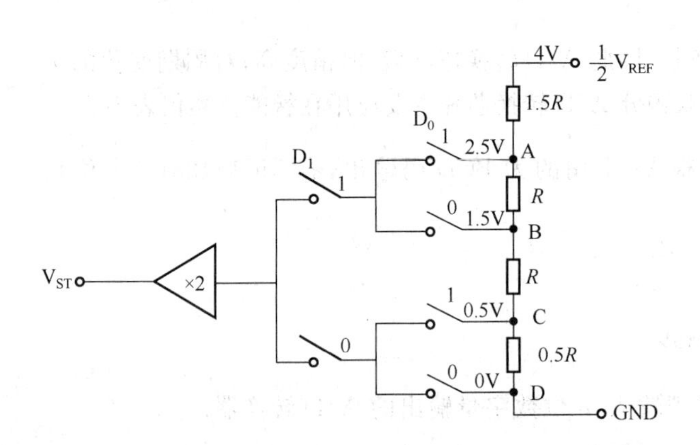


图 12-15　二位电阻阶梯和树状开关

**表 12-1　$V_{ST}$和 $D_1D_0$ 的关系表**

| $D_1$ | $D_0$ | $V_{ST}$/V |
|---|---|---|
| 0 | 0 | 0 |
| 0 | 1 | 0.5 |
| 1 | 0 | 1.5 |
| 1 | 1 | 2.5 |

对于 8 位 A/D 转换器，SAR 为 8 位，电阻阶梯、树状开关和上述情况类似。只是有 $2^8=256$ 个分压电阻，形成 256 个标准电压供给树状开关使用。$V_{ST}$送给比较器输入端。

3）逐次逼近寄存器和比较器

SAR 在 A/D 转换过程中存放暂态数字量，在 A/D 转换完成后存放数字量，并可送到“三态输出锁存器”。

A/D 转换前，SAR 为全 0。A/D 转换开始时，控制电路使 SAR 最高位为 1，并控制树状开关闭合和断开，由此产生 $V_{ST}$送给比较器。比较器对输入模拟电压 $V_{IN}$和 $V_{ST}$进行比较，若 $V_{IN}<V_{ST}$，则比较器输出逻辑 0 而使 SAR 最高位由 1 变为 0；若 $V_{IN}\geqslant V_{ST}$，则比较器输出使 SAR 最高位保留 1。此后，控制电路在保持最高位不变的情况下，依次对亚高位、次高位……重复上述过程，可在 SAR 中得到 A/D 转换完成后的数字量。

4）三态输出锁存器和控制电路

三态输出锁存器用于锁存 A/D 转换完成后的数字量。CPU 使引脚 OE 变为高电平就可以“三态输出锁存器”取走 A/D 转换后的数字量。

控制电路用于控制 ADC0809 的操作过程。

2. 引脚功能

ADC0809 采用双列直插式封装，共有 28 条引脚，如图 12-16 所示。

1）$IN_0 \sim IN_7$（8 条）

$IN_0 \sim IN_7$ 为八路模拟电压输入线，用于输入被转换的模拟电压。

2）地址输入及其控制（4 条）

ALE 为地址锁存允许输入线，高电平有效。当 ALE 为高电平时，ADDA、ADDB 和 ADDC三条地址线上地址信号得以锁存，经译码后控制八路模拟开关工作。ADDA、ADDB 和 ADDC 为地址输入线，用于选择 $IN_0 \sim IN_7$，上某一路模拟电压送给比较器进行 A/D 转换。ADDA、ADDB 和 ADDC 对 $IN_0 \sim IN_7$ 的选择如表 12-2 所示。

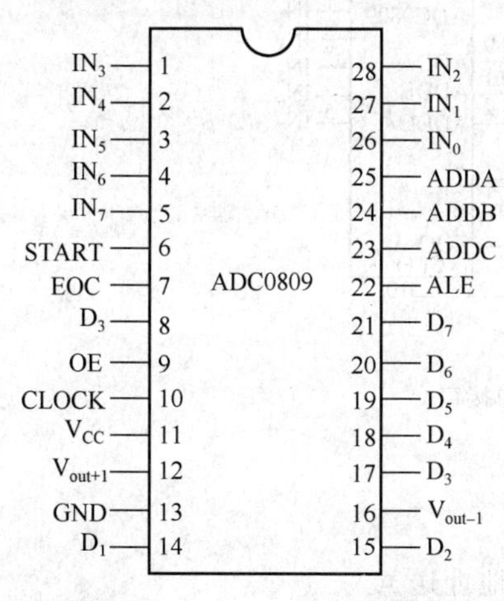

图 12-16 ADC0809 引脚图

**表 12-2 被选模拟量路数和地址的关系**

| 被选模拟电压路数 | ADDC | ADDB | ADDA |
|---|---|---|---|
| $IN_0$ | 0 | 0 | 0 |
| $IN_1$ | 0 | 0 | 1 |
| $IN_2$ | 0 | 1 | 0 |
| $IN_3$ | 0 | 1 | 1 |
| $IN_4$ | 1 | 0 | 0 |
| $IN_5$ | 1 | 0 | 1 |
| $IN_6$ | 1 | 1 | 0 |
| $IN_7$ | 1 | 1 | 1 |

3）数字量输出及控制线（11 条）

START 为“启动脉冲”输入线，该线上正脉冲由 CPU 送来，宽度应大于 100ns，上升沿清零 SAR，下降沿启动 ADC 工作。EOC 为转换结束输出线，该线上高电平表示 A/D 转换已结束，数字量已锁入“三态输出锁存器”。$2^{-1} \sim 2^{-8}$ 为数字量输出线，$2^{-1}$ 为最高位。OE 为“输出允许”线，高电平时能使 $2^{-1} \sim 2^{-8}$ 引脚上输出转换后的数字量。

4）电源线及其他（5 条）

CLOCK 为时钟输入线，用于为 ADC0809 提供逐次比较所需的 640kHz 时钟脉冲序列。$V_{CC}$ 为 +5V 电源输入线，GND 为地线。$V_{REF}$(+) 和 $V_{REF}$(−) 为参考电压输入线，用于给电阻阶梯网络供给标准电压。$V_{REF}$(+) 常和 $V_{CC}$ 相连，$V_{REF}$(−) 常接地。

3. 8 位 ADC0809 与单片机的接口

51 单片机和 ADC 接口必须解决：①给 START 线送一个 100ns 宽的启动正脉冲；②获取 EOC 线上的状态信息，因为它是A/D转换的结束标志；③给“三态输出锁存器”分配一个端口地址，也即给 OE 线送一个地址译码器输出信号。

AT89C51 和 ADC 接口通常可以采用查询和中断两种方式。采用查询法传送数据时，51 单片机应对 EOC 线查询它的状态：若它为低电平，表示 A/D 转换正在进行，则单片机应当继续查询；若查询到 EOC 变为高电平，则给 OE 线送一个高电平，以便从 $2^{-1} \sim 2^{-8}$ 线上提取 A/D 转换后的数字量。采用中断方式传送数据时，EOC 线作为 CPU 的中断请求输入线。CPU 响应中断后，应在中断服务程序中使 OE 线变为高电平，以提取 A/D 转换后的数字量。

如前所述，ADC0809 内部有一个 8 位“三态输出锁存器”可以锁存 A/D 转换后的数字量，故它本身既可看作一种输入设备，也可认为是并行 I/O 接口芯片。因此，ADC0809 可以直接和 AT89C51 接口，当然也可通过像 8255 这样的其他接口芯片连接。在大多数情况下，AT89C51 和 ADC0809 直接相连，如图 12-17 所示。由图可见，START 和 ALE 互连可使 ADC0809 在接收模拟量路数地址时启动工作。START 启动信号由 AT89C51 的 $\overline{WR}$ 和译码器输出端 F0H 经“或”门 $M_2$ 产生。平时，START 因译码器输出端 F0H 上高电平而封锁。

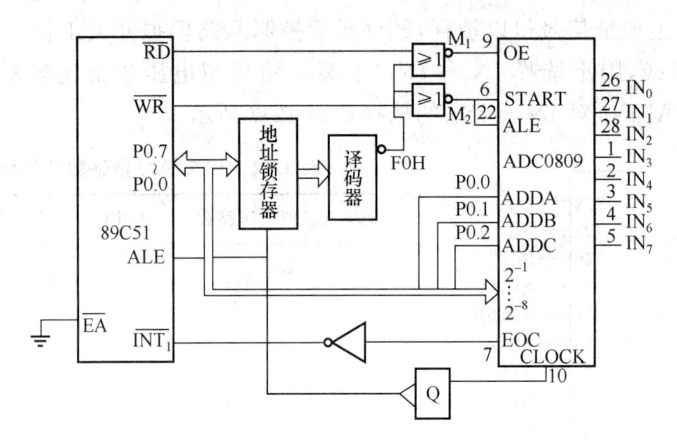


图 12-17　89C51 和 ADC0809 的接口

当 AT89C51 执行如下程序段

```
MOV   R0,#0F0H
MOV   A,#07H              ;选择 IN,模拟电压地址送 A
MOVX  @R0,A               ;START 上产生正脉冲
```

后，START 上正脉冲启动 ADC0809 工作，ALE 上正脉冲使 ADDA、ADDB 和 ADDC 上地址得以锁存，选中 $IN_7$ 路模拟电压送入比较器。显然，AT89C51 此时是把 ADDA、ADDB 和 ADDC 上地址作为数据处理，但如果 ADDA、ADDB 和 ADDC 分别和 P0.0、P0.1 和 P0.2 相连，情况就会发生变化。AT89C51 只有执行如下指令才给 ADC0809 送去模拟量路数地址，即

```
MOV   DPTR,#07F0H
MOVX  @DPTR,A
```

显然，AT89C51 把 ADDA、ADDB 和 ADDC 作为地址线处理。

由图 12-17 可知 EOC 线经过反相器和 AT89C51 通过 $\overline{INT_1}$ 线相连，这说明 AT89C51 采用中断方式和 ADC0809 传送 A/D 转换后的数字量。为给 OE 线分配一个地址，图 12-17 把 AT89C51 $\overline{RD}$ 和译码器输出 F0H 经“或”门 $M_1$ 和 OE 相连。平时，因译码器输出 F0H 为高电平而使 OE 处于低电平封锁状态。在响应中断后，AT89C51 执行中断服务程序中如下两条指令可以使 OE 变为高电平，从而打开三态输出锁存器，让 CPU 提取 A/D 转换后的数字量，即

```
MOV   R0,#0F0H
MOVX  A,@R0              ;OE 变为高电平,数字量送 A
```

**【例 12-3】** 在图 12-17 中，编程对 $IN_0$ ～ $IN_7$ 上模拟电压采集一遍数字量，并送入内部 RAM 以 30H 为始址的输入缓冲区。

本程序分主程序和中断服务程序两部分。主程序用来对中断初始化，给 ADC0809 发启动脉冲和送模拟量路数地址等。中断服务程序用来从 ADC 接收 A/D 转换后的数字量和判断

一遍采集完否。参考程序如下：

```
#include<reg51.h>
#include<absacc.h>                          //定义绝对地址访问
#define uchar unsigned char
#define IN0 XBYTE[0x0000]                   //定义 IN0 为通道 0 的地址
static uchar data x[8];                     //定义 8 个单元的数组,存放结果
uchar xdata * ad_adr;                       //定义指向通道的指针
uchar i=0;
void main(void)
{
    IT0=1;                                  //初始化
    EX0=1;
    EA=1;
    i=0;
    ad_adr=&IN0;                            //指针指向通道 0
    * ad_adr=i;                             //启动通道 0 转换
    While(i);                               //等待中断
}
void int_adc(void) interrupt 0              //中断函数
{
    x[i]=* ad_adr;                          //接收当前通道转换结果
    i++;
    ad_adr++;                               //指向下一个通道
    if(i<8)
    {
        * ad_adr=i;                         //8 个通道未转换完,启动下一个通道
                                              返回
    }
    else
    {
        EA=0;EX0=0;                         //8 个通道转换完,关中断返回
    }
}
```

ADC0809 所需时钟信号可以由 AT89C51 的 ALE 信号提供。AT89C51 的 ALE 信号通常是每个机器周期出现两次,故它的频率是单片机时钟频率的 1/6。若 AT89C51 主频是 6MHz,则 ALE 信号频率为 1MHz。若使 ALE 上信号经触发器二分频接到 ADC0809 的 CLOCK 输入端,就可获得 500kHz 的 A/D 转换脉冲。当然,ALE 上脉冲在 MOVX 指令的每个机器周期内至少出现一次,但通常情况下影响不大。

### 12.3.3 具有温度补偿的12位串行A/D转换器MAX1230

1. MAX1230的内部结构及引脚功能

MAX1230是MAX-IM公司于2003年推出的一种低功耗、可进行温度补偿并带有采样保持功能的多通道12位串行模数转换器。它内置基准电压源、时钟电路和温度传感器,具有16个模拟输入通道,可实现输入通道扫描、输出数据平均和自动关断功能。此外,该芯片还具有一个高速的串行接口。与其他的模数转换器相比,MAX1230具有较多的功能,且工作方式灵活多样,可应用于系统监视、数据采集、病人监护、工业控制和仪器制造等多种领域。MAX1230的内部结构如图12-18所示,由跟踪/保持放大器(T/H)、12位逐次逼近型ADC、控制逻辑、内部时钟、串行接口、先入先出寄存器(FIFO)、内部基准电压源和温度传感器等组成。

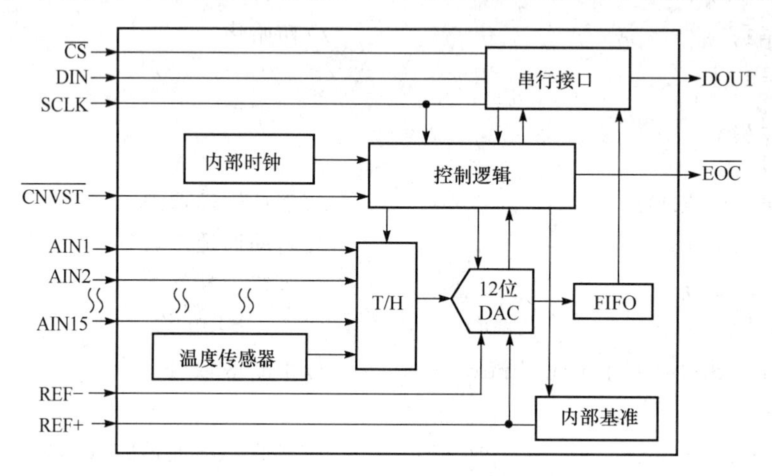


图12-18 MAX1230的内部结构框图

MAX1230有24脚QSOP和28脚QFN两种封装形式,其引脚排列如图12-19所示。各引脚的功能如下所述。

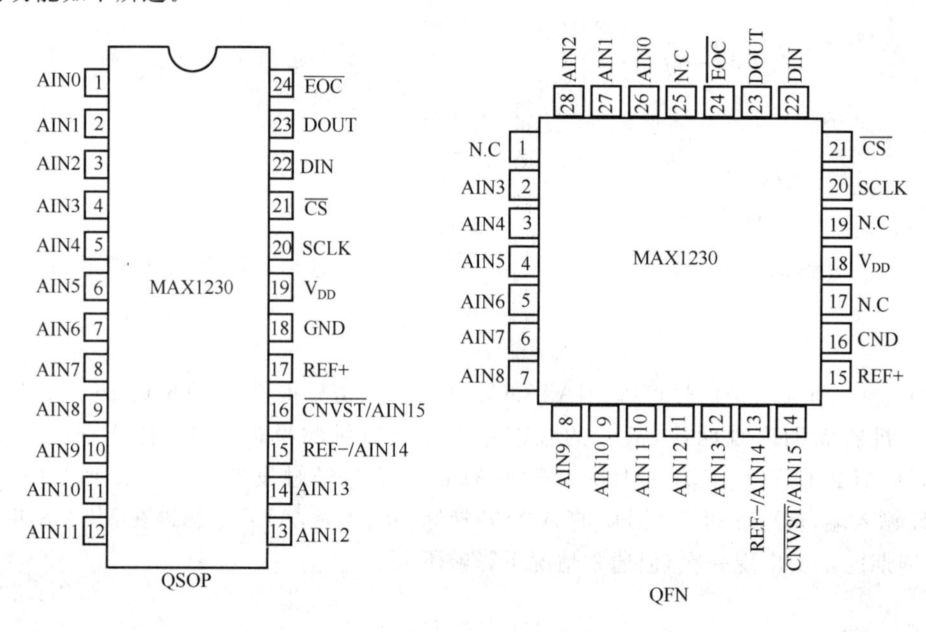


图12-19 MAX1230的引脚排列

1）输入输出线

AIN0～AIN15(1～16)：模拟量输入。

DOUT(23)：串行数据输出，它与 SCLK 的下降沿同步。当$\overline{CS}$为高电平时，DOUT 为高阻态。

DIN(22)：串行数据输入，输入的串行数据在 SCLK 的上升沿被锁存。通过 SCLK、$\overline{CS}$、DIN 三根信号线可组成与 SPI/QSPI/MICROWIRE 相兼容的串行输入接口。

2）电源及地线

$V_{DD}$(19)：电源输入，电压范围为 4.75～5.25V，它和地之间应加 0.1μF 的电容。

REF－(15)：使用外部差分基准源时的负输入，与 AIN14 复用。

REF＋(17)：基准电压源的正输入，该脚和地之间加 0.1μF 的电容。

GND(18)：接地脚。

3）控制信号

$\overline{CNVST}$(16)："转换开始"信号输入，低电平有效，与 AIN15 复用。

SCLK(20)：串行时钟输入，用作采样和转换，使用外部时钟时，其频率范围为 0.1～4.8MHz；当其作为读写串行数据的时钟频率时，可达到 10MHz，占空比范围为 40%～60%。

$\overline{CS}$(21)：片选端，低电平有效。

$\overline{EOC}$(24)："转换结束"标志输出，当它变为低电平时表明转换结束，输出数据有效。

2. MAX1230 的主要特点

(1) 所有的输入通道均可按单端或差分方式进行配置，单端方式下可配置为 16 个通道，差分方式下可配置为 8 个通道；

(2) 转换速率可达 300Kbit/s，此时的功耗仅为 1.8mW；

(3) 在整个温度范围内不会丢码，精度为±1LSBINL 和±1LSBDNL；

(4) 采用单电源＋5V 供电，内部具有 4.096V 的基准电压和时钟电路，也可使用外部差分基准或外部时钟输入；

(5) 具有 10MHz 可兼容 SPI/QSPI/MICROWIRE 的接口；

(6) 工作温度范围为－40～＋85℃，且内部带有精度为±1℃的温度传感器，同时可进行温度补偿。

3. MAX1230 的工作过程

1）转换参数的配置

MAX1230 的工作方式由其内部的控制寄存器决定，这些寄存器主要有转换方式寄存器、工作方式寄存器、均值方式寄存器和复位寄存器等。工作时，首先对这些寄存器进行正确配置，配置参数可通过 MAX1230 的串行口写入。在进行配置时，$\overline{CS}$置为低电平，配置参数从 DIN 引脚输入，并在串行时钟 SCLK 的上升沿被锁存，此过程中，SCLK 的频率不能高于 10MHz。表 12-3 所列是这 4 个寄存器的参数定义。下面是对它们的具体说明。

**表 12-3　MAX1230 主要寄存器的参数定义**

| 寄存器名称 | BIT7 | BIT6 | BIT5 | BIT4 | BIT3 | BIT2 | BIT1 | BIT0 |
|---|---|---|---|---|---|---|---|---|
| 转换方式 | 1 | CHSEL3 | CHSEL2 | CHSEL1 | CHSEL0 | SCAN1 | SCAN0 | TEMP |
| 工作方式 | 0 | 1 | CHSEL1 | CHSEL0 | REFSEL1 | REFSEL0 | DIFFSEL1 | DIFFSEL0 |
| 均值方式 | 0 | 0 | 1 | AVGON | NAVG1 | NAVG0 | NSCAN1 | NSCAN0 |
| 复位 | 0 | 0 | 0 | 1 | RESET | × | × | × |

（1）在转换方式寄存器中，BIT7 为标志位，BIT6～BIT3 用以选择输入通道，0000～1111 分别对应 AIN0～AIN15 的各个输入；BIT2 和 BIT1 用以确定输入通道的扫描方式；BIT0 是温度测量方式位，该位为 1 时，只进行 1 次温度测量，并在第一次的转换数据中输出。

（2）在工作方式寄存器中，BIT7 和 BIT6 为标志位；BIT5 和 BIT4 用于选择时钟的使用方式，可确定具体使用内部时钟，还是外部时钟；BIT3 和 BIT2 用于选择是用内部，还是外部的基准源；BIT1 和 BIT0 的值用于在差分输入方式下决定选择单极性工作模式，还是双极性工作模式，当这两位的值为 00 和 01 时，对应的寄存器不作修改；当其为 10 时，系统将修改单极性模式寄存器；当为 11 时，修改双极性模式寄存器。实际上，在配置工作方式寄存器后，也就对单/双极性模式寄存器进行配置。

（3）在均值方式寄存器中，BIT7～BIT5 是标志位；BIT4 是均值功能控制位，该位写入 1 时开启均值功能，写入 0 时关闭；BIT3 和 BIT2 用于定义计算均值时所需的数据个数；BIT1 和 BIT0 用于设置对某一通道扫描时返回结果的个数。

（4）复位寄存器中的 BIT7～BIT4 为标志位；BIT3 是复位操作控制位，该位写入 1 时，仅复位内部 FIFO，写入 0 时复位所有的寄存器至默认状态；BIT2～BIT0 为保留位，一般不影响操作。

2）转换过程的控制

按照采样和转换过程中时钟工作方式的不同，MAX1230 的工作方式分为四种，可根据情况灵活选择。转换的结果有 12 位，高位在前，并以 0000 为前导形成两字节从 DOUT 引脚输出，同时与串行时钟 SCLK 的下降沿同步。这四种工作方式如下所述。

（1）采样和转换都使用内部时钟，并用$\overline{\text{CNVST}}$信号进行初始化，其时序如图 12-20(a)所示。工作时，$\overline{\text{CNVST}}$需要产生一个宽度大于 40ns 的低电平对采样和转换进行初始化。转换结束后，信号$\overline{\text{EOC}}$变成低电平表示转换结果有效，可以从 DOUT 引脚读出数据。在$\overline{\text{EOC}}$信号产生前，$\overline{\text{CNVST}}$信号不能出现低电平，否则引起内部 FIFO 操作的错误。

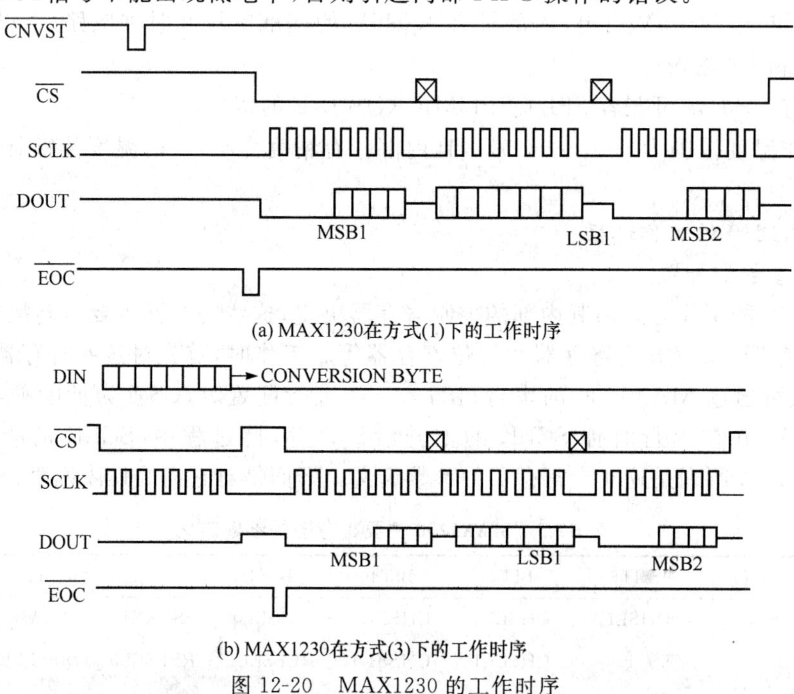


(a) MAX1230在方式(1)下的工作时序

(b) MAX1230在方式(3)下的工作时序

图 12-20　MAX1230 的工作时序

（2）采样使用外部时钟，而转换使用内部时钟，并用$\overline{\text{CNVST}}$信号进行初始化。此种模式下的读写操作和第一种类似，区别是当需要进行均值运算时，该方式还需要再产生一个$\overline{\mathrm{CNVST}}$信号初始化均值运算。

(3) 采样和转换都使用内部时钟，并通过串行口写入命令字进行初始化，该模式的时序如图 12-20(b)所示。写入命令字后转换开始，转换完成时，$\overline{\mathrm{EOC}}$信号变为低电平，数据可以从 DOUT 读取。这种方式是芯片上电后默认的工作方式。

(4) 采样和转换都使用外部时钟，并通过串行口写入命令字进行初始化。该方式与第三种方式的区别是采样和转换都使用外部时钟，此时外部时钟的频率不能超过 4.8MHz。在这种方式下，结果在转换的过程中可读取，信号$\overline{\mathrm{EOC}}$始终为高电平，此种方式下的输入通道扫描和输出数据均值等功能都不可用。

4. MAX1230 与 89C51 的硬件接口及程序设计

图 12-21 所示是 MAX1230 与单片机 89C51 的接口电路。此电路中的 MAX1230 工作于第一种方式，采样和转换过程使用的都是内部时钟和内部基准电压源。工作时，由单片机产生$\overline{\mathrm{CS}}$和$\overline{\mathrm{CNVST}}$信号以控制转换过程，并用$\overline{\mathrm{EOC}}$信号作为外部中断源触发单片机的$\overline{\mathrm{INT0}}$中断。单片机在响应中断后产生串行时钟 SCLK 和片选信号$\overline{\mathrm{CS}}$，并从 DOUT 引脚读取转换结果。由于此电路中需要用到$\overline{\mathrm{CNVST}}$引脚，因此与其复用的 A15 就不能再用了，这样，模拟输入通道实际可用的只有 15 个，即 A0～A14。

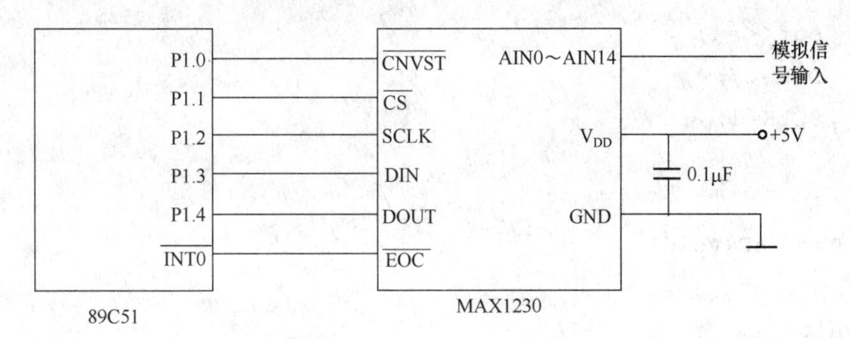


图 12-21 MAX1230 与 89C51 单片机的接口电路

**【例 12-4】** 设要求 MAX1230 进行 12 位转换，单片机对转换结果读入，高 4 位和低 8 位分别存入片内 RAM 的 41H 和 40H 单元。下面分别给出以查询方式和中断方式编写完整的转换和控制的参考程序。

查询方式：

```
#include<reg52.h>
#define uchar unsigned char
sbit CONVST=P1^0;
sbit CS=P1^1;
sbit SCLK=P1^2;
sbit DIN=P1^3;
sbit DOUT=P1^4;
sbit EOC=P3^2;
int ad_value;                    //12 位 AD 转换值
void AD_Init(void)
```

```
{
uchar i;
uchar buf;
CS=0;                           //片选有效
buf=0x81;                       //设置 AD 寄存器命令
for(i=0;i<8;i++)                //送转换方式控制字
{
   SCLK=0;
   buf<<=1;
   DIN=CY;                      //进位位
   SCLK=1;
}
buf=0x60;
for(i=0;i<8;i++)                //送工作方式控制字
   {
      SCLK=0;
      buf<<=1;
      DIN=CY;
      SCLK=1;
   }
}
uchar Read_AD(void)
{
char value,i;
if(EOC==0)                      //检测 AD 转换是否结束,EOC=0:转换结束
{
   for(i=0;i<16;i++)
   {
      SCLK=0;
      if(DOUT)
      value|=0x0001;            //AD 输出为 1,ad_value 加 1
      value<<=1;                //左移一位,空出最低位等待下一个位数据输入
      SCLK=1;
   }
   value>>=1;
}
return value;
}
void main(void)
{
```

```
AD_Init();
CONVST=0;                               //转换开始
while(1)
  {
      ad_value=Read_AD();
  }
  CS=1;                                 //片选无效
}
```

中断方式：

```
#include<reg52.h>
#define uchar unsigned char
sbit CONVST=P1^0;
sbit CS=P1^1;
sbit SCLK=P1^2;
sbit DIN=P1^3;
sbit DOUT=P1^4;
sbit EOC=P3^2;
int ad_value;                           //12位AD转换值
void main(void)
{
   uchar i;
   uchar buf;
   CS=0;                                //片选有效
   buf=0x81;
   for(i=0;i<8;i++)                     //送转换方式控制字
   {
       SCLK=0;
       buf<<=1;
       DIN=CY;
       SCLK=1;
   }
   buf=0x60;
   for(i=0;i<8;i++)                     //送工作方式控制字
   {
       SCLK=0;
       buf<<=1;
       DIN=CY;
       SCLK=1;
   }
   CONVST=0;                            //转换开始
   EA=1;                                //开启中断
```

```
    EX0=1;
    IT0=1;
}
void INT_EOC(void) interrupt 0  //中断服务子程序完成数据的读取
{
    uchar i;
    for(i=0;i<16;i++)
    {
        SCLK=0;
        if(DOUT)
            ad_value|=0x0001;    //AD 输出为 1,ad_value 加 1
        ad_value<<=1;            //左移一位,空出最低位等待下一个位数据输入
        SCLK=1;
    }
    ad_value>>=1;
}
```

**【例 12-5】** MAX1230 与 89C51 串行接口。

当使用 89C51 串行口实现与 MAX1230 连接时,串行口应工作于同步移位寄存器方式(方式 0)。此时,串行口的接收数据端 RXD(P3.0)被用于接收 MAX1230 的输出数据,而发送数据端 TXD(P3.1)则被用于提供驱动时钟,为满足时序要求,应将其反相。片选信号仍使用 P1.0,接口电路如图 12-22 所示。

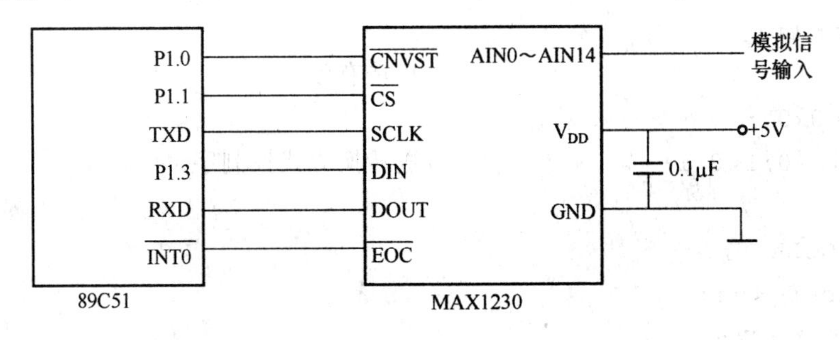


图 12-22　MAX1230 与 89C51 单片机的串行接口

由于 89C51 串行口一次只能接收 8 位数据,故 12 位 A/D 转换结果必须分二次接收。同前述程序直接输入一样,控制程序必须检测 A/D 转换结束信号,即 DOUT 的上跳变,当 DOUT 变为高电平,方能启动串行接收。

接口控制程序如下所示:

```
#include<reg52.h>
#define uchar unsigned char
sbit CONVST=P1^0;
sbit CS=P1^1;
sbit SCLK=P3^1;
sbit DIN=P1^3;
sbit EOC=P3^2;
```

```
int ad_value;                           //12 位 AD 转换值
void main(void)
{
    uchar i;
    uchar buf;
    uchar ad_h,ad_l;
    SCON=0x00;
    ES=0;
    CS=0;                               //片选有效
    buf=0x81;
    for(i=0;i<8;i++ )                   //送转换方式控制字
    {
        SCLK=0;
        buf<<=1;
        DIN=CY;
        SCLK=1;
    }
    buf=0x60;
    for(i=0;i<8;i++ )                   //送工作方式控制字
    {
        SCLK=0;
        buf<<=1;
        DIN=CY;
        SCLK=1;
    }
    CONVST=0;                           //转换开始
    while(1)
    {
        if(EOC==0)                      //检测 AD 转换是否结束,EOC=0:转换结束
        {
            REN=1;                      //启动串行接收
            while(TI==0);               //等待接收结束
            ad_h=SBUF;
            RI=0;                       //启动第二次接收
            while(TI==0);               //等待接收结束
            ad_l=SBUF;
            REN=0;                      //停止接收
        }
    }
}
```

## 习　题

12-1　A/D 转换器的分辨率如何表示？它与精度有何不同？

12-2　在什么情况下，A/D 转换器前应引入采样保持器？

12-3　判断 A/D 转换结束一般可采用几种方式？

12-4　A/D 转换器的主要技术指标有哪些？分辨率如何定义？

12-5　A/D 转换器转换数据的传送有几种方式？

12-6　简述逐次逼近式 A/D 转换的原理。

12-7　试设计一个 12 位 A/D 转换器与 89C51 的接口电路，并编写连续转换 10 次，将转换结果存入片内 50H 开始的单元中的程序。

12-8　试设计一个 12 位 A/D 转换器与 89C51 的接口电路，并编写将存放在片内 RAM 的 50H、51H 单元的 12 位数(低 8 位在 50H 单元中，高 4 位在 51H 的低半字节中)进行转换输出的程序。

12-9　试设计一个巡回检测系统。共有 8 路模拟量输入，采样周期为 1s，其他末列条件可自定。试画出电路连接图并进行程序设计。

12-10　D/A 转换器产生如图 12-23 所示的梯形波，试编程实现。

12-11　使用 D/A 转换器产生如图 12-24 所示的三角波，试编程实现。

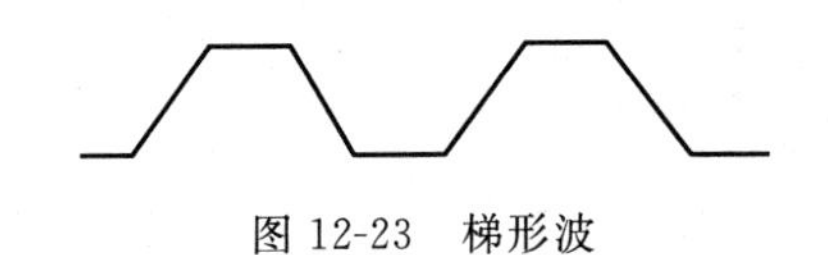

图 12-23　梯形波

图 12-24　三角波

# 第13章　单片机的数据通信与总线技术

随着微处理技术的飞速发展，单片机的应用领域不断扩大，与之相应的总线技术也不断创新。本章主要讨论总线的分类及其结构，并介绍几种常用的内部总线和外部总线，以及目前应用比较广泛的现场总线技术。

## 13.1　总线技术概述

总线是一组线的集合，定义各引线的电气、机械、功能和时序特性，使单片机系统内部的各部件之间，以及外部的各系统之间建立信号联系，进行数据传递和通信。

单片机应用系统中的总线是CPU连接扩展器件的一组公共信号线，按其功能通常可把总线分为3组：地址总线、数据总线和控制总线。

### 13.1.1　总线的分类

总线按照它在系统机构中的层次位置一般可以分为：片内总线、内部总线和外部总线。按照总线的数据传输方式，总线又可以分为串行总线和并行总线。根据总线的传输方向，又可以分为单向总线和双向总线。

1. 内部总线和外部总线

1）片内总线

片内总线是在集成电路的内部，用来连接各功能单元的信息通路。如CPU芯片内部的总线是连接ALU、寄存器、控制器等部件的信息通路，这种总线一般由芯片生产厂家设计，计算机系统设计者并不关心，但随着微电子学的发展，出现ASIC技术，用户也可以按照各自的要求借助适当的EDA工具，选择适当的片内总线，设计各自的芯片。

2）内部总线

内部总线又称为系统总线或板级总线，用于计算机系统内部的模板和模板之间进行通信的总线。系统总线是微机系统中最重要的总线，人们平常所说的微机总线就是指系统总线，如STD总线、PC总线、ISA总线、PCI总线等。

通常把各种板、卡上实现芯片间相互连接的总线称为片总线或元件级总线。因此，可以说局部总线是微机内部各外围芯片与处理器之间的总线，用于芯片一级的互连，而系统总线是微机中各插件板与系统板之间的总线，用于插件板一级的互连。

2. 并行总线和串行总线

计算机的内部总线一般都是并行总线，而计算机的外部总线通常分为并行总线和串行总线两种。比如，IEEE-488总线为并行总线，RS-232-C总线为串行总线。

并行总线的优点是信号线各自独立，信号传输快，接口简单；缺点是电缆数多。串行总线的优点是电缆线数少，便于远距离传送；缺点是信号传输慢，接口复杂。

总线技术应用十分广泛，从芯片内部各功能部件的连接，到芯片间的互连，再到由芯片组成的板卡模块的连接，以及单片机与外部设备之间的连接，甚至现在工业控制中应用十分广泛的现场总线，都是通过不同的总线方式实现的。

### 13.1.2 标准总线与专用总线

总线标准化的目的是为连到总线上的各部件提供标准的信息通路。由于不同厂家生产的处理机芯片在体系结构上没有一个统一的规范，因而很难通过简单的连接提供芯片之间的标准信息通路。但是，随着计算机技术的发展，特别是微机的广泛应用，用户要求不同厂家的硬件模块能实现方便互连的愿望越来越迫切，因此围绕几个主要的体系结构和应用要求形成一系列的总线。

标准总线不但在电气上规定各种信号的标准电平、负载能力和时序关系，而且在机械结构上规定插件的尺寸规格和引脚定义。通过这些严格的电气和结构规定，各模块便可实现标准连接，各生产厂家可以根据这些标准规范生产各种插件或系统，而用户则可以根据各自的需要购买这些插件或系统，构成所希望的应用系统或扩充原来的系统。

20 世纪 70 年代以后，标准总线随着微型计算机的发展而迅速发展，出现很多种类，许多微机总线最终为大多数计算机厂家所接受，成为真正的通用标准总线，如近几年出现的 EISA 总线和 PCI 总线，就被 DEC、IBM 等著名的计算机生产厂家接受而被广泛使用。

另一方面，虽然由于通用的标准总线具有一定的通用性，但考虑到实现的技术难度，成本及其对系统性能的影响等因素，各厂家在外总线一级普遍采用通用的标准总线的同时，为不断提高计算机系统的性能，争相开发高性能的系统总线，这些总线一般为一家或几家公司专有，在这些总线上所连接的模块一般为 CPU 模块和主存模块等比较专用的模块，这些总线中比较著名的有 SUN 公司定义的 MBUS 总线，LSI、DEC 公司定义的 MPI 总线等。

### 13.1.3 常用的总线介绍

1. 常用的内部总线

内部总线是计算机内部各功能模板之间进行通信的通道，是构成完整的计算机系统的内部信息枢纽，如 STD 总线、PC 总线、VME 总线、MULTIBUS 总线、UNIBUS 总线等。这些总线标准都在一定的历史背景和应用范围内产生。

1) STD 总线

STD 总线是美国 PRO-LOG 公司于 1978 年推出的一种工业标准微型计算机总线，STD 是 STANDARD 的缩写。STD 总线定义一个 8 位微处理器总线标准，其中有 8 根数据线、16 根地址线、控制线和电源线等，可以兼容各种通用的 8 位微处理器，如 8080、8085、6800、Z80、NSC800 等。随着 32 位微处理器的出现，通过附加系统总线与局部总线的转换技术，1989 年美国的 EAITECH 公司又开发出对 32 位微处理器兼容的 STD32 总线。

2) ISA 总线

该 I/O 扩展槽是在系统板上安装的系统扩展总线与外设接口的连接器。当时，XT 机的数据位宽度只有 8 位，地址总线的宽度为 20 根。在 80286 阶段，以 80286 为 CPU 的 AT 机一方面与 XT 机的总线完全兼容，另一方面将数据总线扩展到 16 位，地址总线扩展到 24 根。IBM 推出的这种 PC 总线成为 8 位和 16 位数据传输的工业标准，被命名为 ISA(Industry Standard Architecture)。

ISA 总线的数据传输速率为 8Mbit/s，最大传输速率为 16Mbit/s，寻址空间为 16MB。它在早期的 62 线 PC 总线的基础上再扩展一个 36 线插槽而成，分成 62 线和 36 线两段，共计 98

线，包括地址线、数据线、控制线、时钟线和电源线。

3）PCI局部总线

微处理器的飞速发展使得增强型总线标准如EISA和MCA也显得落后。这种发展的不同步，造成硬盘、视频卡和其他一些高速外设只能通过一个慢速而且狭窄的路径传输数据，使得CPU的高性能受到很大的影响。PCI总线(Peripheral Component Interconnect，外围设备互连总线)是1992年以Intel公司为首设计的一种先进的高性能局部总线。PCI局部总线的主要特点如下所述。

(1) PCI总线标准是一整套的系统解决方案，传送数据的最高速度为132Mbit/s。它支持64位地址/数据多路复用，其64位设计中的数据传输速率为264Mbit/s。PCI总线支持一种称为线性猝发的数据传输模式，可以确保总线不断满载数据。线性猝发传输能更有效地运用总线的带宽传送数据，以减少无谓的地址操作。

(2) PCI的总线主控和同步操作功能有利于PCI性能的改善。总线主控是大多数总线都具有的功能，目的是让任何一个具有处理能力的外围设备暂时接管总线，以加速执行高吞吐量、高优先级的任务。PCI独特的同步操作功能可保证微处理器能够与这些总线主控同时操作，不必等待后者完成才操作。

(3) PCI总线的规范保证自动配置，用户在安装扩展卡时，一旦PCI插卡插入PCI槽，系统BIOS根据读到的关于该扩展卡的信息，结合系统的实际情况，自动为插卡分配存储地址、端口地址、中断和某些定时信息，从根本上免除人工操作。

2. 常用的外部总线

外部总线又称为通信总线，用于计算机之间、计算机与远程终端、计算机与外部设备，以及计算机与测量仪器仪表之间的通信。该类总线不是计算机系统已有的总线，而是利用电子工业或其他领域已有的总线标准。外部总线又分为并行总线和串行总线，并行总线主要有IEEE-488总线，串行总线主要有RS-232-C、RS-422A、RS-485、IEEE 1394，以及USB总线等，在计算机接口、计算机网络，以及计算机控制系统中得到广泛应用。下面主要介绍IEEE-488并行总线，以及RS-232-C和RS-485串行总线。

1）IEEE-488总线

用IEEE-488总线标准建立一个由计算机控制的测试系统时，不用再加复杂的控制电路，IEEE-488总线以机架层叠式的智能仪器为主要器件，构成开放式的积木式的测试系统。因此IEEE-488总线是当前工业上应用最广泛的通信总线之一。

(1) IEEE-488总线设备的工作方式。IEEE-488总线上所连接的设备按照控者、讲者和听者三种方式工作，这三种设备之间用一条24线的无源电缆互连起来。

该总线系统中的控者一般是计算机，用于管理整个系统的通信，处理系统中某些设备的服务请求等。该总线系统中的讲者功能是通过总线发送信息，而听者功能则是接收别的设备通过总线发送来的信息。

(2) IEEE-488总线的引脚定义。为实现系统中各仪器设备互相通信，IEEE-488总线对系统的基本特性、接口功能、异步通信联络的方式、接口消息的编码等都有规定，不同厂家生产的仪器设备可以简便地用一条24线的无源电缆互连起来，组成一个自动测试和数据处理系统。IEEE-488总线定义16条信号线和8条地线。

2）RS-232-C总线

RS-232-C总线是一种串行外部总线，专门用于数据终端设备(DTE)和数据通信设备

(DCE)之间的串行通信，是 1969 年由美国电子工业协会(EIA)从 CCITT 远程通信标准中导出的一个标准。当初制定该标准的目的是为使不同生产厂家生产的设备能够达到接插的"兼容"。

(1) RS-232-C 总线的机械特性。RS-232-C 的 25 个引脚只定义 20 个。通常使用的 RS-232-C 接口信号只有 9 根引脚，即常用的 9 针串口引线，其插头插座在 RS-232-C 的机械特性中都有规定。

(2) RS-232-C 总线的电气特性。主要电气特性是：RS-232-C 的开路电压不能超过 25V。

(3) RS-232-C 总线的通信结构。RS-232-C 的典型数据通信结构是具有 Modem 设备的远距离通信线路。电话线的两端都有 DCE，即 Modem 设备。使用最常用的 5 根信号线，提供两个方向的数据线(发送和接收数据)和一对控制数据传输的握手线 RTS 和 DSR。

3) RS-422A 和 RS-485 总线

RS-422A 是一种单机发送、多机接收的单向、平衡传输的总线标准。

RS-422A 的数据信号采用差分传输方式传输。RS-422A 有 4 根信号线，两根发送，两根接收；RS-422A 的收与发分开，支持全双工的通信方式。RS-422A 的最大传输距离为 1200m，最大传输速率为 10Mbit/s。

RS-485 是一种多发送器的电路标准，是 RS-422A 性能的扩展，是真正意义上的总线标准。它也是差分驱动(发送器)电路，在发送控制允许(高电平)的情况下，TXD 端的 TTL 电平经发送器转换成 RS-485 标准的差分信号，送至 RS-485 总线。同样，RS-485 总线上的差分信号，在接收允许(低电平)的情况下，经接收器转换后变成 TTL 电平信号，供计算机或设备接收。

可以说 RS-485 是一个真正意义上的总线标准。

因 RS-485 接口具有良好的抗噪声干扰功能，长的传输距离和多站能力等上述优点使其成为首选的串行接口。

4) 通用串行总线(USB)

通用串行总线 USB 的规范由 IBM、Compaq、Intel、Microsoft、NEC 等多家公司联合制订。现在最为流行的是 USB 1.1 和 USB 2.0 标准。在 USB 2.0 版本中推出的高速(High Speed)模式将 USB 总线的传输速度提高到 480Mbit/s 的水平。

(1) USB 设备的主要特点。USB 接口可以同时连接 127 台 USB 设备。USB 1.1 总线规范定义 12Mbit/s 的带宽，足以满足大多数诸如键盘、鼠标、Modem、游戏手柄及摄像头等设备的要求，而 USB 2.0 所提供 480Mbit/s 的传输速度，满足硬盘、音像等需要高速数据传输的场合，同时总线能够提供 500mA 的电流，可以免除一些耗电量比较小的设备连接外接电源。

USB 总线是一种串行总线，支持在主机与各式各样即插即用的外设之间进行数据传输。它由主机预定传输数据的标准协议，总线上的各种外设上分享 USB 总线带宽。当总线上的外设和主机在运行时，允许自由添加、设置、使用，以及拆除一个或多个外设。

USB 总线系统中的设备可以分为三个类型，一是 USB 主机，任何 USB 总线系统只能有一个主机。主机系统提供 USB 总线接口驱动的模块称作 USB 总线主机控制器。二是 USB 集线器(Hub)，类似于网络集线器，实现多个 USB 设备的互连，主机系统一般整合有 USB 总线的根(节点)集线器，可以通过次级的集线器连接更多的外设。三是 USB 总线的设备，又称 USB 功能外设，是 USB 体系结构中的 USB 最终设备，如打印机、扫描仪等，接受 USB 系统的服务。

USB 总线连接外设和主机时，利用菊花链的形式对端点加以扩展，形成金字塔形的外设连接方法，最多可以连接 7 层，127 台设备，有效地避免 PC 上插槽数量对扩充外设的限制，减少 PC I/O 接口的数量。

(2) USB 的传输方式。针对设备对系统资源需求的不同，在 USB 规范中规定了四种不同的数据传输方式。

① 等时传输方式(Isochronous)。该方式用来连接需要连续传输数据，且对数据的正确要求不高而对时间极为敏感的外部设备，如麦克风、喇叭以及电话等。等时传输方式以固定的传输速率，连续不断地在主机与 USB 设备之间传输数据。在传送的数据发生错误时，USB 并不处理这些错误，而是继续传送新的数据。

② 中断传输方式(Interrupt)。该方式传送的数据量很小，但这些数据需要及时处理，以达到实时效果。此方式主要用在键盘、鼠标以及操纵杆等设备上。

③ 控制传输方式(Control)。该方式用来处理主机到 USB 设备的数据传输。包括设备控制指令、设备状态查询及确认命令。当 USB 设备收到这些数据和命令后，依据先进先出的原则处理到达的数据。

④ 批(Bulk)传输方式。该方式用来传输要求正确无误的数据。通常，打印机、扫描仪和数字相机以这种方式与主机连接。

(3) USB 设备的电气连接。一对互相绞缠的标准规格线，用于传输差分信号 D+ 和 D-；另有一对符合标准的电源线 VBUS 和 GND，用于给设备提供 +5V 电源。两根双绞的数据线 D+、D- 用于收发 USB 总线传输的数据差分信号。低速模式和全速模式可在用同一 USB 总线传输的情况下自动动态切换。

## 13.2 RS-232-C 串行总线接口

RS-232-C 总线是一种串行外部总线，专门用于数据终端设备 DTE 和数据通信设备 DCE 之间的串行通信，是 1969 年由美国电子工业协会(EIA)从 CCITT 远程通信标准中导出的一个标准。

RS-232-C 标准接口的全称是“使用二进制进行交换的数据终端设备和数据通信设备之间的接口”。它实际上是早期制定的串行通信的总线标准。计算机、外设、显示终端等都属于数据终端设备(DTE)，而调制解调器则是数据通信设备。RS-232-C 通常采用 DB-9 连接器。

### 13.2.1 RS-232-C 总线的机械特性与引脚功能

RS-232-C 总线的接口连接器采用 DB-9 连接器，总共有 9 根引脚，如图 13-1 所示。每个引脚的功能如表 13-1 所示。最基本的 3 根线是发送数据线 2、数据线 3 和信号地线 7，对于一般近距离的 CRT 终端、计算机之间的通信使用这三条线就足够了。其余信号线通常在应用 Modem(调制解调器)或通信控制器进行远距离通信时才使用。

常用的 9 根引脚分为两类：一类是基本的数据传送引脚，另一类是用于调制解调器(Modem)的控制和反映其状态的引脚。

基本的数据传送引脚包括：RXD、TXD 和 GND(2、3、7 引脚)。TXD 为数据发送引脚，数据发送时，发送的数据由该引脚发出；不传送数据时，异步串行通信接口维持该引脚为逻辑“1”。RXD 为数

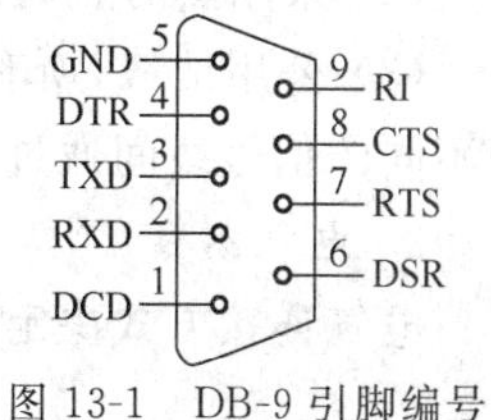

图 13-1　DB-9 引脚编号

据接收引脚，来自通信线的数据信息由该引脚进入接收设备。GND为信号地，该引脚为所有的电路提供参考电位。

Modem控制和状态引脚分为两组，一组为DTR和RTS，负责从计算机通过RS-232-C接口送给Modem。另一组为DSR、CTS、DCD和RI，负责从Modem通过RS-232-C接口送给计算机的状态信息。

**表13-1　RS-232-C接口常用引线信号定义、分类及功能**

| DB-25 引脚号 | DB-9 引脚号 | 信号名称 | 简称 | 流动方向 | 信号功能 |
|---|---|---|---|---|---|
| 1 | | 保护地 | | | 连接设备外壳、安全地线 |
| 2 | 3 | 发送数据 | TXD | →DCE | DTE发送串行数据 |
| 3 | 2 | 接收数据 | RXD | DTE← | DTE接收串行数据 |
| 4 | 7 | 请求发送 | RTS | →DCE | DTE请求切换到发送方式 |
| 5 | 8 | 清除发送 | CTS | DTE← | DCE已经切换到准备接收 |
| 6 | 6 | 数传设备准备就绪 | DSR | DTE← | DCE准备就绪 |
| 7 | 5 | 信号地 | GND | | 信号地 |
| 8 | 1 | 载波检测(RLSD) | DCD | DTE← | DCE已接收到远程信号 |
| 20 | 4 | 数据终端就绪 | DTR | →DCE | DTE准备就绪 |
| 22 | 9 | 振铃指示 | RI | DTE← | 通知DTE，通信线路准备好 |

### 13.2.2　RS-232-C总线的电气特性与电平转换

RS-232-C标准的电气性能主要体现在电气连接方式、电气参数及通信速率等方面。

1. 电气连接方式

EIA的RS-232-C及CCITT的V.28建议采用如图13-2所示的电气连接方式。

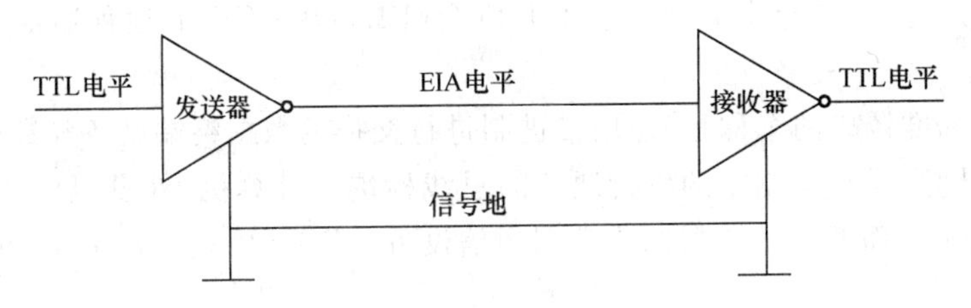


图13-2　RS-232-C电气连接方式

这种连接方式的主要特点是：

(1) 非平衡的连接方式，即每条信号线只有一条连线，信道噪声叠加在信号上并全部反映到接收器中，因而加大通信误码率，却最大限度降低通信成本。

(2) 采用点对点通信，只用一对收发设备完成通信工作，其驱动器负载为3～7kΩ。

(3) 公用地线，所有的信号线共用一条信号地线，在短距离通信时有效地抑制噪声干扰，但不同的信号线间通过公用地线产生干扰。

2. 电气参数

电气连接方式决定其电气参数。电气参数主要有：

(1) 引线信号状态。

RS-232-C 标准引线状态必须是以下三种之一，即 SPACE/MARK(空号/传号)或 ON/OFF(通/断)或逻辑 0/逻辑 1。

(2) 引线逻辑电平。

在 RS-232-C 标准中，规定用－3～－15V 表示逻辑 1，用＋3～＋15V 表示逻辑 0。

(3) 旁路电容 RS-232-C 终端一侧的旁路电容 $C$ 小于 2500pF。

(4) 开路电压 RS-232-C 的开路电压不能超过 25V。

(5) 短路抑制性能 RS-232-C 的驱动电路必须能承受电缆中任何导线短路，而不至于损坏所连接的任何设备。

3. 通信速率

RS-232-C 标准的电气连接方式决定其通信速率不可能太高。非平衡连接及共用地线都使信号质量下降，通信速率也因此受到限制(最高通信速率为 115200bit/s)。由于噪声的影响，RS-232-C 标准规定通信距离应小于 15m。

4. RS-232-C 电平与 TTL 电平的转换

由于 RS-232-C 规定的逻辑电平与单片机的逻辑电平不一致，在实际应用时必须把微处理器的信号电平(TTL 电平)转换为 RS-232-C 电平，或者对两者进行逆转换。这种转换由专用的电平转换芯片实现。电平转换电路有多种，最常用的有 MAX232 芯片。如图13-3所示为 51 单片机的串行口通过电平转换电路所形成的 RS-232-C 标准接口电路(采用 DB-9 插座)。

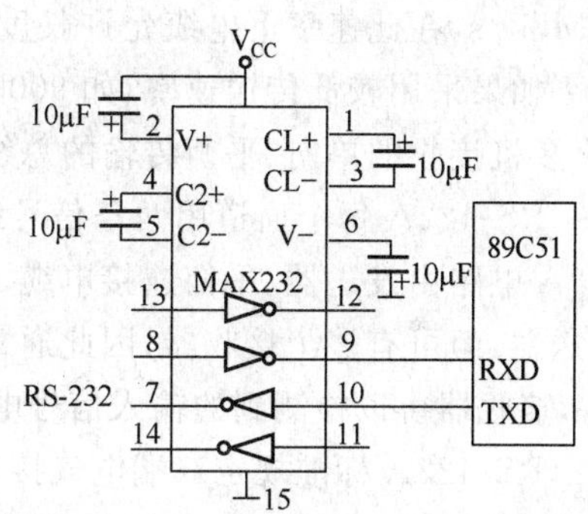


图 13-3 51 单片机的串行口电平转换电路

MAX232 是由德州仪器(TI)公司推出的一款兼容 RS232 标准的芯片。由于计算机串口 RS232 电平是－10～＋10V，而一般的单片机应用系统的信号电压是 TTL 电平 0～＋5V，MAX232 用来进行电平转换，该器件包含两个驱动器、两个接收器和一个由电压发生器电路的提供TIA/EIA-232-F 电平。

5. RS-232-C 总线的通信结构

RS-232-C 典型的数据通信结构如图 13-4 所示。图13-4(a)是具有 Modem 设备的远距离通信线路图。数据终端设备 DTE，如计算机、终端显示器，通过 RS-232-C 接口和数据通信设备 DCE(如调制解调器)连接，再通过电话线和远程设备进行通信。Modem 除具有调制和解调功能外，还必须具有控制功能和反映状态的功能。

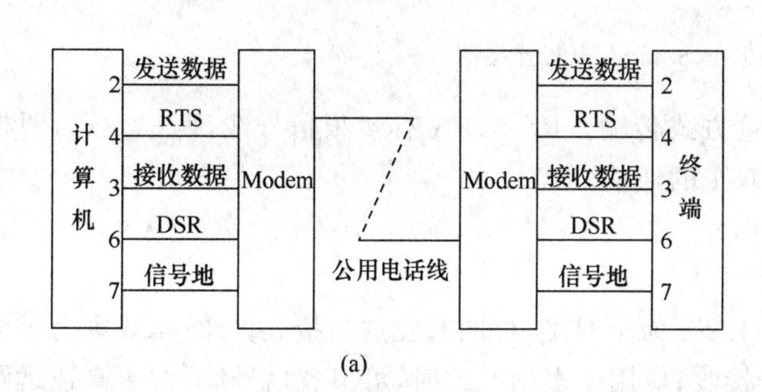


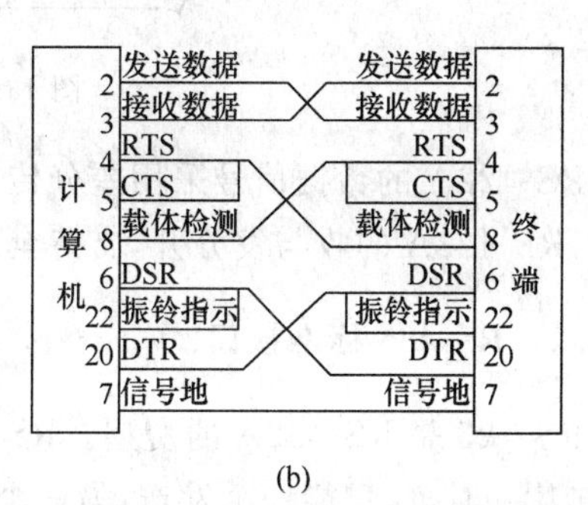


图 13-4 RS-232-C 数据通信结构

图 13-4(b)是不用 Modem 的直接通信线路图。在实际使用中，若进行近距离通信，即不通过电话线进行远距离通信，则不使用 DCE，而直接把 DTE 连接起来，称为零调制解调器连接，因为此时调制解调器已经退化成一个交叉线路。

## 13.3 RS-422A/485 接口标准

目前，最常用的 RS-422A(全双工)通信接口是 RS-449 标准的子集，而 RS-485(半双工)则是 RS-422A 的变型。

EIA 先后推出新的标准 RS-449、RS-422A 及 RS-485 等总线标准，这些标准除与 RS-232-C 兼容外，在加快传输速率、增大传输距离、改进电气性能等方面提高明显。

### 13.3.1 RS-422A 标准接口

RS-422A 标准是 EIA 公布的“平衡电压数字接口电路的电气特性”标准，这个标准为改善 RS-232-C 标准的电气特性，又考虑与 RS-232-C 兼容而制定。

RS-422A 由 RS-232-C 发展而来。RS-422A 定义一种平衡通信接口，将传输速率提高到 10Mbit/s，在此速率下电缆允许长度为 120m，并允许在一条平衡总线上最多连接 10 个接收器。如果采用较低传输速率，如 9000bit/s 时，最大距离可达 1200m。RS-422A 是一种单机发送、多机接收的单向、平衡传输的总线标准。

RS-422A 每个通道用两条信号线。如果其中一条是逻辑 1 状态，另一条为逻辑 0。RS-422A 电路由发送器、平衡连接电缆、电缆终端负载、接收器组成。通信线路规定只允许有一个发送器，但可有多个接收器，因此通常采用点对点通信方式。该标准允许驱动器输出为±2～6V，接收器可以检测到的输入信号电平可低到 200mV。

RS-422A 标准规定双端电气接口型式，使用双端线传送信号。它通过传输线驱动器，把逻辑电平变换成电位差，完成始端的信息传送；通过传输线接收器，把电位差转变成逻辑电平，实现终端的信息接收。电路规定只能有一个发送器，可以有多个接收器，可以支持点对多的通信方式，如图 13-5 所示。

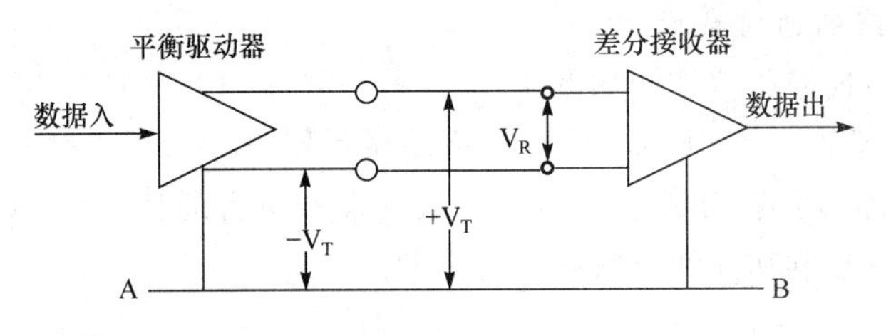


图 13-5　RS-422A 电气连接图

RS-422A 的数据信号采用差分传输方式传输。RS-422A 有 4 根信号线，两根发送，两根接收，RS-422A 的收与发分开，支持全双工的通信方式。

### 13.3.2 RS-485 标准接口

RS-485 是 RS-422A 的变型。RS-422A 为全双工，可同时发送与接收。RS-485 则为半双工，在某一时刻，只能一个发送，另一个接收；应用于多站互连时，可节省信号线，便于高速远距离传送。目前，许多智能仪器设备配有 RS-485 总线接口，使它们联网十分方便。

RS-485 是一种多发送器的电路标准，它是 RS-422A 性能的扩展，是真正意义上的总线标准。它允许在两根导线(总线)上挂接 32 台 RS-485 负载设备。

RS-485 具有以下的特点：

(1) RS-485 的电气特性：逻辑“1”以两线间的电压差为＋2～＋6V；逻辑“0”以两线间的电压差为－2～－6V。

(2) RS-485 的数据最高传输速率为 10Mbit/s。

(3) RS-485 接口是采用平衡驱动器和差分接收器的组合，抗共模干扰能力增强。

(4) RS-485 接口的最大传输距离为 1200m，在总线上允许连接多达 128 个收发器，即具有多站能力和多机通信功能。

RS-485 与 RS-422A 的区别在于：

(1) 硬件线路上，RS-422A 至少需要 4 根通信线，而 RS-485 仅需两根；RS-422A 不能采用总线方式通信，但可以采用环路方式通信，而 RS-485 两者均可。

(2) 通信方式上，RS-422A 可以全双工，而 RS-485 只能半双工。

### 13.3.3 RS-485 与 TTL 电平的转换

RS-485 与 TTL 电平转换电路采用具有符合 RS-485 通信电平标准的 MAX485 系列集成电路进行设计，MAX485是一种差分平衡型收发器，采用单一电源＋5V 工作，额定电流为 300mA，采用半双工通信方式，完成将 TTL 电平转换为 RS-485 电平的功能。MAX485 芯片引脚如图 13-6 所示。

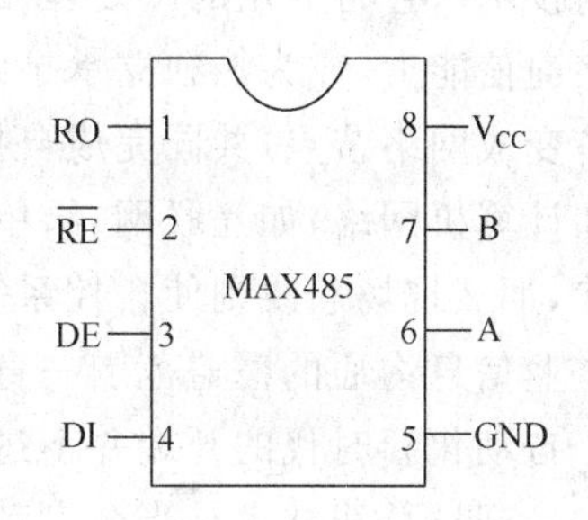


图 13-6 MAX485 芯片引脚图

MAX485 芯片各引脚功能见表 13-2 所示。

**表 13-2 MAX485 引脚功能**

| 引脚 | 名称 | 功 能 |
|---|---|---|
| 1 | RO | 接收器输出 |
| 2 | $\overline{RE}$ | 接收器输出使能。为 0 时，容许接收器输出 |
| 3 | DE | 驱动器输出使能。为 1 时，容许驱动器输出 |
| 4 | DI | 驱动器输入 |
| 5 | GND | 接地 |
| 6 | A | 同相接收器输入和同相驱动器输出 |
| 7 | B | 反相接收器输入和反相驱动器输出 |
| 8 | $V_{CC}$ | 电源 |

内部含有一个驱动器和接收器，驱动器有过载保护功能。其电路如图 13-7 所示。

在发送控制允许(高电平)的情况下，TXD 端的 TTL 电平经发送器转换成 RS-485 标准的差分信号，送至 RS-485 总线。同样，RS-485 总线上的差分信号在接收允许(低电平)的情况下，经接收器转换后变成 TTL 电平信号。只要程序能保证不同时进行接收和发送的操作，即保证半双工传送数据，程序不必用指令控制 DE 和 RE 进行接收和发送的转换工作，转换工作由硬件电路本身完成。

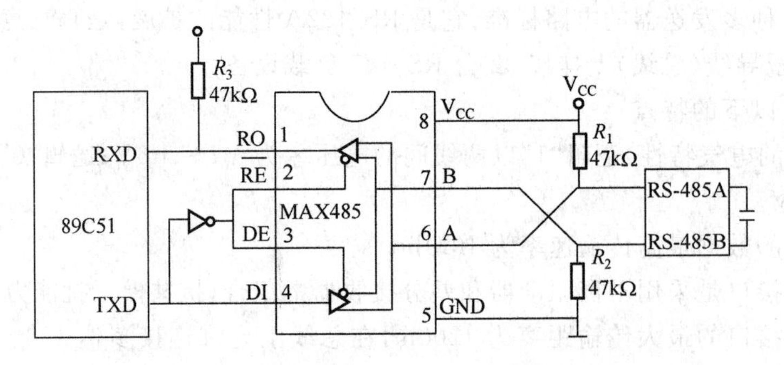


图 13-7 RS-485 与 TTL 电平转换电路

## 13.4 现场总线技术

现场总线(Field Bus)技术是 20 世纪 80 年代中期在国际上发展起来的一种崭新的工业控制技术。它将专用的微处理器植入传统的测量控制仪表中,使它们各自都具有数字计算和数字通信能力,成为能独立承担某些控制、通信任务的网络节点。它是把单个分散的测量控制设备变成网络节点,共同完成自控任务的网络系统与控制系统。它给自动化领域带来的变化犹如计算机网络(如互联网)给单台计算机带来的变化。如果说计算机网络把人类引入到信息时代,那么现场总线则使自控系统与设备加入到信息网络的行列,成为企业信息网络的底层,使企业信息沟通的覆盖范围一直延伸到生产现场。因此把现场总线技术的出现说成是标志着一个自动化新时代的开端并不过分。

现场总线技术是当今自动化领域技术发展的热点之一,被誉为自动化领域的计算机局域网。它的出现标志工业控制技术领域又一个新时代的开始,并将对该领域的发展产生重要影响。

### 13.4.1 现场总线概述

根据国际电工委员会(IEC)和美国仪表协会(ISA)的定义,现场总线是连接智能现场设备和自动化系统的数字式、双向传输、多分支结构的通信网络,关键标志是能支持双向、多节点、总线式的全数字通信。它集数字通信、智能仪表、微机技术、网络技术于一身,用于过程自动化和制造自动化最底层的现场设备或现场仪表互连的通信网络,是现场通信网络与控制系统的集成。基于现场总线的控制系统称为现场总线控制系统(FCS)。

国际电工协会(IEC)的 SP50 委员会对现场总线有以下 3 点要求:

(1) 同一数据链路上过程控制单元(PCU)、PLC 等与数字 I/O 设备互连;

(2) 现场总线控制器可对总线上的多个操作站、传感器及执行机构等进行数据存取;

(3) 通信媒体安装费用较低。

纵观控制系统的发展史,不难发现:每一代新的控制系统都是针对老一代控制系统存在的缺陷而给出的解决方案,最终在用户需求和市场竞争两大外因的推动下占领市场的主导地位,现场总线和现场总线控制系统也不例外。

先简单回顾控制系统的发展过程。

### 13.4.2 控制系统的发展历史

控制系统的发展可分为以下 4 个阶段。

1. 模拟仪表控制系统

模拟仪表控制系统于 20 世纪六七十年代占主导地位。在以常规仪表组成的模拟控制系统(一般指电动单元组合仪表)中,现场设备通过标准的 4～20mA 电流表示测量值,控制单元使用模拟技术进行控制运算并输出用 4～20mA 电流表示的控制值。现场设备通过这个控制量实施控制,其显著缺点是:模拟信号精度低,易受干扰。

2. 集中式数字控制系统

集中式数字控制系统于 20 世纪七八十年代占主导地位。采用单片机、PLC、SLC 或微机作为控制器,控制器内部传输的是数字信号,因此克服了模拟仪表控制系统中模拟信号精度低的缺陷,提高了系统的抗干扰能力。集中式数字控制系统的优点是易于根据全局情况进行控制计算和判断,在控制方式、控制时间的选择上可以统一调度和安排:缺点是,对控制器本身要求很高,必须具有足够的处理能力和极高的可靠性,当系统任务增加时,控制器的效率和可靠性将急剧下降。

3. 集散控制系统(DCS)

集散控制系统(DCS)于 20 世纪八九十年代占主导地位。其核心思想是集中管理、分散控制,即管理与控制相分离,上位机用于集中监视管理功能,若干台下位机下放分散到现场实现分布式控制,各上下位机之间用控制网络互连以实现相互之间的信息传递。因此,这种分布式的控制系统体系结构有力地克服了集中式数字控制系统中对控制器处理能力和可靠性要求高的缺陷。在集散控制系统中,分布式控制思想的实现正是得益于网络技术的发展和应用,遗憾的是,不同的 DCS 厂家为达到垄断经营的目的而对其控制通信网络采用各自专用的封闭形式,不同厂家的 DCS 系统之间,以及 DCS 与上层 Intranet/Internet 信息网络之间难以实现网络互连和信息共享,因此集散控制系统从该角度而言实质是一种封闭专用的、不具可互操作性的分布式控制系统且 DCS 造价昂贵。在这种情况下,用户对网络控制系统提出开放化和降低成本的迫切要求。

4. 现场总线控制系统(FCS)

FCS 正是为适应控制系统的发展而出现,它用现场总线这一开放、可互操作的网络将现场各控制器及仪表设备互连,构成现场总线控制系统,同时控制功能彻底下放到现场,以降低安装成本和维护费用。因此,FCS 实质是一种开放的、具有可互操作性的、彻底分散的分布式控制系统,将成为 21 世纪控制系统的主流产品。

### 13.4.3 常用的现场总线

现场总线发展迅速,目前已经在不同领域形成颇具影响力几大总线系列,如 Profibus、CAN、LonWorks、HART、Interbus、DeviceNet、Modbus、FF、Asi 等 200 余种,其中最具影响力的有 6 种,它们分 FF、Profibus、CAN、LonWorks、HART 和 Modbus(性能对照见表 13-3)。

表 13-3 常用总线系列

| 特性＼类型 | FF | Profibus | HART | CAN | LonWorks | Modbus |
| --- | --- | --- | --- | --- | --- | --- |
| OSI 网络层次 | 1,2,3,8 | 1,2,3 | 1,2,7 | 1,2,7 | 1～7 | — |
| 通信介质 | 双绞线、光纤、电缆等 | 双绞线、光纤 | 电缆 | 双绞线、光纤 | 双绞线、电缆、电力线、光纤、无线等 | 适用于各种介质 |
| 介质访问方式 | 令牌(集中) | 令牌(分散) | 查询 | 位仲裁 | P-P CSMA | 主从轮询 |
| 纠错方式 | CRC | CRC | CRC | CRC | | CRC、LRC |
| 通信速率/(bit/s) | 31.25K | 31.25K/12M | 9600 | 1M | 780K | 19.2K |
| 最大节点数 | 32 | 127 | 15 | 110 | 32000 | 247 |
| 网段优先级 | 有 | 有 | 有 | 有 | 有 | 有 |
| 保密性 | | | | | 身份认证 | |
| 本安性 | 是 | 是 | 是 | 是 | 是 | 是 |
| 开发工具 | 有 | 有 | | 有 | 有 | |

1. 基金会现场总线

基金会现场总线(Foundation Fields,FF)是在过程自动化领域得到广泛支持和具有良好发展前景的技术。其前身是以美国 Fisher-Rosemount 公司为首,联合 Foxboro、横河、ABB、西门子等 80 家公司制订的 ISP 和以 Honeywell 公司为首,联合欧洲等地的 150 家公司制订的 World FIP。屈于用户的压力,这两大集团于 1994 年 9 月台并,成立现场总线基金会,致力于开发出国际上统一的现场总线协议。它以 ISO/OSI 开放系统互连模型为基础,取其物理层、数据链路层、应用层为 FF 通信模型的相应层次,并在应用层上增加用户层。用户层主要针对自动化测控应用的需要,定义信息存取的统一规则,采用设备描述语言规定通用的功能块集。由于这些公司是该领域自控设备的主要供应商,对工业底层网络的功能需求了解透彻,也具备足以影响该领域现场自控设备发展方向的能力,因而由它们组成的基金会所颁布的现场总线规范具有一定的权威。

2. Profibus(Process Field bus)

1987 年,Profibus 由 Siemens 推出,1996 年 3 月 15 日批准为欧洲标准,即 DIN50170V.2。Profibus 产品在世界市场上已被普遍接受,市场份额在欧洲占首位,年增长率为 25%。目前,支持 Profibus 标准的产品超过 1500 多种,分别来自国际上 200 多个生产厂家。在世界范围内已安装运行的 Profibus 设备已超过 200 万台,到 1998 年 5 月,适用于过程自动化的 Profibus-PA仪表设备在 19 个国家的 40 个用户厂家投入现场运行。1985 年,组建 Profibus 国际支持中心;1989 年 12 月,建立 Profibus 用户组织(PNO)。目前,在世界各地相继组建 20 个地区的用户组织,企业会员近 650 家。1997 年 7 月,组建中国现场总线专业委员会,并组建产品演示及认证的实验室。

3. CAN(控制局域网络,Controller Area Network)

CAN 由德国 Bosch 公司及几个半导体集成电路制造商于 1993 年推出,应用于汽车监控、开关量控制、制造业等。CAN 已由 ISO TC22 技术委员会批准为国际标准，是唯一被国际标准化组织批准的现场总线。介质访问方式为非破坏型位仲裁方式，适用于实时要求很高的小型网络，且开发工具廉价。Motorola、Intel、Philips 均生产独立的 CAN 芯片和带有 CAN 接口的 80C51 芯片。国际 CAN 的用户及制造商组织于 1993 年在欧洲成立，简称 CIA，主要作用是解决 CAN 总线在应用中的问题，提供 CAN 产品及开发工具，推广 CAN 总线的应用。CAN 型总线产品有 AB 公司的 DeviceNet、台湾研华公司的 ADAM数据采集产品等。

4. LonWorks(局部操作系统，LON Local Operation System)

LonWorks 由美国 Echelon 公司于 1991 年推出，主要应用于楼宇自动化、工业自动化和电力行业等。LonWorks 的全部 7 层协议、介质访问方式为 P-P CSMA(预测—坚持载波监听多路复用)，采用网络逻辑地址寻址方式。优先权机制保证实时的通信，安全机制采用证实方式，因此能构建大型网络控制系统。Echelon 公司推出的 Neuron 神经元芯片实质为网络型微控制器，该芯片强大的网络通信处理功能配以面向对象的网络通信方式，大大降低了开发人员在构造应用网络通信方面所需花费的时间和费用，因而可将精力集中有所擅长的应用层进行控制策略的编制，因此业内许多专家认为 LonWorks 总线是一种很有应用前景的现场总线。基于 LonWorks 的总线产品有美国 Action 公司的 Flexnet 和 F1exlink 等。

### 13.4.4 CAN 总线接口及应用

1. CAN 简介

CAN 是国际上应用最广泛的现场总线之一。最初，CAN 被设计作为汽车环境中的微控制器通信总线，在各种车载电子控制装置之间交换信息，形成汽车电子控制网络。比如：在发动机管理系统、变速箱控制器、仪表装备、电子主干系统中，均嵌入 CAN 控制装置。在一个由 CAN 总线构成的单一网络中，理论上可以挂接无数个节点。在实际应用中，节点数目受网络硬件的电气特性所限制。例如，当使用 Philips P82C250 作为 CAN 收发器时，同一网络中允许挂接 110 个节点。CAN 总线可提供高达 1Mbit/s 的数据传输速率，这使实时控制变得非常容易。另外，硬件的错误检定特性也增强了 CAN 的抗电磁干扰能力。同时，CAN 网络的配制比较容易，允许任何站之间直接进行通信，而无须将所有数据全部汇总到主计算机后再处理。CAN 节点结构如图 13-8 所示。

1) CAN 的特点

对于一般控制，设备间连锁可以通过串行网络完成。因此，Bosch 公司开发出 CAN 现场总线通信结构，并已取得国际标准化组织认证(ISO 11898)，其总线结构参照 ISO/OSI 参考模型。同时，国际上一些大的半导体厂商也积极开发出支持 CAN 总线的专用芯片。通过 CAN 总线，传感器、控制器和执行器由串行数据线连接。它将电缆按树形结构连接起来，其通信协议相当于 ISO/OSI 参考模型中的数据链路层，网络可根据协议探测和纠正数据传输过程中因电磁干扰而产生的数据错误。

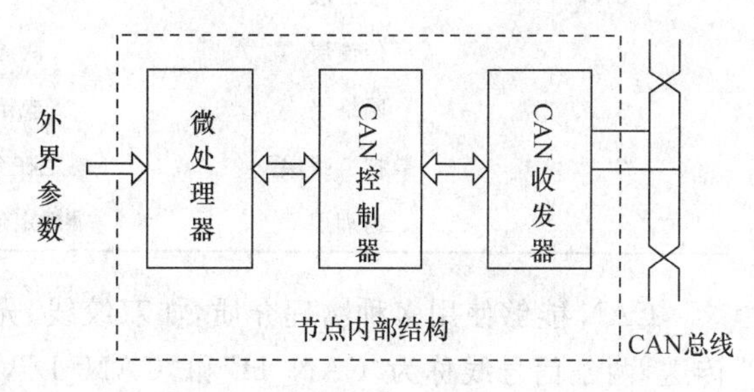

图 13-8　CAN 节点结构示意图

CAN 总线能够满足现代自动化通信的需要，已成为工业数据总线通信领域中最为活跃的一支。其主要特点是：

(1) CAN总线为多主站总线，各节点均可在任意时刻主动向网络上的其他节点发送信息，不分主从，通信灵活；

(2) CAN总线采用独特的非破坏型总线仲裁技术，优先级高的节点优先传送数据，能满足实时要求；

(3) CAN总线具有点对点、一点对多点及全局广播传送数据的功能；

(4) CAN总线上每帧有效字节数最多为8个，并有CRC及其他校验措施，数据出错率极低，若某一节点出现严重错误，可自动脱离总线，总线上的其他操作不受影响；

(5) CAN总线只有两根导线，在系统扩充时，可直接将新节点挂在总线上即可，因此走线少，系统扩充容易，改型灵活；

(6) CAN总线传输速度快，在传输距离小于40m时，最大传输速率可达1Mbit/s；

(7) CAN总线上的节点数量主要取决于总线驱动电路，在CAN 2.0B标准中，其报文标识符几乎不受限制。

总之，CAN总线具有实时性强、可靠性高、通信速率快、结构简单、互操作性好、总线协议具有完善的错误处理机制、灵活性高和价格低廉等特点。

2) CAN的工作原理

CAN通信协议主要描述设备之间的信息传递方式。CAN层的定义与开放系统互连模型(OSI)一致。每一层与另一设备上相同的那一层通信。实际的通信发生在每一设备上相邻的两层，而设备只通过模型物理层的物理介质互连。CAN的规范定义模型的最下面两层：数据链路层和物理层。表13-4展示OSI开放式互连模型的各层。应用层协议可以由CAN用户定义成适合特殊工业领域的任何方案。已在工业控制和制造业领域得到广泛应用的标准是DeviceNet，这是为PLC和智能传感器设计的标准。在汽车工业领域，许多制造商都应用各自的标准。

**表13-4　OSI的各层**

| 层数 | 各层名称 | 各层功能 |
|---|---|---|
| 7 | 应用层 | 最高层，用户、软件、网络终端等之间用来进行信息交换 |
| 6 | 表示层 | 将两个应用不同数据格式系统信息转化为能共同理解的格式 |
| 5 | 会话层 | 依靠低层的通信功能进行数据的有效传递 |
| 4 | 传输层 | 两通信节点之间数据传输控制，如数据重发，错误修复 |
| 3 | 网络层 | 规定网络连接建立、维持和拆除的协议，如路由和寻址 |
| 2 | 数据链路层 | 规定在介质上传输数据位的排列和组织，如数据校验和帧结构 |
| 1 | 物理层 | 规定通信介质的物理特性，如电气特性和信号交换的解释 |

CAN能够使用多种物理介质，如双绞线、光纤等，最常用的是双绞线。信号使用差分电压传送，两条信号线称为“CAN_H”和“CAN_L”，静态时均是2.5V左右，此时状态表示为逻辑“1”，也可以称为“隐性”。CAN_H比CAN_L高，表示逻辑“0”，称为“显性”。此时，电压值通常为：CAN_H=3.5V和CAN_L=1.5V。逻辑状态如图13-9所示。

当CAN总线上的一个节点发送数据时，它以报文形式广播给网络中所有的节点。对每个节点来说，无论数据是否是发给该节点，都对其进行接收。每组报文开头的11位字符为标识符，定义报文的优先级，这种报文格式称为面向内容的编址方案。在同一系统中标识符唯一确定,不可能有两个站发送具有相同标识符的报文。当几个站同时竞争总线读取时,这种配置十分重要。

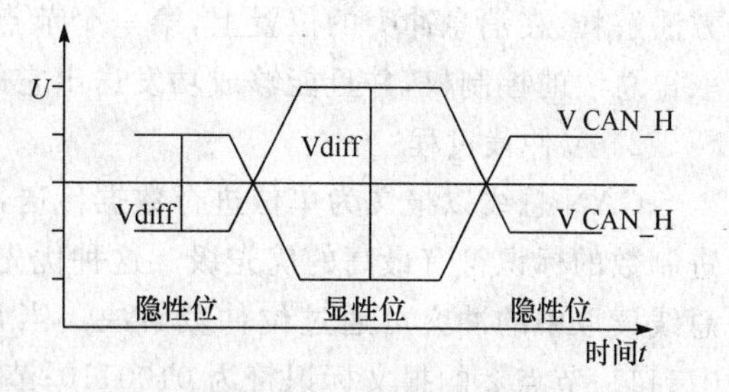

图 13-9 总线的两种逻辑状态:隐性或显性

CAN 总线的报文发送和接收参见图 13-10。当一个站向其他站发送数据时,该站的 CPU 将待发送的数据和自身的标识符传送给本站的 CAN 芯片,并处于准备状态;当它收到总线分配时,转为发送报文状态。CAN 芯片将数据根据协议组织成一定的报文格式发出,这时网上的其他站处于接收状态。每个处于接收状态的站对接收到的报文进行检测,判断这些报文是否是发给自身,以确定是否接收它。

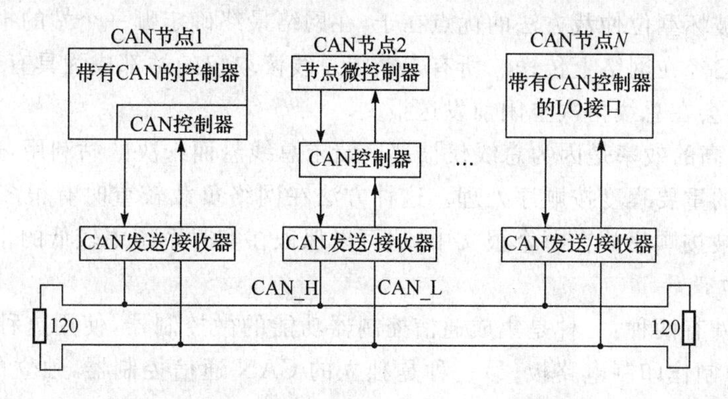

图 13-10 CAN 的典型总线网络系统结构

由于 CAN 总线是一种面向内容的编址方案,因此很容易建立高水准的控制系统并灵活地进行配置,即很容易在 CAN 总线中加进一些新站而无须在硬件或软件上进行修改。当所提供的新站是纯数据接收设备时,数据传输协议不要求独立的部分有物理目的地址。它允许分布过程同步化,即总线上控制器需要测量数据时,可由网上获得,而无须每个控制器都有自己独立的传感器。

2. CAN 总线位仲裁

要对数据进行实时处理,必须将数据快速传送,这要求数据的物理传输通路有较高的速度。在几个站同时发送数据时,要求快速地进行总线分配。实时处理通过网络交换的紧急数据有较大的区别。一个快速变化的物理量,如汽车引擎负载比类似于汽车引擎温度这样相对变化较慢的物理量更频繁地传送数据并要求更短的延时。

1) 位仲裁原理

CSMA/CD 是"载波侦听多路访问/冲突检测"(Carrier Sense Multiple Access with Collision Detection)的缩写。利用 CSMA 访问总线,可对总线上信号进行检测,只有当总线处于空闲状态时,才允许发送。利用这种方法,可以允许多个节点挂接到同一网络上。当检测到一个冲突位时,所有节点重新回到"监听"总线状态,直到冲突时间过后,才开始发送。在总线超载的情况下,这种技术可能造成发送信号经过许多时延。为避免发送时延,可利用 CSMA/CD 方式访问总线。当总线上有两个节点同时进行发送时,必须通过"无损的逐位仲裁"方法使有最高优先权的报文优先发送。在 CAN 总线上发送的每一条报文都具有唯一的一个 11 位或 29 位数字的 ID。CAN 总线状态取决于二进制数 0 而不是 1,所以 ID 编号越小,则该报文拥有越高的优先权。因此一个为全"0"标志符的报文具有总线上的最高级优先权。可用另外的方法解释:在消息冲突的位置上,第一个节点发送 0 而另外的节点发送 1,那么发送 0 的节点取得总线的控制权,并且能够成功发送出它的信息。

2) 位仲裁过程

CAN 总线以报文为单位进行数据传送,报文的优先级结合在 11 位标识符中,具有最低二进制数的标识符有最高的优先级。这种优先级一旦在系统设计时被确立后就不能再被更改。总线读取中的冲突可通过位仲裁解决。当几个站同时发送报文时,节点 1 的报文标识符为 011111;节点 2 的报文标识符为 0100110;节点 3 的报文标识符为 0100111。所有标识符都有相同的两位 01,直到第 3 位进行比较时,节点 1 的报文被丢掉,因为它的第 3 位为高,而其他两个站的报文第 3 位为低。站 2 和站 3 报文的 4、5、6 位相同,直到第 7 位时,站 3 的报文才被丢失。注意,总线中的信号持续跟踪最后获得总线读取权的站的报文。在此例中,站 2 的报文被跟踪。这种非破坏型位仲裁方法的优点在于,在网络最终确定哪一个站的报文被传送以前,报文的起始部分已经在网络上传送。所有未获得总线读取权的站都成为具有最高优先权报文的接收站,并且不会在总线再次空闲前发送报文。

CAN 具有较高的效率是因为总线仅被那些请求总线悬而未决的站利用,这些请求根据报文在整个系统中的重要程度按顺序处理。这种方法在网络负载较重时有很多优点,因为总线读取的优先级已被按顺序放在每个报文中,这可以保证在实时系统中较低的个体隐伏时间。

3. CAN 接口设计

通信控制器件有两种:一种是集成通信控制器功能的微控制器,使用这种集成器件,电路更紧凑,方便用户制作印制电路板;另一种是独立的 CAN 通信控制器,独立的控制器便于系统开发人员根据需要选择合适的单片机,构成更灵活、更理想的系统设计方案。Philips 公司的 SJA1000 总线控制器是应用于汽车和一般工业环境的独立总线控制器,符合 CAN 2.0 协议,具有完成通信协议所要求的全部特性。经过简单总线连接的 SJA1000 均可完成总线的物理层和数据链路层的所有功能。

1) 智能节点组成

设计时选用独立的 CAN 控制器 SJA1000,并使用 CAN 控制器接口芯片 PC82C250。硬件电路中使用总线收发器 82C250 是为增大通信距离,提高系统的瞬间抗干扰能力,保护总线,降低射频干扰(RFI),实现热防护等。

电路结构为:MCU(AT89C51)、CAN 控制器(SJA1000)、隔离 CAN 收发器(CTM Module)82C250。

2) 硬件设计原理

整个系统电源采用+5V 电源输入,上电复位芯片(CAT810L)可保证上电时正确启动系统。微处理器可采用 AT89C51 单片机,CAN 控制器采用 Philips 的 SJA1000。该电路采用隔离 CAN 收发器模块,以确保在 CAN 总线遭受严重干扰时控制器能够正常运行。

在图 13-11 中,SJA1000 的 AD0～AD7 是地址/数据复用总线。连接方法符合外部 RAM 的连接要求。各部分具体连接如下所述。

(1) 单片机 AT89C51 负责对 SJA1000 进行初始化,通过控制 SJA1000 实现数据的发送与接收等通信任务。

(2) SJA1000 的 AD0～AD7 连接到 P89C52 的 P0.0～P0.7 口。

(3) $\overline{CS}$连接到 AT89C51 的 P2.7,P2.7=1 时选中 SJA1000,可控制 SJA1000。

(4) SJA1000 的$\overline{RD}$/E、$\overline{WR}$、ALE 分别连接到 AT89C51 的$\overline{RD}$(P3.7)、$\overline{WR}$(P3.6)、ALE。

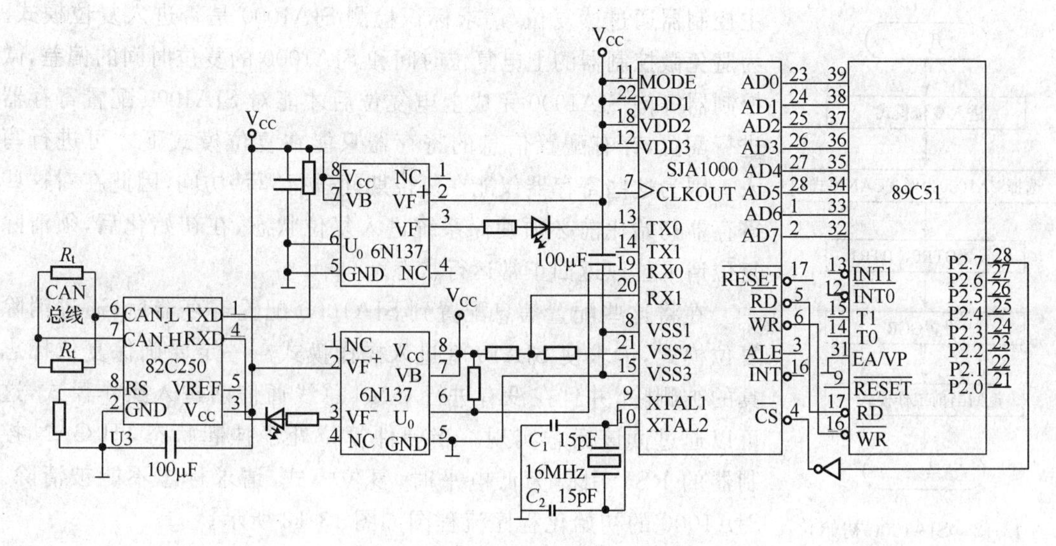

图 13-11　CAN 智能节点硬件电路原理图

(5) SJA1000 的(INT)连接到 AT89C51 的 P3.2($\overline{INT0}$),这样,AT89C51 可以通过中断方式访问 SJA1000。

(6) SJA1000 的模式选择引脚 MODE 接高电平时选择 Intel 模式。

由于 51 单片机外部 RAM 的扩展需要 16 条地址线寻址,如果外部 RAM 不用到全部 16 条地址线(SJA1000 只有 8 条地址线),那么可以把单片机 P0.0～P0.7 低 8 位地址线和 SJA1000 8 条地址线 AD0～AD7 相应连接,高位的地址线在寻址时都默认为 1。SJA1000 寄存器寻址时的地址范围是 FE00H～FEFFH。

CAN 总线驱动器 82C250 作为智能节点与 CAN 总线间的收发器,实现的是 CAN 网络物理层功能,它将来自 SJA1000 的 TTL 电平转换成符合电气标准 IEEE 11898 的差分电平,并在 CAN 总线上传送。通过在 82C250 的 8 脚 RS 与地之间接不同阻值的电阻,可选择 3 种不同工作方式:高速、斜率控制和待机。见表 13-5 所示。

**表 13-5　管脚选择的三种不同工作模式**

| 在 RS 管脚上强制条件 | 模式 | 在 RS 管脚上的电压与电流 |
| --- | --- | --- |
| $V_{RS} > 0.75 V_{CC}$ | 待机 | $I_{RS} < \mid 10\mu A \mid$ |
| $-10\mu A < I_{RS} < -200\mu A$ | 斜率控制 | $0.3 V_{CC} < V_{RS} < 0.6 V_{CC}$ |
| $V_{RS} < 0.3 V_{CC}$ | 高速 | $I_{RS} < -500\mu A$ |

3) 软件设计

为实现 CAN 总线通信,须对 CAN 总线节点接口设计相应的总线通信程序。在总线通信之前,必须进行 SJA1000 控制器初始化。在上电或复位后,单片机通过运行其自身复位程序初始化 SJA1000。CAN 总线通信程序主要由 SJA1000 初始化、发送和接收三部分组成。以下分别进行简单的描述。

(1) SJA1000 初始化。初始化程序有三种:一是上电复位,二是硬件复位,三是软件复位,即在运行期间给 SJA1000 发一个复位请求,置复位请求位为 1。选择上电后,CAN 控制器的 RST 引脚获得一个复位脉冲,使之进入复位模式。在开始对 SJA1000 各个配置寄存器进行设定之前,

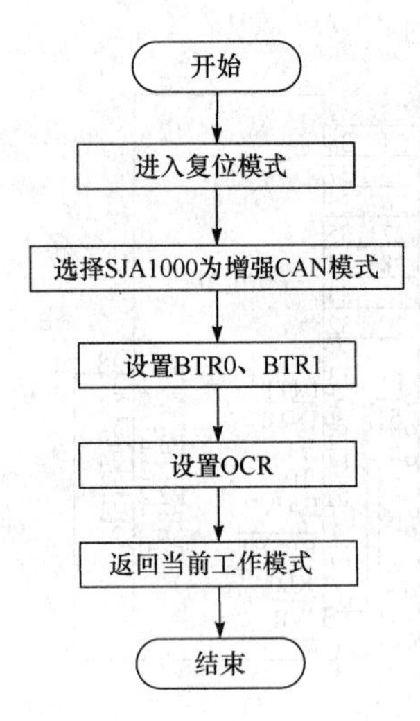

图 13-12　SJA1000 初始化程序流程图

主控制器通过读复位/请求标识检测 SJA1000 是否进入复位模式。为避免微控制器的上电复位时间和 SJA1000 的复位时间的偏差，微控制器等待 SJA1000 完成上电复位后才能对 SJA1000 配置寄存器进行配置，存有配置信息的寄存器只能在复位模式下才可进行写入。因为这些寄存器仅能在复位期间进行“写”访问，因此在对这些寄存器初始化前必须确保系统进入复位状态，在初始化后，须清除复位请求位以返回正常运行状态。

在将这些配置信息配置到 SJA1000 配置寄存器后，通过消除复位模式，请求使 SJA1000 进入操作模式。一定要确保复位标志真的被删除，并且在没有进行 CAN 总线通信前进入操作模式，这可以通过读该标志实现。当硬件复位处于挂起状态，即 CAN 控制器的 RST 引脚为低电平时，复位模式/请求标志不能被清除。SJA1000 的初始化程序流程图如图 13-12 所示。

SJA1000 初始化部分程序代码如下：

```
void Init_SJA1000(void)
{
  uchar state;uchar ACRR[4]={0XAA,0XFF,0X22,0X11};
                                       //接收代码寄存器
  uchar AMRR[4]={0xFF,0xFF,0xFF,0xFF};
                                       //接收屏蔽寄存器
 do                                    //使用 do-while 语句确保进入复位模式
 {
  MODR=0x09;                           //设置 MOD.0=1--进入复位模式，以便设置相
                                         应的寄存器
  state=MODR;
 }
 while(!(state&0x01));                 //对 SJA1000 部分寄存器进行初始化设置
 CDR=0x88;                             //CDR 为时钟分频器，CDR.3=1--时钟关闭，
                                         CDR.7=0--basic CAN, CDR.7=1--Peli
                                         CAN
 BTR0=0x04;                            //0x31;总线定时寄存器 0;总线波特率设定
 BTR1=0x1c;                            //0x1c;总线定时寄存器 1;总线波特率设定
 IER=0x01;                             //IER.0=1--接收中断使能;IER.1=0--关闭发
                                         送中断使能
 OCR=0xaa;                             //配置输出控制寄存器
 CMR=0x04;                             //释放接收缓冲器
 ACR0=ACRR[0];                         //初始化接收代码寄存器
 ACR1=ACRR[1];
 ACR2=ACRR[2];
 ACR3=ACRR[3];
```

```
AMR0=AMRR[0];                    //初始化接收屏蔽寄存器
AMR1=AMRR[1];
AMR2=AMRR[2];
AMR3=AMRR[3];
do                               //使用 do-while 语句确保退出复位模式
{
  MODR=0x08;                     //MOD.3=0--双滤波器模式
  state=MODR;}
  while(state&0x01);
}
```

(2) CAN 总线发送程序。对 SJA1000 控制器进行初始化,建立 CAN 总线通信后,可以通过 CAN 总线发送和接收报文。发送程序负责节点的报文发送。发送报文时,用户只需将需要发送的数据按一定的格式组合成一帧的报文,并送入 SJA1000 发送缓存区中,然后启动 SJA1000 发送即可。发送程序分发送数据帧和远程帧两种。通过设置 RTR(远地请求发送位,数据帧里为显性,远程帧里为隐性)以决定是发送数据帧还是远程帧。

SJA1000 的报文主要有中断控制和查询两种发送方式。主动发送报文建议采用查询方式,一次发送不成功,可再次发送,这样发送程序的处理比较简单,可采用查询 SJA1000 控制部分状态标识符的方法。查询方式发送程序流程图如图 13-13 所示。

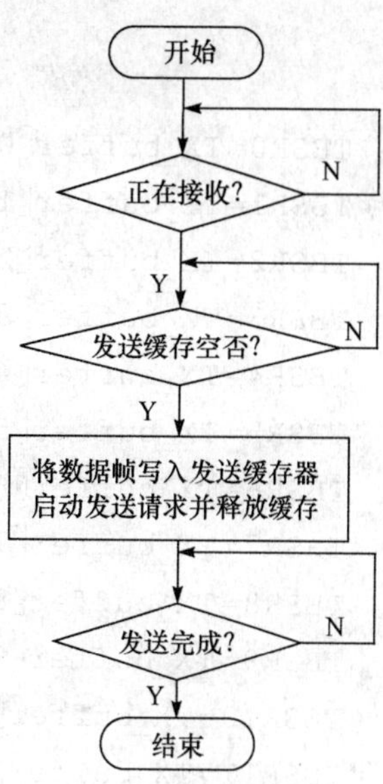


图 13-13　CAN 总线发送程序流程图

发送报文的发送程序参考如下:

```
void CAN_TXD(void)
{
  uchar state;                   //初始化标示码头信息
  TX_buffer[0]=0x88;             //.7=0--扩展帧;.6=0--数据帧;.0-.3=100--
                                   数据长度为 8 字节
  TX_buffer[1]=0xFF;             //本帧信息的 ID
  TX_buffer[2]=0xFF;
  TX_buffer[3]=0xFF;
  TX_buffer[4]=0xFF;
do                               //查询 SJA1000 是否处于接收状态,当
                                   SJA1000 不处于接收状态时才可继续执行
{
  state=SR;                      //SR 为 SJA1000 的状态寄存器
}
while(state&0x10);               //SR.4=1,正在接收,等待
do                               //查询 SJA1000 是否处于发送完毕状态
{
  state=SR;
```

```
    }
    while(!(state&0x08));                 //SR.3=0,发送请求未处理完,等待直到 SR.3
                                            =1
    do                                    //查询发送缓冲器状态
    {
      state=SR;
    }
    while(!(state&0x04));                 //SR.2=0,发送缓冲器被锁,等待直到 SR.2=1
                                          //将待发送的一帧数据信息存入 SJA1000 相
                                            应的寄存器中
    TBSR0=TX_buffer[0];
    TBSR1=TX_buffer[1];
    TBSR2=TX_buffer[2];
    TBSR3=TX_buffer[3];
    TBSR4=TX_buffer[4];
    TBSR5=TX_buffer[5];
    TBSR6=TX_buffer[6];
    TBSR7=TX_buffer[7];
    TBSR8=TX_buffer[8];
    TBSR9=TX_buffer[9];
    TBSR10=TX_buffer[10];
    TBSR11=TX_buffer[11];
    TBSR12=TX_buffer[12];
    CMR=0x04;                             //置位发送请求
    }
```

(3) CAN 总线接收程序。SJA1000 根据规则自动接收消息,接收到的消息放入接收缓冲器,同时接收缓冲器状态标志位 RBS 置为 1,接收程序根据 RBS 值决定接收报文与否。SJA1000 报文的接收也有两种方式:中断和查询。对通信的实时要求不高时,可采用查询方式,否则采用中断方式。CAN 总线中断接收程序流程图如图 13-14 所示。

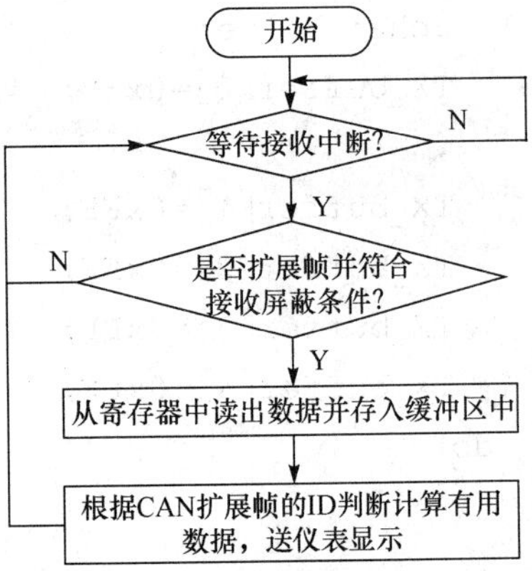

图 13-14 CAN 总线中断接收程序流程图

中断接收方式参考程序如下:

```
void inter1_can_rxd(void)interrupt 0
{
  uchar state;
  EA=0;                                   //关 CPU 中断
  IE0=0;                                  //由于中断 INT1 是电平触发方式,所以需要
                                            软件将 INT1 的中断请求标志 IE0 清零
  state=IR;                               //IR 为 SJA1000 的中断寄存器
```

```
    if(state&0x01)                      //若 IR.0=1--接收中断
    {
      RX_buffer[0]=RBSR0;
      RX_buffer[1]=RBSR1;
      RX_buffer[2]=RBSR2;
      RX_buffer[3]=RBSR3;
      RX_buffer[4]=RBSR4;
      RX_buffer[5]=RBSR5;
      RX_buffer[6]=RBSR6;
      RX_buffer[7]=RBSR7;
      RX_buffer[8]=RBSR8;
      RX_buffer[9]=RBSR9;
      RX_buffer[10]=RBSR10;
      RX_buffer[11]=RBSR11;
      RX_buffer[12]=RBSR12;
      RXD_flag=1;                       //接收标志置位,以便进入接收处理程序
      CMR=0x04;                         //CMR.2=1--接收完毕,释放接收缓冲器
      state=ALC;                        //释放仲裁随时捕捉寄存器(读该寄存器即可)
      state=ECC;                        //释放错误代码捕捉寄存器(读该寄存器即可)
    }
    IER=0x01;                           //IER.0=1--接收中断使能
    EA=1;                               //重新开启 CPU 中断
}
```

## 13.5　以太网接口技术

互联网硬件及软件的飞速发展使得网络用户呈指数增长,在使用计算机进行网络互连的同时,各种家电设备、仪器仪表,以及工业生产中的数据采集与控制设备逐步走向网络化,以便共享网络中庞大的信息资源。

以太网最早由 Xerox 公司创建,于 1980 年由 DEC、Intel 和 Xerox 三家公司联合开发成为一个标准。以太网是应用最为广泛的局域网,包括标准的以太网(10Mbit/s)、快速以太网(100Mbit/s)和 10G(10Gbit/s)以太网,采用的是 CSMA/CD 访问控制法,它们都符合 IEEE 802.3。

单片机以太网接口可方便实现单片机和单片机之间,单片机和 PC 之间的数据通信,利用现有的局域网,可实现传输数据量大、距离远的单片机多机通信系统。

目前,比较常用的 10Mbit/s 嵌入式控制芯片有 RTL8019AS、CS8900、DM9008 等。在电子设备日趋网络化的背景下,利用廉价的 51 单片机控制 RTL8019AS 实现以太网通信具有十分重要的意义。本节介绍 89C51 单片机和以太网芯片 RTL8019AS 的接口应用。

### 13.5.1 以太网技术概述

以太网的基本特征是采用一种称为载波侦听多路访问/冲突检测(Carrier Sense Multiple Access/Collision Detection,CSMA/CD)的共享访问方案,即多个工作站都连接在一条总线上,所有的工作站都不断向总线上发出侦听信号,但同一时刻只能有一个工作站在总线上进行传输,而其他工作站必须等待其传输结束后再开始传输。冲突检测方法保证只能有一个站在电缆上传输。早期以太网传输速率为10Mbit/s。

采用CSMA/CD介质访问控制方式的局域网技术最初由Xerox公司于1975年研制成功。1979年7月到1982年间,由DEC、Intel和Xerox三家公司制定以太网的技术规范DIX,以此为基础形成的IEEE 802.3以太网标准在1989年正式成为国际标准。在20多年中,以太网技术不断发展,成为迄今最广泛应用的局域网技术。

以下说明以太网(Ethernet)的协议。

一个标准的以太网物理传输帧由七部分组成,如表13-6所示。

表13-6 以太网的物理传输帧结构表 (单位:字节)

| PR | SD | DA | SA | TYPE | DATA | FCS |
|---|---|---|---|---|---|---|
| 同步位 | 分隔位 | 目的地址 | 源地址 | 类型字段 | 数据段 | 帧校验序列 |
| 7 | 1 | 6 | 6 | 2 | 46～1500 | 4 |

除数据段的长度不定外,其他部分的长度固定不变。数据段为46～1500字节。以太网规定整个传输包的最大长度不能超过1514字节(14字节为DA、SA、TYPE),最小不能小于60字节,即除去DA、SA、TYPE共14字节,还必须传输46字节的数据。当数据段的数据不足46字节时需填充,填充字符的个数不包括在长度字段里;超过1500字节时,需拆成多个帧传送。事实上,发送数据时,PR、SD、FCS及填充字段这几个数据段由以太网控制器自动产生;接收数据时,PR、SD被跳过,控制器一旦检测到有效的前序字段(即PR、SD),接收数据开始。

### 13.5.2 以太网接口及应用

1. RTL8019AS以太网控制器简介

由台湾Realtek公司生产的RTL8019AS以太网控制器,由于其优良的性能、低廉的价格,使其在市场上10Mbit/s网卡中占有相当的比例。

1) 主要性能

(1) 符合Ethernet II与IEEE 802.3(10Base5、10Base2、10BaseT)标准。

(2) 全双工,收发可同时达到10Mbit/s的速率。

(3) 内置16KB的SRAM,用于收发缓冲,降低对主处理器的速度要求。

(4) 支持8/16位数据总线,8个中断申请线及16个I/O基地址选择。

(5) 支持UTP、AUI、BNC自动检测,还支持对10BaseT拓扑结构的自动极性修正。

(6) 允许4个诊断LED引脚可编程输出。

(7) 100脚的PQFP封装,如图13-15所示。引脚按功能可分为以下5组:ISA总线接口引脚、存储器接口引脚、网络接口引脚、LED输出引脚,以及电源引脚,具体各引脚功能可查阅RTL8019AS的数据手册。

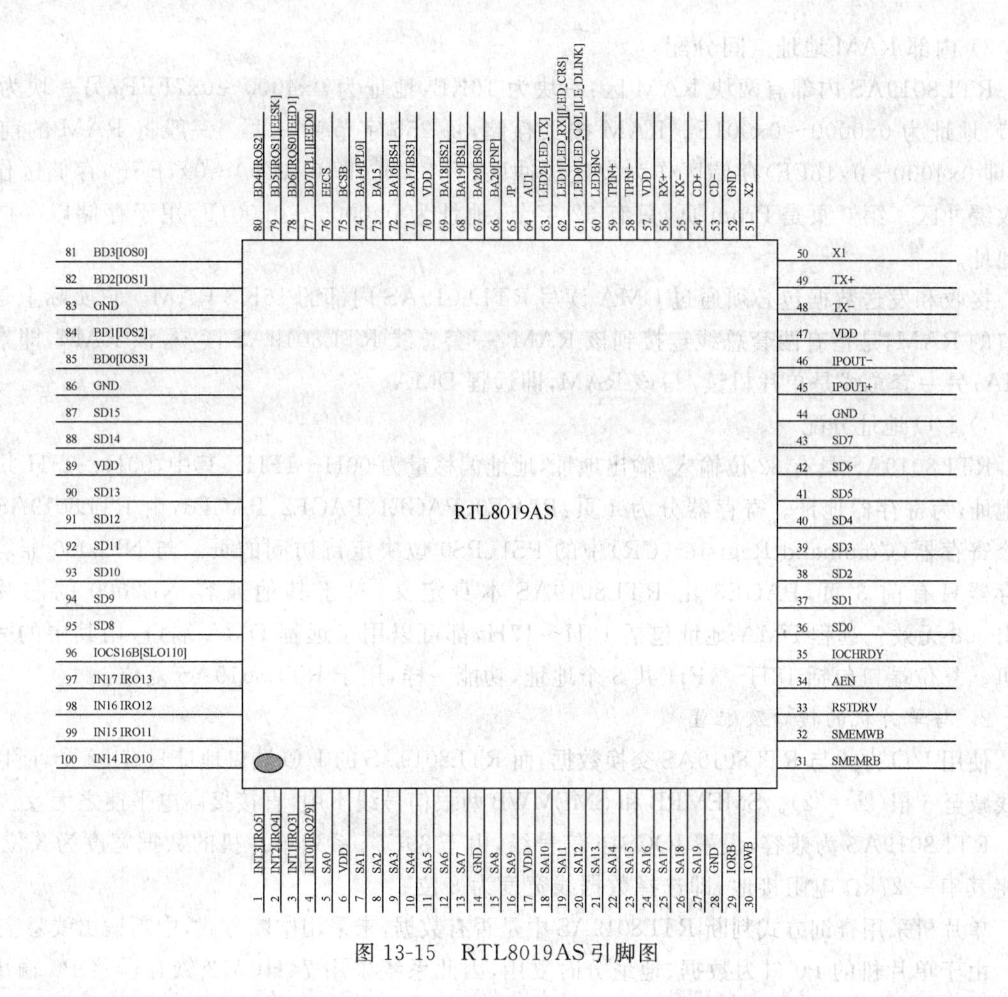


图 13-15 RTL8019AS引脚图

2）内部结构

RTL8019AS内部可分为远程DMA接口、本地DMA接口、MAC（介质访问控制）逻辑、数据编码解码逻辑和其他端口。内部结构如图13-16所示。

远程DMA接口是指单片机对RTL8019AS内部RAM进行读写的总线，即ISA总线的接口部分。单片机收发数据只需对远程DMA操作。

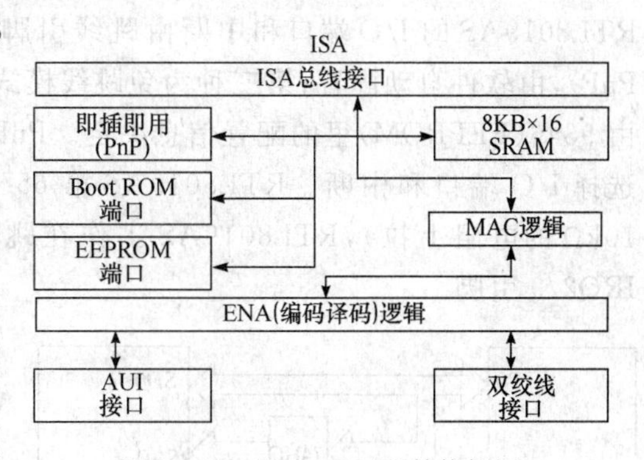


图 13-16 RTL8019AS结构框图

本地DMA接口是RTL8019AS与网线的连接通道，完成控制器与网线的数据交换。MAC（介质访问控制）逻辑完成以下功能：当单片机向网上发送数据时，先将一帧数据通过远程DMA通道送到RTL8019AS中的发送缓存区，然后发出传送命令；当RTL8019AS完成上一帧的发送后，再开始此帧的发送。RTL8019AS接收到的数据通过MAC比较、CRC校验后，由FIFO存到接收缓冲区；收满一帧后，以中断或寄存器标志的方式通知主处理器。FIFO逻辑对收发数据作16字节的缓冲，以减少对本地DMA请求的频率。

3）内部 RAM 地址空间分配

RTL8019AS 内部有两块 RAM 区：一块为 16KB，地址为 0x4000～0x7FFF；另一块为 32 字节，地址为 0x0000～0x001F。RAM 按页存储，每 256 字节为一页。一般将 RAM 的前 12 页（即 0x4000～0x4bFF）存储区作为发送缓冲区；后 52 页（即 0x4C00～0x7FFF）存储区作为接收缓冲区。第 0 页是 Prom 页，只有 32 字节，地址为 0x0000～0x001F，用于存储以太网物理地址。

接收和发送数据包必须通过 DMA 读写 RTL8019AS 内部的 16KB RAM。它实际上是双端口的 RAM，是指有两套总线连接到该 RAM，一套总线 RTL8019AS 读/写该 RAM，即本地 DMA；另一套总线是单片机读/写该 RAM，即远程 DMA。

4）I/O 地址分配

RTL8019AS 具有 32 位输入/输出地址，地址偏移量为 00H～1FH。其中，00H～0FH 共 16 个地址，为寄存器地址。寄存器分为 4 页：PAGE0、PAGE1、PAGE2、PAGE3，由 RTL8019AS 的命令寄存器（Command Register，CR）中的 PS1、PS0 位决定待访问的页。与 NE2000 兼容的寄存器只有前 3 页，PAGE3 由 RTL8019AS 本身定义，对于其他兼容 NE2000 的芯片如 DM9008 无效。远程 DMA 地址包括 10H～17H，都可以用于远程 DMA 端口，用其中的一个即可。复位端口包括 18H～1FH 共 8 个地址，功能一样，用于 RTL8019AS 复位。

2. 与单片机的接口及配置

使用 I/O 方式与 RTL8019AS 交换数据，而 RTL8019AS 的 I/O 端口地址只有 32 个，所以地址线减至 5 根（$2^5=32$）。SMEMRB 和 SMEMWB 两根信号线不用，直接接高电平使之无效。

RTL8019AS 为兼容，设置 IOCS16 信号线，由于 89C51 系列单片机的数据宽度为 8 位，因此将其串一 27kΩ 电阻接地，即选择数据线宽度为 8 位。

单片机采用查询方式判断 RTL8019AS 中是否有数据，未采用中断方式，中断输出线悬空。

由于单片机的 P0 口为数据、地址分时复用，因此系统采用 74HC573 锁存器将 P0 输出的地址锁存。如图 13-17 所示，其中 RTL8019AS 可认为是一外部 RAM，对 RTL8019AS 内部寄存器的操作等同于对外部 RAM 的操作，实际操作的 RAM 的地址从 0x8000 开始。

RTL8019AS 提供 3 种配置 I/O 端口和中断的模式：第一种为跳线模式（Jumper），由 RTL8019AS 的 I/O 端口和中断由跳线引脚决定；第二种为即插即用模式（Plug and Play，PnP），由软件自动配置；第三种为免跳线模式（Jumperless），RTL8019AS 的 I/O 端口和中断由 9346（EEPROM）里的配置信息决定。PnP 模式主要使用在 PC 中。所以，使用跳线模式选择 I/O 端口和中断。RTL8019AS 第 65 引脚 JP 接高电平（直接接到 $V_{DD}$ 或通过一个 10kΩ 的电阻上拉），RTL8019AS 工作在跳线模式。I/O 端口基址选为 300H，中断使用 IRQ2/9 引脚。

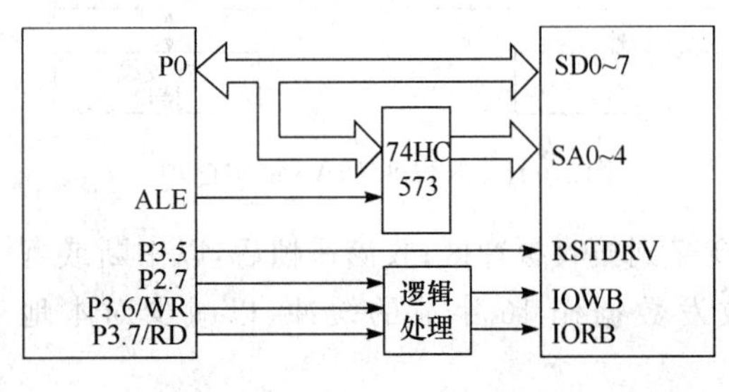


图 13-17　RTL8019AS 与单片机的连接框图

3. 与以太网的硬件接口电路

RTL8019AS 可连接同轴电缆和双绞线，并可自动检测所连接的介质。64 脚 AUI 决定 RTL8019AS 与以太网的连接是使用 AUI 还是 UTP 接口。AUI 是粗缆网线接口，现已极少使用。BNC 是 10BASET2 细缆网线的接口，也使用不多。UTP 是 10BASE-T 双绞线的接口，目前使用非常广泛。AUI 引脚高时使用 AUI 接口，为低时使用 BNC 或 UTP 接口,这里使用最为常用的 UTP 接口,因此将 64 脚悬空即可。

网络接口的具体类型由 PL0 和 PL1 引脚决定,在此选 PL0 和 PL1 均为 0,即 RTL8019AS 自动检测所连接的网络接口的类型然后进行工作,如果检测到 10BASE-T 电缆信号,则选择接口类型为 UTP,否则选择接口类型为 BNC。RTL8019AS 通过 UTP 与以太网相连接的电路如图 13-18 所示,RJ-45 为双绞线的接插口。

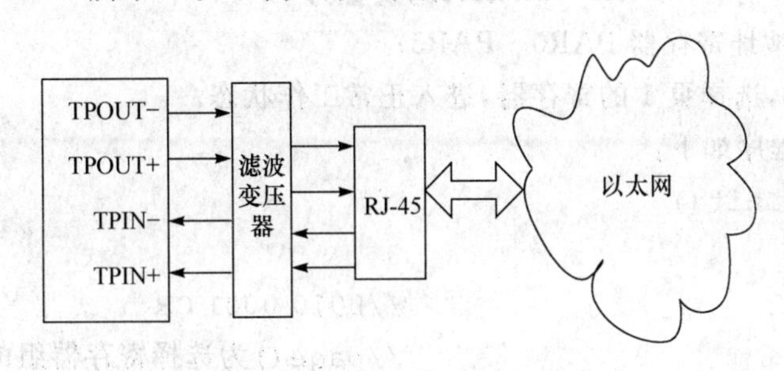


图 13-18　RTL8019AS 网络接口示意图

4. 软件设计

RTL8019AS 是与 NE2000 兼容的以太网控制器。NE2000 是 NOVEL 公司生产的 16 位 ISA 总线以太网芯片,它已成为 ISA 总线以太网控制器的标准。微处理器通过 32 个 I/O 地址上的寄存器完成对 RTL8019AS 的操作。

一个完整的以太网控制器驱动程序应包含以下 3 个基本部分:硬件初始化、发送数据程序和接收数据程序。

1) RTL8019AS 复位

RTL8019AS 复位有两种方式:热复位和冷复位。

RTL8019AS 内部跟热复位有关的寄存器:18H～1FH 共 8 个地址,为复位端口。对该端口偶数地址的读,或者写入任何数,都引起芯片复位。

冷复位引脚为 33 脚 RSTDRV。RSTDRV 为高电平有效,至少需要 800ns 的宽度,给该引脚施加一个 1$\mu$s 以上的高电平即可以复位。复位的过程即执行一些操作,所以程序中复位信号发出后等待 100ms 之后才对它操作,以确保完全复位。复位线单片机采用 P3.5 口,芯片初始化程序对 RSTDRV 先置 1,延时后清零。

2) RTL8019AS 初始化

RTL8019AS 初始化过程比较复杂,主要完成复位及相关寄存器的配置等。在初始化时,主要初始化页 0 与页 1 相关的寄存器;页 2 的寄存器只读,不可以设置;页 3 不是 NE2000 兼容的,可以不用设置。具体的步骤如下:

(1) CR＝0x21,选择页 0 的寄存器;

(2) TPSR＝0x45,设置发送页起始页地址,初始化为第一个发送缓冲区的页,即 0x40;

(3) PSTART＝0x45,PSTOP＝0x80,构造缓冲环:0x4c～0x80;

(4) BNRY＝0x4C,设置“读”指针;

(5) RCR＝0xCC,设置接收配置寄存器,使用接收缓冲区,仅接收自身地址的数据包(以及广播地址数据包)和多点播送地址包,小于 64 字节的包丢弃,校验错的数据包不接收;

(6) TCR＝0xE0,设置发送配置寄存器,启用 CRC 自动生成和自动校验,工作在正常模式;

(7) DCR＝0xC8,设置数据配置寄存器,使用 FIFO(Final Input Final Output)缓存,普通模式,8 位数据传输,字节顺序为高位字节在前,低位字节在后;

(8) IMR＝0x00,设置中断屏蔽寄存器,屏蔽所有中断;

(9) CR＝0x61,选择页 1 的寄存器;

(10) CURR＝0x4D,CURR 是 RTL8019AS 写内存的指针,指向当前正在写的页的下一页,初始化时指向 0x4C＋1＝0x4D;

(11) 设置多址寄存器 MAR0～MAR5,均设置为 0x00;

(12) 设置网卡地址寄存器 PAR0～PAR5;

(13) CR＝0x22,选择页 1 的寄存器,进入正常工作状态。

初始化 C 语言程序如下:

```
void RTL8019Init()
{
  reg00=0x21;                          //0010 0001 CR
  page(0);                             //page()为选择寄存器组的函数,选择页 0 的
                                         寄存器,芯片停止运行,因为还没有初始化
  reg01=0x4C;                          //Pstart,接收缓冲区首地址
  reg02=0x50;                          //Pstop  50H
  reg03=0x4C;                          //BNRY,读页指针
  reg04=0x40;                          //TPSR,发送缓冲区首地址
  reg0A=0x00;                          //RBCR0 远程 DMA 字节数低位
  reg0B=0x00;                          //RBCR1 远程 DMA 字节数高位
  reg0C=0xCC;                          //RCR 接收配置寄存器 11001100
  reg0D=0xe0;                          //TCR 传输配置寄存器 11100000
  reg0E=0xC8;                          //DCR 数据配置寄存器 8 位数据 DMA11001000
  reg0F=0x00;                          //IMR 屏蔽所有中断
  page(1);                             //选择页 1 的寄存器
  reg07=0x4D;                          //寄存器 CURR,设置为指向当前正在写的页的
                                         下一页(用作写指针)
  reg08=0x00;                          //MAR0
  reg09=0x41;                          //MAR1
  reg0A=0x00;                          //MAR2
  reg0B=0x00;                          //MAR3
  reg0C=0x00;                          //MAR4
  reg0D=0x00;                          //MAR5
  reg0E=0x00;                          //MAR6
  reg0F=0x00;                          //MAR7
                                       //写入 MAC 地址
  reg01=ETHADDR0;
  reg02=ETHADDR1;
  reg03=ETHADDR2;
  reg04=ETHADDR3;
  reg05=ETHADDR4;
```

```
    reg06=ETHADDR5;
    page(0);
    reg00=0x22;                         //CR 00100010 选择页 0 寄存器,芯片执行命令

}
```

3)RTL8019AS数据收发与DMA

RTL8019AS通过DMA操作实现数据交换,分为本地DMA和远程DMA,如图13-19所示。

本地DMA完成RTL8019AS与以太网的数据交换。发送时,数据包从RTL8019AS的缓冲区从网络接口送出,如果发生冲突,RTL8019AS自动重发;接收时,RTL8019AS从网络接口接收符合要求的数据(地址匹配,无帧错和校验错等)到缓冲区。

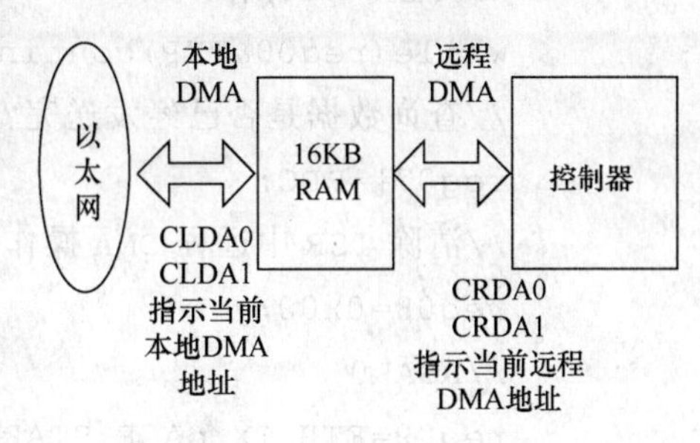


图 13-19　RTL8019AS本地DMA和远程DMA

远程DMA完成与主控制器的数据交换。发送时,微处理器将数据送入到RTL8019AS内部缓冲区,并设置RTL8019AS待发送的数据包的起始地址(TPSR)和长度(TBCR0, TBCR1),然后由RTL8019AS完成发送;接收时,微处理器从RTL8019AS的接收缓冲区中将已接收到的数据包读出,RTL8019AS利用两个指针处理接收缓冲区中的数据。

需要注意的是,RTL8019AS的DMA和通常的DMA有区别。RTL8019AS的本地DMA操作时由控制器本身完成,而其远程DMA在无微处理器的参与下,数据自动移存到微处理器的内存中。具体的操作机制是:微处理器先赋值于远程DMA的起始地址寄存器RSAR0、RSAR1和字节计数器RBCR0、RBCR1,然后在RTL8019AS的DMA I/O地址上读写数据,每读写一个数据RTL8019AS将字节计数器减小,当字节计数器减到0时,远程DMA操作完成,微处理器不再在DMA端口地址上读写数据。

可以通过读取CRDA0-1和CLDA0-1获得当前DMA操作的地址。

4) RTL8019AS数据发送

发送数据时,RTL8019AS先将待发送的数据包存入芯片,RAM给出发送缓冲区首地址和数据包长度(写入TPSR TBCR0,1),启动发送命令(CR=0x3E)即可实现RTL8019AS的发送功能,RTL8019AS自动按以太网协议完成发送并将结果写入状态寄存器。程序流程图如图13-20所示。

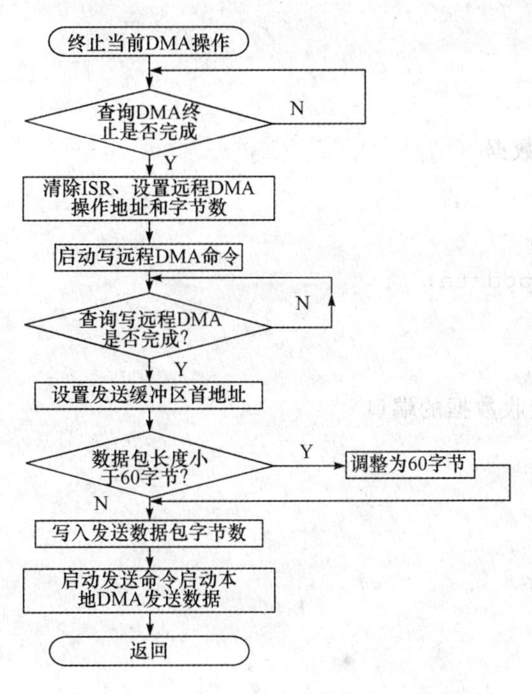


图 13-20　RTL8019AS数据发送流程图

```
void etherdev_send(void)
//发送数据包程序部分
{
```

```
unsigned int i;
unsigned char * ptr;
//指针指向的数据缓冲区
ptr=_buf;
page(0);
reg00=RD2|STA;
//终止 DMA 操作
while(reg00&TXP)continue;
//查询数据是否已经发送完?
reg07|=RDC;
//清除 ISR 中远程 DMA 操作完成标志
reg08=0x00;
//RSAR0
reg09=ETH_TX_pAGE_START;
//RSAR1 设置远程 DMA 操作地址
reg0A=(unsigned char)(_len&0xFF);
//RBCR0 远程 DMA 字节数低位 reg0B=(unsigned char)(_len>>8)
//RBCR1 远程 DMA 字节数高位
reg00=RD1|STA;
//CR 启动远程 DMA 写命令
for(i=0;i< _len;i+ + )
{
    //单片机向 RTL8019 远程 DMA 写数据
    if(i==40+ _LLH_LEN)
    {
        ptr=(unsigned char * )_appdata;
    }
    reg10= * ptr+ + ;
    //RDMA 远程 DMA 端口,即 8019 接收数据的端口
}
//每写完一字节,自动加 1
while(!(reg07&RDC))continue;
//查询远程 DMA 是否完成?
reg00=RD2|STA;
//CR 终止远程 DMA 操作
reg04=ETH_TX_pAGE_START;
//TPSR 设置发送缓冲区首地址
if(_len<ETH_MIN_pACKET_LEN)
{
```

```
            //以太网包的最小长度为 60 字节
            _len=ETH_MIN_pACKET_LEN;
        }
        reg05=(unsigned char)(_len&0xFF);
        //TBCR0 发送数据包字节数
        reg06=(unsigned char)(_len>>8);
        //TBCR1 高低字节
        reg00=0x3E;
        //RD2|TXP|STA;
        //CR 启动发送命令
        return;
    }
```

5) RTL8019AS 接收数据

RTL8019AS 的接收缓存区是一个环形缓冲区。接收缓冲区在内存中的位置由页起始寄存器(PSTART)和页终止寄存器(PSTOP)指出。环形缓冲区的当前读写位置则由当前页寄存器(CURR)和边界页寄存器(BNRY)指出。

CURR 是 RTL8019AS 写内存的指针,那么它初始化时应该指向 PSTART。网络控制器写完接收缓冲区一页,网络控制器将这个页自动加 1。当加到最后的空页(PSTOP)时,网络控制器将 CURR 也自动置为接收缓冲区的第一页(PSTART)。当 CURR+1=BNRY 时,表示缓冲区全部被存满,数据没有被用户读走,这时网络控制器停止往缓冲区写数据,新收到的数据包将被丢弃。此时,实际上出现缓存区溢出,中断状态寄存器中的 OVM 被置位。

BNRY 是数据缓冲区读指针,由微处理器操作,初始时也指向 PSTART。微处理器从 RTL8019AS 读走一页数据,将 BNRY 加 1,当 BNRY 加到最后的空页(PSTOP)时,同样将 BNRY 编程第一个接收页(PSTART)。当 BNRY=CURR 时,表示缓冲区已空,无数据可读。

相对于发送数据包,接收包的过程相对复杂。处理流程图 13-21 所示。对应的程序代码如下:

```
    unsigned int etherdev_read(void)
    {
        unsigned int bytes_read;
        //tick_count 时钟滴答设置为 0.5s,若读数据等待时间超过 0.5s,则返回
        while((!(bytes_read=etherdev_poll()))&&(tick_count<12))continue;
        tick_count=0;
        return bytes_read;
    }
    static unsigned int etherdev_poll(void)
    {
        unsigned int len=0;
        unsigned char tmp;
        //检查接收缓冲区是否有数据
```

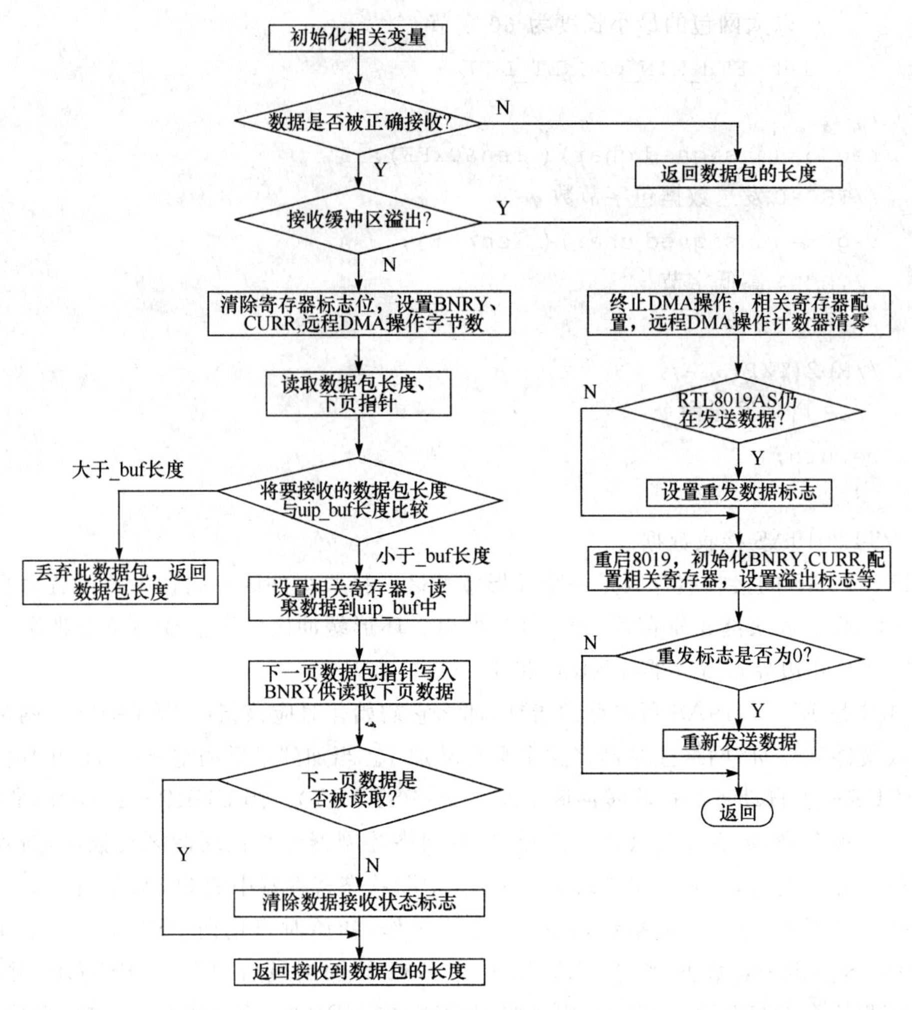


图 13-21 RTL8019AS 数据接收流程图

```
if(reg07&PRX)
{
    //PRX 置位,表明数据包被正确接收
    if(reg07&OVW)
    {
        //检查缓冲区是否溢出
        bit retransmit=0;
        //若缓冲区溢出,则丢弃缓冲区所有的数据包,无法保证溢出后缓冲区的
          数据不受影响
        reg00=RD2|STP;
        //终止当前 DMA 操作
        reg0A=0x00;
        //复位远程数据计数器低位
        reg0B=0x00;
```

```
    //复位远程数据计数器高位
    //当接收缓冲区发生溢出后,从缓冲区中读取一些数据而使其不再处于溢
      出状态时,RST 被置位
    while(!(reg07&RST))continue;
    if(reg00&TXP)
    {
        //检测当前是否仍在传输数据
        if(!((reg07&PTX)||(reg07&TXE)))
        {
            //若无错误,则重发数据包
            retransmit=1;
        }
    }
    reg0d=LB0;
    //(TCR,LB0)
    reg00=RD2|STA;
    //重新让 RTL8019 AS 开始工作
    reg03=ETH_RX_pAGE_START;
    //再重初始化 BNRY
    page(1);
    reg07=ETH_RX_pAGE_START;
    //再重初始化 CURR
    page(0);
    reg07=PRX|OVW;
    //清除接收缓冲区溢出标志
    reg0D=0x00;
    //TCR 配置接收配置寄存器为正常工作状态
    if(retransmit)
    {
        reg00=0x3E;
        //CR,RD2|TXP|STA,重发数据包
    }
}
else
{
    //接收缓冲区未溢出,读取数据包到_buf 缓冲区中
    unsigned int i;
    unsigned char next_rx_packet;
    unsigned char current;
```

```
reg07=RDC;
//ISR,RDC 清除远程 DMA 完成标志位
reg08=0x00;
//RSAR0 设置远程 DMA 开始地址
reg09=reg03;
//RSAR1=BNRY
reg0A=0x04;
//RBCR0,0x04 设置远程 DMA 操作字节数,注意以太网帧头部 4 字节
reg0B=0x00;
//RBCR1,0x00
reg00=RD0|STA;
//CR,RD0|STA
tmp=reg10;
//RDMA,远程 DMA 读取第一个字节,为接收状态,不需要,注意 RTL8019
  AS 接收数据包前 4 字节并不是真正的以太网帧头,而是接收状态
  (8Bit)、下页指针(8Bit)、以太网包长度(16Bit)
next_rx_packet=reg10;
//RDMA,第二个字节为下一帧数据的指针
len=reg10;
//RDMA,存储包的长度
len+ =(reg10<<8);
//RDMA<<8;
len- =4;
//减去尾部 CRC 校验 4 字节
while(!(reg07&RDC))continue;
//等待远程 DMA 操作完成
reg00=RD2|STA;
//CR 终止 DMA 操作
if(len<=_BUFSIZE)
{
    //检查数据包的长度
    reg07=RDC;
    //ISR,RDC 清除远程 DMA 操作完成标志
    reg08=0x04;
    //RSAR0,设置远程 DMA 操作地址,前部分程序中并没有将整个数据
      包读入,只是读取接收数据包的前 4 字节
    reg09=reg03;
    //RSAR1=BNRY,BNRY 中为 CURR
    //根据上文读取的数据包的长度设置远程 DMA 操作字节数寄存器
```

```
        reg0A=(unsigned char)(len&0xFF);
        //RBCR0
        reg0B=(unsigned char)(len>>8);
        //RBCR1
        reg00=RD0|STA;
        //etherdev_reg_write(CR,RD0|STA)读取数据包到_buf中
        for(i=0;i< len;i+ + )
        {
           (_buf+ i)=reg10;
           //read RDMA
        }
        while(!(reg07&RDC))continue;
        //等待操作完成
        reg00=RD2|STA;
        //CR远程DMA操作完成后终止
     }
     else
     {
        //若数据包的长度太长,_buf容纳不下,丢弃此数据包 len=0
     }
     reg03=next_rx_packet;
     //BNRY=next_rx_packet,下页指针调整
     page(1);
     current=reg07;
     //读取CURR指针
     page(0);
     if(next_rx_packet==current)
     {
        //检测上次接收的数据包是否已经被读走
        reg07=PRX;
        //ISR,PRX清除数据包被正确接收标志位
     }
   }
 }
 return len;
 //返回读取数据包的长度,数据已在_buf中,若len=0,表明无数据
}
```

## 习　题

13-1　常用的内部总线和外部总线有哪几种?

13-2　简单介绍 RS-232-C 串行通信的结构和特点。

13-3　简单介绍 RS485 总线的结构和特点。

13-4　试述现场总线技术的概念和分类。常用的有哪几种总线?

13-5　举例说明 CAN 总线系统的设计与实现。

# 第14章　单片机应用系统设计与开发技术

目前,大多数单片机系统与通用微机系统(PC)不同,本身不具备自开发能力,PC的软硬件配备非常完备,操作系统对这些软硬件进行高效管理,开发者只须专心于应用软件的设计,而无须特别关心硬件组织。由于单片机用于嵌入式应用系统,按照不同的用途设计系统硬件和软件,所有软件都属于应用软件,所以单片机系统须借助于外部的软硬件环境进行产品的研制和开发。本章从实用的角度介绍单片机应用产品的研制步骤和软硬件开发环境。

## 14.1　单片机应用系统的设计步骤和方法

单片机应用系统的研制过程包括总体设计、硬件设计、软件设计、在线调试、产品化等几个阶段,但它们不绝对分开,有时交叉进行。图14-1描述单片机应用系统研制的一般过程。

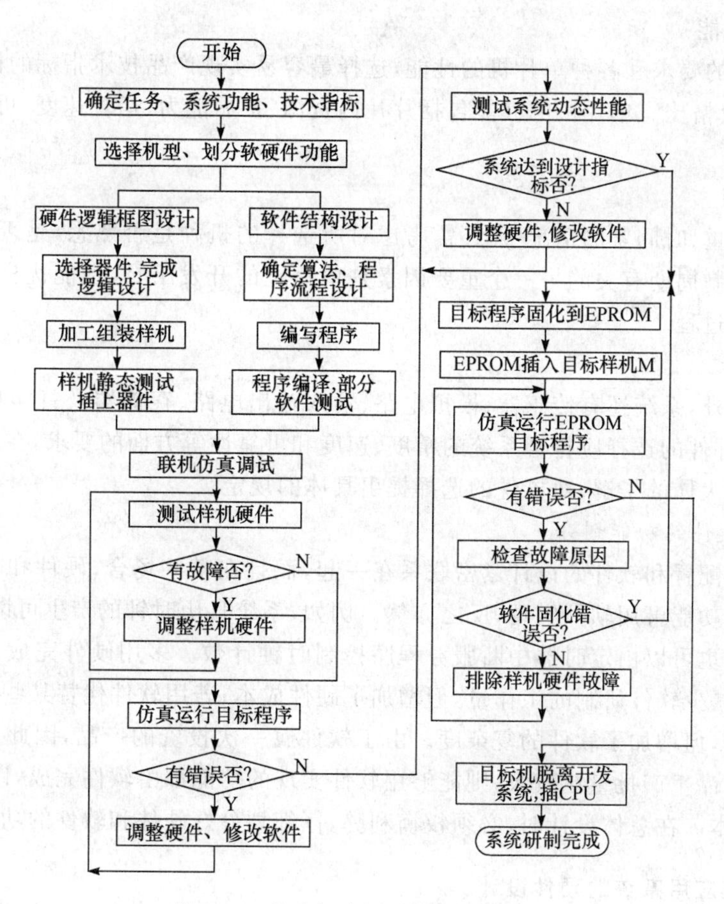


图14-1　单片机应用系统的研制流程

### 14.1.1 单片机应用系统总体设计

1. 确定功能技术指标

如同任何新产品的设计一样,单片机应用系统的研制从确定目标任务开始。在着手进行系统设计之前,必须根据系统的应用场合、工作环境、具体用途,提出合理详尽的功能技术指标,这是系统设计的依据和出发点,也是决定产品前途的关键。必须认真做好这个工作。

不管是老产品的改造还是新产品的设计,应对产品的可靠性、通用性、可维护性、先进性,以及成本等进行综合的考虑,参考国内外同类产品的有关资料,使确定的技术指标合理而且符合国际标准。应该指出,技术指标在研制的过程中还需要作适当调整。

2. 机型选择

选择单片机机型的出发点有以下 3 个方面。

1) 市场货源

系统设计者只能在市场上能提供的单片机中选择,特别是作为产品生产的应用系统,所选机种必须有稳定、充足的货源。目前,国内市场上常见的单片机有 Intel、Motorola、Philips、NEC 等公司的单片机。

2) 单片机性能

应根据系统的要求和各种单片机的性能,选择最容易实现产品技术指标的机种,而且能达到较高的性能/价格比。单片机的性能包括片片内资源、扩展能力、运算速度、可靠性等几个方面。

3) 研制周期

在研制任务重、时间紧的情况下,还需考虑对所选择的机种是否熟悉,是否能马上进行系统的设计。与研制周期有关的另一个重要因素是单片机的开发工具,性能优良的开发工具能加快系统研制的过程。

3. 器件选择

除单片机以外,系统还有传感器、模拟电路、输入输出电路、存储器及打印机、显示器等器件和设备,这些部件的选择应符合系统的精度、速度和可靠性等方面的要求,在总体设计阶段,应对市场情况有大体的了解,对器件的选择提出具体的规定。

4. 硬件和软件的功能划分

系统硬件的配置和软件的设计紧密联系在一起,而且在某些场合,硬件和软件可互换,即有些硬件电路的功能可用软件实现,反之亦然。例如,系统日历时钟的产生可以使用时钟电路(如 5832 芯片),也可以由定时器中断服务程序控制时钟计数。多用硬件完成一些功能,可以提高工作速度,减少软件研制的工作量,但增加了硬件成本;若用软件代替某些硬件的功能,可以节省硬件开支,但增加了软件的复杂度。由于软件属一次投资的产品,因此在一般情况下,如果所研制的产品生产批量比较大,则能够用软件实现的功能都由软件完成,以便简化硬件结构,降低生产成本。在总体设计时,必须权衡利弊,仔细划分好硬件和软件的功能。

### 14.1.2 单片机应用系统的硬件设计

1. 确定系统的 I/O 点数和通道

确定系统的 I/O 点数及通道数,对确定系统的规模和功能极其重要。这些内容不仅涉及系统主控制回路的输入和输出,而且包含显示回路、测量回路、保护回路、操作回路、报警回路、设定回路、通信回路,以及中断回路等。

1) 开关量点数的确定

(1) 输入开关量。输入开关量包括现场输入接点,如行程开关、极限开关、测量开关等,以及某些继电器触点或辅助接点、保护开关接点、报警开关接点、操作开关接点、拨码键盘、输出继电器辅助接点等。

(2) 输出开关量。输出开关量经常包括输出继电器线圈、闸阀动作线圈、显示指示灯、报警指示灯、蜂鸣器及七段LED输出接口等。

上述点数逐一登记造册,记录序号、名称,以便在硬件设计时予以分配安排。

2) 模拟量通道的确定

(1) 输入通道。这包括系统中被测量的模拟量,如温度、压力、流量、液位等,或直接由测速电机、电流互感器或磁感应同步器等输出的电压电流信号。这些信号首先经过信号变换,非电信号经过变送器将物理量变成电信号,再经过电压电流变换为标准的电压或电流信号进入A/D变换器,输入通道数也是A/D变换的路数。

(2) 输出通道。模拟输出主要指连续变化量的调节输出,如调节电机电枢电压或调节带有电气转换的调节阀等。模拟输出主要通过D/A变换器输出,因此,模拟输出通道数是D/A变换路数。

输入通道和输出通道也同开关量一样,按照序号、名称、变送器规格、转换精度要求等内容仔细统计,登记造册,使其尽可能详细、清楚。

3) 特殊输出处理

在一些特殊要求的情况下,注意根据实际情况,灵活处理。如有的电机需要脉宽调制(PWM)控制,有的单片机具有脉宽调制输出功能,这时可直接作为单独输出形式应用;有的则没有,可用一开关,用软件改变脉宽,从而达到输出脉宽变化的目的。

4) 软硬件资源综合考虑

设计工程师及单片机开发者提出了一个值得深思的问题。在考虑一个系统设计时,如何全面地衡量软硬件的分配是一个非常重要的问题。全面正确地平衡系统软硬件两个方面的工作,对提高系统可靠,加快开发周期,减少工作量,提高系统效益非常重要。

2. 选择单片机

当前市场中单片机的种类和型号很多,有4位、8位、16位及32位;有些有强大的I/O功能,输入输出点数多;内含ROM和RAM各不相同,有些扩展方便,有些不方便;有些带片内A/D,有些不带片内A/D。因此应根据系统I/O点数、模拟量I/O通道数及单片机本身的情况适当选择单片机型号,使其满足控制对象的控制要求又不浪费资源。

单片机选择主要考虑对象要求的控制精度,响应速度、开发环境等因素,但在很大程度上,开发者选用单片机的种类和型号,基本上取决于其对某些种类型号的熟悉程度及所具备的开发系统条件。单片机的开发以及调试都需要仿真器系统,因此对仿真器系统的熟悉往往决定了选用单片机的类型。

我国目前使用的8位单片机仍旧以Intel公司的MCS-51系列为主流机型,和其兼容的Philip公司,NEC公司、ATMEL公司等相应的型号也很多,故8位单片机的开发系统以主要开发51系列的单片机开发系统为多,如MECE开发系统、SICE开发系统、DVCC开发系统,以及功能比较齐全的WAVE(伟福)开发系统等。这些开发系统都能容易买到,对一般开发控制和应用系统都可满足要求。这些开发系统常用PC作为软件开发工具,而用串行通信将PC

和开发系统相连，开发系统带有仿真插头可连接到被开发的控制板上进行仿真，并进行相应的应用软件调试。PC都有相配套的专用开发工具软件。在家电领域单片机控制中，Motorola公司的68系列单片机占有一定市场，其品种多，型号全，功能单一，可适用于大批量开发和应用，其开发芯片和相应的掩膜芯片或OTP芯片都相互配套，使用方便。如用户不自行开发而准备使用一个专用控制器，任务提出者仅提供控制对象的特性、控制的基本要求、达到的控制指标，可委托一个部门或单位进行开发。

另外，在选用单片机时，有片内带有EPROM的，作为开发，价钱会贵一些，但在开发完成之后，可选用OTP芯片(一次编程)或采用掩膜芯片，可大大降低芯片成本。

对于比较简单的家电控制，如电饭锅、热水器、遥控器等，4位单片机不失为一种明智的选择。这些4位单片机主要出自日立公司，也出自韩国三星公司，尤其是三星公司的KS56、KS57系列4位单片机，片内有28KB ROM，256～7368的RAM，可直接驱动LED或LCD显示器，有的还带有8位A/D转换器，且其工作电压范围在2.7～6V之间，使其在家电市场有很大的开发应用前景。

3. *确定存储器*

单片机运行的程序存放在程序存储器ROM中，有关的数据和参数存放在RAM中。在设计存储器时，首先确定所用程序存储器ROM的容量，这主要根据控制内容、控制算法、控制检测和驱动以及中断服务待实现的操作内容确定。开始选择时可适当留有余量，根据自己的估计有所扩大。如控制一个电饭锅，可用2KB左右的程序，在设计时可考虑用4KB ROM实现。如控制一部交流双速电梯，估计程序量在4KB左右，在设计时，可选用8KB存储器实现。

程序存储器选择通常比预先估算的富裕一些，不仅可减轻调试、删改程序的负担，而且选用稍大一些程序存储器，不一定会增加成本。随着集成电路技术的发展和集成技术的提高，高存储容量的EPROM芯片并不比低存储容量的EPROM价格高，相反，有时还会低一些。如目前市场上4KB的EPROM 2732比2KB的EPROM 2716还便宜，而8KB的EPROM 2764比EPROM 2732便宜。因此选择EPROM 2764芯片作为程序存储器更经济。一个开发人员应及时了解市场情况以便正确选择芯片。

若选用片内具有EPROM的型号如87C51FA，片内有16KB的EPROM，87C51FB内部有32KB的EPROM，但该芯片价格颇高，作为一般应用，可能会负担不起，这就要权衡价格和体积之间的矛盾，以便进行取舍，从而得到正确的选择。

对于随机存储器RAM，片内RAM作为参数存储单元有时足矣。如合理安排RAM使用区域，可大大简化设计。使用单片机作为控制器，不宜也不应该将系统扩充得太大，像一个系统计算机一样，而是尽可能简化设计，以体现单片机控制的优势。若扩展RAM，一般选用静态存储器(SRAM)，而不选用动态存储器(DRAM)，单片机不具有DRAM的刷新功能。静态存储器2KB×8位的6116等经常用到。有的在程序设计时，将汉字字库放在程序存储器中。使用ROM保存字型，可防止字库内容在断电时丢失数据。

选择$E^2$PROM(电可擦除的可编程只读存储器)作为数据存储器在要求断电数据保存的特殊情况下是一种较好的选择。$E^2$PROM可由电信号进行读写，且断电后数据不丢失，但$E^2$PROM比EPROM在价格上高一些。

无论是何种存储器，都应明确其容量，最好选用相互兼容的芯片，才会使下一步设计进展顺利。

4. 选择I/O接口电路

设计I/O接口包括开关量接口和模拟量接口，还包括显示接口、键盘接口等。

开关量接口应根据第二步确定的开关量点数选择接口电路。对于单片机，每种系列都有其相应的可编程接口芯片，这些芯片各有其不同特点。

1）专用可编程接口

51系列单片机可选用8155或8255可编程I/O接口芯片。8155芯片有22位I/O，且内部有256KB的RAM，在I/O点数不太多且单片机片内RAM不足时选用比较合适。选用8255芯片，其具有3个8位端口共24位I/O口，作为开关量I/O是经常使用的接口芯片。

Z8系列单片机可选用PIO作接口，也可选用8255芯片作接口，但其控制信号经过逻辑组合，其中断控制经过相应的处理才能应用。

2）简单I/O接口

除选用可编程接口芯片外，还常选用一般的TTL芯片和74系列8D锁存器或三态缓冲器等用于I/O接口芯片，使用于单片机和外部设备之间同步交换和传输的场合。如前所述，可使用74LS377作输出接口。

选用TTL芯片作接口简单易行，成本低，便于调试，指令控制方便。对和外部设备或状态信号同步传输时是一种比较有效的方法。可以胜任这种接口的芯片种类很多，可根据设计需要，查阅有关的TTL或MOS集成电路手册，进行挑选和设计。

3)显示接口的设计

在通常的控制系统中，显示接口常常是必要的。可利用发光二极管作状态指示，也可利用七段LED显示数码管进行数据显示。随着液晶显示器技术的飞速发展，在仪器仪表中的表头显示应用已非常普及。

在利用LED七段数码管进行静态显示时，使用TTL芯片的BCD七段译码驱动芯片非常方便。这些芯片有74LS47，MC14495等。选用时，可根据所用的LED七段数码显示器共阴极或共阳极，分别选用相应的芯片。设计这类芯片时，只把芯片作为一个外设输出端口，将要显示字符的BCD代码锁存入该芯片，就可得到相应的数字显示。这种显示适用于十六进制数字，也适用于十进制数字，选用时注意区别。在有的数字显示和小键盘输入的系统中，7279作键盘、显示接口也是一种较好的选择。

5. 进行系统设计

在前面计算出I/O点数、A/D、D/A转换通道、所需要的输入和输出接口及器件的基础上进行电路设计。这一步设计的目的是把选用的单片机和相应的接口，以及有关器件按系统要求组成一个系统电路连接图。主要考虑的内容有主电路设计和驱动电路设计。

1）主电路设计

主电路包括单片机及其扩展外接存储器和外接扩展接口，即将外接扩展存储器和扩展接口按其信息传输流程连到单片机的扩展总线上。同时，考虑地址分配及译码电路设计和控制电路设计。

(1) 总线扩展及地址线形成。地址分为程序存储器地址和数据存储器地址。在51系列单片机中，这两个地址可分别寻址64KB地址空间。外部设备I/O端口通常和数据存储器统一编址。不同于PC中外设端口单独编址的设计方法。在51系列单片机中，扩展系统总线时，P0口用来分时传送地址和数据，使用74LS373作为低8位地址锁存器形成低8位地址线A0～A7，用ALE作为地址锁存信号直接连到74LS373的锁存使能端上。用P2口形成地址线的高8位A8～A15，从而形成A0～A15 16位地址线共64KB的寻址能力。程序存储器是只读存储器，使用$\overline{\mathrm{PSEN}}$信号作为外扩ROM的读信号，而数据存储器用控制信号$\overline{\mathrm{RD}}$或$\overline{\mathrm{WR}}$作为控制信号，以访问两个不同的寻址范围。

(2) 地址分配及译码电路。为扩展16KB数据存储器和8个外设端口，则可根据第四步选用的存储器芯片，或4片4KB芯片或2片8KB芯片，有不同的设计方法。若使用8片6116存储器芯片，每片2KB，则片内寻址用A0～A10共11根地址线，选片寻址用A11～A15这5根地址线。这5根高位地址线通过适当的地址译码器得到相应芯片的选片信号，从而决定每片6116具体的地址范围。若使用8KB存储芯片6264，仅用2片可达到设计要求。这时，片内寻址用A0～A12共13根地址线，而选片寻址用A13～A15共3根地址线进行译码得到。同样，外部设备接口的地址也同样使用存储器地址译码器输出得到，从而给出具体的外设端口地址。

2) 驱动电路设计

由于现在常用的器件都是TTL电路或MOS电路，这些电路的驱动能力有限，尤其应用到控制场合时，如输出驱动交流接触器线圈，就要增加电流放大和电子转换电路，使之和控制设备适应达到控制的目的。

在常用的开关驱动电路中，通常有功率晶体管驱动、复合晶体管驱动、可控硅驱动(包括单向和双向可控硅)、小继电器驱动和功率场效应管驱动等。要根据设计者设计的电路特点适当选择，参考有关实用电路进行设计，必要时进行相应的实验。开关驱动电路采用固态继电器，它一个将双向可控硅和光电耦合驱动封装在一个密封块中，这种无触点开关对提高单片机控制系统运行的可靠程度，减少触点开关对系统的影响是有利的。但这种固态继电器价格较高，应根据系统开发的实际要求和具体情况选用。

3) 光电耦合器的应用

光电耦合器件能可靠地实现信号隔离，有效地将单片机电源和驱动电源完全分开(两电源不共地，各自独立)，用以减少输入输出设备对单片机控制系统的电信号干扰。

当前，市场上光电耦合器的型号和种类很多，有单个独立封装，有四个封装在一个集成块中。其输入输出特性和传输速度也各不相同，光电耦合器的输入端通常是一个独立的发光二极管，输出端有的是光敏三极管，有的是复合光敏三极管，有的是光敏可控硅，因此其输出能力差别较大，从而价格差别也较大。根据系统设计的基本要求选用。通常，控制电磁开关，如继电器线圈、电机电枢电压，或有较大感性负载时均使用光电耦合器隔离，而作为一般指示灯，或LED显示输出时可不采用光电隔离。这样，既保证系统工作可靠，又适当考虑到系统开发成本。有关光电耦合器的选用可参考有关的数据手册或相应的实用电路。

4) 系统原理图绘制

在设计单片机控制系统原理图时，通常采用手工绘图和计算机绘图两种方式。

(1) 手工绘图。手工绘图是较原始的一种方式，但在条件尚不具备计算机绘图的地方仍旧使用这种方式。使用方格纸，可把图画得比较整齐，便于审查和阅读。

(2) 计算机绘图。随着计算机电路辅助设计(CAD)技术的推广应用，采用绘图软件TANGO、其升级版本PROTEL及DXP绘制电路图及设计印制电路板已相当普及。只要PC具有彩色显示器，具有512KB以上内存和一定的硬盘空间，并配有相应的打印机，就可方便地绘制单片机控制系统原理图。例如，CAD PROTEL软件是目前许多开发人员使用的绘制电路图和绘制印制电路板的CAD应用软件。它带有比较丰富的元件库，如74系列集成电路、

MOS集成电路、单片机电路、存储器电路、光电耦合电路，以及有关的分离元件、接插件元件等。如使用一些特殊元件，所带库中没有的，还可以自己设计元器件入库，给以名称和序号，以备今后使用。

使用计算机绘制原理图优点很多，主要有布局方便；修改容易；不同颜色显示，明了直观；打印机输出，清晰正规，字体端正；便于保存。

6. 保密设计

用于军事等领域的单片机应用系统需要系统保密，不公开其硬件电气原理图和软件的程序清单。在这种情况下，就需要进行保密性设计。

1）硬件保密

(1) 使用可编程逻辑器件。可编程逻辑器件具有功能强、应用灵活和保密性好的优点，可以被编程为各种组合逻辑电路和时序控制电路，电路的局部修改可以不影响印制板的布线。它的保密功能很强，特别是Intel公司的紫外线擦除电可编程逻辑器件(EPLD)，一旦加密就无法读出内部的逻辑结构，如果将系统中关键的控制电路固化到EPLD之内，可以达到硬件保密的目的。

(2) 使用专用电路。将系统中某些特殊电路(如放大器、软件控制的A/D电路等)，由元件厂制作成专用电路，这也能达到硬件保密目的。

2）程序保密

(1) 使用带EPROM的CMOS单片机。87C51、87C51BH等内部具有EPROM程序存储器的单片机，具有二级程序保密功能使用这类单片机，把全部程序或部分关键程序(如各个程序的入口地址)固化到单片机内部的EPROM，加密后禁止从外部读取内部的程序或读出的是经编码后的杂乱信息。这样便实现程序保密。

(2) 外部EPROM内程序加密。外部EPROM的程序不能禁止读出，加密的方法是将目标程序经编码后再固化到EPROM。

EPROM数据线和系统数据总线动态错位或反相，不同的地址区域错位或反相的方法不同，目标程序根据不同地址区域按一定规则编码后才固化到EPROM，那么直接从EPROM读出的信息必杂乱无章，从而实现程序保密的目的。

EPROM地址线和系统地址总线动态地错位或反相，使程序的各种入口地址(复位入口、中断入口、子程序入口、散转程序地址入口等)加密，从而对整个程序加密。

使EPROM和CPU的接口总线错位、反相的保密电路一般用可编程逻辑器件实现。保密电路越复杂、EPROM内的程序编码变化越多，保密性能越好。但为了保密将增加不少的工作量。对于具体的单片机应用系统，根据它的使用价值和保密的必要性来考虑加密的方法。

### 14.1.3 单片机应用系统的软件设计

单片机应用系统软件(监控程序)的设计是系统设计中最基本、工作量较大的任务。本节主要讨论软件设计的一般方法。

1. 软件研制过程

单片机应用系统的软件设计和一般在现成系统机上设计一个应用软件有所不同，后者是在系统机操作系统等支持下的纯软件设计，而单片机的软件设计在裸机条件下开始设计，而且随应用系统的不同而不同。图14-2给出单片机软件的研制过程。

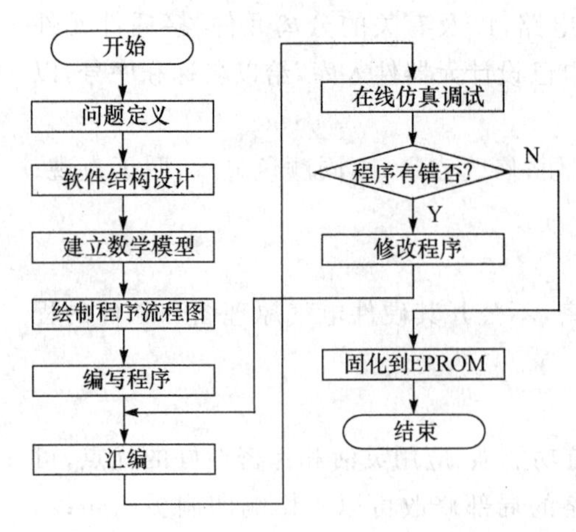

图 14-2 单片机软件研制过程

2. 问题定义

问题定义阶段是明确软件所要完成的任务，确定输入输出的形式，对输入的数据进行哪些处理，以及如何处理可能发生的错误。

软件所要完成的任务已在总体设计时所规定，现在结合硬件结构，进一步明确软件所承担的每个任务细节，确定具体实施的方法。

首先定义输入输出，确定数据的传输方式。数据传输的方式有串行或并行通信、异步或同步通信、选通或非选通输入输出、数据传输的速率、数据格式、校验方法，以及所用的状态信号等。它们必须和硬件逻辑相协调一致。同时还必须明确对输入数据应进行哪些处理。系统对输入输出的要求是问题定义的依据。

把输入数据变为输出结果的基本过程主要取决于算法。对于实时系统，测试和控制有明确的时间要求，如对模拟信号的采样频率、何时发送数据、何时接收数据、有多少延迟时间等。

另外，必须考虑到可能发生的错误类型和检测方法，在软件上作何种处理，以减少错误对系统的影响。

问题定义的基础是对系统应用场合的了解程度和正确的工程判断。它对软件设计(也包括硬件设计)提供指导。

3. 软件结构设计

合理的软件结构是设计出一个性能优良的单片机应用系统软件的基础，必须给予足够的重视。由问题的定义，系统的整个工作可分解为几个相对独立的操作，根据这些操作的相互联系的时间关系，设计出一个合理的软件结构，使 CPU 并行而有条不紊地完成这些操作。

1) 顺序程序设计方法

对于简单的单片机应用系统，通常采用顺序设计方法，这种系统软件由主程序和若干个中断服务程序所构成。根据系统各个操作的性质，指定哪些操作由中断服务程序完成，哪些操作由主程序完成，并指定各个中断的优先级。

中断服务程序对实时事件请求作必要的处理，使系统能实时而并行地完成各个操作。主程序是一种顺序执行的无限循环的程序，不停地顺序查询各种软件标志，以完成对日常事务。

2) 采用实时多任务操作系统

随着单片机应用的不断深入和广泛，系统的功能要求越来越高，往往要求对多个对象同时进行实时控制，要求对各个对象的实时信息以足够快的速度进行处理并作出快速响应。例如，对于主从式的多级控制系统，主机一般是功能较强的计算机系统(如 IBM PC)，从机采用单片机。从机完成数据的定时采集、计算、打印、显示以及和主机的通信，这些操作都要并行地进行。对于这种比较复杂的单片机应用系统，只有采用实时多任务操作系统才能奏效，才能从根本上提高系统的实时性、并行性，才能使软件结构标准化、模块化。

4. 程序设计技术

1)模块程序设计

模块程序设计是单片机应用中常用的一种程序设计技术。它把一个功能完整的较长的程序分解为若干个功能相对独立的较小的程序模块，各个程序模块分别进行设计、编制程序和调试，最后把各个调试好的程序模块连成一个大的程序。

模块程序设计的优点是单个功能明确的程序模块的设计和调试，比较方便，容易完成。一个模块可以为多个程序所共享，还可以利用现成的程序模块（如各种现成子程序）。缺点是各个模块的连接有时有一定的难度。程序模块的划分没有一定的标准，一般可以参考以下原则：每个模块不宜太大；力求使各个模块之间界限明确；在逻辑上相对独立；对一些简单的任务不必模块化；尽量利用现成的程序模块。

2）自顶向下的程序设计

自顶向下设计程序时，先从主程序开始，从属的程序或子程序用符号代替。主程序编好后，再编制各从属的程序和子程序，最后完成整个系统软件的设计。调试也按这个次序进行。

自顶向下程序设计的优点是比较习惯人们的日常思维，设计、测试和连接同时按一个线索进行，程序错误可以较早发现，其缺点是上一级的程序错误对整个程序产生影响，一处修改可能引起对整个程序全面的修改。

程序设计技术还有结构程序设计等，在单片机中用得较少。

5．程序设计

在选择好软件结构和所采用的程序设计技术后，便可进行程序设计，把问题的定义转化为具体的程序。

1）建立数学模型

根据问题的定义，描述出各个输入变量和各个输出变量之间的数学关系，这是数学模型。数学模型的正确程度是系统性能好坏的决定因素之一。例如，在直接数字控制系统中，采用数字 PID 控制算法或其改进形式，参数 $P$、$I$、$D$ 的整定至关重要。在测量系统中，从模拟输入通道得到的温度、流量、压力等现场信息与该信息对应的物理量之间常存在非线性关系，用什么样的公式描述这种关系，进而进行线性化处理，这对仪器的测量精度起决定作用。还有为削弱或消除干扰信号的影响挑选何种数字滤波方法等。

2）绘制程序流程图

通常，在编写程序之前先绘制程序流程图。程序流程图在前几章中已有很多例子。程序流程图以简明直观的方式对任务进行描述，并很容易由此编写出程序，故对初学者来说尤为适用。所谓"程序流程图"，是把程序应完成的各种分立操作表示在不同的框框中，并按一定的顺序把它们连接起来，这种互相联系的框图称为程序流程图，也称为程序框图。

在设计过程中，先画出简单的功能流程图（粗级图）。然后对功能流程图进行扩充和具体化。对存储器、寄存器、标志位等工作单元作具体的分配和说明，把功能流程图中每一个粗框的操作转变为对具体的存储器单元、工作寄存器或 I/O 口的操作，从而绘出详细的程序流程图（细框图）。

3）编写程序

在完成程序流程图设计以后，便可编写程序。单片机应用程序大多用汇编语言编写。如果有条件可以用高级语言编写，如 MBASIC51、PL/M51、C51 等。

编写程序时，应采用标准的符号和格式书写，必要时作若干功能注释，以利于今后的调试。

6．程序的汇编、调试和固化

程序的汇编（或编译）、调试和固化工作与所提供的研制工具有关。

# 14.2 单片机应用系统开发环境

## 14.2.1 基于 Keil μVision3 和 Proteus 的系统仿真

1. Keil C51

Keil Software 公司推出的 Keil C51 软件是众多单片机应用开发的最优秀软件工具之一，它支持不同公司 MCS-51 架构的芯片，同时集编辑、编译和仿真等功能为一体，支持 PL/M、汇编和 C 语言的程序设计。Keil C51 提供包括 C 语言编译器、宏汇编、连接器、库管理和一个功能强大的仿真调试器等在内的完整开发方案，通过一个集成开发环境（μVision3 IDE）将这些部分组合在一起。Keil C51 集成开发软件可以运行在 Windows 98/NT/2000 及 XP 等操作系统下。

μVision3 IDE 内嵌多种符合当前工业标准的开发工具，可以完成工程建立、管理、编译连接、目标代码的生成、软件仿真、硬件仿真等完整的开发流程。可以附加灵活的控制选项，尤其 C 语言编译工具在产生代码的准确性和效率方面达到较高的水平，在开发大型项目时非常理想。

2. Proteus 的单片机系统仿真

Proteus ISIS 是英国 Labcenter 公司开发的电路分析与实物仿真软件。它运行于 Windows 操作系统上，可以仿真、分析（SPICE）各种模拟器件和集成电路，该软件的特点是：①实现单片机仿真和 SPICE 电路仿真相结合。具有模拟电路仿真、数字电路仿真、单片机及其外围电路组成的系统仿真、RS-232 动态仿真、$I^2C$ 调试器、SPI 调试器、键盘和 LCD 系统仿真的功能；有各种虚拟仪器，如示波器、逻辑分析仪、信号发生器等。②支持主流单片机系统的仿真。目前，支持的单片机类型有：68000 系列、8051 系列、AVR 系列、PIC 系列、Z80 系列、HC11 系列，以及 ARM/LPC2000 系列等各种外围芯片。③提供软件调试功能。在硬件仿真系统中具有全速、单步、设置断点等调试功能，同时可以观察各个变量、寄存器等的当前状态，因此在该软件仿真系统中也必须具有这些功能；同时支持第三方的软件编译和调试环境，如 Keil C51 μVision3 IDE 等软件。④具有强大的原理图绘制功能。总之，该软件是一款集单片机和 SPICE 分析于一身的仿真软件，功能极其强大。

关于 Proteus 软件的使用，可参考相关文献，此处不再赘述。

3. Proteus 与 Keil C51 的联调

支持单片机系统的仿真是 Proteus VSM 的一大特色。Proteus VSM 将源代码的编辑和编译整合到同一设计环境中，这样使得用户可以在设计中直接编辑代码，并可容易地查看到用户对源程序修改后对仿真结果的影响。对于 80C51/80C52 系列，目前 Proteus VSM 只嵌入 8051 汇编器，尚不支持高级语言的调试。Proteus VSM 支持第三方集成开发环境（IDE），目前支持的第三方 80C51 IDE 有 Keil μVision3 IDE。对于 Proteus 6.9 或更高的版本，在安装盘里有 vdmagdi 插件，或者可以到 Labcenter 公司下载该插件，安装该插件后即可实现与 Keil μVision3 IDE 的联调。

（1）假若 KeilC 与 Proteus 均已正确安装在 C:\Program Files 的目录里，把 C:\Program Files\Labcenter Electronics\Proteus 7 Professional\MODELS\VDM51.dll 复制到 C:\Program Files\keilC\C51\BIN 目录中。

（2）用记事本打开 C:\Program Files\keilC\C51\TOOLS.INI 文件，在[C51]栏目下

加入：

TDRV5= BIN\VDM51.DLL (Proteus VSM Monitor-51 Driver)

其中，TDRV5 中的“5”根据实际情况写，不要和原来的重复。

（步骤(1)和(2)只需在初次使用设置。）

(3) 进入 KeilC μVision3 集成开发环境，创建一个新项目(Project)，并为该项目选定合适的单片机 CPU 器件(如 ATMEL 公司的 AT89C51)。并为该项目加入 Keil C51 源程序。

源程序如下：

```
#define LEDS 6
#include "reg51.h"
                                          //led 灯选通信号
unsigned char code Select[]={0x01,0x02,0x04,0x08,0x10,0x20};
unsigned char code LED_CODES[]=
   {0xc0,0xF9,0xA4,0xB0,0x99,          //0-4
    0x92,0x82,0xF8,0x80,0x90,          //5-9
    0x88,0x83,0xC6,0xA1,0x86,          //A,b,C,d,E
    0x8E,0xFF,0x0C,0x89,0x7F,0xBF  //F,空格,P,H,.,-};
void main()
{
char i=0;
long int j;
while(1)
{
P2=0;
P1=LED_CODES[i];
P2=Select[i];
for(j=3000;j>0;j-);                   //该 LED 模型靠脉冲点亮,第 i 位靠脉冲
                                         点亮后,会自动熄灭
                                        //修改循环次数,改变点亮下一位之前的
                                         延时,可得到不同的显示效果
i++;
if(i>5) i=0;
}
}
```

(4)单击“Project 菜单/Options for Target”选项或者单击工具栏的“option for target”按钮，弹出窗口，单击“Debug”按钮，出现如图 14-3 所示页面。

在出现的对话框里在右栏上部的下拉菜单里选中“Proteus VSM Simulator”。并且选择“Use”微调按钮。

再单击“Settings”按钮，设置通信接口，在“Host”后面添上“127.0.0.1”，如果使用的不是同一台计算机，则需要在这里添上另一台计算机的 IP 地址(另一台计算机也应安装 Proteus)。

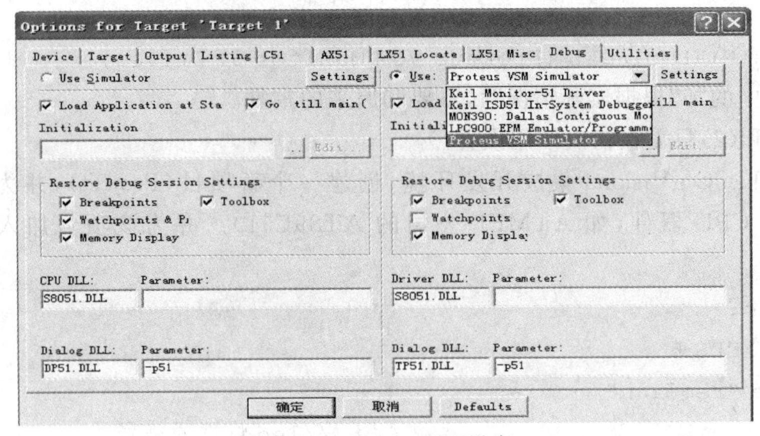


图 14-3　Debug 页面设定

在“Port”后面添加“8000”。设置好的情形如图 14-4 所示，单击“OK”按钮即可。最后将工程编译进入调试状态，并运行。

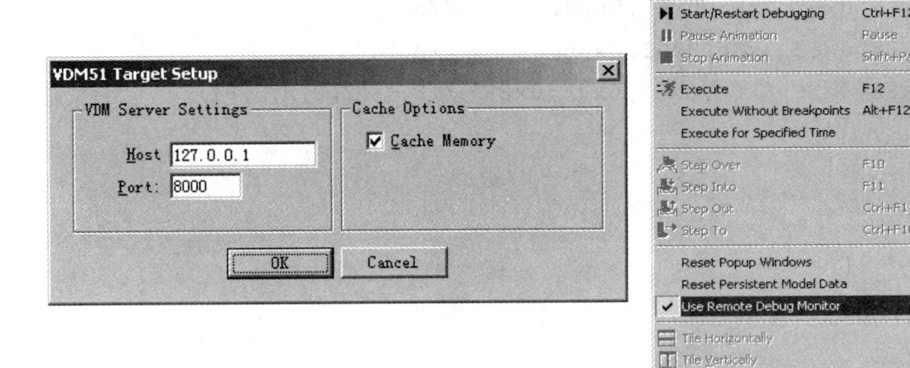


图 14-4　通信设置

(5) Proteus 的设置。

对于进入 Proteus 的 ISIS，左击菜单“Debug”，选中“Use Romote Debuger Monitor”，如图 14-4 所示。此后，便可实现 Keil C51，Proteus 连接调试。

在图形编辑窗口内，将光标置于单片机上，右击，选中该对象，单击，进入对象属性编辑页面，如图 14-5 所示。在“Program File”中，通过打开按钮，添加程序执行文件。

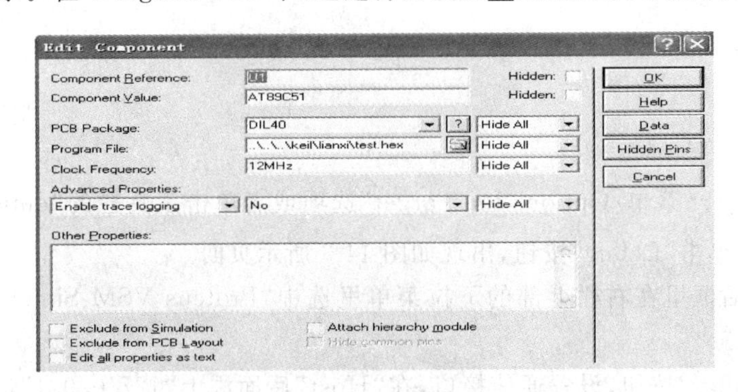


图 14-5　设置 Keil C51 添加执行文件

(6) Keil C51 与 Proteus 连接仿真调试。

单击仿真运行开始按钮▶,能清楚地观察到每一个引脚的电频变化,红色代表高电平,蓝色代表低电平。在 LED 显示器上,循环显示 0、1、2、3、4、5,如图 14-6 所示。

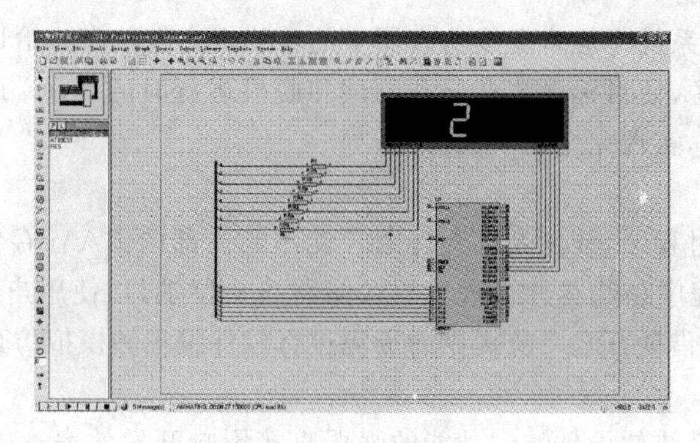

图 14-6 执行结果图

## 14.2.2 单片机开发系统

进行单片机系统研发和调试,必须具有一套功能强大、操作方便的单片机开发系统。国内外很多公司研制出以 51 系列单片机内核为基础的单片机开发系统的系列产品,例如,WAVE6000、DVCC-51、SICE 等系列产品。尽管它们的功能强弱并不完全相同,但都具有系统开发、软件调试和系统仿真功能。

1. 开发系统的组成与功能

单片机应用系统设计完成以后,首先是样机调试,检查电路装配是否正确,程序设计是否合理,功能调试完成后将程序写入存储器中,这些都必须借助单片机开发系统完成。单片机开发系统一般由 PC、仿真器、仿真头、仿真软件、电源和目标板组成,如图 14-7 所示。

单片机开发系统在通用计算机(PC)的基础上增加目标系统的在线仿真器及安装在 PC 上的编程器、汇编程序和模拟仿真软件等组成。其中,仿真器本身也是一个单片机系统。当一个单片机应用系统(目标系统)装配完成后,其自身并无调试能力,无法验证其功能,实验时将在线仿真器提供的仿真头插在目标板上的 CPU 插座上,此时整个仿真系统出借 CPU 功能。仿真器的另一端通过 RS-232 口与 PC 相连,在开发系统上通过在线仿真器调试单片机应用系统,利用 PC 及仿真器的资源模拟单片机的功能。

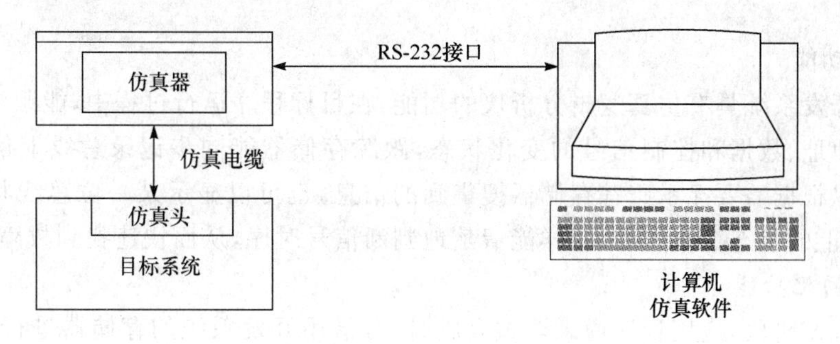


图 14-7 单片机开发系统组成框图

2. 在线仿真功能

在线仿真器(In Circuit Emulator,ICE)是由一系列硬件构成的设备,开发系统中的在线仿真器应能仿真目标系统(即应用系统)中的单片机,并能模拟目标系统的 ROM、RAM 和 I/O

端口等。使用在线仿真时，目标系统的运行环境和脱机运行的环境完全“逼真”，以实现目标系统的一次开发。仿真功能具体地体现在两个方面。

1）单片机仿真功能

在线仿真时，开发系统应能将在线仿真器中的单片机完整地出让给目标系统，不占用目标系统单片机的任何资源，使目标系统在仿真调试和脱机运行时的环境（工作程序、使用的资源和地址空间）完全一致，实现完全的一次仿真。

2）模拟功能

在开发目标系统过程中，开发系统允许用户使用其内部的RAM存储器和I/O端口替代目标系统中的ROM程序存储器、RAM数据存储器和I/O端口，使用户在目标系统样机还未完成装配之前，便可以借助开发系统提供的资源进行软件编程和模拟仿真。

3．调试功能

开发系统对目标系统软硬件调试功能的强弱直接影响开发效率。一般来讲，单片机开发系统应具有以下调试功能。

1）运行控制功能

开发系统能使用户有效地控制目标程序的运行，以便检查程序运行的结果，对存在的硬件故障和软件错误进行定位。

单步运行：允许CPU从任意程序地址开始，逐条执行指令，每执行一条指令后停止运行，以便检查运行状态。

断点运行：允许用户任意设置断点条件，启动CPU从规定地址运行程序，当符合断点条件时停止运行。

全速运行：CPU从指定地址开始连续全速运行目标程序。

跟踪运行：跟踪程序走向，逐条执行指令，并可以跟踪到子程序中运行。

2）目标系统状态检测功能

当CPU停止执行目标系统的程序后，允许用户方便地读出或修改目标系统资源的状态，以便检查程序运行的结果、设置断点条件以及设置程序的初始参数。允许用户读出/修改的目标系统资源包括：①可以随时修改开发系统中的仿真RAM存储器内容或目标机中的程序存储器内容；②可以修改单片机内部工作寄存器、特殊功能寄存器、I/O端口状态、RAM数据存储器及位单元等的内容；③能够很方便地修改系统中扩展的数据存储器内容和I/O端口状态。

3）跟踪功能

单片机开发系统具有仿真逻辑分析仪的功能，在目标程序运行过程中，能跟踪存储目标系统总线上的地址、数据和控制信号的变化状态，跟踪存储器能同步记录总线上信息的变化过程。用户可以根据需要显示跟踪存储器搜集到的信息，也可以显示某一位总线状态变化的波形，掌握总线上的状态变化过程，这样能清楚地判断信号时序，从而快速找到故障的准确位置。

4．程序固化功能

在系统调试阶段，应用程序尚未调试完成时，可借用开发系统的存储器进行修改、调试和存储程序。当系统调试完成，确认软件功能正常后，将调试完成的程序固化到应用系统的单片机（片内有程序存储器的单片机）或片外程序存储器（片内无程序存储器或片内程序存储器不够使用时）中，程序写入器（编程器）用来完成这一任务，是单片机开发系统的重要组成部分。

编程器可以将完成调试、编译的目标程序写入目标单元，从而实现单片机应用系统脱机工作（脱离开发系统单独工作）。在编程过程中可对编程器件进行写入、读出、校验、空检查、数据比较和加密等操作。

5. 单片机的在线编程

通常，进行单片机开发时，仿真、调试完的程序借助编程器烧到单片机内部或外接的程序存储器中。随着单片机技术的发展，出现可以在线编程的单片机。这种在线编程目前有两种实现方法：在系统编程（ISP）和在应用编程（IAP）。ISP 一般通过单片机专用的串行编程接口对单片机内部的 Flash 存储器进行编程，而 IAP 技术是从结构上将 Flash 存储器映射为两个存储体，当运行一个存储体上的用户程序时，可对另一个存储体重新编程，之后将控制从一个存储体转向另一个。ISP 的实现一般需要很少的外部电路辅助，而 IAP 的实现更加灵活，通常可利用单片机的串行口接到计算机的 RS-232 口，通过专门设计的固件程序对内部存储器编程。例如，Atmel 公司的单片机 AT89S8252 提供一个 SPI 串行接口，对内部程序存储器编程（ISP），而 SST 公司的单片机 SST89C54 内部包含两块独立的存储区，通过预先编程在其中一块存储区中的程序可以通过串行口与计算机相连，使用 PC 上专用的用户界面程序直接下载程序代码到单片机的另一块存储区中。

ISP 和 IAP 为单片机的实验和开发带来很大的方便和灵活性，利用 ISP 和 IAP，不需要编程器就可以进行单片机的实验和开发，单片机芯片可以直接焊接到电路板上，调试结束即为成品，甚至可以远程在线升级或改变单片机中的程序。

## 14.3 单片机应用系统调试

在完成目标系统样机的组装和软件设计以后，便进入系统调试阶段。用户系统的调试步骤和方法相同，但具体的细节和所采用的开发系统，以及目标系统选用的单片机型号有关。

### 14.3.1 硬件调试方法

单片机应用系统的硬件调试和软件调试分不开，许多硬件故障在调试软件时才发现。通常，先排除系统中明显的硬件故障后才和软件结合起来调试。

1）常见的硬件故障

（1）逻辑错误。样机硬件的逻辑错误由于设计错误和加工过程中的工艺错误所造成。这类错误包括：错线、开路、短路、相位错等几种，其中短路是最常见也较难排除的故障。单片机的应用系统往往要求体积小，从而使印制板的布线密度高，由于工艺原因造成引线之间的短路。开路常由于印制板的金属化孔质量不好或接插件接触不良引起。

（2）元器件失效。元器件失效的原因有两个方面。一是器件本身已损坏或性能差，诸如电阻电容的型号、参数不正确，集成电路已损坏，器件的速度、功耗等技术参数不符合要求等。二是由于组装错误造成的元器件失效，如电容、二极管、三极管的极性错误，集成块安装的方向错误等。

（3）可靠性差。系统不可靠的因素很多，如金属化孔、接插件接触不良会造成系统时好时坏，经不起振动；内部和外部的干扰、电源纹波系数过大、器件负载过大等会造成逻辑电平不稳定；另外，走线和布局的不合理等也会引起系统可靠性差。

（4）电源故障。若样机中存在电源故障，则加电后造成器件损坏，因此电源必须单独调试好以后才加到系统的各个部件中。电源的故障包括：电压值不符合设计要求；电源引出线和插座不对应，各档电源之间的短路，变压器功率不足，内阻大，负载能力差等。

2）硬件调试方法

(1) 静态测试。

第一步在样机加电之前，先用万用表等工具，根据硬件电气原理图和装配图仔细检查样机线路正确与否，并核对元器件的型号、规格和安装是否符合要求。应特别注意电源的走线，防止电源之间的短路和极性错误，并重点检查扩展系统总线（地址总线、数据总线和控制总线）是否存在相互间的短路或与其他信号线的短路。

第二步是加电后检查各插件上引脚的电位，仔细测量各点电位是否正常，尤其应注意单片机插座上的各点电位，若有高压，联机时会损坏仿真器。

第三步是在不加电情况下，除单片机以外，插上所有的元器件，用仿真插头将样机的单片机插座和仿真器的仿真接口相连。这样便为联机调试做好准备。

(2) 联仿真器调试。在静态测试中，只对样机硬件进行初步测试，可排除一些明显的硬件故障。目标样机中的硬件故障主要靠联机调试排除。静态测试完成后分别打开样机和仿真器电源，可开始联机调试。

对实验系统板进行调试，通常使用单片机开发系统。开发系统都带有一个仿真插头，可直接插入目标系统（实验板）的CPU插座上，代替目标板上的CPU对其系统功能进行模拟。由于开发机系统除自身具有显示功能，大多数开发系统都和PC进行通信，借用PC的键盘和显示器，以及程序开发功能对目标实验板进行仿真调试，以动态运行方式确认原理设计是否正确，各部分功能及相应逻辑是否合理，是否符合设计要求。

借用开发机，不仅可测试系统设计的硬件原理及功能，也可进行相应的软件调试，并能固化程序（EPROM或$E^2$PROM）完成整个开发过程。

利用开发机对实验板的硬件检查，常常按其功能及I/O通道分别编写相应简短的实验程序，检查各部分功能及逻辑是否正确。

① 检查各地址译码输出。通常，地址译码输出是一个低电平有效信号。因此在选到某一个芯片时（无论是内存还是外设）其选片信号用示波器检查应该是一个负脉冲信号。由于使用的时钟频率不同，其负脉冲的宽度和频率也有所不同。注意：在使用示波器测量实验板的某些信号时，将示波器电源插头上的地线断开，这是由于示波器测量探头一端连到外壳，在有些电源系统，保护地和电源地连在一起，有时会将电源插座插反，将交流220V直接引到测量端而将实验板全部烧毁，并且会殃及开发机。

以51系列开发为例，如一片6116存储芯片地址为2000～27FFH，则可在开发机上执行如下程序。

```
LP:MOV   DPTR,#2000H
   MOVX  A,@DPTR
   SJMP  LP
```

程序执行后，应该6116存储器芯片的选片端看到等间隔的一串负脉冲，说明该芯片选片信号连接正确，即使不插入该存储器芯片，只测量插座相应选片管脚也会有上述结果。

用同样的方法，可将各内存及外设接口芯片的选片信号都逐一进行检查，如不正确，检查片选线连线是否正确，有没有接触不好或错线、断线现象。

② 测试扩展RAM存储器。用仿真器的读出/修改目标系统扩展RAM/IO口的命令，将一批数据写入样机的外部RAM存储器，然后用读样机扩展RAM/IO口的命令读出外部RAM的内容，若对任意的单元读出和写入的内容一致，则该RAM电路和CPU的连接没有逻

辑错误。若存在写不进、读不出或读出和写入内容不一致的现象，则有故障存在，故障原因可能是地址、数据线短路，或读写信号没有加到芯片，或RAM电路没有加电，或总线信号对ALE、$\overline{WR}$、$\overline{RD}$的干扰等。此时，可编一段程序，循环地对某一RAM单元进行读和写。例如：

```
STRT:MOV  DPTR,#ADRM       ;ADRM为RAM中一个单元地址
     MOV  A,#OAAH
LOOP:MOVX @DV_PR,A
     MOVX A,@DPTR
     SJMP LOOP
```

连续运行这一段程序，用示波器测试RAM芯片上的选片信号、读信号和写信号，以及地址、数据信号是否正常，以进一步查明故障原因。

③ 测试I/O口和I/O设备。I/O口有输入和输出口之分，也有可编程和不可编程的I/O接口差别，应根据系统对I/O口的定义进行操作。对于可编程接口电路，先用读出修改命令把控制字写入命令口，使之具有系统所要求的逻辑结构。然后分别将数据写入输出口测量或观察输出口和设备的状态变化（如显示器是否被点亮，继电器、打印机等是否被驱动等），用读命令读输入口的状态，观察读出内容和输入口所接输入设备（拨盘开关、键盘等）的状态是否一致。如果对I/O口的读写操作和I/O设备的状态变化一致，则I/O接口和所连设备没有故障，如果不一致则根据现象分析故障原因。可能的故障有：I/O电路和单片机连接存在逻辑错误、写入的命令字不正确，设备没有连好等。

④ 测试程序存储器。使样机中的EPROM作为目标系统的程序存储器，再用命令读出EPROM中内容，若读出内容和仿真开发系统中的一致则无故障，否则有错误。一般在目标系统中只有一片EPROM，若有故障很容易定位。

⑤ 测试晶振和复位电路。用选择开关，使目标系统中晶振电路作为系统晶振电路，此时系统若正常工作，则晶振电路无故障，否则检查一下晶振电路便可查出故障所在。按下样机复位开关（如果存在）或样机加电应使系统复位，否则复位电路也有错误。

⑥ 检查按键输入及显示电路。某些按键直接读入状态，可按开关量输入进行检查。若是扫描键盘，则编写相应的键盘扫描程序，并逐一按键，在显示器上显示相应的代码。

显示器检查根据设计的是扫描显示还是静态显示，是硬件七段译码还是软件七段译码，编写相应的检查程序。硬件七段译码将待显示字符的BCD代码直接送到七段字形译码驱动器上；软件译码是根据待显示的字符数字，查一个字形代码表，从中取出字形代码送到该显示器的字形代码锁存器。在检查时，将七段LED显示器从0～9逐一检查，对有些特殊字符时也进行检查，以防丢段或连线有错。

### 14.3.2 软件调试方法

1. 常见的软件错误类型

1) 程序失控

这种错误的现象是当以断点或连续方式运行时，目标系统没有按规定的功能进行操作或什么结果也没有，这由于程序转移到没有预料到的地方或在某处死循环所造成。这类错误的原因有：程序中转移地址计算错误，堆栈溢出，工作寄存器冲突等。在采用实时多任务操作系统时，错误可能在操作系统中，没有完成正确的任务调度操作；也可能在高优先级任务程序中，该任务不释放处理机，使CPU在该任务中死循环。

2）中断错误

不响应中断:CPU 不响应任何中断或不响应某一个中断。这种错误的现象是连续运行时不执行中断服务程序的规定操作,断点设在中断入口或中断服务程序中时碰不到断点。错误的原因有:中断控制寄存器(IE、IP)的初值设置不正确,使 CPU 没有开放中断或不允许某个中断源请求;对片内的定时器、串行口等特殊功能寄存器和扩展的 I/O 编程有错误,造成中断没有被激活;某一中断服务程序不是以 RETl 指令作为返回主程序的指令,CPU 虽已返回到主程序但内部中断状态寄存器没有被清除,从而不响应中断;由于外部中断源的硬件故障使外部中断请求无效。

循环响应中断:这种错误是 CPU 循环响应某一个中断,使 CPU 不能正常地执行主程序或其他的中断服务程序。这种错误大多发生在外部中断中。若外部中断($INT\bar{0}$或$INT\bar{1}$)以电平触发方式请求中断,中断服务程序没有有效清除外部中断源(如 8251 的发送中断和接收中断,在 8251 受到干扰时,不能被清除)或由于硬件故障使中断源一直有效使 CPU 连续响应该中断。

3）输入输出错误

这类错误包括输入输出操作杂乱无章或根本不动作,错误的原因有:输入输出程序没有和 I/O 硬件协调好(如地址错误、写入的控制字和规定的 I/O 操作不一致等;时间上没有同步;硬件还存在故障。

4）结果不正确

目标系统基本上已能正常操作,但控制有误动作或者输出的结果不正确。这类错误大多由于计算程序中的错误引起。

2. 软件调试方法

软件调试与所选用的软件结构和程序设计技术有关。如果采用实时多任务操作系统,一般是逐个任务进行调试。在调试某一个任务时,同时也调试相关的子程序、中断服务程序和一些操作系统的程序。若采用模块程序设计技术,则逐个模块(子程序、中断程序、I/O 程序等)调好以后,再连成一个大的程序,然后进行系统程序调试。下面举例说明软件的调试方法。

1）程序跳转错

这种错误的现象是程序运行不到指定的地方,或发生死循环,通常由于错用指令或设错标号,如:

```
      ORG 0000H
STRT:CLR C
      MOV A,#0FOH
 LPI:INC A
      JNC LPI
      MOV DPTR,#7FFFH
```

这段程序的目的是为延迟一段时间,由于 INC A 指令执行后的结果不影响任何标志,所以 JNC LPI 指令执行后总是转跳到 LPI,结果发生死循环。可将 JNC LPI 改为 CJNEA,♯00H,LPI。

2）程序错误

对于计算程序,经过反复测试后,才能验证它正确。例如,调试一个双字节十进制加法程序,该子程序的功能是将 31H、30H 和 33H、32H 单元内的 BCD 码相加,结果送 34H、33H、32H 单元。

```
STRT: MOV  R0,#32H
      MOV  R1,#30H
      MOV  R6,#02H
      CLR  C
LOOP1:MOV  A,@R0
      ADDC A,@R1
      DA   A
      MOV  @R0,A
      INC  R0
      INC  R1
      DJNZ R0,LOOP1
      CLR  A
      MOV  ACC0.C
      MOV  @R0,A
LOOP2:RET
```

调试这个程序时，先将加数写入 8031 的 30H～33H 单元内，然后设置断点至 LOOP2，以 STRT 开始进行这个程序至断点，观察 34H～32H 的内容是否正确。若存在错误，再用单步方式从 STRT 开始逐条运行指令，并不断观察 8031 的状态变化，进一步查出错误原因。

计算程序的修改视错误性质而定。若是算法错误，则是根本错误，应从新设计该程序；若是局部的指令有错，进行修改指令即可。

如果用于测试的数据没有全部覆盖实际计算的原始数据的类型，调试没有发现的错误可能在系统运行过程中暴露出来。

3）动态错误

用单步、断点仿真运行命令，一般只能测试目标系统的静态功能。目标系统的动态性能用全速仿真命令测试，这时应选中目标机中晶振电路工作。系统的动态性能范围很广，如控制系统的实时响应速度、显示器的亮度、定时器的精度等。若动态性能没有达到系统设计的指标，有的原因由于元器件速度；更多的由于多个任务之间的关系处理不当。

4）加电复位电路的错误

排除硬件和软件故障后，将 EPROM 和 CPU 插上目标系统，若能正常运行，应用系统的开发研制便完成。若目标机工作不正常，主要是加电复位电路出现故障，如 8031 没有被初始复位，则 PC 不是从 0000H 开始运行，故系统不会正常运行，必须及时检查加电复位电路。

## 14.4 单片机应用系统设计举例

### 14.4.1 以智能温度计设计为例

采用 DS18B20 和 AT89C51 单片机设计温度测量系统，温度测量范围为－55～＋125℃，用数码管进行温度显示。

1. *DS18B20 数字式温度传感器*

DS18B20 是美国 DALLAS 公司生产的一线式数字温度传感器，具有 3 引脚 TQ-92 小体积封装形式；测温范围为－55～＋125℃，可编程为 9～12 位 A/D 转换精度，测温分辨率可达

0.0625℃,被测温度用符号扩展的 16 位数字量方式串行输出;其工作电源既可在远端引入,也可采用寄生电源方式产生;多个 DS18B20 可以并联到 3 根或 2 根线上,CPU 只需一根端口线就能与诸多 DS18B20 通信,占用微处理器的端口较少,可节省大量的引线和逻辑电路。

DS18B20 内部结构如图 14-8 所示。

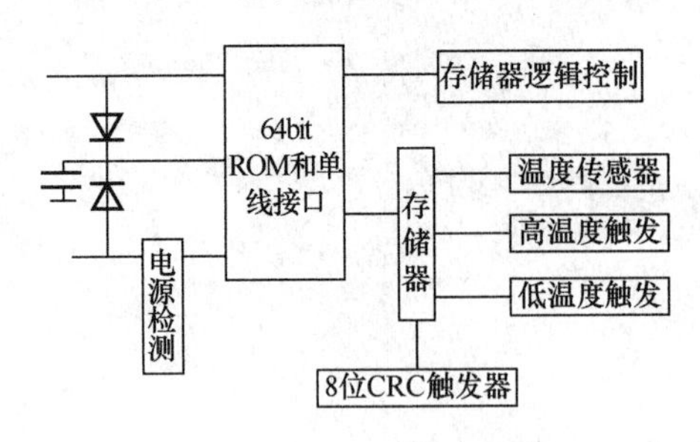


图 14-8 DS18B20 温度传感器组成结构图

DS18B20 主要由 64 位 ROM、温度传感器、非挥发的温度报警触发器 TH 和 TL、配置寄存器四部分组成。ROM 中的 64 位序列号出厂前被光刻好,它可以看作是该 DS18B20 的地址序列码,每个 DS18B20 的 64 位序列号均不相同。ROM 的作用是使每一个 DS18B20 都各不相同,这样就可以实现一根总线上挂接多个 DS18B20;DS18B20 中的温度传感器完成对温度的测量,用 16 位符号扩展的二进制补码读数形式提供,以 0.0625℃/LSB 形式表达,其中 S 为符号位;高低温报警触发器 TH 和 TL、配置寄存器均由一个字节的 EEPROM 组成,使用一个存储器功能命令可对 TH、TL 或配置寄存器写入。高速暂存器是一个 9 字节的存储器,开始两个字节包含被测温度的数字量信息;第 3,4,5 字节分别是 TH、TL、配置寄存器的临时拷贝,每一次上电复位时被刷新;第 6,7,8 字节未用,表现为全逻辑 1;第 9 字节读出的是前面所有 8 个字节的 CRC 码,可用来保证通信正确。

DS18B20 的一线工作协议流程是:初始化→ROM 操作指令→存储器操作指令→数据传输。其工作时序包括初始化时序、写时序和读时序。

2. 硬件设计

打开 Proteus ISIS,在 Proteus ISIS 编辑窗口中添加元件后按绘图程序绘制,如图 14-9 所示。

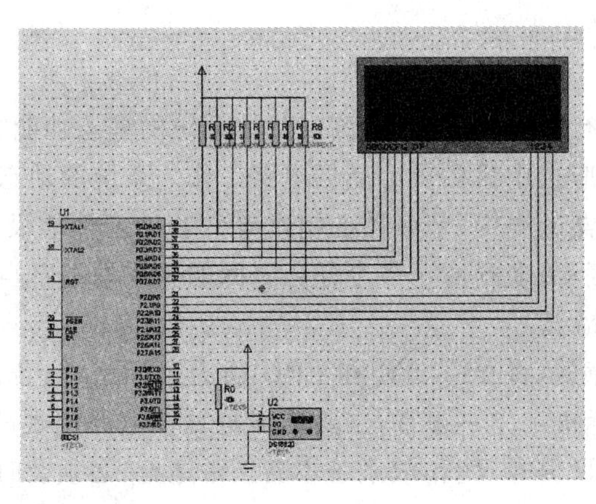

图 14-9 DS18B20 温度测量电路图

3. 源程序设计

DS18B20 遵循单总线协议,每次测量必须具有 4 个过程:① 初始化;② 传送 ROM 指令;③ 传送 RAM 命令;④ 数据交换。

源程序如下:

```
#include<reg51.h>
#include<intrins.h>
#define uchar unsigned char
```

```
uchar tempint,tempdf;                  //温度整数部分和小数部分
sbit TMDAT=P3^7;                       //根据实际情况设定
sbit ld7=P1^7;                         //初始化成功标志 led
sbit ld6=P1^6;                         //负温度标志 led
sbit point=P0^7;                       //小数点显示
uchar f;                               //负温度标志
code unsigned char ledmap[]={0xC0,0xF9,0xA4,0xB0,0x99,0x92,0x82,
                        0xF8,0x80,0x90,0xBF};
                                       //7段数码管0～9数字的共阳显示代码
                                         和负号位代码(最后一位)
void set_ds18b20();                    //初始化DS18B20子程序
void get_temperature();                //获得温度子程序
void read_ds18b20();                   //读DS18B20子程序
void write_ds18b20(uchar command);     //向DS18B20写1字节子程序
void delayms(uchar count);             //延时count毫秒子程序
void disp_temp();                      //显示温度子程序
void main()
{
    SP=0x60;                           //设置堆栈指针
    while(1)
    {
        get_temperature();             //获得温度
        if(tempdf>=7)
        {                              //0.5度精度显示
            tempdf=5;
        }
        else
        {
            tempdf=0;
        }
        disp_temp();                   //显示温度
    }
}
void set_ds18b20()
{
    while(1)
    {
        uchar delay,flag;
        flag=0;
        TMDAT=1;
```

```
        delay=1;
        while(-delay);
        TMDAT=0;                          //数据线置低电平
        delay=250;
        while(-delay);                    //低电平保持 500μs
        TMDAT=1;                          //数据线置高电平
        delay=30;
        while(-delay);                    //高电平保持 60μs
        while(TMDAT==0)                   //判断 DS18B20 是否发出低电平信号
        {
          delay=210;                      //DS18B20 响应,延时 420μs
          while(-delay);
          if(TMDAT)                       //DS18B20 发出高电平初始化成功,返回
          {
              flag=1;                     //DS18B20 初始化成功标志
              ld7=0;                      //初始化成功 LED 标志
              break;
          }
        }
        if(flag)                          //初始化成功,再延时 480μs,时序要求
        {
          delay=240;
          while(-delay);
          break;
        }
    }
}
void get_temperature()                    //温度转换、获得温度子程序
{
    set_ds18b20();                        //初始化 DS18B20
    write_ds18b20(0xCC);                  //发跳过 ROM 匹配命令
    write_ds18b20(0x44);                  //发温度转换命令
    disp_temp();                          //显示温度,等待 AD 转换
    set_ds18b20();
    write_ds18b20(0xCC);                  //发跳过 ROM 匹配命令
    write_ds18b20(0xBE);                  //发出读温度命令
    read_ds18b20();                       //将读出的温度数据保存到 tempint 和
                                            tempdf 处
}
void read_ds18b20()
```

```
{
  uchar delay,i,j,k,temp,temph,templ,f;
  j=2;                                  //读 2 位字节数据
  do
  {
  for(i=8;i> 0;i-)                      //一个字节分 8 位读取
  {
      temp>>=1;                         //读取 1 位,右移 1 位
      TMDAT=0;                          //数据线置低电平
      delay=1;
      while(-delay);
      TMDAT=1;                          //数据线置高电平
      delay=4;
      while(-delay);                    //延时 8μs
      if(TMDAT)                         //读取 1 位数据
      temp|=0x80;
      delay=25;                         //读取 1 位数据后延时 50μs
      while(-delay);
  }
  if(j==2)                              //读取的第一字节存 templ
      templ=temp;
  else
      temph=temp;                       //读取的第二字节存 temph
  }while(-j);
  f=0;
  if((temph&0xf8)!=0x00)                //若温度为负的处理,对二进制补码的处理
  {
      f=1;                              //为负温度 f 置 1
      ld6=0;
      temph=~temph;
      templ=~templ;
      k=templ+1;
      templ=k;
      if(k>255)
      {
         temph++;
      }
  }
  else
  {f=0;ld6=1;}
  tempdf=templ&0x0f;                    //将读取的数据转换成温度值,整数部分
                                          存 tempint,小数部分存 tempdf
```

```
    templ>>=4;
    temph<<=4;
    tempint=temph|templ;
}
void write_ds18b20(uchar command)
{
    uchar delay,i;
    for(i=8;i>0;i-)                      //将一字节数据逐位写入
    {
        TMDAT=0;                         //数据线置低电平
        delay=6;                         //延时 12μs
        while(-delay);
        TMDAT=command&0x01;              //将数据放置在数据线上
        delay=25;                        //延时 50μs
        while(-delay);
        command=command>>1;              //准备发送下一位数据
        TMDAT=1;                         //发送完一位数据,数据线置高电平
    }
}
void disp_temp()
{
    uchar tempinth,tempintl,cnt;
    tempinth=tempint/10;                 //整数高半字节
    tempintl=tempint%10;                 //整数低半字节
    cnt=200;                             //循环显示 200 次
    while(-cnt)
    {
    if(f==1|ld6==0)
      {
      P2=0x00;
      P0=ledmap[10];
      P2=0x01;
      }
    delayms(1);
    if(tempinth==0)
      {
      P2=0x00;
      delayms(1);
      goto loop;
      }
    P2=0x02;
```

```
        P0=ledmap[tempinth];                    //开十位
        delayms(1);
        loop:P2=0x04;
        P0=ledmap[tempintl];                    //开个位
        delayms(1);
        point=0;                                //小数点显示
        delayms(1);
        P2=0x08;
        P0=ledmap[tempdf];                      //开十分位
        delayms(1);
        }
    }
    void delayms(uchar count)                   //延时 count 毫秒子程序
    {
        uchar i,j;
        do
        {
            for(i=5;i>0;i-)
            for(j=98;j>0;j-)
        }while(-count);
    }
```

4. 程序调试与运行结果

1）生成运行的 HEX 文件

按照前面所介绍的 Keil C51 μvision3 IDE 使用方法对系统建立项目，选定合适的单片机 AT89C51，创建一个测温的新文件，并将上述的源程序进行编辑和选项操作进行编译，以生成测温的 HEX 文件。

2）调试与仿真

在 Proteus ISIS 编辑窗口中选取 AT89C51 元件，编辑元件属性，选择在 Keil C51 下生成的测温 HEX 文件并生成设计的 DSN 文件，对程序进行调试和仿真。

仿真结果如图 14-10 所示。

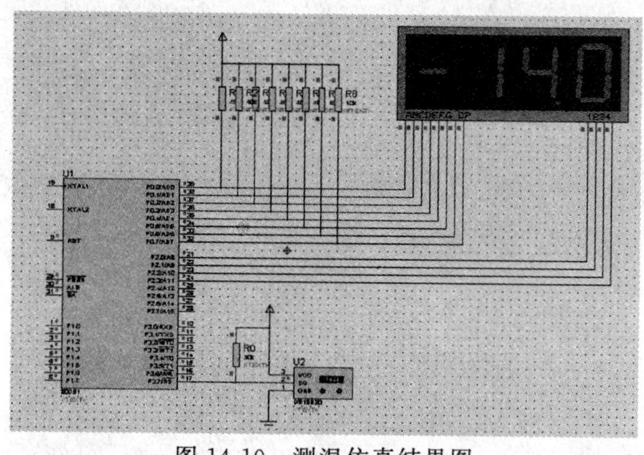

图 14-10　测温仿真结果图

## 习　题

14-1　试写出单片机应用系统的一般研制步骤和方法。

14-2　总体设计时考虑哪些主要因素?

14-3　单片机应用系统软、硬件分工时考虑哪些因素?

14-4　单片机应用系统软、硬件开发工具有哪些?

14-5　单片机仿真器的作用是什么?选择一个好的仿真器有哪些要求?

14-6　试解释 ISP 和 IAP。具有 ISP 和 IAP 功能的单片机有什么好处?

14-7　单片机系统的编程语言有哪几种?单片机的 C 语言有哪些优点?

14-8　在 Proteus ISIS 环境中使用 AT89C51 设计一个“走马灯”电路,并编写 Keil C51 程序,然后在 $\mu$Vision3 环境下编译调试。要求实现 Proteus VSM 与 $\mu$Vision3 的联调。

# 附录　MCS-51 指令表

MCS-51 指令系统所用符号和含义如下：

|  |  |
|---|---|
| addr11 | 11 位地址 |
| addr16 | 16 位地址 |
| bit | 位地址 |
| rel | 相对偏移量，为 8 位有符号数(补码形式) |
| direct | 直接地址单元(RAM,SFR,I/O) |
| #data | 立即数 |
| Rn | 工作寄存器 R0～R7 |
| A | 累加器 |
| Ri | i=0 或 1，数据指针 R0 或 R1 |
| X | 片内 RAM 中的直接地址或寄存器 |
| @ | 在间接寻址方式中，表示间址寄存器的符号 |
| (X) | 在直接寻址方式中，表示直接地址 X 中的内容；在间接寻址方式中，表示间址寄存器 X 指出的地址单元中的内容 |
| → | 数据传送方向 |
| ∧ | 逻辑“与” |
| ∨ | 逻辑“或” |
| ⊕ | 逻辑“异或” |
| √ | 对标志位产生影响 |
| × | 不影响标志位 |

**附表 1　数据传送指令**

| 十六进制代码 | 助记符 | 功能 | 对标志位影响 | | | | 字节数 | 周期数 |
|---|---|---|---|---|---|---|---|---|
| | | | P | OV | AC | CY | | |
| E8～EF | MOV A,Rn | Rn→A | √ | × | × | × | 1 | 1 |
| E5 | MOV A,direct | (direct)→A | √ | × | × | × | 2 | 1 |
| E6,E7 | MOV A,@Ri | (Ri)→A | √ | × | × | × | 1 | 1 |
| 74 | MOV A,#data | data→A | √ | × | × | × | 2 | 1 |
| F8～FF | MOV Rn,A | A→Rn | × | × | × | × | 1 | 1 |
| A8～AF | MOV Rn,direct | (direct)→Rn | × | × | × | × | 2 | 2 |
| 78～7F | MOV Rn,#data | data→Rn | × | × | × | × | 2 | 1 |
| F5 | MOV direct,A | A→(direct) | × | × | × | × | 2 | 1 |
| 88～8F | MOV direct,Rn | Rn→(direct) | × | × | × | × | 2 | 2 |
| 85 | MOV direct1,direct2 | (direct2)→(direct1) | × | × | × | × | 3 | 2 |
| 86,87 | MOV direct,@Ri | (Ri)→(direct) | × | × | × | × | 2 | 2 |
| 75 | MOV direct,#data | data→(direct) | × | × | × | × | 3 | |

续表

| 十六进制代码 | 助记符 | 功能 | 对标志位影响 | | | | 字节数 | 周期数 |
|---|---|---|---|---|---|---|---|---|
| | | | P | OV | AC | CY | | |
| F6,F7 | MOV @Ri, A | A→(Ri) | × | × | × | × | 1 | 1 |
| A6,A7 | MOV @Ri,direct | (direct)→(Ri) | × | × | × | × | 2 | 2 |
| 76,77 | MOV @Ri, #data | data→(Ri) | × | × | × | × | 2 | 1 |
| 90 | MOV DPTR,#data16 | data16→DPTR | × | × | × | × | 3 | 2 |
| 93 | MOVC A,@A+DPTR | (A+DPTR)→A | √ | × | × | × | 1 | 2 |
| 83 | MOVC A,@A+PC | PC+1→PC,(A+PC)→A | √ | × | × | × | 1 | 2 |
| E2,E3 | MOVX A,@Ri | (Ri)→A | √ | × | × | × | 1 | 2 |
| E0 | MOVX A,@DPTR | (DPTR)→A | √ | × | × | × | 1 | 2 |
| F2,F3 | MOVX A,@Ri,A | A→(Ri) | × | × | × | × | 1 | 2 |
| F0 | MOVX @DPTR,A | A→(DPTR) | × | × | × | × | 1 | 2 |
| CO | PUSH direct | SP+1→SP,(direct)→(SP) | × | × | × | × | 2 | 2 |
| D0 | POP direct | (SP)→(direct),SP−1→SP | × | × | × | × | 2 | 2 |
| C8～CF | XCH A,Rn | A←→Rn | √ | × | × | × | 1 | 1 |
| C5 | XCH A,direct | A←→(direct) | √ | × | × | × | 2 | 1 |
| C6,C7 | XCH A,@Ri | A←→(Ri) | √ | × | × | × | 1 | 1 |
| D6,D7 | XCHD A,@Ri | A0～A3←→(Ri)0～3 | √ | × | × | × | 1 | 1 |

**附表 2　算术运算指令**

| 十六进制代码 | 助记符 | 功能 | 对标志位影响 | | | | 字节数 | 周期数 |
|---|---|---|---|---|---|---|---|---|
| | | | P | OV | AC | CY | | |
| 28～2F | ADD A,Rn | A+Rn→A | √ | √ | √ | √ | 1 | 1 |
| 25 | ADD A,direct | A+(direct)→A | √ | √ | √ | √ | 2 | 1 |
| 26,27 | ADD A,@Ri | A+(Ri)→A | √ | √ | √ | √ | 1 | 1 |
| 24 | ADD A,#data | A+(data)→A | √ | √ | √ | √ | 2 | 1 |
| 38～3F | ADDC A,Rn | A+Rn+CY→A | √ | √ | √ | √ | 1 | 1 |
| 35 | ADDC A,direct | A+(direct)+CY→A | √ | √ | √ | √ | 2 | 1 |
| 36,37 | ADDC A,@Ri | A+(Ri)+CY→A | √ | √ | √ | √ | 1 | 1 |
| 34 | ADDC A,#data | A+(data)+CY→A | √ | √ | √ | √ | 2 | 1 |
| 98～9F | SUBB A,Rn | A−Rn−CY→A | √ | √ | √ | √ | 1 | 1 |
| 95 | SUBB A,direct | A−(direct)−CY→A | √ | √ | √ | √ | 2 | 1 |
| 96,97 | SUBB A,@Ri | A−(Ri)−CY→A | √ | √ | √ | √ | 1 | 1 |
| 94 | SUBB A,#data | A−data−CY→A | √ | √ | √ | √ | 2 | 1 |
| 04 | INC | A+1→A | √ | × | × | × | 1 | 1 |
| 08～0F | INC Rn | Rn+1→Rn | × | × | × | × | 1 | 1 |
| 05 | INC direct | (direct)+1→(direct) | × | × | × | × | 2 | 1 |

续表

| 十六进制代码 | 助记符 | 功能 | 对标志位影响 | | | | 字节数 | 周期数 |
|---|---|---|---|---|---|---|---|---|
| | | | P | OV | AC | CY | | |
| 06,07 | INC @Ri | (Ri)+1→(Ri) | × | × | × | × | 1 | 1 |
| A3 | INC DPTR | DPTR+1→DPTR | | | | | 1 | 2 |
| 14 | DEC A | A−1→A | √ | × | × | × | 1 | 1 |
| 18～1F | DEC Rn | Rn−1→Rn | × | × | × | × | 1 | 1 |
| 15 | DEC direct | (direct)→(direct) | × | × | × | × | 2 | 1 |
| 16,17 | DEC @Ri | (Ri)−1→(Ri) | × | × | × | × | 1 | 1 |
| A4 | NUL AB | A·B→AB | √ | √ | × | 0 | 1 | 4 |
| 84 | DIV AB | A/B→AB | √ | √ | × | 0 | 1 | 4 |
| D4 | DA A | 对A进行十进制调整 | √ | × | √ | √ | 1 | 1 |

## 附表3　逻辑运算指令

| 十六进制代码 | 助记符 | 功能 | 对标志位影响 | | | | 字节数 | 周期数 |
|---|---|---|---|---|---|---|---|---|
| | | | P | OV | AC | CY | | |
| 58～5F | ANL A,Rn | A∧Rn→A | √ | × | × | × | 1 | 1 |
| 55 | ANL A,direct | A∧(direct)→A | √ | × | × | × | 2 | 1 |
| 56,57 | ANL A,@Ri | A∧Ri→A | √ | × | × | × | 1 | 1 |
| 54 | ANL A,#data | A∧data→A | √ | × | × | × | 2 | 1 |
| 52 | ANL direct,A | (direct)∧A→(direct) | × | × | × | × | 2 | 1 |
| 53 | ANL direct,#data | (direct)∧data→(direct) | × | × | × | × | 3 | 2 |
| 48～4F | ORL A,Rn | A∨Rn→A | √ | × | × | × | 1 | 1 |
| 45 | ORL A,direct | A∨(direct)→A | √ | × | × | × | 2 | 1 |
| 46,47 | ORL A,@Ri | A∨(Ri)→A | √ | × | × | × | 1 | 1 |
| 44 | ORL A,#data | A∨data→A | 0 | × | × | × | 2 | 1 |
| 42 | ORL direct,A | (direct)∨A→(direct) | × | × | × | × | 2 | 1 |
| 43 | ORL direct,#data | (direct)∨data→(direct) | × | × | × | × | 3 | 2 |
| 68～6F | XRL A,Rn | A⊕Rn→A | √ | × | × | × | 1 | 1 |
| 65 | XRL A,direct | A⊕(direct)→A | √ | × | × | × | 2 | 1 |
| 66,67 | XRL A,@Ri | A⊕(Ri)→A | √ | × | × | × | 1 | 1 |
| 64 | XRL A,#data | A⊕data→A | √ | × | × | × | 2 | 1 |
| 62 | XRL direct,A | (direct)⊕A(direct) | × | × | × | × | 2 | 1 |
| 63 | XRL direct,#data | (direct)⊕data→(direct) | × | × | × | × | 3 | 2 |
| E4 | CLR A | 0→A | √ | × | × | × | 1 | 1 |
| F4 | CPL A | $\overline{A}$→A | × | × | × | × | 1 | 1 |
| 23 | RL A | A循环左移一位 | × | × | × | × | 1 | 1 |
| 33 | RLC A | A带进位循环左移一位 | √ | × | × | √ | 1 | 1 |

续表

| 十六进制代码 | 助记符 | 功能 | 对标志位影响 | | | | 字节数 | 周期数 |
|---|---|---|---|---|---|---|---|---|
| | | | P | OV | AC | CY | | |
| 03 | RR A | A循环右移一位 | × | × | × | × | 1 | 1 |
| 13 | RRC A | A带进位循环右移一位 | √ | × | × | √ | 1 | 1 |
| C4 | SWAP A | A半字节交换 | × | × | × | × | 1 | 1 |

**附表4　位操作命令**

| 十六进制代码 | 助记符 | 功能 | 对标志位影响 | | | | 字节数 | 周期数 |
|---|---|---|---|---|---|---|---|---|
| | | | P | OV | AC | CY | | |
| C3 | CLR C | O→CY | × | × | × | √ | 1 | 1 |
| C2 | CLR bit | O→bit | × | × | × | | 2 | 1 |
| D3 | SETB C | 1→CY | × | × | × | √ | 1 | 1 |
| D2 | SETB bit | 1→bit | × | × | × | | 2 | 1 |
| B3 | CPL C | $\overline{\text{CY}}$→CY | × | × | × | √ | 1 | 1 |
| B2 | CPL bit | $\overline{\text{bit}}$→bit | × | × | × | | 2 | 1 |
| 82 | ANL C,bit | CY∧bit→CY | × | × | × | √ | 2 | 2 |
| B0 | ANL C,/bit | CY∧$\overline{\text{bit}}$→CY | × | × | × | √ | 2 | 2 |
| 72 | ORL C,bit | CY∨bit→CY | × | × | × | √ | 2 | 2 |
| A0 | ORL, C,/bit | CY∨$\overline{\text{bit}}$→CY | × | × | × | √ | 2 | 2 |
| A2 | MOV,C,bit | bit→CY | × | × | × | √ | 2 | 1 |
| 92 | MOV,bit,C | CY→bit | × | × | × | × | 2 | 2 |

**附表5　控制转移指令**

| 十六进制代码 | 助记符 | 功能 | 对标志位影响 | | | | 字节数 | 周期数 |
|---|---|---|---|---|---|---|---|---|
| | | | P | OV | AC | CY | | |
| *1 | ACALL addr11 | PC+2→PC,SP+1→SP,PCL→(SP),<br>SP+1→SP,PCH→(SP),addr11→$\text{PC}_{10\sim0}$ | × | × | × | × | 2 | 2 |
| 12 | LCALL addr16 | PC+3→PC,SP+1→SP,PCL→(SP),<br>SP+1→SP,PCH→(SP),addr16→PC | × | × | × | × | 3 | 2 |
| 22 | RET | (SP)→PCH,SP−1→SP,(SP)→PCL,<br>SP−1→SP | × | × | × | × | 1 | 2 |
| 32 | RETI | (SP)→PCH,SP−1→SP,(SP)→PCL,<br>SP−1→SP,从中断返回 | × | × | × | × | 1 | 2 |
| Δ1 | AJMP addr11 | PC+2→PC,addr11→$\text{PC}_{10\sim0}$ | × | × | × | × | 2 | 2 |
| 02 | LJMP addr16 | addr16→PC | × | × | × | × | 3 | 2 |
| 80 | SJMP rel | PC+2→PC,PC+rel→PC | × | × | × | × | 2 | 2 |
| 73 | JMP @A+DPTR | (A+DPTR)→PC | × | × | × | × | 1 | 2 |
| 60 | JZ rel | PC+2→PC,若A=0,PC+rel→PC | × | × | × | × | 2 | 2 |

续表

| 十六进制代码 | 助记符 | 功能 | 对标志位影响 | | | | 字节数 | 周期数 |
|---|---|---|---|---|---|---|---|---|
| | | | P | OV | AC | CY | | |
| 70 | JNZ rel | PC＋2→PC,若 A 不等于 0,则 PC＋rel→PC | × | × | × | × | 2 | 2 |
| 40 | JC rel | PC＋2→PC,若 CY＝1,则 PC＋rel→PC | × | × | × | × | 2 | 2 |
| 50 | JNC rel | PC＋2→PC,若 CY＝0,则 PC＋rel→PC | × | × | × | × | 2 | 2 |
| 20 | JB bit,rel | PC＋3→PC,若 bit＝1,则 PC＋rel→PC | × | × | × | × | 3 | 2 |
| 30 | JNB bit,rel | PC＋3→PC,若 bit＝1,则 PC＋rel→PC | × | × | × | × | 3 | 2 |
| 10 | JBC bit,rel | PC＋3→PC,若 bit＝1,则 0→bit,PC＋rel→PC | | | | | 3 | 2 |
| B5 | CJNE A,direct,rel | PC＋3→PC,若 A 不等于(direct),则 PC＋rel→PC;若 A＜(direct),则 1→CY | × | × | × | × | 3 | 2 |
| B4 | CJNE A,＃data,rel | PC＋3→PC,若 A 不等于 data,则 PC＋rel→PC;若 A 小于 data,则 1→CY | × | × | × | √ | 3 | 2 |
| B8～BF | CJNE R,＃data,rel | PC＋3→PC,若 Rn 不等于 data,则 PC＋rel→PC;若 Rn 小于 data,则 1→CY | × | × | × | √ | 3 | 2 |
| B6～B7 | CJNE @Ri,＃data,rel | PC＋3→PC,若 Ri 不等于 data,则 PC＋rel→PC;若 Ri 小于 data,则 1→CY | × | × | × | √ | √ | 2 |
| B8～DF | DJNZ Rn,rel | Rn－1→Rn,PC＋2→PC,若 Rn 不等于 0,则 PC＋rel→PC | × | × | × | √ | 2 | 2 |
| D5 | DJNZ direct,rel | PC＋2→PC,(direct)－1→(direct),若(direct)不等于 0,则 PC＋rel→PC | × | × | × | √ | 3 | 2 |
| 00 | NOP | 空操作 | × | × | × | × | 1 | 1 |

* $=\alpha_{10}\alpha_9\alpha_8 l$,$\Delta=\alpha_{10}\alpha_9\alpha_0 l$。

# 参考文献


艾德才．2000. Pentium 系列微型计算机原理与接口技术．北京：高等教育出版社
艾德才等．1997. Pentium/80486 实用汇编语言程序设计．北京：清华大学出版社
常喜茂，孔英会，付小宁. 2009. C51 基础与应用实例. 北京：电子工业出版社
陈光东．1999. 单片微型计算机原理与接口技术．武汉：华中理工大学出版社
戴梅萼．1992. 微型计算机技术及应用．北京：清华大学出版社
房小翠．1999. 单片机实用系统设计技术．北京：国防工业出版社
顾滨．2000. 单片微计算机原理、开发及应用．北京：高等教育出版社
何立民．1990. 单片机应用系统设计．北京：北京航空航天大学出版社
黄遵熹．1997. 单片机原理接口与应用．西安：西北工业大学出版社
贾志平，石冰副．1999. 计算机硬件技术教程——微机原理与接口技术．北京：中国水利水电出版社
李朝青．1999. 单片机原理及接口技术．北京：北京航空航天大学出版社
李广弟．1994. 单片机基础．北京：北京航空航天大学出版社
李勋．1998. 单片微型计算机大学读本．北京：北京航空航天大学出版社
刘笃仁．2000. 在系统可编程技术及其器件原理与应用．西安：西安电子科技大学出版社
马维华等．2000. 从 8086 到 Pentium Ⅲ微型计算机及接口技术．北京：科学出版社
沈美明，温冬婵．1993. IBM-PC 汇编语言程序设计．北京：清华大学出版社
宋戈等. 2010. 51 单片机应用开发范例大全. 北京：人民邮电出版社
宋建国．1993. AVR 单片机原理及应用．北京：北京航空航天大学出版社
汤竟南，沈国琴．2008. 51 单片机 C 语言开发与实例．北京：人民邮电出版社
王幸之．2000. 单片机应用系统抗干扰技术．北京：北京航空航天大学出版社
吴秀清，周荷琴．2002. 微型计算机原理与接口技术．2 版．合肥：中国科学技术大学出版社
谢筑森．1997. 单片机开发与典型应用设计．合肥：中国科学技术大学出版社
许用和．2002. EZ-USB FX 系列单片机 USB 外围设备设计与应用．北京：北京航空航天大学出版社
薛均义．1997. 单片机微型计算机及其应用．西安：西安交通大学出版社
杨振江等．2001. 智能仪器与数据采集系统中的新器件及应用．西安：西安电子科技大学出版社
余永权．1997. Flash 单片机原理及应用．北京：电子工业出版社
张毅刚．2011. 单片机原理及接口技术(C51 编程)．北京：人民邮电出版社
张友德．1992. 单片微型机原理、应用与实验．上海：复旦大学出版社
赵曙光．2000. 可编程逻辑器件原理、开发与应用．西安：西安电子科技大学出版社
郑峰等. 2010. 51 单片机应用系统典型模块开发大全. 北京：中国铁道出版社
周明德．2002. 微型计算机系统原理及应用(第四版)习题集与实验指导书．北京：清华大学出版社
周佩玲，吴耿峰，万炳奎．1995. 十六位微型计算机原理·接口及其应用．合肥：中国科学技术大学出版社
Brey B B. 1998. 80x86、奔腾机汇编语言程序设计．金惠华，曹庆华，李雅倩译．北京：电子工业出版社
RS-232S 详解．http://www.gjwtech.com
Universal Serial Bus Specification Revision 2.0. http://www.usb.org
Universal Serial Bus-FAQs. http://www.usb.org